口絵 1　太陽系の惑星とその衛星，準惑星
（NASA/LPI/JAXA/NHK 提供）
（本文 p.1，54–55 参照）

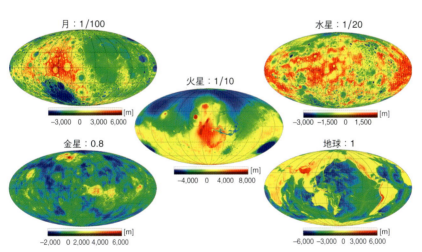

口絵 2　岩石惑星の表面地形

数字は地球の質量を基準にした各天体の概略値（火星：ワシントン大学，月：国立天文台，水星：USGS，地球：NOAA，金星：フランス，コート・ダジュール天文台 Mark Wieczorek 氏，の各 Web サイトのデータをもとに作図）（本文 p.15，23，25，285 参照）

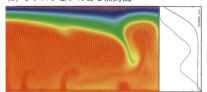

口絵3　上面（地表面）からの冷却と下面からの加熱で駆動される熱対流の例

左は温度分布，右は水平平均温度（実線）と対流運動の流速（点線）の，深さに対するプロット．(a) 流体の粘性率が一定，(b) 粘性率が温度に依存する場合．鉛直方向の温度勾配が大きい部分を熱的境界層，その中で流速がほとんど0の部分をリソスフェアという (b)．
（本文 p.20, 21, 280 参照）

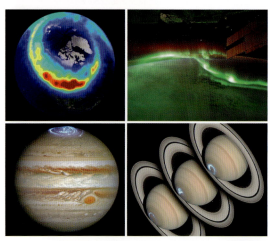

口絵4　太陽系のオーロラ（NASA 提供）

磁極を取り囲む美しい円環状発光であり，色は各惑星の熱圏大気組成を反映する．（上）酸素・窒素が光る地球のオーロラ．左は米ポーラー衛星，右は国際宇宙ステーションからの眺め．（下）水素が光る木星と土星のオーロラ．
（本文 p.24, 47, 49 参照）

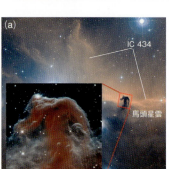

口絵5　オリオン座とわし座の星雲（ESA/NASA 提供）

　(a) オリオン座の馬頭星雲の可視光画像（拡大図はハッブル宇宙望遠鏡の近赤外線観測による疑似色画像，赤＝イオン化した硫黄原子，緑＝水素原子，青＝2価の酸素イオン）．
　(b) わし座の散光星雲．近傍の大質量星からの紫外線照射でガスは光蒸発している．
　（本文 p.82 参照）

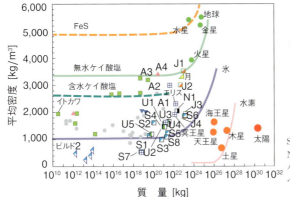

口絵6　惑星，準惑星，衛星，小惑星，太陽系外縁天体，彗星の平均密度と質量および天体構成物質の圧縮曲線

S：土星，J：木星，U：天王星，N：海王星，A1：ケレス，A2：パラス，A3：ジュノー，A4：ベスタ．

(本文 p.8, 80, 162 参照)

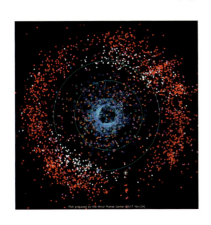

口絵7　太陽系外縁天体の分布（2018年時点）（http://www.minorplanetcenter.net/iau/lists/OuterPlot.html）

木星・土星・天王星・海王星の軌道を示している．古典的エッジワース・カイパーベルト天体（赤丸），プルティノス天体（白丸），冥王星（白丸十字），周期彗星（水色四角），ケンタウルス天体（オレンジ三角），離心率が大きい特異天体（シアン三角）．

(本文 p.142 参照)

口絵8　隕石の大分類

(a) 炭素質コンドライト隕石（CV3: アエンデ (Allende) 隕石）の断面，(b) 普通コンドライト隕石（L3: ALH 764 隕石），(c) (b) の薄片写真，(d) 石質隕石（ユークライト：ミルビリリー (Millbillillie) 隕石），(e) (d) の薄片写真，(f) 鉄隕石（IAB: キャニオン・ディアブロ (Canyon Diablo) 隕石），(g) キャニオン・ディアブロ隕石の研磨断面とウィッドマンシュテッテン (Widmanstätten) 構造，(h) 石鉄隕石（パラサイト：イミラック (Imilac) 隕石）厚片の透過光写真（透明部分：かんらん石，不透明部分：ニッケル鉄）．(本文 p.168, 172, 180–182 参照)

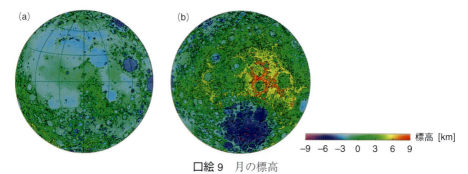

口絵 9　月の標高

(a) 月の表側，(b) 月の裏側．「かぐや」に搭載されたレーザー高度計（LALT）観測データ（JAXA/SELENE）より作成．等高線は 3 km 間隔．（本文 p.225, 271 参照）

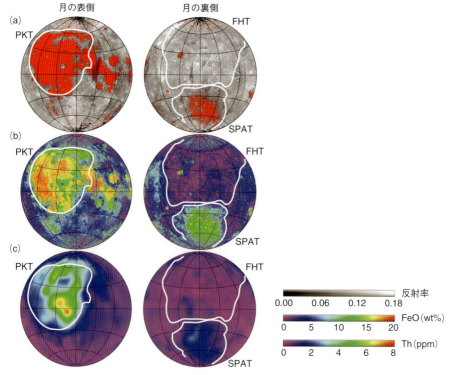

口絵 10　化学組成による月の区分

(a) 月面の鉄量が多い海の領域（FeO > 12wt.%を赤で示す）．ただし南極−エイトケン（SPAT）盆地では，海でない領域も一部赤く識別されている．「かぐや」マルチバンドイメージャのデータ（JAXA/SELENE）から作成．白線は Jolliff *et al.* (2000)（第 4 章参考文献参照）による 3 つの地質区分．PKT, FHT, SPAT の説明は本文 p.236 参照．
(b) 鉄量マップ（源泉データは上段と同じ）．
(c)「かぐや」γ線分光計によるトリウム（Th）量マップ．
（本文 p.235, 236, 243 参照）

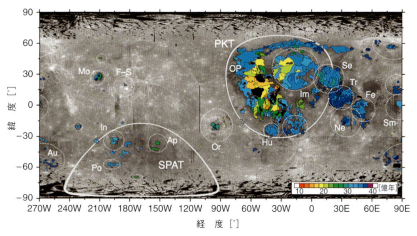

口絵 11　月の溶岩流の年代地図

地図の右半分は月の表側，左半分は月の裏側に対応する．（Morota（2011）などのデータより作成：第 4 章参考文献参照）（本文 p.246 参照）

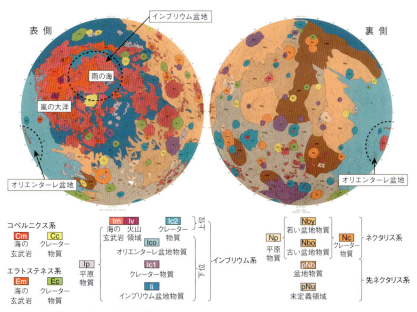

口絵 12　月の全球地質図（Wilhelms（1987）を改編：第 4 章参考文献参照）

（本文 p.254 参照）

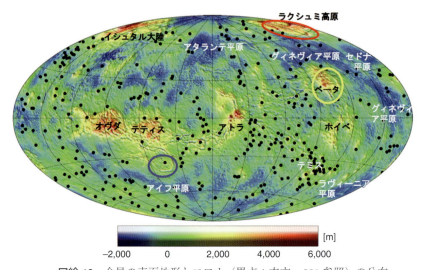

口絵 13　金星の表面地形とコロナ（黒点：本文 p.281 参照）の分布

（金星の地形：フランス，コート・ダジュール天文台の Mark Wieczorek 氏 Web サイト，コロナの位置：https://planetarynames.wr.usgs.gov）（本文 p.278, 280 参照）

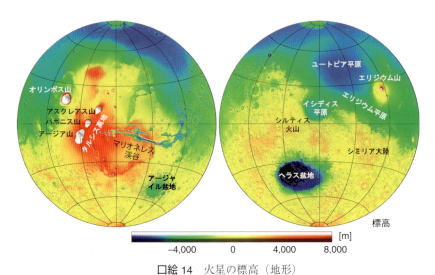

口絵 14　火星の標高（地形）

大規模な火山もあれば，海があったとされる広大な平原（北側）もある．データはワシントン大学 Web サイトより．（本文 p.285, 327 参照）

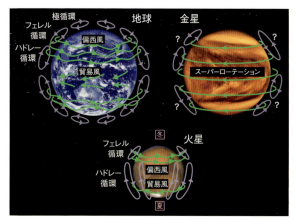

口絵 15　地球・金星・火星の大気循環の概念図
（本文 p.292, 298, 301 参照）

口絵 16　ハッブル宇宙望遠鏡がとらえた火星（NASA 提供）

左図では極域には極冠が，低緯度には氷雲が観察される．右図は全球ダストストームで覆われ地表が隠されている．（本文 p.302 参照）

口絵 17　火星ローバー，Curiosity（NASA 提供）

（本文 p.325, 332 参照）

口絵 18　探査機が見た火星ダストストーム（NASA 提供）

（a）周回機 Mars Reconnaissance Orbiter が撮影した 2007 年ダストストーム．画像の水平幅は約 1,000 km．（b）2018 年ダストストームの渦中にあるローバー Opportunity．（本文 p.302, 324 参照）

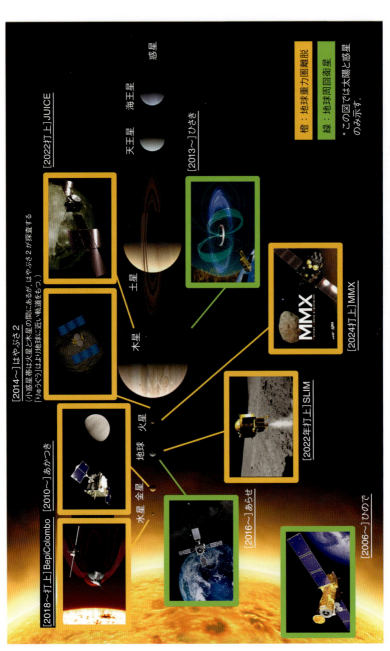

口絵 19　日本が実施中または実施予定の太陽系探査（2019 年 3 月現在）

(太陽系天体図：国際天文学連合 Web サイトより，探査衛星図：BepiColombo, MMX, あかつき, はやぶさ 2, ひさき, JUICE については JAXA, ひので：国立天文台，あらせ：ERG サイエンスチーム，SLIM：SLIM プロジェクトチーム提供）（本文 p.353 参照）

現代地球科学入門シリーズ 1

大谷栄治・長谷川昭・花輪公雄[編集]

Introduction to
Modern Earth Science Series

太陽・惑星系と地球

佐々木晶・圦山 明・笠羽康正・大竹真紀子[著]

共立出版

現代地球科学入門シリーズ
Introduction to Modern Earth Science Series

編集委員

大谷 栄治・長谷川 昭・花輪 公雄

現代地球科学入門シリーズ
刊行にあたって

読者の皆様

　このたび『現代地球科学入門シリーズ』を出版することになりました．近年，地球惑星科学は大きく発展し，研究内容も大きく変貌しつつあります．先端の研究を進めるためには，マルチディシプリナリ，クロスディシプリナリな多分野融合的な研究の推進がいっそう求められています．このような研究を行うためには，それぞれのディシプリンについての基本知識，基本情報の習得が不可欠です．ディシプリンの理解なしにはマルチディシプリナリな，そしてクロスディシプリナリな研究は不可能です．それぞれの分野の基礎を習得し，それらへの深い理解をもつことが基本です．

　世の中には，多くの科学の書籍が出版されています．しかしながら，多くの書籍には最先端の成果が紹介されていますが，科学の進歩に伴って急速に時代遅れになり，専門書としての寿命が短い消耗品のような書籍が増えています．このシリーズでは，寿命の長い教科書を目指して，現代の最先端の成果を紹介しつつ，時代を超えて基本となる基礎的な内容を厳選して丁寧に説明しています．

　このシリーズは，学部2〜4年生から大学院修士課程を対象とする教科書，そして，専門分野を学び始めた学生が，大学院の入学試験などのために自習する際の参考書にもなるよう工夫されています．それぞれの学問分野の基礎，基本をできるだけ詳しく説明すること，それぞれの分野で厳選された基礎的な内容について触れ，日進月歩のこの分野においても長持ちする教科書となることを目指しています．すぐには古くならない基礎・基本を説明している，消耗品ではない座右の書籍を目指しています．

　さらに，地球惑星科学を学び始める学生・大学院生ばかりでなく，地球環境科学，天文学・宇宙科学，材料科学など，周辺分野を学ぶ学生・大学院生も対象とし，それぞれの分野の自習用の参考書として活用できる書籍を目指しました．また，大学教員が，学部や大学院において講義を行う際に活用できる書籍になることも期待致しております．地球惑星科学の分野の名著として，長く座右の書となることを願っております．

編集委員一同

はじめに

今ようやく本シリーズ第 1 巻の原稿まとめることができた (2018 年 7 月).ここまでの長い道のりを振り返るとまったく感無量である.

ちょうど,日本の「はやぶさ 2」探査機が,小惑星リュウグウの荒々しい姿をとらえたところである.この巻の担当を引き受けたとき,はやぶさ 2 の打ち上げ (2014 年) までには遅くとも脱稿できるはずであるという見込みは,打ち上げを迎えたときにはもろくも消えていた.当初の,数名で分担するという方針は変わり,最終的な執筆者は 15 名に達した.

これは,筆者を含めた執筆者の守備範囲が決して狭いということではなく,現代の惑星科学の分野が急速に拡大していて,少ない執筆者では教科書に取り入れるべき最先端を追いかけることが困難であることに起因する.しかし一方では,多くの共著者には原稿の催促だけではなく,時には(教科書としてのレベルのアンバランスから)その玉稿を削ることもお願いすることになった.

その間に探査により続々と出てきた新たなデータは,目をつむり無視することはできない,とても魅力あるものである.その一例が冥王星が準惑星となっ

はやぶさ 2 カメラ ONC-T によって距離約 20 km から撮影されたリュウグウ
2018 年 6 月 26 日 12:50(日本時間)ころの撮影(JAXA / 東京大学ほか提供)

はじめに

たこと（2006年）であり，この天体は木星型惑星の氷衛星に対抗できる変化に富む天体であった．おそらく，最初に New Horizons（ニュー・ホライズンズ）のデータがあったなら，冥王星はまだ惑星の地位を保っていたかもしれない．すでに探査されている火星のような天体でも，Mars Science Laboratory（マーズ・サイエンス・ラボラトリ：MSL）や MAVEN（メイブン，Mars Atmosphere and Volatile Evolution）探査機が新たなデータを提供している．さらに本書では，系外惑星，円盤の観測など，天文学の分野にも内容を広げている．

執筆者
(五十音順・執筆担当箇所)

阿部新助（あべ　しんすけ）
所属　日本大学理工学部航空宇宙工学科
担当　3.1, 3.4

石原吉明（いしはら　よしあき）
所属　国立環境研究所衛星観測センター
担当　4.6, 4.8, コラム 4.5, コラム 4.6

今村　剛（いまむら　たけし）
所属　東京大学大学院新領域創成科学研究科
担当　1.4, 5.4

大竹真紀子（おおたけ　まきこ）
所属　宇宙航空研究開発機構宇宙科学研究所
担当　4.1, 4.2, 4.3, 4.4, 5.1, おわりに, コラム 4.1, コラム 4.2, 第 4 章とりまとめ

小河正基（おがわ　まさき）
所属　東京大学大学院総合文化研究科
担当　1.3, 5.2, コラム 1.1

笠羽康正（かさば　やすまさ）
所属　東北大学大学院理学研究科
担当　1.1, 1.4, 5.4, 5.5, おわりに, コラム 1.2, 第 5 章とりまとめ

木村　淳（きむら　じゅん）
所属　大阪大学大学院理学研究科
担当　1.5, 6.1, 6.3

執筆者

佐々木晶（ささき しょう）
所属　大阪大学大学院理学研究科
担当　1.1, 1.2, 2.2, 3.2, 3.6, 5.3, 6.1, コラム 2.1, コラム 3.3, コラム 3.4, 第 1 章とりまとめ, 第 6 章とりまとめ, はじめに

土山　明（つちやま あきら）
所属　立命館大学総合科学技術研究機構
担当　2.1, 2.5, 3.2, 3.3, 3.4, 3.6, コラム 2.2, コラム 2.3, 第 2 章とりまとめ, 第 3 章とりまとめ

寺田直樹（てらだ なおき）
所属　東北大学大学院理学研究科
担当　1.4, 5.5

奈良岡浩（ならおか ひろし）
所属　九州大学大学院理学研究院
担当　3.5, コラム 3.1, コラム 3.2

堀　安範（ほり やすのり）
所属　自然科学研究機構アストロバイオロジーセンター
担当　2.2, 2.3, 2.4, 6.4

宮本英昭（みやもと ひであき）
所属　東京大学大学院工学系研究科
担当　6.2

諸田智克（もろた ともかつ）
所属　名古屋大学大学院環境学研究科
担当　4.2, 4.4, 4.5, 4.7, コラム 4.3, コラム 4.4

薮田ひかる（やぶた ひかる）
所属　広島大学大学院理学研究科
担当　コラム 3.5

目 次

第1章 太陽系の天体　　1
1.1 太陽系の構造と惑星の運動　　1
1.1.1 惑星と太陽系の力学構造　　1
1.1.2 太陽系の温度構造　　6
1.2 惑星の内部構造　　8
1.2.1 密度と天体の組成　　8
1.2.2 慣性能率（慣性モーメント）と内部構造　　9
1.2.3 内部構造の推定　　11
1.2.4 重力場　　12
1.2.5 潮汐変形・回転運動計測からの制約　　14
1.3 惑星内部の熱進化　　15
1.3.1 固体惑星進化の型と熱史仮説　　15
1.3.2 熱史の観測　　16
1.3.3 熱史モデル　　17
1.3.4 マントル・ダイナミクス　　24
1.3.5 まとめ　　25
1.4 惑星の大気　　25
1.4.1 大気の鉛直圧力構造　　27
1.4.2 大気の鉛直温度構造　　28
1.4.3 大気の平衡温度と有効温度　　31
1.4.4 大気の熱輸送　　34
1.4.5 大気の組成　　39
1.4.6 大気による電磁波の吸収と散乱　　41
1.4.7 熱圏と外圏：中性大気　　44
1.4.8 電離圏と磁気圏：電離大気　　46
1.5 氷天体，小天体，衛星，リング　　50

目　次

  1.5.1　はじめに：惑星を除く太陽系天体たちとその分類 50
  1.5.2　小天体 51
  1.5.3　準惑星 54
  1.5.4　衛星 56
  1.5.5　リング 58
参考文献 65

第 2 章　太陽系の起源　　67

 2.1　宇宙・太陽系・惑星の構成物質 67
  2.1.1　自然界の階層性 67
  2.1.2　太陽系の化学組成と構成物質 68
  2.1.3　宇宙における元素の合成 71
  2.1.4　宇宙における固体物質 75
 2.2　ガス雲の収縮と星・原始惑星系円盤の形成 82
  2.2.1　分子雲 82
  2.2.2　分子雲の重力収縮 83
  2.2.3　分子雲の観測 84
  2.2.4　星周円盤 86
 2.3　惑星の形成およびガス惑星の構造と形成 90
  2.3.1　惑星の形成 90
  2.3.2　微惑星の形成 91
  2.3.3　微惑星の成長：微惑星から原始惑星へ 94
  2.3.4　地球型惑星の誕生 96
  2.3.5　巨大惑星 98
 2.4　太陽系外惑星 105
  2.4.1　太陽系外惑星の発見 105
  2.4.2　太陽系外の惑星の探索 105
  2.4.3　多様な惑星系 111
  2.4.4　系外惑星の統計学 118
  2.4.5　特異な系外惑星系 119
 2.5　宇宙・太陽系における物質分化 120

2.5.1	太陽系形成初期と固体惑星での分化過程の特徴	121
2.5.2	多成分系多相平衡の熱力学と固相–気相平衡	121
2.5.3	平衡凝縮モデル	125
2.5.4	相変化のカイネティクス	128
2.5.5	非調和蒸発・反応を伴う凝縮	133
2.5.6	元素分別と同位体分別	134

参考文献 139

第3章 彗星, 小惑星と太陽系物質　　141

- 3.1 彗　　星 141
  - 3.1.1 彗星の起源 141
  - 3.1.2 彗星の核 146
  - 3.1.3 彗星の尾 151
- 3.2 小　惑　星 153
  - 3.2.1 小惑星の起源 153
  - 3.2.2 小惑星の族と分布 155
  - 3.2.3 小惑星の分類：スペクトル型 157
  - 3.2.4 小惑星の内部構造 162
- 3.3 隕　　石 166
  - 3.3.1 太陽系物質 166
  - 3.3.2 隕石と大分類 167
  - 3.3.3 始原隕石（コンドライト隕石） 169
  - 3.3.4 分化隕石・始原的エコンドライト 179
  - 3.3.5 隕石の二分性 182
  - 3.3.6 隕石に見られる衝撃作用 184
  - 3.3.7 宇宙環境，地球環境との相互作用 185
  - 3.3.8 隕石の年代学 186
- 3.4 宇宙塵（惑星間塵） 191
  - 3.4.1 地球に落下する宇宙塵とその起源 191
  - 3.4.2 宇宙塵と星間塵 193
  - 3.4.3 スターダストサンプルと彗星塵と星間塵 196

目次

- 3.5 有機物と生命物質 197
  - 3.5.1 太陽惑星系における揮発性元素 197
  - 3.5.2 地球外物質中の有機物 199
  - 3.5.3 彗星やガス惑星の有機物 202
  - 3.5.4 隕石有機物の起源と生成メカニズム 202
  - 3.5.5 隕石有機化合物の光学異性体過剰 204
- 3.6 「はやぶさ」のイトカワ探査 207
  - 3.6.1 はやぶさ計画 207
  - 3.6.2 ラブルパイル（瓦礫の集まり）の実証 207
  - 3.6.3 イトカワの組成と宇宙風化作用 210
  - 3.6.4 イトカワ表面の物質移動 212
  - 3.6.5 イトカワ表面の物質 213
  - 3.6.6 イトカワの母天体 216
  - 3.6.7 イトカワでの表面プロセス 217
- 参考文献 219

第4章 地球の衛星：月　221

- 4.1 月探査史と「かぐや」(SELENE) 221
- 4.2 月の地形 225
- 4.3 月のリターンサンプルと月隕石 228
- 4.4 月の地質 235
  - 4.4.1 全球の地質区分 235
  - 4.4.2 高地地殻とマントルの形成 238
  - 4.4.3 海の火成活動 243
- 4.5 天体衝突とクレーター 246
  - 4.5.1 クレーターの形状と形成過程 246
  - 4.5.2 地質年代 252
- 4.6 月の内部構造 254
  - 4.6.1 地殻 256
  - 4.6.2 マントル 258
  - 4.6.3 コア 259

4.7	地球–月系の軌道進化	262
4.8	月の形成仮説	265
参考文献		268

第5章　地球型惑星　　270

- 5.1 水星の地殻と内部構造：揮発性に富み巨大コアをもつ惑星 ... 270
  - 5.1.1 揮発性成分に富む水星の地殻 ... 271
  - 5.1.2 水星の内部構造と起源 ... 275
- 5.2 金星の地殻と内部構造：プルームが支配する世界 ... 278
  - 5.2.1 金星のリソスフェア ... 278
  - 5.2.2 金星のプルーム活動 ... 279
  - 5.2.3 金星の火山平原とテセラテレイン ... 281
  - 5.2.4 金星内部の二段階進化 ... 283
  - 5.2.5 金星の熱進化と水 ... 284
- 5.3 火星の地殻と内部構造：生命存在可能環境を有した惑星 ... 285
  - 5.3.1 火星の火山 ... 285
  - 5.3.2 火星の内部構造 ... 286
  - 5.3.3 火星の磁場 ... 288
  - 5.3.4 火星隕石 ... 289
- 5.4 金星と火星の大気 ... 290
  - 5.4.1 気圧・温度と大気組成 ... 291
  - 5.4.2 加熱・冷却と放射対流平衡：垂直方向の温度分布と熱輸送 ... 294
  - 5.4.3 南北のエネルギー輸送：水平方向の温度分布と熱輸送 ... 295
  - 5.4.4 大気の大循環 ... 298
- 5.5 地球型惑星の大気散逸 ... 303
  - 5.5.1 大気散逸とは ... 303
  - 5.5.2 2つの熱的機構：ジーンズ散逸と流体力学的散逸 ... 306
  - 5.5.3 非熱的散逸 ... 309
  - 5.5.4 拡散律速散逸と大気の上下間結合 ... 310
  - 5.5.5 天体衝突による大気の剥ぎ取り ... 311

目次

   5.5.6 火星からの散逸 312
 参考文献 314

第6章 惑星系の生命存在環境 316
 6.1 ハビタブルゾーン 316
  6.1.1 地球生物学に基づく地球外生命 316
  6.1.2 ハビタブルゾーンとは 318
  6.1.3 継続ハビタブルゾーンと系外ハビタブルゾーン 320
  6.1.4 地下ハビタブルゾーン 322
 6.2 生命存在環境としての火星 322
  6.2.1 はじめに 322
  6.2.2 火星探査の歴史 323
  6.2.3 確かめられた水の存在 325
  6.2.4 過去における固有磁場の存在 327
  6.2.5 内因的な活動度 328
  6.2.6 生命の生存域と火星環境 330
  6.2.7 将来の生命探査の視点 332
 6.3 生命存在環境としての氷天体地下海 333
  6.3.1 氷天体地下海 333
  6.3.2 液体圏の存在：氷天体の内部探査 334
  6.3.3 有機物の存在 338
  6.3.4 エネルギーの存在 340
  6.3.5 地下海の存在が示唆される氷天体 342
  6.3.6 アストロバイオロジーの現場としての氷天体 344
 6.4 生命の星を太陽系外に求めて 344
 参考文献 350

おわりに：太陽系を目指す日本の科学衛星・探査機 352

共通図・表 354

共通参考文献 357

索　　引 　359

欧文索引 　366

コラム目次

コラム 1.1	熱伝導と対流	20
コラム 1.2	宇宙の中の地球	64
コラム 2.1	太陽放射圧とポインティング・ロバートソン効果	76
コラム 2.2	固相−気相平衡：近似的な平衡蒸気圧と凝縮温度の求め方	123
コラム 2.3	蒸発・凝縮速度	131
コラム 3.1	星間分子	154
コラム 3.2	はやぶさ2	163
コラム 3.3	オウムアムア：太陽系外からの来訪者	165
コラム 3.4	隕石有機物の分析手法	200
コラム 3.5	たんぽぽ計画	205
コラム 4.1	リモートセンシングによる拡散反射スペクトルの解析手法と観測結果	241
コラム 4.2	日本の月探査による成果	244
コラム 4.3	クレーター形成過程	251
コラム 4.4	クレーター年代学	255
コラム 4.5	月の重力場測定	259
コラム 4.6	アポロ月震観測	261

第1章 太陽系の天体

1.1 太陽系の構造と惑星の運動

1.1.1 惑星と太陽系の力学構造

宇宙にはあまたの恒星大集団,いわゆる系外銀河が大量に存在する.太陽系はその中にあるありふれた渦巻銀河の1つ**銀河系**(the Galaxy,直径約10万光年)に属し,大量の恒星が集まる銀河中心から26,100光年(2.5×10^{17} km)も離れた片隅に位置する.ごくありふれた恒星である太陽が1つ,その周囲を8つの惑星と衛星群,準惑星,彗星や小惑星などの小天体,惑星間塵が巡るシステムである.今から約46億年前に,星間ガスの収縮によって形成された原始太陽系円盤から形成された.このシステムに安定したエネルギーを供給し続けてきた太陽は質量 2.0×10^{30} kg(この質量を1太陽質量とよび,$1M_\odot$ と表す),G型(スペクトル分類に基づく表面温度が $5,300 \sim 6,000$ K の恒星のタイプ)に分類される約46億歳の中年の恒星である.銀河中心のまわりを約2.5億年周期(約 220 km/s)で周回中であり,この先も約50億年程度は主系列恒星として安定に輝き続ける.長寿命の恒星のまわりで,しかも恒星密度が過剰でなく他恒星からの重力的な擾乱が比較的小さい銀河系の片田舎で過ごせたことが,地球の上で長い年月をかけてゆっくりと進化を遂げる必要のあったわれわれにとって,とても幸いであった.

太陽系の惑星は大きく2種類に分かれる(口絵1).水星,金星,地球,火星は,金属質の中心核(コア)と岩石質のマントル・地殻からなり,**地球型惑星**と

第 1 章　太陽系の天体

よばれるが，質量では太陽系全惑星の 1% に満たない．惑星系のほとんどの質量は，木星，土星，天王星，海王星といった，水素・ヘリウム（H_2 + He）のガスと水（H_2O）などの氷成分を主体とする巨大惑星が占める．天王星，海王星は，炭素・酸素・窒素からなる氷由来成分（メタン（CH_4），一酸化炭素（CO），アンモニア（NH_3），H_2O）のほうが水素・ヘリウムより多いため，木星や土星と区別して，**天王星型惑星**（Uranian planet，巨大氷惑星）と分類することもある．この場合，木星と土星は**木星型惑星**（Jovian planet，巨大ガス惑星）とよばれる．水素・ヘリウムを大量に含む巨大ガス惑星だけで全惑星の約 95%（木星だけで約 71%）の質量を担うが，核融合を起こし恒星になるにはさらにこの約 60 倍（太陽の約 8%，木星の約 80 倍）の質量を集めなければならない．なお，冥王星（1930 年発見）は，2003 年に，より大きな天体エリスが発見されたことをきっかけとした**国際天文学連合**（International Astronomical Union：IAU）による惑星の定義見直しの結果，エリスなどとともに**準惑星**として定義されることになった．

　太陽は，水素が燃焼してヘリウムとなる**核融合反応**（nuclear fusion reaction）により大量のエネルギーを安定して生成し続けている**主系列星**（main sequence star）の 1 つで，3.8×10^{26} W のエネルギーを電磁波として放出している．その質量は太陽系の総質量の 99.86% を占める．最大の惑星，木星の質量は太陽の 1,000 分の 1（1.9×10^{27} kg），地球はさらにその 300 分の 1（5.97×10^{24} kg）である．一方，大きさは，木星は太陽の 1/10，地球はさらにその 1/10 である．太陽と地球との平均距離を 1 **天文単位**（1 AU：astronomical unit $= 1.5 \times 10^8$ km）とよぶが，太陽の直径 1.39×10^6 km は，0.0092 AU である．天球上での天体の大きさを角度で表したものを**視野角**（viewing angle）というが，この値にすると $360/2\pi \times 0.0092 = 0.53°$ となる．これは，地球からみた平均的な月の視野角とほぼ一致する．これが，月が太陽を隠すことで起こる日食において，皆既日食と金環食の両方が観測される理由である．月は地球から徐々に遠ざかっているため（4.7 節），皆既日食は将来の地上からは観測できなくなる．

　太陽系天体の運動は，太陽の重力に支配されている．太陽系の惑星の軌道を（冥王星まで）表したのが図 1.1 である．これらがもつ運動量のほとんどは，重力収縮して中心に太陽をつくるに至った**原始太陽系円盤**（primordial solar nebula）がもっていた角運動量に由来すると考えられ，太陽の自転と同じ方向に，太陽の周囲をほぼ同じ面内で周回している．それぞれの天体は，太陽を 1 つの

1.1 太陽系の構造と惑星の運動

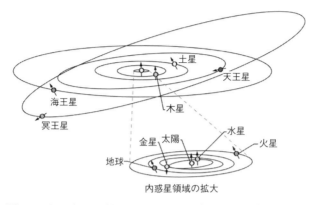

図 1.1　太陽系天体（太陽，惑星，冥王星）の軌道と自転軸の傾き
天体の楕円軌道の軌道面と地球の軌道面である黄道面のなす角度が軌道傾斜角 i である．

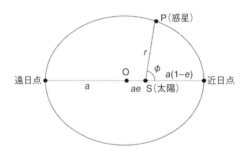

図 1.2　太陽系天体の運動

焦点とする楕円軌道を取る．円軌道からの歪みを表す量が**軌道離心率**（orbital eccentricity）e である．$e=0$ の場合は円軌道，$0<e<1$ の場合は楕円軌道，$e=1$ の場合は放物線軌道，$e>1$ の場合は双曲線軌道となる．楕円軌道の長径の半分の値が**軌道長半径**（a）で円軌道の半径に相当する値となり，太陽に最も近くなる**近日点**（perihelion）距離，遠くなる**遠日点**（aphelion）距離はそれぞれ，$a(1-e)$, $a(1+e)$ と書ける（図 1.2）．地球が太陽を周回する軌道面を**黄道面**（zodiacal plane）とよぶ．それぞれの天体の楕円軌道の軌道面と黄道面のなす角度を**軌道傾斜角**（orbital inclination）i という（図 1.1）．太陽系の 8 つの惑星の e, i は大きくなく，それぞれの軌道が交差することはない．離心率が比較的大きいのが水星と火星である．火星の離心率が高いのは木星の重力の影響

3

第 1 章　太陽系の天体

表 1.1　太陽系天体の基本情報（地球を 1.0 とする）

	太陽からの距離	質量	半径	
水星	0.4	0.055	0.38	鉄 + 岩石
金星	0.7	0.81	0.95	岩石 + 鉄, CO_2 大気
地球	1.0	1.0	1.0	岩石 + 鉄, N_2-O_2 大気
	1.5×10^{11} m	6×10^{24} kg	6,400 km	
月		0.012	0.27	岩石 + 鉄
火星	1.5	0.11	0.53	岩石 + 鉄, CO_2 大気
木星	5.2	318	11.2	H_2+He+ 氷
土星	9.5	95	9.5	H_2+He+ 氷
天王星	19	15	4.0	氷 +H_2+He
海王星	30	17	3.9	氷 +H_2+He
冥王星	40	0.002	0.18	氷 + 岩石 + 鉄, N_2-CH_4 大気
外縁天体	30～1,000?			氷 + 岩石 + 鉄
彗星	2～50,000?			氷 + 岩石 + 鉄
小惑星	1～5			岩石 + 鉄

と考えられる．惑星の軌道傾斜角は，水星（7°）以外は数度以下である．これは，太陽系が原始太陽の周囲のガス円盤（原始太陽系円盤）から進化して形成したと考える，円盤起源モデルの 1 つの証拠と考えられる．準惑星扱いとなった冥王星も離心率や軌道傾斜角が大きく，太陽に一番近いときには海王星軌道よりも内側に入る．この天体は，ガス惑星とは起源が異なる氷天体であることがわかっている（1.5 節）．最近では似た軌道やサイズの天体（太陽系外縁天体）が多数発見されてきている．1.6 節，3.1 節，3.2 節で述べる太陽系の小天体（小惑星，彗星，太陽系外縁天体）は，大きな軌道離心率や軌道傾斜角をもつものが少なくない．なかには軌道離心率が 1 に近く太陽系の外縁部からきたと考えられるものや，ハリー彗星のように太陽を逆行して周回するものがある．逆行天体は 90°以上の軌道傾斜角を有するものと定義できる．

表 1.1 にあるように，惑星の太陽からの相対的距離 a は，0.4（水星），0.7（金星），1.0（地球），1.5（火星），5.2（木星），9.5（土星），19（天王星），30（海王星）と，何らかの関係をもっているように見える．これをまとめたのが，**ティティウス・ボーデの法則**（Titius-Bode law）で，

$$a/\mathrm{AU} = 0.3 \times 2^N + 0.4 \tag{1.1}$$

として，$N = -\infty$（水星），0（金星），1（地球），2（火星），4（木星），5（土

星),6(天王星)までよく説明できる.しかし,海王星の値は合わない.さらに $N=3$ に対応する大きな天体はない.探索の結果,セレス(ケレス),ベスタなど数百 km サイズの小惑星は発見されているが,そのすべての質量を合わせても惑星質量とは程遠い.現在では,地球型惑星と木星型惑星では形成メカニズムの違いも提唱されており,ティティウス・ボーデの法則が太陽系の全容を説明できないことは明らかである.とはいえ現在の木星型惑星の配列は,相互の重力作用による軌道進化の結果と考えられ(2.4節),軌道長半径には何らかの関係が生まれた可能性がある.実際,太陽系外の惑星系では,複数の惑星の軌道が共鳴状態にあり,周期が整数比で表されているものが発見されている.

太陽重力は遠方ほど弱くなるため,(円軌道の場合)太陽質量 $M_\odot$,天体の太陽からの距離を a とすると,太陽重力による公転運動(**ケプラー運動**,Kepler motion)の軌道速度 v_K,軌道周期 T_K は

$$v_\mathrm{K} = \left(\frac{GM_\odot}{a}\right)^{1/2} \tag{1.2}$$

$$T_\mathrm{K} = 2\pi \left(GM_\odot\right)^{-1/2} a^{3/2} \tag{1.3}$$

と書ける.地球軌道(図 1.3)では,公転の平均軌道速度と周期は,それぞれ $30\,\mathrm{km/s}$,1年である.最も内側の水星では,それぞれ $48\,\mathrm{km/s}$,88日と,運動は早く周期は短くなる.太陽系惑星最大の木星では平均軌道速度は $13\,\mathrm{km/s}$,公転周期は 13.86 年.最も遠い海王星ではそれぞれ $5.5\,\mathrm{km/s}$,165.23 年となる.

各惑星の重力が及ぶ範囲はどの程度であろうか.惑星の近くを巡る天体には,回転系でみると太陽からの重力,惑星からの重力,そして太陽–惑星の重心系からみた遠心力がかかる.これらが釣り合う場所が**ラグランジュ点**(Lagrangian point)で,太陽=天体を結ぶ線上のラグランジュ点 L_1 と天体重心との距離を,「惑星の重力が強い範囲」(**ヒル圏**,Hill sphere)を代表する長さと考え,**ヒル半径** r_H とよぶ.この大きさは,太陽距離 a,質量 M の惑星(太陽質量 $M_\odot$ よりはるかに小さい)では式 (1.4) となる.

$$r_\mathrm{H} = \left(\frac{M}{3M_\odot}\right)^{1/3} a \tag{1.4}$$

すなわち質量の 1/3 乗に比例して,また太陽からの距離に比例してヒル圏は大きくなり,衛星をもてる可能性が高くなるとともに近傍に入る天体の軌道を乱すことになる.地球のヒル圏はほぼ $0.01a = 150$ 万 km で,月の平均軌道半径

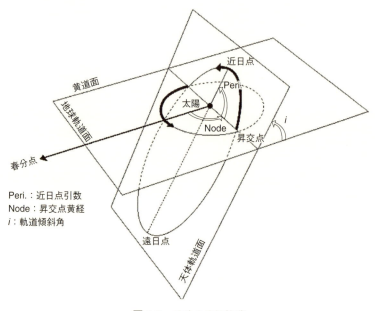

図 1.3　地球の公転軌道

38万kmの約4倍である．太陽系最大の惑星である木星では0.35 AU，最も遠い惑星である海王星では0.78 AUに達する．

1.1.2　太陽系の温度構造

太陽は，重力だけで太陽系をコントロールしているのではない．太陽から放射される光・電磁波のエネルギーは太陽系の温度環境を決める．さらに，太陽コロナを構成する高温プラズマ粒子は，磁場を伴って惑星間空間を400～800 km/sの速度で広がり（**太陽風**，solar wind），惑星の大気最上層や表面に吹き付ける．太陽風と関連する現象については，本シリーズの第2巻『太陽地球圏』（小野・三好，2012）に詳しく述べられている．ここでは，太陽系形成時を考えるうえでも重要な，太陽放射エネルギーによる太陽系の温度環境について述べる．

惑星全体の加熱と冷却は**黒体輻射**（blackbody radiation）を介して行われる．黒体とは反射率0の仮想物体であるが，温度 T [K] をもつと単位時間・面積あたり $\sigma_{\mathrm{SB}} T^4$ [W/m^2] の電磁波を放射する．その効率はシュテファン・ボルツマン係数（Stefan-Boltzman constant）$\sigma_{\mathrm{SB}} = 5.67 \times 10^{-8}$ [W m/K^4] で表される．

黒体輻射のスペクトルは波長が短くなるにつれ次第に強くなり，エネルギー最大となるピーク波長を超えると指数関数的に小さくなる（量子力学的効果による）．ピーク波長は $9.7/(T/300)$ μm で，温度が高くなるほど短くなり，太陽（約 5,700 K）では可視帯（波長 0.5 μm）にくる．太陽系惑星の温度はおおむね 700〜数十 K 程度なので，その輻射は波長 4〜40 μm の赤外域となる．すなわち惑星は，「太陽（や恒星）によって可視域の輻射で加熱され，自身が放つ赤外域の輻射で冷却される」物体といえる．

　宇宙に浮かぶ球体惑星の平均的な温度，すなわち平衡状態の温度を考えてみよう．加熱量は可視域の吸収のみ，冷却量は赤外線の放射のみで支配されるとする．太陽から放射される電磁波の単位時間あたり全エネルギーを L とする（現在値：$L_\odot = 3.8 \times 10^{26}$ [W]）と，太陽距離 a [m] での単位時間・単位面積あたりの放射エネルギーは $S = L/4\pi a^2$ [W/m^2] となる（地球位置：$S = 1{,}370$ W/m^2）．半径 R [m] の球体惑星（断面積 πR^2 [m^2]）の単位時間あたり加熱量は，可視光反射率を α とすると $(1-\alpha)\pi R^2 S$ [W] となる．一方で，この惑星は宇宙空間へ赤外線を放出して冷却される．この惑星の赤外線輻射率を ε とすると，温度 T の等温惑星が放つ単位時間・単位面積あたりの放射エネルギーは $\varepsilon \sigma_{\rm SB} T^4$，半径 R [m] の球体惑星（表面積 $4\pi R^2$ [m^2]）が失う単位時間あたりのエネルギーは $4\pi R^2 \varepsilon \sigma_{\rm SB} T^4$ [W] となる．惑星の**平衡温度**（equivalent temperature）$T_{\rm eq}$ は，この加熱量と冷却量が等しくなる温度として定義され，

$$(1-\alpha)\pi R^2 \frac{L}{4\pi a^2} = 4\pi R^2 \varepsilon \sigma_{\rm SB} T_{\rm eq}^4 \tag{1.5}$$

から

$$T_{\rm eq} = \left(\frac{1-\alpha}{4\varepsilon\sigma_{\rm SB}} \frac{L}{4\pi a^2}\right)^{1/4} = 280\,[{\rm K}] \left(\frac{1-\alpha}{\varepsilon}\right)^{1/4} \left(\frac{L}{L_\odot}\right)^{1/4} \left(\frac{a}{1\,[{\rm AU}]}\right)^{1/2} \tag{1.6}$$

を得る．この平衡温度は，太陽が暗いほど，惑星が太陽から遠ざかるほど，惑星の可視光反射率が大きいほど，また惑星の赤外線輻射率が大きいほど，低くなることになる．

　この式は宇宙に浮かぶ球形物体に当てはまるので，細かいダスト粒子の温度も同様である．詳しくは第 2 章で述べるが，太陽系形成時にガス円盤集積が一段落したあとの円盤の温度分布は，太陽光により決まるとすると，やはりこの式に近いかたちで求めることができる．温度が下がる遠方では水（H_2O）は固体

として存在することになるので，平衡放射温度が真空中での水の凝結温度170〜180Kを下回る領域では，微惑星の形成に使える固体材料が飛躍的に増える．この境界線を**スノーライン**（snowline，**雪線**，**凍結線**）とよぶ．現在の太陽系では火星と木星の間，小惑星帯にあたり，この外側ではより固体物質が多いため相互の衝突によって微惑星が生長しやすく，巨大な惑星が生まれやすい（Hayashi *et al.*, 1985; Stevenson and Lunine, 1988）．最近のアルマ（ALMA）望遠鏡の観測で，恒星を取り巻くガス円盤の観測から一酸化炭素のスノーラインが確認された．太陽系のなかで具体的にどのような物質が存在するかは2.1節で述べる．式 (1.6) は，系外惑星系においてもハビタブルゾーンを議論するときにも使われる（6.1節）．

1.2　惑星の内部構造

1.2.1　密度と天体の組成

　惑星の内部を推定するために必要な最も基本的な量は，天体のサイズと質量から決まる密度である．そこから全体の組成を推定することができる．ガス天体（木星型惑星，天王星型惑星），氷天体（氷衛星，太陽系外縁小天体），ケイ酸塩・金属天体（地球型惑星，小惑星）の順に密度が高くなる．太陽系天体の天体質量と密度・構成成分との関係を口絵6にまとめる．

　惑星が衛星を保有するとき，その運動が観測できれば，周期と軌道長半径から全質量（惑星と衛星の質量の和）が求まる．一方で，天体の運動を精密に測定することから，その天体の運動に影響を与える別の天体の質量を推定することができる．天王星，海王星や大きな小惑星の質量がこれにより推定された．このような方法は，2.4節で述べる太陽系外惑星の探索でも使われている．また遠方の小さい天体で形状を直接観測できない天体でも，そのサイズは太陽光反射による可視光域の明るさや，熱輻射による赤外域での明るさから推定できる．形状を球などと仮定すれば，天体の質量とサイズから密度が決まる．太陽系内の天体は天球上を運動すると恒星の光を隠すことがある．この掩蔽（えんぺい，occultation）という現象の時間が地球上のさまざまな緯度で観測されると，天体のサイズの情報を得ることができる．

　とはいえ独立した天体や衛星の質量は，探査機で接近しないとわからないこ

1.2 惑星の内部構造

表1.2 典型的な太陽系天体の半径，質量，密度，規格化慣性能率

	半径 [km]	質量 [10^{24} kg]	密度 [kg/m^3]	慣性能率
地球	6,371	5.974	5,150	0.3307
水星	2,440	0.3302	5,427	0.346
金星	6,051	4.868	5,204	0.338*
火星	3,389	0.6419	3,933	0.3662
木星	71,490	1,898.6	1,326	0.254
土星	60,270	568.46	687	0.210
天王星	25,559	86.813	1,270	0.23
海王星	24,622	102.43	1,643	0.23
月	1,737	0.07349	3,340	0.393
イオ	1,822	0.0893	3,528	0.378
エウロパ	1,565	0.0480	3,020	0.346
ガニメデ	2,634	0.1482	1,940	0.3105
カリスト	2,410	0.1076	1,851	0.3549
タイタン	2,575	0.1345	1,880	0.341
エンセラダス	252.1	1.08×10^{-4}	1,609	0.335

* 金星の慣性能率値は内部構造モデルによるもの．

とが多い．表1.2（および巻末の共通表1）に，太陽系の惑星や代表的な衛星の半径，質量，密度，および規格化した慣性能率を示す．

1.2.2 慣性能率（慣性モーメント）と内部構造

図1.4に太陽系天体の内部構造モデルを示す．このような内部の成層構造や密度分布は，平均密度だけではなく，天体内部の質量集中を表す**慣性能率**（moment of inertia）が重要な情報をもたらす．微小質量を dm とすると慣性能率は内部の密度分布を ρ，回転軸からの距離を s とすると，

$$I = \int_V s^2 \, dm = \int_V \rho s^2 \, dV \tag{1.7}$$

と表せる．質量要素 dm を天体全体で積分することになる．質量 M，半径 R の均質球では，規格化した慣性能率が $I/MR^2 = 0.4$ になる．一般に内部に密度集中があると $I/MR^2 < 0.4$ となる．地球型惑星では，金属コアの存在が慣性能率を低くする．氷天体では，岩石と氷が別れていると慣性能率は低い．たとえばコアとマントルの2層構造の場合，コアと天体の半径比を x（< 1），コアとマ

第 1 章　太陽系の天体

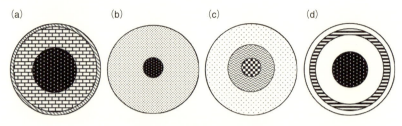

図 1.4　太陽系天体の基本構造

(a) 地球型惑星（金属核，ケイ酸塩マントル，地殻）．
(b) 木星型惑星（巨大ガス惑星）（中心核，金属 H_2-He，分子 H_2-He）．
(c) 天王星，海王星（巨大氷惑星）（岩石金属中心核，H_2-He-氷の外層）．
(d) 氷衛星・氷天体（岩石金属中心核，氷マントルと地下海）．

ントルの密度比を α (>1) とすると，式 (1.7) から

$$\frac{I}{MR^2} = \frac{2}{5} \cdot \frac{(\alpha-1)x^5 + 1}{(\alpha-1)x^3 + 1} \tag{1.8}$$

となる．均質球（$\alpha = 1$ もしくは $x = 0$）は，$I/MR^2 = 0.4$ である．$\alpha = 2$，$x = 0.5$ のときは $I/MR^2 = 0.367$ になるが，これは火星の値に近い．

　大きな天体では，圧縮による密度上昇の効果も慣性能率の値を低くする要因となる．地球や金星の値が上の値よりも低い原因の1つがこれである．木星型惑星，とくに木星や土星では水素やヘリウムのガスが主成分である．内部圧力は高く，中心部の密度が高い．木星では平均密度は $1,326\,\mathrm{kg/m^3}$ だが，中心密度はその数倍以上と見積もられている．高圧下の水素の状態方程式は，$P \sim \rho^2$ と近似できる（2.4 節も参照）．この関係が成り立つ場合は慣性能率には厳密解があり，

$$\frac{I}{MR^2} = \frac{2}{3}\left(1 - \frac{6}{\pi^2}\right) \sim 0.261 \tag{1.9}$$

となるが，実際の木星や土星の慣性能率（表 1.2）に近い．

　天体が完全に球対称だと，質量分布の影響は外に現れない．とはいえ，内部が静水圧平衡になっている天体が自転するとその形状は扁平となって球からずれる．**扁平率**（flattening）f は内部の質量分布，すなわち慣性能率に依存するかたちになる．自転軸まわりの慣性能率を C，天体中心と赤道を通る軸のまわりの慣性能率を A とする．扁平率 f，$c = C/MR^2$，$J_2 = (C-A)/MR^2$（後述のようにこれは重力場の 2 次の係数で等ポテンシャル面の扁平度を表す量）の

間には，

$$\frac{J_2}{f} = -\frac{3}{10} + \frac{5}{2}c - \frac{15}{8}c^2 \tag{1.10}$$

という関係が得られる（Murray and Dermott, 1999）（ダーウィン・ラダウ（Darwin-Radau）の式と名づけられている関係式から導かれる）．式 (1.10) は，c が 2/5 に近い値の場合は，

$$\frac{J_2}{f} = c - \frac{15}{8}\left(c - \frac{2}{5}\right)^2 \approx c \tag{1.11}$$

と簡単なかたちになる．実際には，中心への質量集中が大きい場合，式 (1.11) のほうがよりよい近似となっている（Murray and Dermott, 1999）．これらの関係式から，天体のそばを探査機が通過して，球対称重力からの差を測定できれば（実際には探査機の電波追跡信号のドップラー（Doppler）効果から，探査機の速度を測定して重力加速度を求める），慣性能率が得られる．金星では自転速度が遅いため扁平率はほぼゼロであり，この手法は使えない．実際，周回軌道の重力場測定で求めた J_2 は地球のわずか 5% であった．

1.2.3　内部構造の推定

平均密度と慣性能率とともに構成物質がわかれば，内部構造モデルを推定できる．まず，物質に対応する状態方程式（圧力＝密度の関係式）を仮定する．固体天体でマーナガン・バーチ（Murnaghan-Birch）状態方程式を使うことが多い．体積弾性率などの状態方程式の係数は高圧実験で決める．天体内部の層構造を仮定して，それぞれの層に状態方程式を当てはめ，質量と慣性能率が合うように層構造境界を定める．ただし，通常はコアの組成と密度に不確定性があり，求まるコア半径も上限値である．

地球型惑星では，硫黄，酸素，水素などが金属コアに融け込むことによりコアの密度と融点を下げていると考えられている．木星や土星（巨大ガス惑星）の場合は，高圧下の水素とヘリウムの状態方程式に内部構造が依存する．最近では，岩石，鉄と氷成分からなる地球質量の 5〜25 倍程度のコアが存在し，周囲に水素とヘリウムの層があり，その下部は高圧の金属水素層となっていると考えられている．土星と木星では，密度が 2 倍程度，質量では 3 倍以上異なるが大きさはあまり変わらない．太陽系外惑星では，木星より大きな質量の天体が数多く発見されている．質量が増大すると，重力により水素・ヘリウムがより

圧縮され密度が高くなる．この結果，半径は大きく変化しない（巨大ガス惑星の内部構造については 2.3.5 項を参照のこと）．

木星や土星の大きな衛星では，探査機で質量や慣性能率が求められた．木星の衛星の**エウロパ**（Europa），**ガニメデ**（Ganymede），**カリスト**（Callisto）はいずれも氷で覆われているが，一番小さなエウロパの密度が高く，また慣性能率はカリストが最も高い．これから，ガニメデとカリストでは H_2O が半分ほどを占める一方，エウロパでは H_2O の割合が 10% 程度と推定されている．慣性能率の低いエウロパとガニメデは，岩石・金属のコアと H_2O の層が分離している一方で，カリストでは内部で氷が完全に分離していないと考えられる．なお，エウロパとガニメデでは，氷地殻の下に液体水の層（地下海）が存在することが磁場観測から推測されている．このような地下海の存在は，土星の衛星**エンセラダス**（またはエンケラドス，Enceladus）で発見された水の噴出によって間接的に証明された．

温度構造も内部構造に影響を与える．固体天体の場合，熱膨張の直接の効果はあまり大きくない．しかし，相境界の深さに温度依存性があるため，温度構造の変化により高圧相の位置が変化すると（$dT/dP > 0$ の場合，温度が高くなると高圧相が深くなる），密度構造に影響を与える．溶融コアや氷天体の地下海の所在も，温度構造に依存する．

1.2.4　重力場

天体を周回する探査機の軌道は，惑星重力場の影響を受けて変化する．探査機の軌道を電波追跡（ドップラー効果で速度・加速度を測定）により正確に求めると，その軌道の変化から天体重力場を求めることができる．空間分解能はほぼ軌道高度程度である．惑星表面の重力場は，通常，球面調和関数展開で

$$V = \frac{GM}{r}\left\{1 + \sum_{n=1}^{\infty}\sum_{m=0}^{n}\left(\frac{R}{r}\right)^n [C_{nm}R'_{nm}(\theta,\gamma) + S_{nm}S'_{nm}(\theta,\gamma)]\right\}$$
$$R'_{nm}(\theta,\gamma) = P_n^m(\cos\theta)\cos m\gamma$$
$$S'_{nm}(\theta,\gamma) = P_n^m(\cos\theta)\sin m\gamma$$
(1.12)

のかたちで表す．ここで，$-C_{20} = J_2 = (C-A)/MR^2$ である．

高次（m, n が大きい場合）項まで C_{nm} が求められている場合は，細かい構造を見ることができる．高次重力場を求めるには，探査機がより近い距離で周回

することが必要である．自転する天体では，極軌道を取る衛星の電波追跡から全面マッピングができる．このようにして高次の重力場が得られている天体は，地球のほかには月，金星，火星である．木星では，2016年夏から開始された極軌道衛星 Juno（ジュノー）の周回観測により，全球重力場が取得され，緯度方向には10次まで，経度方向にも大赤斑での違いといった情報が得られている．また土星でも，2016～17年に Cassini（カッシーニ）が極軌道を巡り，全球重力場の取得がなされた．土星の衛星タイタンでもフライバイにより重力場の非球対称成分が取得されている．水星は北半球については，MESSENGER（メッセンジャー，M̲ercury s̲urface, s̲pace e̲nvironment, g̲eochemistry and r̲anging）探査機が重力場のデータを提供したが，全球重力場は BepiColombo（ベピコロンボ）探査機の測定が重要になる．

　これらで推定された探査機高度での重力場を天体表面に戻して得られる重力異常値（**フリーエアー重力異常**，free-air gravity anomaly）には，地形の効果が含まれている．密度構造が水平方向に十分広く分布していると，重力異常は鉛直方向の密度分布の違いから

$$\Delta g \approx 2\pi G \int \Delta \rho \, \mathrm{d}z \tag{1.13}$$

と書ける．高密度のマントルをより低密度の地殻が覆っており，地殻の厚さが**アイソスタシー**（isostasy）により決まっていると，フリーエアー重力異常はほぼゼロになる．実際には，地形に代表される短波長成分は弾性的に支えられることが多い．フリーエアー重力異常から地形の効果を引いたものが**ブーゲー重力異常**（Bouguer gravity anomaly）で，地下の密度構造を反映する．

　重力異常の原因を地殻とマントルの密度差と地形であると仮定する．地殻とマントルの密度差を仮定し，またある場所での地殻の厚さを想定すると，重力分布から地殻の厚さ分布を求めることができる．月や火星では，この方法で全球の地殻厚さ分布が求められている．

　月は公転と自転が同期しており，裏側は探査機の追跡ができず，重力場の精度は高くなかった．日本の月探査機「かぐや」（SELENE）は，リレー衛星「おきな」を経由した電波中継で4-wayドップラー追跡を行い，はじめて月の裏側全面の重力場を計測した（Namiki et al., 2009）．さらに「かぐや」では，もう1つの子衛星「おうな」（VRAD，表4.2参照）を利用し，相対 VLBI の手法（2.2.3項参照）でリレー衛星の位置精度を高め，より重力場の精度を向上させ

た（Kikuchi et al., 2009）．現在では月の重力場は，GRAIL（グレイル）衛星により 900 次を超えるものが取得されている（月については，4.6 節を参照）．

1.2.5 潮汐変形・回転運動計測からの制約

惑星は自転に伴う太陽潮汐力の変化に伴う変形を受ける．衛星も惑星による潮汐変形を受ける．潮汐力による変形は，内部構造に関係する**潮汐ラブ数**（tidal Love number）に依存する．微小な変形でも，それによる重力場の変化は周回探査機の軌道に影響をもたらす（地球–月系については 4.7 節を参照）ので，長期追跡データから潮汐ラブ数などの内部構造パラメータを求めることができる．

火星を長期間周回した Mars Global Surveyor（マーズグローバルサーベイヤー，MGS）探査機の軌道データからは，当初低い潮汐ラブ数 $k_2 = 0.055 \pm 0.008$ が求められ，コアは固体であるとみられた．その後改訂された値（最新の値 $k_2 = 0.1697 \pm 0.0027$）は高く（固体火星の弾性的な変形に限っても 0.145 程度はあるため），火星のコアは部分溶融状態であるとされた（Genova et al., 2016）．これは，内部の温度が高いか，硫黄などがコアに入り融点が低いことを示す．

1974 年に水星をフライバイした Mariner（マリナー）10 号は，水星の密度が高く（5,430 kg/m^3）コアの割合が高いこと，また双極子磁場が存在することを明らかにした．これらから水星核は溶融状態でダイナモ活動が維持されていると考えられたが，過去の残留磁化である可能性も残る．これに対し，水星の自転の精密な測定から解答が得られた．水星の自転周期と公転周期の比は 2：3 である．離心率の大きい（$e \sim 0.2$）楕円軌道をとるため，水星表面は太陽からの潮汐トルクを受け，水星の自転速度は変動する．この潮汐による変動は**強制秤動**（forced libration）とよばれる．水星のコアが固化している場合，全体の自転速度が変化する．一方，コアが溶融している場合，マントルと地殻だけが自転変動を受けもつため，自転速度変動の振幅が大きくなることが予想された．Margot ら（2007）は，地上からの 4 年間にわたるレーダー観測で水星の自転速度変動を調べ，その振幅は大きく，水星の核が少なくとも外側は溶融していることを明らかにした．水星のような小さな天体で溶融核を維持するには，コアに硫黄など融点を下げる軽元素が含まれている可能性が高い．比較的低温で凝縮する硫黄の存在は，水星の形成条件にも制約を与える．

1.3 惑星内部の熱進化

惑星内部の活動史は，その惑星のサイズや表層における水の有無などの環境に強く依存する．その理解への切り口の1つが，惑星内部のエネルギー収支，すなわち**熱史**（thermal history）である．「熱史」に基づいた惑星内部進化の理解とその限界について解説する．

1.3.1 固体惑星進化の型と熱史仮説

口絵2に岩石惑星と月の地形図を示す．これらの天体は，以下に解説するように，大きく小型（岩石）惑星（水星・月を含む）と大型（岩石）惑星（金星・地球）に分かれ，火星はその中間に位置する．

小型惑星は，クレーターがより多い．このことは，現在の地殻の大部分が**後期重爆撃期**（late heavy bombardment，約37億年以上前，隕石が大量に降ってきた時代）に形成され，それ以降の火成活動が弱いことを示す（月のクレーター年代については4.5.2項を参照）．これに対し大型惑星ではクレーターの数は限られ，地表面が若いことが読み取れる．これらの惑星では，最近の数億年間にも火成活動や地球のプレートテクトニクスに代表されるテクトニックな（大規模な運動に関連した）地質活動が活発に起こっていた．一方，火星では，一見南半球のほうが北半球よりクレーター密度が高い．北半球は比較的若いように見えるが，実際には堆積物や溶岩に半分埋まったクレーターが多数分布し，両半球の地殻とも後期重爆撃期かそれ以前に形成されたことがわかっている．この点では火星は小型惑星に近いが，画面中央部に位置するタルシス（Tharsis）といわれる高標高部には巨大な火山がいくつかあり，その活動は部分的には最近の数千万年まで続いたことが知られ，この意味では大型惑星に近い．

惑星のサイズと活動史との関係を見ると，以下の素朴な考えに到達する．

(1) すべての岩石惑星は，形成直後は高温で活発な活動をしていたが，その後冷却しそれに伴い活動度が低下した．

(2) 小型惑星は冷えやすく早期に火成活動が衰えた．大型惑星は冷えにくく活発な活動が持続した．

この考えに従い，岩石惑星史の理解を試みるのが熱史研究の基本である．なお，初期状態は溶融状態から考える．火星サイズより大きな惑星では，惑星集

積時や惑星形成後のコアとマントルの分離のときに解放される重力エネルギーのため，いわゆるマグマの海（マグマオーシャン）が形成されると考えられている．月でも，巨大衝突から急速に形成されたという仮説に従うなら，やはりその内部の状態は溶融状態から始まると考えられる（4.4節, 4.8節）．

1.3.2 熱史の観測

惑星内部の温度変化の歴史は，観測で直接推定できるであろうか．使える観測事実として，地殻を構成する岩石の化学組成から見積もられるマグマ源としてのマントルの温度がある．また地殻が古い小型惑星では，地形や重力データから推定される惑星の膨張・収縮史がある．

図 1.5 に，表面に噴出した火成岩から岩石学的に見積もられた水星，火星，地球におけるマントルの温度の推定値の例を示す．各惑星とも定性的に時間とともに内部が冷えていく様子が見て取れるが，それ以上の定量的な熱史を見積もるのは困難である．これは，岩石学的にわかるのはマグマ生成場所の温度で，惑星内部の平均温度を表しているとは限らないからである．たとえば地球では，海洋地殻と推定される岩石から見積もったマントル最上部の温度と，プルーム起源と思われる岩石から見積もった温度では，とくに25億年以上昔の太古代とよばれる時代に大きな差がある．

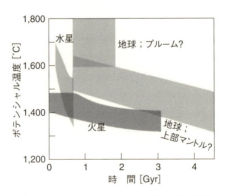

図 1.5 惑星の熱史に対する岩石学的制約

縦軸は，マグマの源の温度 T そのものではなくポテンシャル温度 T_p（マグマ源の物質を断熱的に地表面まで持ち上げたときに実現されるその物質の温度）を示す．T_p は持ち上げによる圧力低下のために起こる断熱膨張や融解の潜熱による温度低下のため T より低い．

小型惑星の場合，表面地形や重力の観測からより定量的な熱史の制約が得られる．水星の**スカープ**（scarp）とよばれる逆断層（5.1節；図5.6）は，惑星全体の熱収縮で生じたもので，その解析から水星は40億年前から現在までに5〜7 km収縮したと推定されている（Byrne et al., 2014）．この熱収縮は，温度に換算すると100〜300℃の温度低下に対応する．同様な期間中の月の収縮量は1 km以下で，月内部の平均温度の低下量はせいぜい50℃程度と見積もられている．さらに月の場合，重力のブーゲー異常（1.2.4項参照）の詳しい解析により，形成直後の最初の5億年ほどの間に，地殻の中に溶岩の板（ダイク）が貫入しており，半径にして数km膨張したことが推定されている．このことは，この期間月の内部温度は上昇したことを示している（Andrew-Hanna et al., 2013）．

これらの観測から見積もられた熱史は，岩石惑星進化の理解にどのような手掛かりを与えてくれるのであろうか．月が40億年前から50℃程度しか冷えていないとして，この程度の低下で月の海の火山活動（35億年以上前は活発であったが，以降急速に衰えた）を理解できるだろうか．図1.5は20〜30億年前の火星のマントル温度は現在の地球と同程度だったことを示唆するが，なぜこの時代の火星の火山活動度は現在の地球と比べ非常に低かったのか．それとも，これらの惑星内部温度の見積りが大きく間違っているのだろうか．これらの疑問については，1.3.4項でふたたび取り上げる．

1.3.3 熱史モデル

観測のみから惑星内部の温度変化を直接推定することは困難であり，モデリングとの組合せで熱史を制約しようという試みが数多くなされてきた．惑星内部は，形成直後の高温状態から出発し，一方で火成活動・対流や熱伝導で熱を放出し，他方で放射性元素の壊変により熱を得る．温度変化を決めるのは，惑星内部の放射性元素量と，対流と火成活動による熱放出効率である．

Ⓐ 内部熱源

惑星内部は，おもに鉄からなるコアと，岩石からなる地殻・マントルに分かれる．放射性元素であるウランやトリウムなどは，その化学的性質のためコアに入ることは困難で，多くは地殻・マントルに分布する．図1.6に地球に関するその発熱量の見積もりの例を示す．図中T & S（2002）は，放射性熱源が生み出した熱とこの熱源の減衰に起因するマントル温度の低下のため解放される顕熱の和が，地球表面からの総熱流量（現在45 TW）から大陸地殻の発熱量（現在

第1章　太陽系の天体

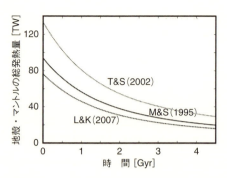

図 1.6　地球の地殻とマントルに存在する全放射性元素による発熱量の見積もり
T & S：Turcotte and Schubert（2002），M & S：McDonough and Sun（1995），L & K：Lyubetskaya and Korenaga（2007）．

およそ 7 TW）を差し引いたものと等しいとして内部発熱量を見積もっている．これに対し，M & S（1995）や L & K（2007）はマントル最上部の岩石と始原的隕石の化学組成の比較から放射性元素の量を推定している．図の曲線より下の面積を岩石の比熱で割ることで，45億年間にこの発熱のためマントルの温度が何度上昇するかを見積もると，曲線 T & S で 2,100℃，M & S で 1,500℃，L & K で 1,200℃ となる．比較のため，地球は内部からその 45 億年の歴史を通じて 45 TW 熱を放出し続けたとすると，地殻・マントルの平均温度の低下量は約 1,600℃ となる（ただし，コアからマントルへの熱流は無視している）．図に示された総発熱量のうち，T & S のみがこの値を上回っている．

以上の惑星マントルの熱収支の見積もりには2つ問題がある．第一に「隠れた熱源」の問題である．もしマントル深部に放射性元素を多く含み，浅部に浮上しない物質貯蔵庫（リザーバー）があると，それらの寄与を見逃してしまう危険性が高い（将来的には地球深部の放射性元素の総量は，放射性元素壊変の際に放出されるニュートリノの測定により制約される）．第二に，放射性元素の地殻への濃集も重要な意味をもつ．一般に岩石惑星では，火成活動で地殻が形成されると放射性元素は溶融時にマグマに入るため地殻に濃集するが，これらは惑星深部の温度上昇に寄与しなくなる．

月や火星のように地殻がほとんどあるいはまったくマントルにリサイクルしない惑星では，放射性元素はマントルから出ていく一方なので，その惑星の活動度は減衰することになる．地球でも，放射性元素が強く濃集する大陸地殻の

成長と規模を調べるだけではなく，どの程度プレートの沈み込みでマントルに戻ったかを知ることは，熱史にとって必要であるが困難な課題である．

❸ 熱 輸 送

　岩石惑星内部の大部分を占めるマントルでの熱輸送メカニズムには熱伝導，対流，火成活動の3つがある．熱伝導は輸送効率が悪く，45億年経っても700 km足らずの深さまでしか冷やせず，マントルの厚さが400 kmしかない水星以外では重要ではない（より詳しくはコラム1.1を参照のこと）．火成活動は**マントル対流**（mantle convection）の有無で支配されるので，岩石惑星の熱史ではマントル対流が重要になる．

　マントル対流は，基本的には熱膨張・収縮によって生じる浮力が駆動する熱対流で，以下で定義される特徴的なスケール長 d_p をもつ．

$$d_\mathrm{p} = \left(\frac{\eta\kappa}{\Delta\rho g}\right)^{1/3} \tag{1.14}$$

ここに，η は粘性率（マントルでの典型的値は $10^{20}\sim 10^{22}$ Pa s，κ は熱拡散率（10^{-6} m^2/s 程度），$\Delta\rho$ は熱膨張による密度コントラスト（25 kg/m^3 程度），g は重力加速度（地球で 10 m/s^2）である（コラム1.1参照）．たとえばプルームのサイズは経験的に $10d_\mathrm{p} = 100\sim 300$ km 程度である（ちなみにこのプルームサイズは水では 1 mm，マグマでは 1 cm である）．粘性率が一定の流体では，熱対流は対流層の厚さ d が $10d_\mathrm{p}$ を超えたとき，あるいは

$$R_\mathrm{a} = \left(\frac{d}{d_\mathrm{p}}\right)^3 > R_\mathrm{c} \cong 10^3 \tag{1.15}$$

となったときに起こる．この R_a を**レイリー数**（Rayleigh number）といい，熱対流を特徴づける重要なパラメータである．レイリー数はプルームサイズと比べてマントルがどれほど深いかを表す量であり，マントルが深くなるほど（惑星が大きくなるほど），あるいはマントルの岩石が柔らかくなるほど（プルームが小さくなるほど）大きくなる．R_c を臨界レイリー数という．

　実際のマントルでは岩石の粘性率は温度に強く依存し，臨界レイリー数は 10^3 よりかなり大きくなる．球殻マントルの中で粘性率に温度依存性がある場合，下からの加熱で駆動される熱対流の臨界レイリー数を図1.7に示すが，10^6 を超えていることがわかる．ただし，この図ではレイリー数をコア-マントル境界での粘性率で計算し，また放射性元素によるマントル内部の発熱の効果は入れていない．図から，月と水星ではレイリー数は臨界値より低く，火星でかろうじ

コラム 1.1　熱伝導と対流

マントルでは，熱は伝導と対流で輸送される．まず熱伝導を考える．簡単のため 1 次元空間で考え，空間座標を x とする．伝導による熱流束 q は温度勾配に比例する．その比例定数を熱伝導率 k（マントルの岩石では 3 W/Km 程度）とすると

$$q = -k\frac{\partial T}{\partial x} \tag{1}$$

が成り立つ．x から $x+\mathrm{d}x$ の厚さ $\mathrm{d}x$ の区間のエネルギー収支では，

$$\rho C_p \frac{\partial T}{\partial t}\mathrm{d}x = -\left(-k\frac{\partial T}{\partial x}\right)\bigg|_{x+\mathrm{d}x} + \left(-k\frac{\partial T}{\partial x}\right)\bigg|_x \approx k\frac{\partial^2 T}{\partial x^2}\mathrm{d}x \tag{2}$$

が成り立つ．左辺はこの区間がもつ熱エネルギーの時間変化率で，右辺に示す区間両端から出入りする熱流束の和に等しい．ここで C_p は比熱（1,000 J/K/kg 程度），ρ は密度（3,300 kg/m^3 程度）である．あるいは，$k/\rho C_p$ を κ（熱拡散率；10^{-6} m^2/s 程度）とすると，

$$\frac{\partial T}{\partial t} = \kappa\frac{\partial^2 T}{\partial x^2} \tag{3}$$

が成り立つ．3 次元空間では，この式は次式となる．

$$\frac{\partial T}{\partial t} = \kappa\nabla^2 T \tag{4}$$

特徴的長さスケール R，および対応する時間スケール R^2/κ を用いて式 (4) を変換すると，

$$\frac{\partial T}{\partial t'} = \nabla'^2 T \tag{5}$$

を得る（ここでダッシュは無次元量を表す）．この方程式にはパラメータが存在せず，大きさ R の物体の温度が伝導で有意に変化するには R^2/κ 程度（より詳しい計算によると $R^2/\pi\kappa$）の時間がかかることを意味する．たとえば，地殻と最上部マントルからなる冷たくかたい領域である**リソスフェア**（lithosphere）では熱はおもに伝導で輸送されるが，厚さ 100 km のリソスフェアの熱的緩和時間は 1 億年程度となる．また深さ 400 km の水星のマントルでは，伝導のみで熱輸送されるなら，緩和時間は 16 億年程度となる．

次に，熱膨張による浮力で駆動される熱対流について考える．熱対流は，典型的には口絵 3a に示したように熱伝導で下から温められた（あるいは上から冷やされた）流体が雫となって浮上，沈降することで起こる．この雫を**プルーム**（plume），上面あるいは下面に沿った熱伝導が重要な役割を果たす領域を**熱的境界層**（thermal boundary layer）という．地球に見られるスラブの沈降とそれ

に伴うプレート運動も熱対流の一種である.

半径 R のプルームを考えよう. この存在には, プルームが伝導で周囲と熱的になじむ時間 R^2/κ の間に R より十分長い距離を浮力で移動できることが必要である. この条件は以下のように書き下せる. このプルームのもつ浮力は

$$\Delta\rho g R^3 \tag{6}$$

の程度である. このプルームが速度 U で移動したとすると, まわりの流体は引きずられて U/R 程度の率で変形する. この変形速度 (ひずみ速度) に流体の粘性率 η を掛けるとプルームの表面単位面積あたりの引きずり力 (応力) が得られる.

$$\frac{\eta U}{R} \tag{7}$$

これにプルームの表面積 R^2 をかけるとプルームに対する全粘性抵抗が得られるが, これと (6) 式の浮力が等しいとおくとプルームの速度は

$$U = \frac{\Delta\rho g R^2}{\eta} \tag{8}$$

となる. したがってプルームがプルームとして存在できるための条件は

$$\frac{UR^2}{\kappa} = \frac{\Delta\rho g R^4}{\eta\kappa} \gg R \tag{9}$$

あるいは

$$R \gg d_{\mathrm{p}} = \left(\frac{\eta\kappa}{\Delta\rho g}\right)^{1/3} \tag{10}$$

となる. 十分大きいという意味で, 本文ではプルームサイズを $10d_{\mathrm{p}}$ 程度とした. 粘性率一定の流体の対流では, 口絵 3a からわかるように熱的境界層の厚さもこの程度となる. しかし, 粘性率が温度に依存しリソスフェアがスタグナント・リッドとして振る舞う場合, 口絵 3b に見られるようにリソスフェアの厚さはプルームサイズと大きく異なりうる. 地表面付近の低温領域はリソスフェアとよばれる堅い殻として振る舞う. 多くの場合, この殻はほとんど動かず, スタグナント・リッドとよばれる対流マントルに対する蓋のような役割を果たす.

最後に $R = 10d_{\mathrm{p}}$ として (8) 式から対流速度を計算すると,

$$U = 100\left(\frac{\Delta\rho g}{\eta}\right)^{1/3}\kappa^{2/3} = 100\frac{R_{\mathrm{a}}^{1/3}\kappa}{d} \tag{11}$$

を得る. この式からマントル対流 ($\eta = 10^{21}\,\mathrm{Pa\,s}$) と水 ($\eta = 10^{-3}\,\mathrm{Pa\,s}$) の中の熱対流の流速を見積もるとそれぞれ 20 cm/yr, 7 cm/s となり, どちらも実際の値より 1 桁ほど大きい. とはいえ, 見積もりの荒さを考えると許容範囲内であろう. 見かけ上 U は R_{a} によっており, マントルが深くなるほど (d が大きくなるほど) 対流は激しくなりそうに見えるが, 実際には U は岩石の物性と g にしか依存しないことに注意されたい.

第 1 章　太陽系の天体

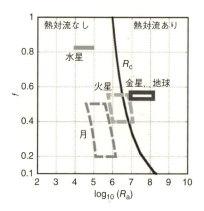

図 1.7　3 次元球殻中の下からの加熱による熱対流の臨界レイリー数 R_c（曲線の右側が対流不安定領域）と各惑星のレイリー数の見積もり（Yanagisawa et al.（2016））
R_c は粘性率の温度依存性の強さに依存するが，図の曲線はその典型的な値を示す．f は球殻の内径と外径の比．

て臨界値程度，金星と地球でようやく臨界値を超えることがわかる．すなわち，コアからの加熱だけではマントルの熱対流はまったく起こらないか，せいぜい弱い熱対流が起こる程度である．この状況下では，熱対流はマントルがどれだけ放射性元素を含み暖められるか，その結果岩石がどれくらい柔らかくなるかによって支配される．このため，とくに月や火星では火山活動による放射性元素の地殻への濃集の効果は無視できない．

❸「熱史モデル」とその限界

図 1.8 は，簡単なパラメータ化対流モデルを用いた地球の熱史モデル例である．このモデルは対流の詳細には立ち入らずに，レイリー数と対流の熱輸送効率間に簡単な関係があると仮定して，この関係を表す経験式に基づき熱史を見積もろうというものである．式 (1.14) に現れる粘性率 η が

$$\eta = \eta_0 \exp\left[E(T_0 - T)\right] \tag{1.16}$$

のように温度 T に依存し，地表面における熱流量 q が式 (1.14)，式 (1.15) で定義したレイリー数に対して

$$q = \frac{A R_a^{0.3} k T}{d} \tag{1.17}$$

のように依存するとしている．ここで k は熱伝導率，d はマントルの深さ

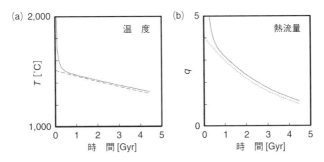

図 1.8 簡単なパラメータ化対流モデルを用いた熱史計算の例
(a) 温度変化，(b) 地表面における熱流量．熱流量 (q) は $MH\,(t=4.5\,\text{Gyr})/S$ で規格化した．また両図とも破線は $Sq=MH$ から求めた平衡解を表す．

3,000 km，A は定数である．マントルの熱収支は以下のように書かれる．

$$MC_\mathrm{p}\frac{\mathrm{d}T}{\mathrm{d}t} = -Sq + MH \tag{1.18}$$

式 (1.18) で，M はマントルの質量，S は地球の表面積，$H=H_0\exp(-t/\tau)$ は放射性元素による内部発熱の寄与を表す．τ は放射性元素の崩壊定数である．簡単のためコアからマントルへの熱はないとした（この種のモデルのより完全なものは，たとえば Turcotte and Schubert (2002) に見られる）．この図では，最初の 3 億年ほどマントル温度は急速に低下し，その後は平衡解（点線）にほぼ沿っている．最初の急速な温度低下は以下のメカニズムで起こっている．マントルの温度 T が高いと式 (1.16) で仮定したように粘性率が低くなり，これに伴い式 (1.15) で定義したレイリー数も大きくなり，「激しい対流」が起こる．このため式 (1.17) と図 1.8b で示したように対流による熱輸送の効率が高まり，マントルは一気に冷える．このメカニズムはしばしばマントル対流の**サーモスタット効果**（thermostat effect）とよばれる．

このモデルはそもそも 1.3.1 項に述べた惑星進化に関する素朴な疑問に答えるものであろうか．図 1.8 のような曲線が各惑星で引けたとして，口絵 2 に見られる岩石惑星の間の明らかな「顔つき」の違いが解明されるだろうか．そのような曲線と図 1.5 に示された観測データとを比べることに意味があるのだろうか．たとえば地球に話を限っても，25 億年以上前の太古代と現代とでは，プレートテクトニクスの起こり方を含め活動様式が定性的に大きく変化したことが地質学的研究から明らかになっている．そのような変化は図 1.8 に示された

温度変化の現れであるといわれて，納得できるであろうか．モデルと現実の地球の間には大きなギャップがあり，現実の地球の姿を直接思い描くことは困難である．

さらにマントル対流は火成活動をもたらす．深部の高温物質が湧昇すると，圧力の低下でソリダス（固相線）温度が低下し，マグマが生成・分離する．このマグマは移流により熱を地表面まで輸送するので，リソスフェアの状態にかかわらず，マントル温度が岩石の溶融を起こせるくらい高いときには効率よく内部の熱を外界に放出する．火成活動による熱輸送効率をパラメタ化対流モデルの枠内で見積もる方法も提案されている（たとえば Morschhauser, et al. (2011) をみよ）が，正当性は検証されていない．マントル湧昇流と火成活動との間の相互作用ははるかに複雑かつ強力で（Ogawa, 2014a;b），このような簡単なパラメータ化対流モデルでは記述できない．火成活動効果を入れた熱史の実証的研究は将来の課題である．

パラメータ化対流モデルには，原理的な問題もある．式 (1.16)〜(1.18) では，暗黙のうちにマントルの状態はその平均温度 T で指定される定常状態にあり，これが式 (1.18) のように準静的に変化することでマントルは進化すると仮定されている．マントルの平均温度を与えると，対流による熱輸送効率が式 (1.14)〜(1.17) で一意に計算できるのもこの仮定があるからこそである．では，この仮定は本当に成り立つのであろうか．次にこの問題を考察する．

1.3.4 マントル・ダイナミクス

地球については，近年の地震波トモグラフィにより明らかにされつつある内部の 3 次元構造は，熱史モデルの正当性を評価するうえで貴重な手段を提供している．「準静的」熱史モデルは，(1) 対流によるマントル内物質循環の時間スケールがマントル進化の特徴的時間（10 億年）より十分短く，かつ (2) マントル内温度分布の平均からのずれが小さい場合には正当となる．この条件を検証する．

地震波トモグラフィによるマントルの地震波速度分布が得られていて（たとえば，本シリーズ第 14 巻『地球物質のレオロジーとダイナミクス』（唐戸, 2011) の口絵 4)，物質による違いはあるが，大局的に速度が大きい地域は温度が低く，小さい地域は温度が高い．コア-マントル境界での地震波速度差は温度差に換算すると 300〜500℃に対応する．これだけの温度差があるとマントル岩石の粘性

率は 1,000 倍以上変化するので，条件 (2) が満たされているとはいえない．また，沈み込み帯の過去の移動 (Domeier, et al., 2016) を考慮に入れると，この低温域は数億年前に沈み込んだスラブが溜まったところ（スラブの墓場）と解釈されている．一般にプレートが海嶺から海溝まで移動するのに 1 億年ほどかかる．このことは，海嶺で生まれたプレートは 3〜4 億年経ってもまだコア–マントル境界上に滞在することを意味し，これらがスラブの墓場からマントルの中に広がっていくにはさらに長い時間を要する．実際，（マントルの質量/1 年間に沈み込むスラブの質量）で全物質が循環する時間を見積もると 30 億年ほどとなる．これは地球の年齢と同程度であり，条件 (1) も満たされていないことがわかる．

プレートテクトニクスが起こっていない惑星では，マントルの不均質さはこれほど大きくないかもしれないし，マントル対流の循環時間もこれほど長くないかもしれない．とはいえ，準静的熱史モデルを当てはめるには，マントル物質が 1 億年で数千 km 対流し，循環しなければならない．対応するマントルの対流速度は数 cm/yr 以上となるため，月や火星のような活動度の低い惑星では考えにくい．

1.3.5 まとめ

岩石惑星は，45 億年前に形成されて以来，外界に熱を放出する過程でその活動の様式を進化させ，またこの進化は惑星サイズに応じ系統的に変化している．口絵 2 に見られる岩石惑星の顔つきの違いやその進化を理解するためには，惑星内部のエネルギー収支だけでなく，よりダイナミクスに踏み込んだモデルが必要である．

1.4 惑星の大気

惑星は，**大気圏** (atmosphere)，すなわち中性気体および電離気体（プラズマ）が占める領域で包まれている．広義ではこの領域は広大で，「惑星に由来する気体が占めるすべての領域」，すなわち惑星に力学的（重力や磁場）に拘束されている領域か，惑星内部・表層から放出された気体が主となっている領域をさす．この定義に従うと，ある程度の重力・磁場をもつ惑星・準惑星，月を含むいくつかの衛星，また大量の気体を放出する彗星は「大気圏」を有することになる．

たとえば地球の場合，国際宇宙ステーションが飛翔する高度約 400 km の領域は，重力で地球に束縛された地球起源の酸素・窒素に満ち溢れており，れっきとした「大気圏」の中にある．

惑星大気の物理・化学過程は，ガス構造という点では恒星と同じで，恒星構造論の知識を援用できる．ただし以下の (1)～(6) の理由で，惑星はより複雑，より多彩である．とくに，固体表面を 0.001～100 気圧程度の気体が包む「地球型惑星」が，最も多様で複雑である．この多様さ・複雑さは，われわれ生命・文明の存在可能環境を生み出した源でもある．

(1) 原子ではなく分子が支配的である． 約 10^{-6} 気圧より下層の大気は低温・高密度で，**分子気体**（molecular gas）が主となる．振動・回転準位による広がった「吸収帯」をもつ分子気体は，電子遷移による狭い「吸収線」しかもたない**原子気体**（atomic gas）より圧倒的に赤外線吸収が大きい．このため，微量でも温室効果を通して大気の熱構造に大きく影響する（例：地球での二酸化炭素（CO_2），CH_4，H_2O などによる温室効果）．

(2) 多様な化学反応が起こる． 約 10^{-6} 気圧より下層の大気は低温・高密度で，各種化学反応が起こり，また生成された物質はすぐには熱破壊されない．これらの反応量は温度，圧力，紫外線などによる結合・解離で変動する．これによって起こる組成構造の変動は，微量でも大気の熱構造を大きく変える（例：地球での塩素系微量物質によるオゾン層の破壊）．

(3) 流体や固体も浮遊する． 約 10^{-6} 気圧より下層の大気は低温・高密度で，気体分子は時に凝結して雲，ヘイズ（もや）になり浮遊する．表層から舞い上がる固体のダスト（塵）も浮遊する．これらは電磁波を反射，吸収，散乱して，大気の反射率・吸収率や透明度を変え，また潜熱によって大気中のエネルギー輸送に影響する（例：金星での硫酸滴凝結雲による全体光反射率の増大）．

(4) 惑星の表層・内部に大きく影響される． 大気の下端は，より膨大な物質を抱える地表，海洋，惑星深部に接し，そこからのエネルギー・物質の供給・吸収を受ける．すなわち，表面物質の気化や凝結，地殻や海との化学反応，火山などによる気体の大量放出などを通して大気の温度，量，組成は大きく変動しうる（例：火星で夏に起こる極冠ドライアイス（CO_2）大量揮発による気圧大上昇）．

(5) 太陽・惑星間空間にも大きく影響される． 大気の上端は，惑星間空間に開かれている．太陽からの高エネルギー光子（紫外線，X 線，γ 線）の衝突，太

陽風や高エネルギー粒子の衝突と電磁的結合によって，分子・原子気体は解離，電離，加熱されてその量や組成が変動する（例：火星で起こる太陽風の衝突に伴う上層大気の宇宙空間への流出）．

（6）**地球では生命・人類活動によっても巨大な影響を受ける**（例：地球での植物の光合成による O_2 の供給，人間の化石燃料消費による CO_2 の生成）．

この節では，各惑星の大気に共通する基本的な性格，すなわちその鉛直圧力・温度構造，これを支配する熱輸送，そして組成についてまとめる．下層大気で生じる3次元的な流体運動「**気象**（meteorology）」については5.4節で，また上層大気で生じる宇宙への流出「**散逸**（escape）」については5.5節で扱う．

惑星大気の諸活動に対し，火星では米国を中心に数々の惑星探査機が周回・着陸探査を行いつつある．金星では2006～14年に欧周回探査機 Venus Express（ビーナスエクスプレス），土星系では2004～17年に米欧周回探査機 Cassini-Huygens（カッシーニ・ホイヘンス）が数々の発見を行い，木星系では米周回探査機 Juno が活動中である．日本の研究者は，2013年に紫外/極端紫外望遠鏡衛星「ひさき」を打ち上げ，金星・木星系などの上層大気・希薄プラズマやオーロラが発する紫外線・極端紫外線をはじめて長期連続観測している．金星では周回探査機「あかつき」が2010年の軌道投入時のエンジントラブルを乗り越え2015年から周回観測を開始．水星では2011～15年に活動した米周回探査機 MESSENGER を受け，2025年から二機編隊の日欧周回探査機 BepiColombo の活動が予定される（2018年打上）．また氷衛星を含む木星系探査を行う欧州の周回機 JUICE（Jupiter Icy Moons Explorer）に参画し，2030年からの観測を目指している（2022年打上予定）．

1.4.1 大気の鉛直圧力構造

大気の鉛直圧力構造は，恒星でも惑星でも重力と圧力のバランスで決まる．圧力は，より上層に乗った大気の総質量に由来する重力を支える力なので，高度が上がるにつれ単調減少する．惑星が十分大きく大気を水平方向均一と見なせる場合（**平行平板大気**, plane-parallel atmosphere），大気の鉛直圧力勾配は近似的に式(1.19)で表される．この式は，「大気の鉛直方向動圧は大気圧に対し無視可能」，すなわち静水圧平衡を仮定している．z は高度（上方が正），P, ρ, g はその高度の圧力 [Pa]，密度 [kg/m^3]，重力加速度 [m/s^2] である．大気を理想気体とみなせるとし，密度 ρ を理想気体方程式(1.20)で表す．T, m はその高度の温度 [K]，

平均分子量 [kg]，k はボルツマン（Boltzman）定数（1.38×10^{-23} m^2 kg/s^2/K）である．

$$dP = -g\rho\, dz \tag{1.19}$$

$$P = \frac{\rho}{m} kT \tag{1.20}$$

この両式から密度 ρ を消去すると，圧力の高度勾配式 (1.21) が導出される．

$$\frac{dP}{dz} = -\frac{mg}{kT} P = -\frac{P}{H_\mathrm{P}} \tag{1.21}$$

ここで，$H_\mathrm{P} = kT/mg$ を**圧力スケールハイト**（pressure scale height）とよび，大気の厚さの指標となる．この量は温度に比例し，重力加速度と平均分子量に反比例する．スケールハイトが大きいと大気はより大きく膨らむので，重力の束縛を逃れやすくなる．すなわち，温度が高く軽い原子や分子からなる大気であるほど，また軽量で重力加速度の小さい惑星ほど，大気の保持は難しい．なお，0.001 気圧 [bar] 以上の大気を擁する金星，地球，火星，木星，土星，天王星，海王星の低層大気では，この厚さはおおむね 10～20 km であり，各惑星の大気は十分に重力で束縛されている．

圧力スケールハイトを定数と見なせると，圧力の高度分布は式 (1.22) で書ける．

$$P(z) = P_0 \exp\left(-\frac{z}{H_\mathrm{P}}\right) \tag{1.22}$$

すなわち，高度が H_P 上昇すると圧力は e^{-1}～37% に下がる（高度が $2H_\mathrm{P}$ 上昇すると，圧力は 1 桁近く減る）．

1.4.2　大気の鉛直温度構造

大気の平均的な鉛直温度分布（図 1.9，図 1.10）は，加熱と冷却の平衡で決まる．恒星大気では，熱源は核融合が起こる深部にしかなく，また高温のため原子とプラズマが主で，熱構造は比較的単純である．一方，より低温の惑星大気では，加熱は惑星の外と深部の双方からなされる．前者は昼面側で受ける太陽光による．太陽光の強度は (太陽距離)$^{-2}$ に比例し，惑星大気はこの一部を吸収して加熱される．また大気を透過した光は惑星の表層・内部に吸収され，惑星大気はその再放射によって下からも加熱される．また下からは，放射性物質の崩壊熱，収縮や高密度物質の沈降に伴う重力エネルギー解放熱，近傍天体の重

1.4 惑星の大気

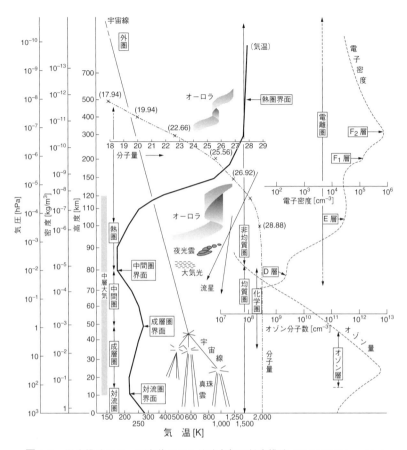

図 1.9 温度構造によって定義される地球大気の鉛直構造（日本気象学会，1998）
温度，圧力，密度，分子量，オゾン量，電子密度も含む．

力による潮汐熱といった内部熱源でも加熱される．加熱された大気は，対流・伝導・放射によってそのエネルギーを高度方向に再配分するとともに，宇宙空間への赤外線放射や表層・内部への熱伝導・対流による放熱で冷却される．

太陽（熱源）からの距離と組成（赤外線吸収）の違いによって，惑星大気はさまざまな様相を示すが，温度構造は以下のような共通の層構造をもつ．地球を例に，惑星大気の典型的な鉛直温度構造を下層から順に示す．

（1）**対流圏**（troposphere）：太陽光で加熱された地表や大気深部を「熱源」

第 1 章　太陽系の天体

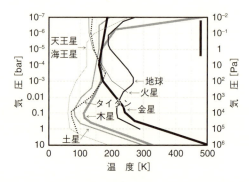

図 1.10　各惑星大気の代表的な温度の鉛直構造（de Pater and Lissauer（2015）を改編）実際には季節や太陽活動などで変動する．高度は気圧で示した．

として，下から加熱される領域である．高度とともに温度が下がり，熱は対流による大気の上方移動で輸送される．成層圏に接する**対流圏界面**（tropopause．地球では〜10 km，〜230 K）で，温度はいったん極小となる．

（2）**成層圏**（stratosphere）：太陽光を直接吸収して加熱される領域である．上層ほど温度が上がり，上端の**成層圏界面**（stratopause．地球では〜50 km，〜270 K）で極大となる．地球（オゾン：波長約 0.2〜0.3 μm の近紫外線を吸収）やタイタン（メタン：波長約 10〜20 μm の中間赤外線を吸収）といった，太陽光を吸収する微量分子気体が大気で見られる．火星や金星ではこれらに相当する微量成分が少なく，対流圏の上に次の中間圏が乗る．

（3）**中間圏**（mesosphere）：大気密度あたりの太陽光吸収が少なく，冷却が卓越する領域である．上方に向け温度が下がり，上端の**中間圏界面**（mesopause．地球では〜80 km，〜180 K）で極小となる．この領域まではおおむね低高度からのいろいろな大気波動で揺すられ，分子は十分に流体力学的な混合を受ける（**均質圏**，homosphere）ので，組成は対流圏や成層圏とほぼ同じである．

（4）**熱圏**（thermosphere）：分子の解離や分子や原子の電離によって波長約 0.2 μm 以下の太陽紫外線や X 線の吸収で加熱される領域である．上端である**外圏底**（exobase．地球では〜500 km）に向け急激に温度が上昇し，地球では 1,500 K 以上に達する．上方ほど分子が減って次第に原子やプラズマとなり，また希薄なため平均自由行程（後述）が伸びて流体的混合も効きにくくなる．このため，**均質圏界面**（homopause．熱圏下部に位置することが多い）を越えると，軽い

分子や原子はよりスケールハイトが大きくなり，重たい分子や原子よりも高高度へと広がる（**重力分離**，gravity separation）．この領域は，紫外線や X 線で電離された大気が占める**電離圏**（ionosphere．地球では〜300 km で電子密度が極大：〜10^6/cc）とも重なる．空気抵抗が下がるので人工衛星が飛翔できるが，大量の酸素原子も存在するので「材料の腐食」が問題になることもある．

（5）**外圏**（**外気圏**，exosphere）：外圏底より上では，低密度のため原子・分子間衝突がほぼ起こらず，**平均自由行程**（mean free path）$l\,[\mathrm{m}] = (n\sigma)^{-1}$ がスケールハイトより大きくなる．ここで n, σ は大気数密度 [個/m^3] と衝突断面積 [m^2] である．もはや流体近似では扱えず，個別の粒子は衝突を経ずにスケールハイトに相当する距離を飛翔できる．上方ほどさらに衝突は起こりにくくなるので，重力加速度を振り切れる上向き速度をもっていると，より上層ひいては惑星間空間へ逃走できる．すなわち，外圏底以上では個別の原子や分子の宇宙空間への流出（散逸）が可能となる．とはいえ電離大気は惑星磁場によってなお捕捉され，**磁気圏**（magnetosphere）を形成する．

1.4.3　大気の平衡温度と有効温度

　惑星は生命・文明の存在を許容できるか．この可能性を考えるうえで決定的な要因となりうる表層の流体水は，表層温度がおおむね 273〜373 K に収まるとき，また表面気圧が 〜0.01 気圧を超えるときのみ存在できる．

　太陽系では，惑星大気を外から照らす太陽光は約 5,800 K の黒体輻射として近似でき，可視域をピークに紫外〜赤外域がエネルギーを運ぶ．この波長域の電磁波は，可視域および赤外域の一部を除くと大気を構成する原子や分子で吸収される．地球の例を図 1.11 に示す．どの惑星でも，紫外線およびより短波長の電磁波は，図 1.9 では 10^{-6} 気圧より上に位置する熱圏で希薄な原子・分子気体によって吸収される．赤外線は，より下層域に至って H_2O，CO_2，CH_4 などの分子気体に吸収される．大きな吸収を受けない可視光と一部の赤外光は，大気中を浮遊する雲，霧，ダスト（塵）による吸収や散乱を受けつつも，地表，海洋や大気深部へ到達し，これらが対流圏の底から大気を暖めることになる．

　惑星の赤外光による冷却は，黒体輻射を介して行われる．黒体輻射の単位面積あたりの輻射量は $F = \sigma_{\mathrm{SB}} T^4$（$\sigma_{\mathrm{SB}}$：シュテファン・ボルツマン係数（1.1.2 項参照））だが，実際の放射率 ε は 1 に達しない（灰色輻射）．このため温度 T の物体が放つ実際の輻射量 $F'\,[\mathrm{W/m^2}]$ は，式 (1.23) で表せる．

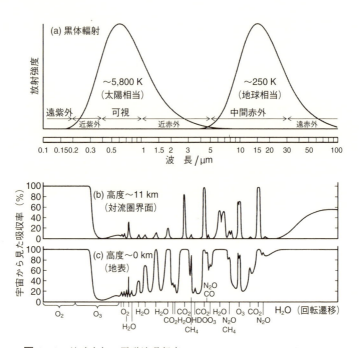

図 1.11 地球大気の電磁波吸収率 (Goody and Yung (1989) を改編)
波長範囲は 0.1 (遠紫外域)〜100 μm (遠赤外域). (a) 黒体輻射の強度, (b) 高度 11 km (対流圏界面) までの吸収率, (c) 地表面までの吸収率.

$$F' = \varepsilon F = \varepsilon \sigma_{SB} T^4 = \sigma_{SB} T_{\text{eff}}^4 \tag{1.23}$$

T_{eff} は**有効温度**(effective temperature)とよばれる.この量は惑星の平均的冷却量の指標であり,熱平衡状態であれば,太陽光による惑星の平均的加熱量の指標である平衡温度(1.1.2 項)と一致するはずである.

表 1.3 に,平衡温度を有効温度および表層近傍の大気温度と比べた.一見奇妙なのは,金星の平衡温度と有効温度が地球より低く,火星と同程度であることだろう.熱力学則では,同波長では放射率と吸収率(= 1 − 反射率)が等しい(キルヒホッフ (Kirchhoff) の法則).全波長でこれが成立するなら,式 (1.6) から太陽に近いほど平衡温度は上昇するはずである.しかし,金星の全球は硫酸雲に覆われて可視光の反射率が高いため,加熱に有効な可視域の吸収率が地球や火星に比べて圧倒的に小さい(金星:25%,地球:71%,火星:84%,木星:

1.4 惑星の大気

表 1.3 惑星の平衡温度,有効温度と表面大気温度との関係

	太 陽	金 星	地 球	火 星	木 星
太陽平均距離 [AU]		0.72	1.00	1.52	5.20
可視光反射率		0.75	0.29	0.16	0.34
平衡温度 [K]		227	256	216	98
赤外線吸収率が可視放射率と等しいとき		330	280	227	122
有効温度 [K]	5,780	230	250	220	130
表面*大気温度 [K]	6,430	750	280	230	134
表面*大気圧 [bar]	0.13	92	1.0	0.006	2
大気主成分 (vol.%)	H (91)	CO_2 (96.5)	N_2 (78)	CO_2 (95.3)	H_2 (88.8)
	He (8.9)	N_2 (3.5)	O_2 (21)	N_2 (2.7)	He (11.1)
	O (< 0.1)	Ar (< 0.1)	Ar (0.9)	Ar (1.6)	CH_4 (0.2)

* 太陽は光球面,木星は雲頂高度,金星・地球・火星は固体表面での値.

66%).一方,冷却に効く赤外線放射率はどの惑星でもおおむね1とみなせる.すなわち,雲は各惑星の可視光反射率を制御し,それらの温度に決定的な影響を与えることを意味する.この効果は,地球で温暖化問題を考える際にも重要である.

太陽光による加熱のみを仮定する平衡温度よりも実際の冷却量を示す有効温度が高い惑星には,内部熱源が存在する.たとえば木星では,有効温度が平衡温度より30Kも高く,太陽光加熱量のほぼ倍にあたる赤外輻射を放っている.これは木星が「いまだに冷えつつある天体」であること,すなわち形成期の重力エネルギー解放熱がまだ内部に残っており,また水素大気中をいまだにヘリウムが沈降しつつあるため重力エネルギー解放が今も継続しているためとみられる.

平衡温度と有効温度がバランスしている地球型惑星でも,表層近傍の大気温度はこれよりも高い.とくに大気量が大きな金星では極端に異なる.これは温室効果として知られるが,この仕組みを簡単な1次元・大気1層モデルで説明する(図 1.12).温度 T_S の下端(地表面や惑星深部)からは,単位面積・時間あたり $\sigma_{SB}T_S^4$ の赤外輻射が上方に放たれる.この上に吸収率・放射率 ε (> 0) の大気層が乗っていると,大気吸収によって宇宙に放たれる赤外光はこの $(1-\varepsilon)$ 倍に減少する.一方,温度 T_A の大気は $\sigma_{SB}T_A^4$ の ε 倍の輻射を上・下双方へ放射する.大気が熱平衡状態である場合には,地表からの加熱量 ($\sigma_{SB}T_S^4 - \varepsilon\sigma_{SB}T_A^4$)

第1章 太陽系の天体

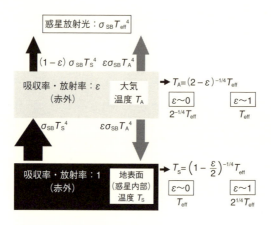

図 1.12　温室効果の簡単な1次元・大気1層モデル
$$F_\uparrow(\tau_0) = (1 - \tau_0)F_\uparrow(0) + \tau_0 B(T_0)$$

と宇宙空間への放出量 $(1-\varepsilon)\sigma_{SB}T_S^4 + \varepsilon\sigma_{SB}T_A^4 = \sigma_{SB}T_{eff}^4$ がバランスし，

$$\sigma_{SB}T_S^4 - \varepsilon\sigma_{SB}T_A^4 = (1-\varepsilon)\sigma_{SB}T_S^4 + \varepsilon\sigma_{SB}T_A^4 = \sigma_{SB}T_{eff}^4 \tag{1.24}$$

の関係が成立する．このとき，地表面と大気の温度は $T_S = (1-(\varepsilon/2))^{-1/4}T_{eff}$ および $T_A = (2-\varepsilon)^{-1/4}T_{eff}$ となる．大気がほぼないとき（$\varepsilon \sim 0$）には，地表面の温度は予想どおり T_{eff} となる．一方，大気が厚い場合（$\varepsilon \sim 1$）には地表面の温度は $2^{1/4}T_{eff}$，すなわち約 20% 増大する．大気が複数層重なっていくことで，この温度はさらに増大していくことになるが，この導出は次項で触れる．

1.4.4　大気の熱輸送

1.4.2 項，1.4.3 項で紹介した大気の温度構造は，熱エネルギーの輸送プロセスで決定される．熱は伝導，対流，放射によって輸送される．

Ⓐ 伝　導

熱エネルギーすなわち原子や分子の運動エネルギーが，衝突によって直接他の原子や分子に渡されるプロセスである．熱の輸送量 F [W/m^2] は，温度 T [K] の勾配に比例し（K_T：熱伝導係数），式 (1.25) で表される．

$$F = -K_T \nabla T \tag{1.25}$$

温度勾配が 0 となると熱輸送は停止するので，熱平衡状態では等温となる．本

来，対流や放射ではエネルギーを伝達できない固体でみられるものであるが，流体でも物理的接触が対流や放射より強いと支配的になる．地表近傍では，大気の分子や原子が地表と衝突することで熱エネルギーが伝達される．また熱圏や外圏では対流が起こらず，希薄で放射の効率も低い（光学的に薄い：後述）ものの，平均自由行程が長く，原子や分子が長距離を飛行して別の原子や分子と衝突することでエネルギーを運ぶ．このため，熱伝導係数は大きく，原子・分子間の直接衝突でエネルギーが伝達され，全体がおおむね等温となる．電離大気では，電子やイオンの電磁場を介した「衝突」もこれに貢献する．

❸ 対 流

流体運動で熱エネルギーが運ばれるプロセスである．流体近似が成り立つ熱圏以下の領域では，大気の鉛直構造は静水圧平衡式 (1.19) となる．この中を理想気体が上昇すると圧力低下で断熱膨張する．これに伴い温度が下がるが，周囲の温度がより低い場合には，まわりよりも相対的に密度が低くなるためそのまま上昇を続ける．すなわち，以下の鉛直温度勾配式 (1.26) を満たす「温度が上方で急激に下がる」温度構造をもつ範囲では，気体は上昇して下方の熱を上方へと運ぶ．

$$\frac{dT}{dz} \leq -\frac{g}{C_p} \tag{1.26}$$

z は高度（上方を正とする），T と g はその高度の温度 [K] と重力加速度 [m/s^2]，C_p は定圧比熱 [J/kg/K] である．温度勾配がこれより緩くなると対流は停止するので，対流支配域での温度勾配は**乾燥断熱減率**（dry adiabatic lapse rate）$-dT/dz = g/C_p$ [K/m] となる．なお蒸気圧が飽和状態にあると，上昇による温度低下で気体の一部が凝結して雲や霧が生成される．これに伴う潜熱の供給で，温度勾配はより緩やかな**湿潤断熱減率**（moist adiabatic lapse rate）となる．この値は雲となる物質，すなわち潜熱の源に依存し，地球（水蒸気）では乾燥時の 60% 程度となる．

対流は，下から強く加熱され下方ほど温度が高い領域で起こる．対流圏は下（地表や惑星内部）から加熱され，対流の条件が満たされやすい．特定高度で電磁波などの吸収が大きい場合も，その上方で対流は起こりうる．

温度勾配が断熱減率より緩いと，大気が上方に持ち上げられても重力により下方へ戻る．すなわち上下方向に振動するが，これは**大気重力波**（atmospheric gravity wave）とよばれ，下層大気の擾乱エネルギーを上層大気へ輸送する有力

第 1 章　太陽系の天体

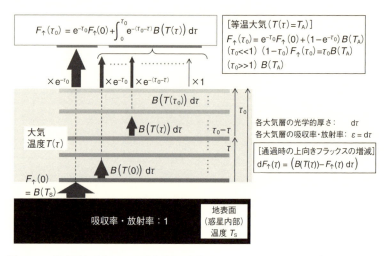

図 1.13　地表面と大気からの熱放射：宇宙空間への伝播モデル（上向き成分のみ）

な機構である（一般相対論的な重力波は英語では gravitational wave とよばれるので，両者は日本語よりは容易に区別できる）．

ⓒ 放　射

電磁波によって熱エネルギーが運ばれるプロセスである．惑星の太陽からの加熱と宇宙空間への冷却は，物質密度が極端に低い惑星間空間を通して行われるため，電磁波が唯一のエネルギー輸送手段である．簡単のため，大気は水平方向で均一とし（平行平板大気仮定），電磁波の吸収率と放射率は波長によらない，とする．実際には大きな影響を与える雲，霧，塵や空気による散乱や反射もない（無散乱大気）とする．熱輸送には鉛直方向から傾いた方向の放射も寄与するが，簡単のため上下 2 方向のみの 1 次元モデルで考える．この近似モデルでも特徴をつかむのには有益である．

図 1.13 のように，惑星の地表面・内部の冷却を考える．ここから上方に向かって出発した電磁波 $F_\uparrow(z=0)\,[\mathrm{W/m^2}]$ は，途中で大気による吸収を受け，また途中の大気からの放射を加えつつ，宇宙空間へ出ていく．高さ $z\,[\mathrm{km}]$（上方を正とする）での上向き熱輸送量 $F_\uparrow(z)$ は，密度 $\rho\,[\mathrm{kg/m^3}]$，単位柱密度あたり電磁波吸収率 α をもつ厚さ $\mathrm{d}z\,[\mathrm{km}]$ の大気層を通過するとき，吸収によって $\mathrm{d}F_\uparrow(z) = -F_\uparrow(z)\alpha(\rho\,\mathrm{d}z) = -F_\uparrow(z)\,\mathrm{d}\tau$ となる（$\mathrm{d}\tau = \alpha\rho\,\mathrm{d}z$ は，厚さ $\mathrm{d}z$ の大気層の電磁波吸収率）．この際，吸収率 $\mathrm{d}\tau$ の大気層は温度 $T(z)\,[\mathrm{K}]$

の黒体輻射 $B(T)\,[\mathrm{W/m^2}]$ を電磁波放射率 $\mathrm{d}\tau$ で放つので，上向き熱輸送量は $\mathrm{d}F_\uparrow(z) = +B(T)\,\mathrm{d}\tau$ 増大する．

ここで登場した τ を**光学的厚さ**（optical thickness）とよび，大気の「不透明度」の指標となる．以下の展開では，地表から高度 z までの光学的厚さ τ を高度 z の代わりに使用する．すなわち，地表からの光学的厚さ τ にある大気層（厚さ：$\mathrm{d}\tau$）の通過に伴うエネルギー収支は式 (1.27) となる．

$$\mathrm{d}F_\uparrow = (B(T(\tau)) - F_\uparrow(\tau))\,\mathrm{d}\tau \tag{1.27}$$

これは定数係数 1 階線形微分方程式で，その一般解は式 (1.28) となる．

$$F_\uparrow(\tau) = \mathrm{e}^{-\tau} F_\uparrow(0) + \int_0^\tau \mathrm{e}^{-(\tau-\tau')} B(T(\tau'))\,\mathrm{d}\tau' \tag{1.28}$$

右辺第 1 項は大気下端からの透過量，右辺第 2 項は地表〜高度 τ の大気からの放射量である．すなわち，地表面からの電磁波の強度は吸収で $\mathrm{e}^{-\tau}$（$\tau = 1$ だと 0.37 倍）に減少する．また，より上方の大気からの熱放射がより有効に放出される．

温度が T_A で一定（等温大気）の場合は，第 2 項が簡単となり式 (1.29) となる．

$$F_\uparrow(\tau) = \mathrm{e}^{-\tau} F_\uparrow(0) + (1 - \mathrm{e}^{-\tau}) B(T_\mathrm{A}) \tag{1.29}$$

光学的に薄い（$\tau \ll 1$）場合は，

$$F(\tau) = (1 - \tau) F(0) + \tau B(T_\mathrm{A}) \tag{1.30}$$

となる．すなわち，大気下端からくる熱輸送量は吸収率 τ で減少し（透過率では $1 - \tau$），また放射率 τ で大気層が温度 T_A の黒体輻射として光る．

光学的に厚い（$\tau \gg 1$）場合は以下となる．

$$F(\tau) = B(T_\mathrm{A}) \tag{1.31}$$

不透明で上から下層は見えず，大気上層が温度 T_A の黒体輻射で光って見える．

❶ 放射平衡と温室効果

伝導・対流が起こらず，放射だけで熱平衡に達している状態を**放射平衡**（radiative equilibrium）という（図 1.14）．図 1.13 と同じく惑星の地表面と内部の冷却を考えるが，ここでは大気からの下向き輻射も考慮する．

大気最上層からは，赤外線放出によって $\sigma_\mathrm{SB} T_\mathrm{eff}^4\,[\mathrm{W/m^2}]$（$T_\mathrm{eff}$：この惑星の有

第1章 太陽系の天体

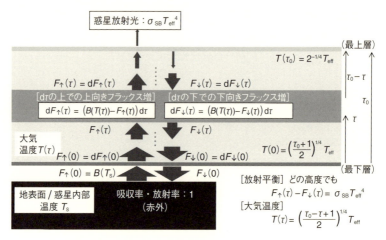

図 1.14　地表面と大気からの熱放射：放射平衡の場合

効温度）が失われ続けるので，熱平衡状態の維持にはこの補給のため同じ量を大気下層から順に輸送する必要がある．この輸送量は上向き熱輸送量 $F_\uparrow(\tau)$ と下向き熱輸送量 $F_\downarrow(\tau)$ の差なので，どの高度でも以下が成立する必要がある．

$$F_\uparrow(\tau) - F_\downarrow(\tau) = \sigma_{\rm SB} T_{\rm eff}^4 \tag{1.32}$$

大気上端（大気下端からの光学的厚さ：τ_0）では，有効温度で上向き放射するが宇宙からの下向き熱輸送はないので，境界条件は以下となる．

$$F_\uparrow(\tau_0) = \sigma_{\rm SB} T_{\rm eff}^4 \qquad F_\downarrow(\tau_0) = 0 \tag{1.33}$$

光学的厚さ $\mathrm{d}\tau$ の大気層を通過する際，上向き熱輸送は先に挙げた式 (1.27) である．下向き熱輸送量はこの向きを逆とした式 (1.34) となる．

$$\mathrm{d}F_\downarrow = (B(T,\tau) - F_\downarrow(\tau))(-\mathrm{d}\tau) \tag{1.34}$$

式 (1.27) と式 (1.34) の両辺の和と差をつくると，以下の 2 式となる．

$$\frac{\mathrm{d}(F_\uparrow + F_\downarrow)}{\mathrm{d}\tau} = -(F_\uparrow(\tau) - F_\downarrow(\tau)) \tag{1.35}$$

$$\frac{\mathrm{d}(F_\uparrow - F_\downarrow)}{\mathrm{d}\tau} = 2B(T,\tau) - (F_\uparrow(\tau) + F_\downarrow(\tau)) \tag{1.36}$$

式 (1.32) から $F_\uparrow - F_\downarrow$ は定数なので，その微分式 (1.36) の左辺は 0 となる．こ

の右辺から式 (1.37) となり，この大気上端 $\tau = \tau_0$ の値を境界条件式 (1.33) と合わせると式 (1.38) となる．

$$F_\uparrow(\tau) + F_\downarrow(\tau) = 2B(T,\tau) = 2\sigma_{\rm SB}T^4(\tau) \tag{1.37}$$

$$F_\uparrow(\tau_0) + F_\downarrow(\tau_0) = \sigma_{\rm SB}T^4_{\rm eff} F_\uparrow(\tau_0) + F_\downarrow(\tau_0) = \sigma_{\rm SB}T^4_{\rm eff} = 2\sigma_{\rm SB}T^4(\tau_0) \tag{1.38}$$

式 (1.32) と式 (1.37) を式 (1.35) に代入すると式 (1.39) となる．

$$\frac{{\rm d}(2\sigma_{\rm SB}T^4(\tau))}{{\rm d}\tau} = -\sigma_{\rm SB}T^4_{\rm eff} \tag{1.39}$$

大気上端 $\tau = \tau_0$ の境界条件式 (1.38) とあわせると，温度 $T(\tau)$ の式 (1.40) を得る．

$$T(\tau) = \left(\frac{\tau_0 - \tau + 1}{2}\right)^{1/4} T_{\rm eff} \tag{1.40}$$

方位角の効果を考慮してより厳密に解くと，斜め方向の熱伝達効率が弱くなる効果により以下となる．

$$T(\tau) = \left(\frac{1.5(\tau_0 - \tau) + 1}{2}\right)^{1/4} T_{\rm eff} \tag{1.41}$$

結論は単純で，大気温度は上端 $\tau = \tau_0$ で $T_{\rm eff}$ の約 0.84 倍（$2^{-1/4}$：図 1.12 の「大気が薄い場合」と同じ）となり，下層（$\tau \to 0$）へいくほど上昇する．たとえば金星（有効温度：230 K）の場合，大気最上層（$\tau \sim \tau_0 - 1$）では約 190 K，大気の光学的厚さを $\tau \sim 150$ とすると最下層は約 750 K となる．

　現実の惑星大気では対流による熱輸送も考慮する必要がある．緯度や経度（昼夜差を含む）によって熱入力量や熱放射量が異なるので，大気循環による水平方向の熱輸送も効いてくる．また，光学的厚さは波長によって著しく異なり，とくに分子の吸収が卓越する赤外域，分子の解離や分子や原子の電離が起こる紫外域では，可視光域よりも光学的厚さが著しく大きくなる．さらに雲やダストによる散乱や反射の効果もまったく無視はできない．式 (1.27) と式 (1.34) に示した上向き・下向き熱輸送の式に散乱の効果を導入すると，伝搬方向の変更が絡むようになるばかりでなく，反射率の増大は熱輸送を大きく変えてしまう．こうしたことから，実際の大気の温度構造の導出はとても複雑となる．

1.4.5　大気の組成

組成面からみると，惑星の大気はおおむね以下の 3 種類に分かれる．

第 1 章　太陽系の天体

（1）巨大惑星（木星，土星，天王星，海王星）の大気は，酸素が少なく**還元型大気**（reducing atmosphere）ともよばれる．H_2，He といった軽い元素を中核とした分子や原子からなり，数少ない C, N, O は水素と結合した CH_4，NH_3，H_2O として見つかる．大気は惑星深部では高圧のため液体状となる．重力によって十分惑星に束縛され，形成時に集めた原材料物質，すなわち H_2，He（ガス）や CH_4，NH_3，H_2O（氷）が維持されている（**一次大気**，primary atmosphere）．大量の大気流出は経験したことがない．

（2）地球型惑星（地球，金星，火星）の大気は，H_2 と He を束縛しきれず，残りの C, N, O を中核とした分子からなり，**酸化型大気**（oxygenated atmosphere）ともよばれる．気体層の厚さは巨大惑星よりも圧倒的に薄い（固体・流体の表層から外圏底まで数百 km しかない）．重力によって束縛はされているものの，惑星形成初期から保持されてきた気体はわずかとされ，現在の大気は惑星本体の固体物質から揮発してできた**二次大気**（secondary atmosphere）と考えられる．C は O と結合して CO_2 として，N はより化学的に安定な N_2 となっており，残った O は H_2O（水蒸気や海・氷）や地殻の酸化に使われたと考えられる．地球では植物による光合成で CO_2 から分離した O_2 も大量に存在する．土星の衛星タイタンの大気もこの仲間だが，表層温度が 90～100 K 程度と低く，融点がより高い NH_3 や CO_2 も固体物質である．1 気圧以上に達する大気の主成分は N_2（98% 強）と CH_4（1% 強）で，**弱還元型大気**（mildly reducing atmosphere）ともよばれる．

（3）重力が小さく大気を束縛しきれない惑星や衛星（月，水星，イオ，エウロパ，ガニメデ，カリスト，エンセラダスなど）にも，流体近似できるほど濃くはないが，「外圏」に相当する希薄大気はある．これらは O やナトリウム（Na），カリウム（K）といった地殻から揮発しやすい原子大気である．スケールハイトが惑星・衛星半径と同程度かより大きく，重力による束縛が弱いため絶えず宇宙空間に流出しており，ガスやダストを惑星間空間に放出し続ける彗星に似ている．巨大惑星の強い潮汐力で，イオは「火山活動」，エンセラダスは「氷・水の噴出」によって大量のガスやダストを木星や土星の周囲へ大量に供給している．その量はそれぞれ 1,000 kg/s，150 kg/s にも及び，これらが帯電して木星と土星から繋がる磁場に作用することで，巨大な磁気圏活動のエネルギー源ともなっている．

　大気組成，とくに微量成分は，膨大な質量をもつ惑星表層・深部からの供給

や吸収で変動するだけでなく，光化学反応によっても変化する．分子の分解や解離と，原子や分子の衝突による再結合で決まる**光化学平衡**（photochemical equilibrium）が各高度域で成立し，この結果が対流や拡散によって他高度へも波及して，触媒反応なども絡む複雑な反応ネットワークを構成する．この変動に伴って電磁波の吸収・放射特性も変わる．地球のような O_2 大気では，光化学反応で高度 30 km 近傍にオゾン（O_3）層が生成される．この紫外線吸収が，成層圏-中間圏境界の温度上昇をひき起こす．金星や火星のような CO_2 大気では，CO_2 が CO と O に解離する．両者の直接的な再結合はきわめて遅いが，塩素や水素を含む触媒反応によって間接的に CO_2 に戻り，さらに O に伴う複雑な分子形成が行われる．とくに金星では，SO_2 と O の結合で SO_3 が生成され，さらに H_2O と結合して硫酸（H_2SO_4）の雲となって惑星の反射率に大きな影響を与えている．木星や土星の還元大気では，CH_4, NH_3, 硫化水素（H_2S），水素化リン（PH_3）といった微量成分がヘイズの生成や雲粒子の色に影響していると予想されている．

さらに上空の熱圏では，紫外線や X 線などによって電離も起こる．これによって形成される電離圏は，電磁気的に磁気圏および**太陽風**と結合して，さらに外界の影響も受けることになる．

1.4.6 大気による電磁波の吸収と散乱

大気を構成する原子や分子は，その組成に応じて電磁波を特定の波長で吸収，放射して光学的厚さに影響を与える．それぞれが吸収，放射する波長は，原子では原子核を巡る電子の軌道準位間の遷移エネルギーおよび電離エネルギーに，複数の原子が結合した分子では回転・振動エネルギーおよび解離エネルギーに依存する．これらの大きさは量子力学に支配され決定されている．

原子や分子の電離や解離のエネルギーは，おおむね紫外線およびより高エネルギーの光子（$> 10\,\mathrm{eV}$）のエネルギーに相当する．このエネルギーを上回る紫外域およびより短波長の電磁波は，原子や分子の電離・解離エネルギーに相当する波長から短波長側で連続吸収を受ける．電離や解離に要した分を超える余剰エネルギーは，生成された粒子の運動エネルギーとなって各惑星の熱圏を温める．

電子の軌道遷移エネルギーはおおむね可視域およびより高い光子のエネルギー（$> 1\,\mathrm{eV}$）に匹敵する．電子軌道のエネルギーは飛び飛びなので，吸収を受け

る波長は連続とはならない．このため，可視域ではどの惑星大気もほぼ透明である．

　分子の振動エネルギーは，おおむね赤外域の光子のエネルギー（<1eV）に相当する．振動遷移に対応する波長は離散的だが，より小さなエネルギーの回転準位（電波域の光子が相当）が加わった振動–回転準位となるので，多数の吸収線が林立する．しかも圧力が高く（約0.001気圧以上）分子間衝突の頻度が高いと，不確定性原理（量子力学）の効果で各吸収線の幅が広がる（pressure broadening）．このため間が潰れた「吸収帯」ができ，各分子は特定の波長範囲を連続吸収する．

　図1.15にみるように，これらの吸収や放射は主成分だけでなく微量成分にも支配される．温度・圧力・光化学反応などによる結合，解離や，表層や内部からの供給や吸収による大気微量成分の変動は，大気の熱構造に決定的な影響を与えうる．地球におけるオゾン層破壊による紫外線透過量の増大や，CO_2など

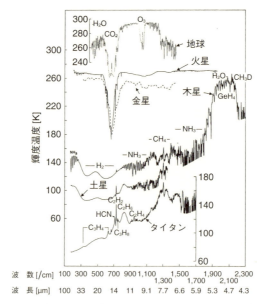

図1.15　米 Voyager（ボイジャー）探査機の同一装置で観測した各惑星大気の赤外線スペクトル（Hanel (1981) を改編）
赤外線をよく吸収，放射する O_3，CO_2，H_2O など（酸化型大気）や CH_4，NH_3 など（還元型大気）が見えるが，必ずしも大気主成分ではない．

の温室効果ガス増による赤外線吸収の増大とそれによる温暖化は，いずれも微量大気の変動による光学的厚さの変化に起因する．

電磁波は電子や雲，霧，ダストによって散乱も受ける．電子は電磁波の電場成分に乗って加速され，電磁波を吸収するとともに，加速運動によって同波長で再放射もする．自由電子による散乱は**トムソン散乱**（Thomson scattering）とよばれ，この効率は波長に依存しない．一方，原子や分子を周回する束縛電子は，その束縛周波数より低い周波数の電磁波には軌道を乱されにくい．束縛電子による散乱は**レイリー散乱**（Rayleigh scattering）とよばれ，高い周波数すなわち短い波長 λ であるほど（$1/\lambda^4$ に比例して）強くなる．地球の青空や夕焼けはこの効果である．（前者は短波長側ほど短い空気層でより強く散乱されるため，後者は長波長側ほど長い空気層をより透過できるため．）

よりサイズが大きな雲，霧，ダストの粒は，気体が凝結した液体・固体粒子や地表や惑星間空間から供給された固体粒子である．大きな粒子は雨などのかたちで地表や惑星深部へ落下するので，惑星の空に浮かぶ粒子の径は 0.1〜数十 μm 程度である．これらは電磁波を吸収する（特定の微量物質が溶け，色が付くこともある）とともに散乱も行う．粒子が波長より十分小さいとレイリー散乱と同様の特性を見せるが，波長と同程度の場合は**ミー散乱**（Mie scattering）となる．粒子を球形の誘電体であると仮定したた場合（たとえば液滴），電磁波の進行方向へそのまま向かう**前方散乱**（forward scattering）では波長依存性はなく，来た方向に戻る**後方散乱**（backward scattering）にも目で見てすぐわかるほどの明瞭な波長依存性はない（複雑な波長依存の散乱角特性をもつので，綿密な解析から粒子の径分布や屈折率の情報を引き出すことはできる）．雲や煙の「白色」はこのミー散乱の効果である．粒径がさらに大きくなり波長を十分超えると，プリズムのような幾何光学的散乱となり，散乱方向が波長で分かれる．虹はこの効果で，大きな雨滴が大量に浮遊する雨上がりに見られる．

散乱は，惑星の反射率を通して温度に大きな影響を与える．また雲・霧・塵層は太陽光の吸収で加熱され，また下層からの赤外光を吸収，反射する．これらの量は散乱粒子の数，粒径分布，高度に依存して複雑である．惑星の寒冷化および温暖化の双方に効くため，この評価は地球の温暖化予測でも鍵の1つである．なお，雲や霧は大気主成分からできるとはかぎらない．金星では H_2SO_4（大気の $< 0.01\%$），地球では H_2O（数%），火星のみ主成分の CO_2（95%）および H_2O，巨大惑星では NH_3，H_2S などが凝結したものである．すなわち，微

量成分といえどもその変動が雲や霧を通して惑星の熱構造に大きな影響を与えうることになる．表面から供給される固体のダスト（地球では火山活動による噴煙として，火星ではダストストームなどで表面から巻き上げられる）も，時に多大な影響を与える．

1.4.7 熱圏と外圏：中性大気

惑星間空間へ連なる希薄な上層大気は，熱圏や外圏（中性大気）とよばれる（図1.9，表1.4）．上端は惑星間空間に接しており，太陽の紫外線・X線や太陽風，高エネルギー粒子にさらされる．密度が高い下層の大気では，原子・分子間衝突によってエネルギーが再分配された**局所熱力学平衡**（local thermal equilibrium：LTE）にあり，原子・分子の速度分布は**マクスウェル・ボルツマン分布**（Maxwell-Boltzman distribution）におおむね従っていた．上方へいくと急激な密度と衝突頻度の低下によってこの条件は崩れ，**非局所熱力学平衡**（non

表1.4 惑星の熱圏，電離圏と外圏

	水星	金星	地球	火星	木星	土星
距離 [AU]	0.31〜0.47	0.72	1.0	1.38〜1.67	4.95〜5.46	9.04〜10.12
太陽輻射強度 [*1]	10.5〜4.59	1.92	1.0	0.52〜0.36	0.041〜0.036	0.012〜0.0098
中間圏界面（熱圏の下端）						
温度 [K]	160	180	130	160〜170	150	160
高度 [km]	120	80	120	30	400	160
電離圏の最大密度域						
高度 [km]	150	300	140	1,600	2,000	1,000
電子密度 [/cc]	3×10^5	1×10^6	2×10^5	3×10^5	2×10^4	6×10^3
外圏底（熱圏–外圏の境界）						
温度 [K]	600	270〜320	800〜1250	200〜300	900〜1300	500
高度 [km]（表面）	300	500	300	1,000	3,000	

水星，木星，土星では太陽距離の変化も考慮した．電離圏と外圏底の高度と温度は，太陽活動などの影響で大きく変動する．
[*1] 1 AU での太陽輻射強度 $1.36\,\mathrm{kW/m^2}$ で規格化した値．

local thermal equilibrium：non-LTE）となる．

熱圏は，密度が低く衝突が起こりにくい．太陽紫外線・X線によって分子は解離し原子となるが，上方ほど衝突による再結合が起こりにくいので原子が主となる．高エネルギー光子から個々の原子や分子に渡されたエネルギーは衝突による再分配が起こりにくいので，その速度分布はマクスウェル・ボルツマン分布とはなりにくい．このため温度は上方ほど「平均運動エネルギー」という意味しかもたず，また原子・分子種ごとにも異なる値をとるようになる．原子や分子の衝突励起も起こりにくく赤外線による放射冷却も効きにくいため，温度は地球と木星では約 1,000 K に達する．火星と金星ではより低いが，これは CO_2 をより多く含み赤外線放射で冷却されるためである．

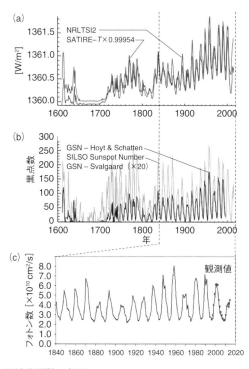

図 1.16 太陽活動周期の変遷（Kopp et al.（2016）と Svalgaad（2016）を改編）
（a）1610〜2015 年の太陽定数の各種推定値．（b）太陽定数推定の源泉となる各種太陽黒点数データ．（c）1840〜2015 年の太陽極端紫外線（EUV）量の推定値．11 年周期で 2〜3 倍程度の変動を見せる．

外圏底（熱圏の上端）を越えさらに広がる**外圏**では，粒子間の衝突は無視可能となる．約 1,000 K といえども速度は酸素原子で約 1 km/s，水素原子でもこの 2.8 倍にすぎない（質量比の −0.5 乗）ので，脱出速度を超えず惑星重力に束縛されている．とはいえスケールハイトは大きく，地球では惑星半径の数倍以上に広がる**ジオコロナ**（geocorona）の発光として観測される．この領域で起こる大気の「宇宙散逸」は惑星大気の組成と進化に重大な影響を与える（5.5 節）．

熱圏や外圏の温度や密度は，太陽の活動度（図 1.16）で大きく変動する．下層大気を温める可視・赤外光量は，太陽周期によって変動するものの 11 年周期内の変動は 0.1% 程度にすぎない．**マウンダー極小期**（Maunder minimum）とよばれる 1645〜1715 年の太陽活動低下も，太陽定数（地球軌道に届く単位面積・時間あたりのエネルギー）の変化としては大きなものではない（図 1.16a）．しかし，太陽輻射全体の 7% 程度を占める紫外線・X 線量は，太陽黒点数と連動して大きく変動する（図 1.16b, c）．とくに太陽フレアの発生時には短期間ながら数桁の単位で増大し，これを吸収する熱圏大気は一気に高温となって膨張する．この高度は低軌道衛星の飛翔域で，加熱に伴う大気膨張によって人工衛星の姿勢や軌道が乱され，その喪失事故が起きたこともある（日本では，2000 年の X 線天文衛星「あすか」と 2001 年の太陽観測衛星「ようこう」）．

1.4.8　電離圏と磁気圏：電離大気

電子の束縛エネルギー以上のエネルギーをもった紫外線，X 線や高エネルギー粒子は，原子や分子の電子を弾き飛ばして自由電子とプラスイオンを生成する．熱圏や外圏では密度が低いため衝突再結合の確率は低く，大気は電離した状態のまま保たれる．こうして生まれた**電離大気**（ionized atmosphere）は電離圏や磁気圏をつくる（表 1.4，表 1.5）．この領域は，重力だけでなく惑星本体や太陽風の磁場・電場からも力を受ける．

電離圏は，原子や分子の衝突が起こる熱圏と重なる．中性大気は粘性や波動を介して内側（下層大気）から力を受け，惑星とともに回転しようとする．一方，電離大気を構成する電子やイオンは，電荷 q と速度 v に応じて電場 E，磁場 B からローレンツ（Lorentz）力 $F = q(E + v \times B)$ を受ける．この電場と磁場は，粒子間の直接衝突は起こらないが荷電粒子が惑星磁場によってその運動が捕捉される磁気圏と，惑星間空間を吹き抜けこの磁気圏に衝突する太陽風からもたらされる．電離圏はこの両者と電磁結合し，外側から力を受けるととも

1.4 惑星の大気

表 1.5 惑星の太陽風・惑星磁場と磁気圏

	水 星	地 球	木 星	土 星
距　離 [AU]	0.31〜0.47	1.0	4.95〜5.46	9.04〜10.12
太陽風動圧 *1	×(10.5〜4.59)	×1	×(0.041〜0.036)	×(0.012〜0.0098)
惑星磁場				
双極子モーメント *2	0.0005	×1	×20,000	×580
赤道表面磁場強度 *2	0.01	×1	×14	×0.68
磁気圏：半径 *3 [km]	3×10^6	6×10^7	4×10^9	1×10^9
対惑星半径	×1.4	×10	×60	×20
磁気圏が受け止める 　太陽風エネルギー *4	×0.03	×1	×180	×4

水星，木星，土星では太陽距離の変化も考慮した．磁気圏の半径は太陽風の影響で大きく変動する．
[*1] 地球の代表値（$1\,\mathrm{nPa/m^2}$ [密度：〜6/cc, 速度：〜400 km/s]）で規格化した．
[*2] 地球の代表値（$8 \times 10^{15}\,\mathrm{T\,s^3}$, $3 \times 10^4\,\mathrm{nT}$）で規格化した．
[*3] (惑星磁場双極子モーメント)$^{1/3}$ および (太陽風動圧)$^{1/6}$ におおむね比例する．
[*4] 地球の代表値（10^8 W ＝ 太陽風エネルギー流量 × 磁気圏断面積）で規格化した．

に流れ込む電流によって加熱も受ける．熱圏（中性大気）の原子や分子と電離圏（電離大気）のイオンは衝突を通して相互に運動量を与え合うので，この領域は惑星本体と惑星間空間の双方から力とエネルギーを受けとる．磁場が強くまた高速で自転する木星では，惑星自転によるエネルギーが熱圏・電離圏で中性大気から電離大気へと受け渡され，さらに電離圏から磁気圏へと電場・電流を通して引き出され，そのエネルギー源となる．太陽に近く太陽風の影響が強い地球では，太陽風の運動エネルギーが磁力線の引き延ばし，つなぎ替えを介して，磁場や電場のかたちで磁気圏へ渡される．

この産物が，有磁場惑星で見られる美しいオーロラである（口絵 4）．高エネルギー電子・イオン（数 keV 以上）が磁気圏から磁力線に沿って磁極を中心とした円環状の領域に降下し，熱圏・電離圏大気に衝突して原子やイオンを衝突励起し発光に至る．地球では O_2 や N_2 による赤や緑の発光，木星，土星，天王星，海王星では H_2 による紫外線や赤外線の発光で，太陽風や磁気圏の活動度に応じて激しく変化する．火星でも，表層に残された古代の地殻磁場の上空でこの発光が発見された．

太陽風の圧力をせき止められる強い固有磁場をもつ惑星（水星，地球，木星，土星，天王星，海王星）では，電離圏のさらに外側で磁場が電離大気を拘束する

第 1 章　太陽系の天体

磁気圏をもつ（表 1.5）．地球では，磁気圏を満たす電離大気は，電離圏からもたらされる低エネルギー（約 1 eV，約 1 万 K）で高密度のプラズマと，太陽コロナ（すなわち太陽風）からもたらされる高エネルギー（約 100 eV，約 100 万 K）で低密度のプラズマの混合からなる．これらに，電磁場を介した多様なプロセスで keV〜MeV 帯まで加速，加熱された超高温プラズマも同居する．低・中緯度につながる惑星の双極子的磁場は，低温・高密度プラズマを閉じ込めた**プラズマ圏**（plasmasphere）と，相対論的エネルギー（約 1〜数十 MeV）に達する高エネルギー粒子の貯蔵庫である**放射線帯**（radiation belt）である**ヴァン・アレン帯**（Van Allen belt）を捕捉している．高緯度につながる磁力線は，太陽側では太陽風をせき止める**磁気圏界面**（地球では，地球半径の 10 倍程度の位置），反太陽側では彗星のように吹き流され長く伸びた**磁気圏尾部**（magnetotail）となる．太陽系最大の惑星群である木星と土星は，その強力な固有磁場，約 10 時間の高速自転，大量の火山や水/氷噴出で供給される低温プラズマ，太陽系外縁の弱められた太陽風といった諸要素に支配され，地球よりも広大で活動的な惑星磁気圏を有している．また水星は地球の 1/100 程度の強さながら，融けた金属核と強い太陽風によって活発な磁気圏活動を見せる．

図 1.17 に，地球，土星，木星の磁気圏を示す．太陽風と惑星磁場の圧力が釣り合う磁気圏界面は，土星では地球の約 20〜25 倍，木星ではさらにその約 3〜4 倍の距離にある．この違いは，惑星がもつ固有磁場（磁気双極子モーメント）の大きさと太陽風の動圧（太陽系の外側ほど弱くなる）のバランスで決まるが，さらに磁気圏内へのプラズマ供給の量にも依存する．土星ではエンセラダスからの水の噴出，木星ではイオからの火山ガスの噴出があり，これらの電離によって起きる大量のプラズマ供給によって，図 1.17 に示す白い破線の位置よりさらに磁気圏は膨らむ．この空間の構造とその変動は，本シリーズ第 2 巻『太陽地球圏』（小野・三好，2012）にまとめられているので，そちらも参照されたい．強い磁場を有さず太陽風が直接電離圏に吹き付ける金星と火星については 5.5 節で述べる．

磁気圏や太陽風は外圏大気よりさらに希薄である．中性原子・分子の衝突は分子間力を介して行われるので，粒子間の直接衝突はほとんど起こらず，太陽風の侵入阻止にはまったく寄与しない．太陽風が磁気圏に直接侵入できないのは，電磁場の効果である．電場や磁場を感じる荷電粒子は，惑星の固有磁場によって運動を阻まれる．またプラス・マイナス電荷集団どうしの位置がずれる

1.4 惑星の大気

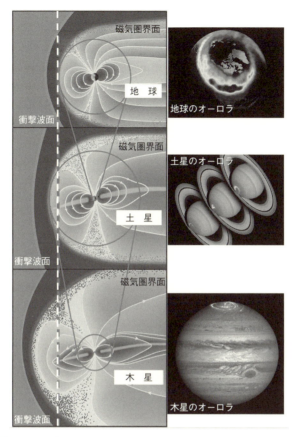

図 1.17 地球・土星・木星の磁気圏（Bagenal *et al.*（2017）を改編）
白い破線は，磁気圏内にプラズマ供給源がない場合の磁気圏界面の予想位置である．地球の磁場は北向き，土星と木星は南向きの磁場をもつ．（口絵 4 も参照）

とその間に電場が生まれ，また相互の速度がずれると電流となって磁場が生まれる．この電場や磁場を介した荷電粒子間の運動量交換が，「無衝突プラズマにおける波動–粒子相互作用」の基本原理で，非常に希薄な状態でも衝撃波などの流体現象が起こることになる．

　1.4.7項で述べたように，中性の外圏大気は脱出速度に達しないまま惑星半径の数倍相当広範囲に広がっている．これが紫外線やX線などによって電離すると，その瞬間に電場・磁場の影響を受ける．その場所が太陽風側に出ていた場

49

合，その粒子は太陽風磁場に絡め取られ，重力を振り切って流出してしまう．惑星の固有磁場が強い場合，外圏大気の領域はより広がった磁気圏内に留まるので，電離が起こっても惑星本体の磁場に絡み取られて大気は流出しにくい．

1.5 氷天体，小天体，衛星，リング

1.5.1 はじめに：惑星を除く太陽系天体たちとその分類

惑星，衛星，小惑星，彗星など，太陽系には実にさまざまな天体が存在する．その分類には，おもに天体の物理量（質量や組成）や運動状態がその指標として用いられてきたが，現在でも決して完成されたものではない．2006年夏，国際天文学連合総会において**惑星**（planet）という言葉に明確な定義を与えようとする議論が起こったことは記憶に新しい．そこで決議された惑星の定義とは，「(1) 太陽のまわりを公転する，(2) 静水圧平衡の形状を保つのに十分な質量をもつ（ほぼ球形である），(3) 軌道上から他の天体を一掃している，という条件をすべて満たす天体」である．本節では，こうした惑星以外に分類される数多くの天体について，その姿を概観する．

まず，惑星以外の天体の分類について簡単にまとめておく．太陽中心の公転運動をする天体のうち，上記の惑星3条件の3つ目である「軌道上から他の天体を一掃している」を満たしていない天体，すなわち，条件 (1) と (2) を満たしつつも「自身の軌道の近くに他の天体が存在している天体」のことを，**準惑星**とよぶ．2018年4月の時点で，準惑星は5個（セレス，**冥王星**（Pluto），**エリス**（Eris），**マケマケ**（Makemake），**ハウメア**（Haumea））存在する．また，惑星と準惑星を除いたすべての天体は総じて小天体とよばれる．ここまでが2006年の議論を経て決議された分類であるが，これ以外の天体の分類については明確な定義が存在せず，研究者間の暗黙の了解や合意に基づいてさまざまな分類名が使われている．そもそも天体の分類や呼称というものは，研究者の興味の対象の違いによって微妙に異なることも多く，そのような現状でも大きな問題が生じていないのは，厳密な分類があまり意味をなさないことのあらわれともいえよう．この節では広く小天体について，やや私見も交えた分類を行いつつ概観していく．

1.5.2 小天体

小天体 (small body) は，太陽を中心とする公転運動を行う天体のうち，惑星と準惑星を除いたすべての天体の総称である．小天体は太陽系全体にあまねく存在しており，軌道が確定し，国際天文学連合によって番号登録がなされた小天体の総数は，2017 年 10 月の時点で 50 万個を超える（5 個の準惑星を含む）．小天体は，主として軌道に従っていくつかのグループに分けられる．大きくは，海王星軌道よりも内側にある小天体を**小惑星**（asteroid），海王星軌道より外側にある小天体を**太陽系外縁天体**（trans-neptunian object：TNO）とよび分けている．

小惑星は，海王星軌道より内側の領域に幅広く存在しているが，とくに集中して存在する，火星軌道と木星軌道の間にある太陽から 2～4 天文単位の領域は，**小惑星帯**（asteroid belt）あるいは**メインベルト**（main belt）とよばれ，そこに存在する小惑星を**メインベルト小惑星**（main belt asteroid）とよぶ．メインベルト小惑星は，全小天体数の約 97.5% を占め，その総質量は地球の月の質量の約 4% に達すると推定されている．このうち最大のものは半径約 460 km の準惑星セレスであり，メインベルト小惑星の総質量の約 1/3 にあたる（セレスの詳細については次項にて述べる）．小惑星帯よりも太陽に近い軌道をもつ小惑星は，個数にして全小天体の 1.5% 程度であるが，このなかには地球に接近する軌道をもつ**地球近傍小惑星**（near earth asteroid）とよばれる小天体が 15,000 個あまり確認されており，うち約 2,000 個に番号が付されている．日本の小惑星探査機「はやぶさ」が調査を行い，サンプルが地球へと持ち帰られた小惑星イトカワも，この地球近傍小惑星に属している．

木星軌道から海王星軌道の間にも，少ないながらも（全体数の約 0.02%）小惑星が存在し，これらは**ケンタウルス族**（Centaur）とよばれる．この名は，木星から海王星の間の領域ではじめて見つかった小惑星**キロン**（Chiron）の名が，ケンタウルス族の一人 Chiron（ケイローン）にちなんでいることに由来する．ケンタウルス族小惑星は，軌道の近日点が木星と天王星の間，遠日点が土星から海王星の間にあるものが多く，その公転軌道の力学に関する研究から，ケンタウルス族はおそらく，はじめは太陽系外縁天体だったものが何らかの重力的な摂動を受け，木星を遠日点とする木星族天体へと軌道が変化している途中の天体であろうと考えられている．したがって現状のケンタウルス族の軌道は不

第 1 章　太陽系の天体

安定であり，いずれは木星などの巨大惑星の重力によって太陽系の外へと散乱されるか，太陽や他の惑星に衝突すると思われる．

また，惑星と軌道を共有するような分布をもつ小惑星群も存在する．惑星の公転軌道上で，太陽から見てその惑星に対し 60° 前方あるいは 60° 後方付近の領域は，太陽や惑星から受ける重力と，そこでの遠心力とが釣り合うことによって安定にその場に留まり続けることができる．この領域を**ラグランジュ点**とよび，とくに惑星に対し 60° 前方は L4，後方は L5 とよばれる．この 2 つに加えて，ラグランジュ点は惑星の周囲に全部で 5 点存在する．この L4 および L5 の付近に群集する小惑星を**トロヤ群小惑星**（Trojan asteroid）とよぶ．この名前は，トロヤ群として最初に発見された小惑星**アキレス**（Achilles）の名が，ギリシャ神話のトロイヤ戦争の英雄 Achilles（アキレウス）にちなんだものであることに由来している．トロヤ群小惑星は，木星軌道上に存在するものが最も多く，番号が付されているものだけでも 4,500 個を超える（それでも全小天体数の 1% 程度にすぎない）．地球や火星，天王星，海王星の軌道上にも，1 個から数個程度のトロヤ群小惑星が確認されている．トロヤ群小惑星の起源については，2 つの仮説が提案されている．1 つは，軌道上の惑星の形成とともに軌道を共有し公転し始めたものの，惑星への落下を免れて生き延びたとするものである．2 つ目は，惑星が自身の形成後にその軌道を大きく移動させた過程で捕獲したとするものである．いずれの説に対しても裏づけとなる事実はまだ得られておらず，仮説の域を出ていない．また，長期的には，近隣の別の惑星から受ける重力的な摂動によってトロヤ群から放出されるなどの可能性も出されている．

海王星の軌道（約 30 AU）以遠の太陽系外縁部に存在する**太陽系外縁天体**は，確認されている数は全小天体の 0.1% にも満たないが，遠方に存在するために確認できない小さなものも数多く存在すると想像される．外縁天体は提唱者の名前から（そのなかでも軌道が黄道面付近にあるものを）**エッジワース・カイパーベルト天体**（Edgeworth-Kuiper belt object：EKBO），あるいは単に**カイパーベルト天体**（Kuiper belt object）とよんでいた．直径 2,000 km 級の 4 つの準惑星，冥王星，エリス，ハウメア，マケマケを筆頭に，さまざまなサイズの天体が幅広い領域に存在している．軌道長半径が 50 AU を超えるものや黄道面から大きく外れたものを**散乱円盤天体**（scattered disk object）として区別する場合もある．カイパーベルトや散乱円盤よりさらに外側，太陽の重力が他の恒星や銀河系の重力と同程度になる，太陽系最外縁部の約 10 万 AU までの領域に

は，小天体が球殻状に分布する**オールトの雲**（Oort cloud）が存在すると予想されている．これは直接に観測されてはおらず，周期の非常に長い（200年以上）彗星の起源として提唱された仮想的な天体群である．カイパーベルトや散乱円盤とオールトの雲との境界は明確ではなく，おそらくは連続的に繋がっていると考えられている．太陽系外縁天体の起源や軌道の進化については不明な点が多いが，惑星形成期に木星軌道から海王星軌道付近にかけて存在していた小天体のうち，惑星への衝突や集積を免れたものが，相互の衝突や巨大惑星の重力によって軌道を変え，最終的に近日点距離がきわめて大きくなったものがオールトの雲となり，変化が小さかったものがカイパーベルト天体として残っていると考えられている．

太陽系外縁天体が，近くを通過した恒星の重力によって摂動を受けたり，外縁天体どうしの衝突や重力相互作用によって軌道が掻き乱されたりすると，太陽へと落下してくるものがある．そして太陽に接近した際に，一時的な大気である**コマ**（coma）や，コマ物質が太陽と反対方向に流出した**尾**（tail）を生じるものを**彗星**（comet）とよぶ．言い換えれば，コマや尾を生じないものは彗星とよばず，小惑星や外縁天体との区別はない．彗星の中で繰り返し太陽へと近づくものを**周期彗星**（periodic comet）とよび，その公転周期には数年から数百万年以上まで幅がある．なかには二度と太陽へ近づかないもの（非周期彗星）もある．周期彗星のうち，公転周期が200年未満のものは**短周期彗星**（short period comet），200年以上のものは**長周期彗星**（long period comet）として分類される．200年という数字に物理的な意味はないが，200年の周期で完全な円軌道上を公転する天体の軌道長半径は約34 AUであり，海王星と冥王星の間に位置することから，短周期彗星はエッジワース・カイパーベルトからやってくると考えられている．一方で，公転周期がきわめて長い長周期彗星は，その外側のオールトの雲からくると推測されている．先に述べたように，オールトの雲は仮説的な領域にすぎないが，長周期彗星の軌道はその傾きが非常に大きいものも多く，太陽系空間のあらゆる方向から飛来するように見えることから，オールトの雲が球殻状に分布しているという推定の根拠となっている．これに対して，短周期彗星の軌道は黄道面に比較的沿っているものが多い．

以上のように，太陽系に広く存在する小天体は，おもに軌道に従っていくつかのグループに分類できる．そしてこれらの天体の組成は，概して軌道長半径に依存している．すなわち太陽に近い領域では岩石質であり，太陽から遠い領

域にある小天体ほど揮発性成分，とくに H_2O の氷に富んでいる．

1.5.3 準惑星

準惑星 (dwarf planet) は，2006 年に惑星の定義が決議された際に新設されたカテゴリーであり，大きさでは惑星と小天体の中間に位置する天体群である．1.5.1 項で述べたように，太陽のまわりを公転し，ほぼ球形であるが，自身の軌道付近に他の天体も存在するもの，そしてそれが衛星ではない天体が，準惑星と定義される．準惑星は 5 個存在し，セレスだけは小惑星帯に，他の 4 つ（冥王星，エリス，ハウメア，マケマケ）は太陽系外縁部に存在する．なお，現在は小天体のカテゴリーに入っている十数個の天体が，今後の観測によって準惑星として認められる可能性をもった候補天体となっている．

セレスは小惑星帯において最大となる約 460 km の半径をもち，軌道長半径を約 2.78 AU とする軌道を，約 4.6 年周期で公転している（口絵 1 参照）．約 2,100 kg/m^3 という平均密度から，体積の約半分，質量の約 1/4 を H_2O が占め，残りが岩石で構成されていると予想される．セレスに対しては米国の Dawn（ドーン）探査機が周回探査を行い，2018 年初めの時点でも観測を継続している．その探査を通して，セレスの規格化慣性能率は 0.37 と判明したことから (Park *et al.*, 2016)，内部の分化は十分ではなく，氷と岩石の混合物か含水鉱物からなる核を，岩石質の物質が混ざった氷のマントルが覆った構造を取っていると推定されている．セレスの表面は，概して炭素系の物質に富む C 型小惑星 (3.2.3 項参照) に類似した組成的特徴をもつと同時に，マグネシウム硫酸塩水和物のような塩類や NH_3 に富む粘土鉱物が存在している．またいくつかの衝突クレーターでは，反射率が周囲に比べて有意に高い，明るく輝く領域が存在し，H_2O 分子の存在が確認された．これは氷や水和物鉱物中の H_2O が昇華などの過程を経たものと考えられている．さらに 2014 年には，セレスの北半球中緯度域の 2 カ所から水蒸気の噴出がハーシェル (Herschel) 望遠鏡による観測を通して発見された．1 秒間に 3 kg 程度の H_2O が宇宙空間へ放出されており，表層の氷が太陽熱を受けて昇華しているか，内部の水が噴出しているものと考えられている．

そのなかで，準惑星というカテゴリーが新設されるきっかけとなり，また最大の準惑星としてその代表的存在となっているのが，かつては第 9 惑星とよばれた冥王星である（図 1.18）．冥王星は 1930 年に発見されて以来，太陽系の 9

1.5 氷天体，小天体，衛星，リング

図 1.18　New Horizons 探査機が撮影した冥王星（NASA 提供）（口絵 1 も参照）．

番目の惑星とされてきたが，1992 年に冥王星以外の太陽系外縁天体がはじめて発見されて以降，冥王星と同程度の大きさをもつ天体が多数発見されたことから，冥王星を惑星と見なすことに疑問を呈する声が拡がり，2006 年に開かれた国際天文学連合総会において決議された惑星の定義をもって，冥王星は準惑星に分類された．冥王星はその軌道が大きく楕円にゆがんでおり，また軌道面が黄道面から 17° 以上傾いている点で，惑星と比べて異質である．冥王星の半径は 1,200 km 足らずであり，質量とともに地球の月よりも小さい．平均密度が約 1,850 kg/m^3 であることや，表面が氷に富むことなどから，内部は氷と岩石で構成されると考えられる．表面で見られる氷は，H_2O だけでなく CH_4 や N_2 の固体としての氷も多く存在しており，非常に不均一な分布をもっている．冥王星は，最大の衛星**カロン**（Charon）をはじめとする 5 つの衛星をもつ．カロンは半径が 600 km と，冥王星の約半分もあり，質量も 7 分の 1 に達する．このことから，冥王星とカロンはお互いの重心が冥王星表面よりも外側に位置することから，太陽系最大の連星系ともいわれる．カロン以外の 4 つはいずれも直径 50 km 以下でいびつな形状をした小衛星である．こうした冥王星系に関するわれわれの知見が飛躍的に向上したのは，2006 年に打ち上げられ 2015 年 7 月に冥王星へ最接近した探査機 New Horizons による観測である．

New Horizons は冥王星から 13,695 km の距離にまで接近通過し，可視光や紫外線での撮像や冥王星周辺の粒子観測などを行った．冥王星の表面は全体的に明るい茶色を呈しているものの，その濃淡は地勢とともに地域によって大きく異なる（図 1.18，口絵 1）．赤道域には，白く滑らかな地勢をもった領域がハー

ト形に広がっており,大部分が N_2 の氷に覆われている.その領域には衝突クレーターはほとんどなく,代わりに可塑性の高い物質が流動したような地形や,細胞か蜂の巣のような構造で占められている.冥王星の表面は平均温度が 44 K という極低温の世界だが,N_2 の氷は融点が 65 K であることや粘性率が H_2O の氷に比べて非常に低いことから,少量の地熱エネルギーでも流動性が高く,滑らかな地勢をつくることができる.ハート形の領域の周辺は一転して起伏が大きく,伸張力を受けて形成したと思われる正断層が多く存在している.断層内部や周辺には H_2O の氷が多いことから,冥王星は H_2O の氷でできた地殻を基盤とし,ハート形の領域ではその基盤氷の上に局所的に N_2 の氷が乗った構造をしていると考えられている.内部の様子を知るための情報は乏しいが,冥王星全体の形状を精密に計測したところ,有意な扁平がなく球に近い形状をしていたことから,内部にはかなり柔らかい氷の層か,あるいは液体の海の存在が示唆される.また,きわめて希薄(地球表面の大気圧の約 10 万分の 1)ではあるが,N_2,CH_4,CO からなる大気が存在する.New Horizons 探査機は,冥王星を離れた後は別の太陽系外縁天体であるウルティマ・スーリ(Ultima Thule, 2014MU69)へと向かっており,2019 年 1 月にフライバイ観測を行った.

1.5.4 衛 星

衛星(satellite)とは,惑星や小天体のまわりを回る天然の天体のうち,リング(後述)を除いたものをさす.惑星や準惑星については国際天文学連合による定義があるが,衛星に関する定義はない.太陽系には,さまざまなサイズや形状,組成の衛星が存在しており,2016 年末の時点で太陽系には 8 つの惑星を周回する衛星が合計で 173 個発見されており,うち 147 個には名前が付けられている(名前の付いていない衛星には,英数字による仮符号が与えられている).月は地球唯一の衛星であり,火星は 2 個の衛星をもつ.水星と金星には衛星はない.一方で木星をはじめとする巨大惑星には多くの衛星が回っている(木星 67 個,土星 62 個,天王星 27 個,海王星 14 個).また,5 つの準惑星のうちセレスを除くすべての天体にも衛星の存在が確認されているほか,衛星をもつ小惑星や太陽系外縁天体も数多く確認されている.一方で,衛星を周回する衛星は,今のところ確認されていない.

衛星は,大きさや地質,内部構造,そして軌道に至るまで実に多様である.太陽系で最も大きい衛星は木星系の**ガニメデ**で,水星の半径(2,440 km)を超え

る約 2,630 km の半径をもつ.一方で,小さいものは半径数十 m 程度のものまで確認されている.一般に,サイズの大きい(半径 100 km 程度以上)衛星は,中心惑星の赤道面にほぼ沿った軌道面上を,中心惑星の自転方向と同じ向きに公転(順行)し,かつ惑星に対して常に同じ面を向けている(同期回転)ものが多い.このような衛星は**規則衛星**(normal satellite)ともよばれることがあり,惑星が形成した時期に惑星のまわりに存在していた円盤の中で形成したと考えられている.地球の月の軌道もこうした特徴をもっているが,地球–月系がもつ大きな角運動量や,月の大規模な溶融度などを説明するためには,地球をとりまく円盤の中で地球とともに形成したのではなく,集積を終えた地球に他の天体が衝突し,その破片が再集積して月が形成したとする,いわゆる**巨大衝突**(giant impact)**イベント**に伴う形成が有力な月の起源仮説となっている.一方で,小型の衛星には上で述べた特徴とは異なる軌道をもつものが多い.すなわち,軌道面が中心惑星の赤道面から大きく傾いていたり,中心惑星の自転方向とほぼ逆向きに公転(逆行)していたりするものが多い.海王星の衛星**トリトン**(Triton)は,サイズは大きい(半径 1,353 km)ながらも**逆行衛星**(retrograde satellite)である.このような衛星は,中心惑星が形成した後でその近傍を通過した際に,中心惑星の重力によって捕獲されたものと考えられている.

　衛星の組成は,地球や火星の衛星は(金属を含む)岩石のみからなる一方,木星以遠の惑星をまわる衛星のほぼすべては,表面を H_2O 主体の氷に覆われている.このことに対する最も単純な説明は,衛星が惑星の周囲で形成する過程において,太陽から離れた領域では H_2O が凝結して氷となり,衛星の構成成分として取り込まれた,というものである.このように,表面を氷に覆われた衛星は,岩石に覆われた月などと区別する意味で**氷衛星**(icy satellite)とよばれることも多い.衛星全体に占める氷の存在比は衛星によって多様であり,平均密度からそれを推定することができる(図 1.19).大部分の衛星の平均密度は 2,000 kg/m^3 以下であり,これは H_2O の含有率が質量比にして衛星全体の 30% 以上に達することを意味する.地球の月と木星衛星**イオ**(Io)はほぼ岩石の密度と同程度であり,木星衛星**エウロパ**の平均密度(約 3,000 kg/m^3)は H_2O を数%程度もつことを意味する.一部の氷衛星や氷準惑星では,内部で氷が大規模に溶融し,いわゆる地下海となって存在する可能性が理論と観測の両面から示唆されている(6.3 節を参照).

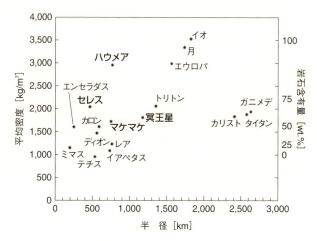

図 1.19 太陽系における半径 200 km 以上の衛星と準惑星（太字）の半径と平均密度（左軸）の関係
右軸は，天体の構成成分を H_2O 氷（密度 $1,000\,\mathrm{kg/m^3}$）と岩石（$3,500\,\mathrm{kg/m^3}$）の 2 成分と仮定し，密度の温度圧力依存性を無視した場合における天体の岩石含有率を質量%で表したもの．

1.5.5 リング

　天体の周囲を公転する塵や氷などの小さな粒子が円盤状の領域に分布した構造がリング（ring，環）である．土星のリングが最も有名だが，太陽系の 4 つの巨大惑星はすべてリングをもっている．また，リングは惑星だけのものではなく，小惑星**カリクロー**（Chariklo）にもその存在が確認されている．いずれの天体のリングにおいても，その成り立ちは正確にはわかっておらず，一般には不安定で数億年以内には散逸してしまうと考えられている．

　木星のリングは 1979 年に Voyager（ボイジャー）1 号によって発見された．このリングは，後方散乱と比べて前方散乱がより強い（木星に対して太陽と同じ側から観測するより，太陽反対側から観測したほうがはるかに明るい）性質をもつことから，μm サイズのダストでできていると考えられる．赤外線の分光観測では明瞭な特徴が見られないために，リングを構成する粒子の詳しい組成は不明だが，ケイ酸塩あるいは炭素質化合物からなっていると考えられている．木星のリングはきわめて希薄で，地上からの観測には大口径の望遠鏡を要する．木星のリングは 3 つの主要な部分からなっており，最も内側から順に，ハロー（Halo），メインリング（main ring），ゴッサマーリング（希薄リング，

1.5 氷天体,小天体,衛星,リング

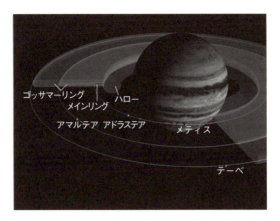

図 1.20 木星のリングとその近傍にある衛星軌道の模式図
この図では衛星アドラステアとメティスの軌道が同一に描いてあるが,実際の平均軌道半径は,メティスのほうが約 1,000 km だけ木星に近い.

gossamer ring)とよばれる(図 1.20).

メインリングは幅が約 6,500 km,厚さは約数十〜100 km 程度と,木星リングのなかで最も薄いが,総質量は最も大きく光学的にも最も厚い.このメインリングに限らず,木星のリングを構成する物質に対して特定の鉱物組成は明らかになっていないが,メインリングは主として長波長帯での反射率が高い,すなわち赤みがかっており,衛星**アドラステア**(Adrastea)や**アマルテア**(Amalthea)の反射特性に似ていることがわかった(Meier *et al.*, 1999; Wong *et al.*, 2006).メインリングを構成する粒子は,直径 $0.1〜10\,\mu m$ のものを主とする中に比較的大きい粒子が混在していると考えられているが,0.5 km を超えるものは見つかっていない.これらの粒子は,**ポインティング・ロバートソン効果(コラム 2.1 を参照)**や木星磁気圏から受ける力によって,1,000 年以内に散逸してしまうと見積もられている(Burns *et al.*, 2004)ため,粒子どうしの衝突や木星圏外からの天体との衝突などによって粒子が継続的に供給される必要がある.メインリングの外縁部を周回する衛星アドラステアとメティス(Metis)に小天体が衝突することによって粒子が放出されていることも,メインリングのおもな起源の 1 つなのかもしれない.

メインリングの内側にある**ハロー**は,内縁が木星から半径約 1 万 km(約 1.4 木星半径)付近,外側はメインリングと接しており,厚さが 1 万 km を超える

第1章 太陽系の天体

図 1.21 土星のリングといくつかの衛星の軌道位置を示した模式図

ドーナツ状の分布をもっている．10 μm かそれ以下の粒子からなり，メインリングと比較するときわめて希薄である．メインリングの外側に広がるゴッサマーリングはハローよりさらに希薄で，内縁であるメインリングから衛星アマルテアの軌道まで広がるアマルテア・ゴッサマーリングと，メインリングから衛星**テーベ**（Thebe）まで広がるテーベ・ゴッサマーリングに分かれる．アマルテア・ゴッサマーリングは，直径 0.1〜数 μm の粒子が厚さ約 2,000 km に，テーベ・ゴッサマーリングは，同様の粒子が厚さ約 8,000 km に広がっており，それぞれの衛星への天体衝突によって放出された粒子がその起源と考えられる．

土星のリングは，太陽系で最も明瞭で大規模なリングである．発見された順にアルファベットの A から G までの名前が付けられており，内側から D，C，B，A，F，G，E リングとよばれる（図 1.21）．これらの 7 つの大構造だけではなく，**リングレット**（ringlet）とよばれる細く淡いリングや，粒子の分布が不均質なこぶやねじれなどの小規模な構造がさまざまに存在している．リングを構成する粒子は，木星のリングをつくっているケイ酸塩質や炭素質の物質とは異なり，H_2O の氷でできている．いくつかのリングの境界には，粒子の密度が急激に減少する隙間があり，幅の広い隙間は**間隙**（division），狭いものは**空隙**（gap）とよばれる．最も内側にある D リングと C リングは，土星の赤道上空の高さ約 7,000 km から広がるきわめて希薄なリングであり，内部に多数のリングレットや空隙が存在する．その外側の B リングは，総質量や明るさの点で土星のリングのなかで最大で，地上望遠鏡でも容易に観測できるが，厚さはほんの 5〜15 m にすぎないと見積もられている．B リングの外縁，A リングとの間には，幅約 4,800 km に及ぶ**カッシーニの間隙**（Cassini division）がある．た

だし間隙の内部にも，C リングに似た程度の希薄さでリング物質が存在している．A リングは，土星の明るく大きなリングのなかで最も外側にあり，その外縁部は土星中心から 137,000 km に達する．厚さは B リングよりやや厚く，約 10〜30 m とされる．その内部には**エンケの間隙**（Encke gap）とよばれる幅約 325 km の隙間があり，間隙の中を公転する直径 20 km の小衛星パン（Pan）の重力がリング物質を跳ね飛ばしたと考えられている．エンケの間隙から外側へ約 250 km 離れた領域には，別の隙間である**キーラーの空隙**（Keeler Gap）が存在し，空隙内を公転する小衛星ダフニス（Daphnis）の重力によって隙間がつくられている．A リングの外側には幅 2,600 km にわたる**ロッシュの間隙**（Roche division）がある．これは土星のロッシュ限界（惑星を周回する天体が潮汐力によって破壊されずに惑星へ近づける限界の距離）付近に位置することから衛星は共存しないが，希薄なリング物質が存在している．

さらにその外側にある F リングは非常に細いが，短時間で活発にその構造が変化する．F リングは，内側を公転する**プロメテウス**（Prometeus）と外側を公転する**パンドラ**（Pandra）に挟まれており，両者の重力が F リングの物質を細くおさえつけていると同時に，両衛星とリング粒子の公転速度の違いによって不規則なねじれやこぶが生じている．こうした衛星を，**羊飼い衛星**（shepherd satellite）とよぶ．G リングは，衛星ミマス（Mimas）の軌道付近まで広がってきわめて薄く，リング中を公転する衛星**アイガイオン**（Aegaeon）への天体衝突によって放出された粒子が，リングの供給源となっている．最も外側の E リングは，ミマスから**レア**（Rhea）の軌道にまで達する非常に広い分布をもつが，他のリングと異なり μm サイズの微細なダスト粒子からなる希薄なリングである．E リングは衛星**エンセラダス**近傍でその密度が最も高くなる．実際に探査機 Cassini はエンセラダスの南極表面から氷の微粒子を噴出していることを発見し，これが E リングの供給源となっていることを確認した．

天王星のリングは土星のそれと比べると圧倒的に希薄で細いが，木星や後述する海王星のリングの規模よりは大きい．2017 年 1 月の時点で全部で 13 本のリングが確認されており，天王星に近い順に，ζ/R1986U2, 6, 5, 4, α, β, η, γ, δ, λ, ε, ν, μ という名前が付けられている（図 1.22）．これらのリングの幅や厚さはさまざまだが，木星のリングが μm サイズのダスト粒子からなっているのに対し，天王星のリングは概して直径 0.1〜20 m の比較的大きい粒子で構成されている．その反射率は数 % 程度と非常に低く，純粋な氷でできた明るい粒

第 1 章 太陽系の天体

図 1.22 天王星のリングとその近傍にある衛星軌道の模式図

子からなる土星のリングとは対照的である．天王星のリング粒子の組成は不明であるが，非常に暗いことから，天王星磁気圏中の荷電粒子との相互作用によって生成した有機物が氷を覆ったものと考えられている（Baines *et al.*, 1998）．天王星リングのうち，6, 5, 4, α, β, η, γ, δ, ε リングは，比較的大きい粒子でできていることから，まとめて**ナローメインリング**（narrow main ring）とよばれている．このうち最も明るく密度の高いリングが ε リングであるが，厚さは非常に薄く，100 m 程度にすぎないという見積もりもある（Lane *et al.*, 1986）．ε リングは離心率が大きく（～0.08），遠点付近と近点とでリングの幅が 10 km から 100 km 程度にまで変化する．ε リングは，その内側と外側にそれぞれ衛星**コーディリア**（Cordelia）と**オフィーリア**（Ophelia）が周回しており，それらの衛星が羊飼い衛星となって ε リングを狭い幅にとどめていると考えられている．6, 5, 4, α, β リングも有意な離心率をもつことに加えて軌道傾斜角をもっており，ε リングと同様に遠点と近点でリングの幅が異なる．6 リングの内側にある ζ/R1986U2 リングと，ε リングの外側にある λ リングは，μm サイズの小さな粒子で構成されることから**ダストリング**（dust ring）とよばれる．残る ν, μ リングは**アウターリング**（outer ring）とよばれ，μm サイズのダスト

1.5 氷天体，小天体，衛星，リング

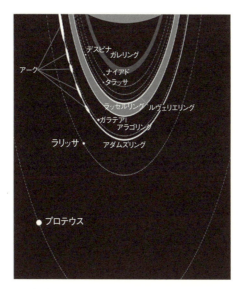

図 1.23 海王星のリングとその近傍にある衛星軌道の模式図

がそれぞれの幅約 3,800 km と 17,000 km にわたって広がる，非常に希薄なリングである．いずれのリングも，その起源はリング粒子どうしあるいは衛星と外来天体との衝突による粒子放出にあり，そうして形成したリングは羊飼い衛星がないかぎり 100 万年以内に散逸してしまうと考えられているが，ε リング以外のリングには羊飼い衛星が存在しておらず，天王星のリングの安定性については大きな謎が残されている．

海王星のリングは，おもに 5 つのリングで構成され，海王星に近い順にガレリング（Galle ring），ルヴェリエリング（Le Verrier ring），ラッセルリング（Lassel ring），アラゴリング（Arago ring），アダムズリング（Adams ring）とよばれる（図 1.23）．ガレリングとラッセルリングは幅が 2,000〜5,000 km 程度と広いのに対し，残る 3 つは数十〜100 km 程度である．リングを構成する物質の反射特性は天王星のそれに似て非常に暗く，海王星磁気圏内の高エネルギー粒子の衝突に伴う化学反応で生成した何らかの有機物が氷を覆っていると考えられている．粒子のサイズは天王星や土星のものより小さく，μm サイズの直径をもつ点で木星のリングに似ている．最も外側のアダムズリングには，局所的に厚く明るく輝くアーク（arc）とよばれる弧状の領域が 5 つ存在している．こうした不

均質構造は長期的にはリング全体に拡散してしまうため，アーク構造を維持する機構が謎となっているが，リングのすぐ内側をまわる衛星**ガラテア**（Galatea）が羊飼い衛星となり，アークを構成する粒子との重力相互作用によってアークの維持に寄与しているという説もある（Porco *et al.*, 1991）．

惑星以外の天体で唯一リングをもつ小惑星**カリクロー**は，土星と天王星の間の軌道を公転する，直径260 km 程度のケンタウルス族小惑星である．カリクローの背後にある恒星がカリクローに隠される掩蔽を利用した観測によって，この小惑星にリングがあることが確認された（Braga-Ribas *et al.*, 2014）．このリングは少なくとも 2 本存在し，赤外線分光観測から H_2O の氷が存在する可能性が示唆されている．しかし，このリングの起源や，安定させるメカニズムについてはわかっていない．

コラム 1.2　宇宙の中の地球

　文明の進歩に従い，われわれが知る「宇宙の中心」はわれわれの家からどんどん遠ざかっていった．地球が丸くなり，宇宙の中心がわれわれがいる場所から約 7,000 km 離れてしまったのは，紀元前にさかのぼる．16 世紀には，Nicolaus Copernicus が再提唱した地動説が，宇宙の中心を地球から 1.5 億 km（1 AU）離れた太陽へと移動させた．20 世紀に入り，目覚ましい観測技術の向上はさらに急激な変化をもたらす．球状星団の距離測定をもとに Harlow Shapley が提唱した銀河モデル（1918 年）により，われわれの位置はわが銀河系の中心から 2.6 万光年も離れた片田舎にあることになった．さらに Edwin Powell Hubble によるアンドロメダ星雲の距離測定（1924 年）によって，250 万光年先には別の銀河系が存在することも判明し，われわれの地位はさらに低下した．

　2018 年現在の観測可能な宇宙空間の広さは，ビッグバンの名残である 3K 宇宙背景放射の源までと考えると直径で約 780 億光年以上とされる．この中には約 1,000 億の系外銀河と約 10^{22} 個の恒星が含まれうる．系外銀河は固まって分布することが知られ，そのうちの 1 つ局部超銀河団群には数百の超銀河団がある．その 1 つ，乙女座超銀河団（直径約 1 億光年，約 1 万の系外銀河と約 10^{15} 個の恒星を含むとされる）に属する数百ある銀河団の 1 つが，われわれの銀河系が属する局所銀河団である．これは比較的大きな 2 つの渦巻銀河と大小マゼラン雲などいくつかの小さい銀河からなる．太陽は，アンドロメダ銀河と並んで大きめの「銀河系」（約 10^{11} 個 = 約 1,000 億個の恒星を含む）にある平凡な主系列星（G 型星，3.2.3 項参照），地球はそのまわりを周回するやや大きいダ

ストの1つである.

　この膨大な量を前にしても,「地球のような惑星は宇宙で唯一無二,地球の生命そして文明も唯一無二でありうる」といえるであろうか.

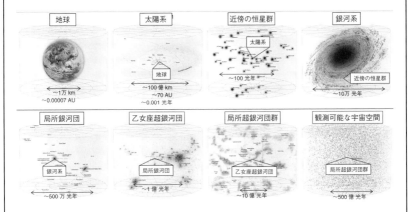

図　宇宙の中の地球（Wikipedia（Colvin, A. Z.）から改編）

参考文献

[1] Andrews-Hanna, J. C. *et al.*（2013）*Science*, **339**, 675-678.
[2] Bagenal, F. *et al.*（2017）*Space Sci. Rev.*, **213**, 219-287.
[3] Baines, K. H. *et al.*（1998）*Icarus*, **132**, 266-284.
[4] Braga-Ribas, F. *et al.*（2014）*Nature*, **508**, 72-75.
[5] Burns, J. A. *et al.*（2004）*In* "Jupiter The Planet, Satellites and Magnetosphere", Bagenal, F. *et al.*, eds. Cambridge University Press, 241pp.
[6] Byrne, P. K. *et al.*（2014）*Nature Geosci.*, **7**, 301-307.
[7] de Pater, I. and Lissauer, J. J.（2015）*In* "Planetary Sciences", Cambridge University Press（1.4 節に関する話題は,第 4 章 'Planetary Atmospheres'）.
[8] Domeier, M. *et al.*（2016）*Geophys. Res. Lett.*, **43**, 4945-4953.
[9] Genova, A. *et al.*（2016）*Icarus*, **272**, 228-245.
[10] Goody, R. M., and Yung, Y. L.（1989）*In* "Atmospheric Radiation: Theoretical Basis", Oxford University Press.
[11] Hanel, R. A.（1981）*Proc. SPIE*, 331-344.

第 1 章　太陽系の天体

[12] Hayashi, C. *et al.*（1985）*In* "Protostars and Planets II", pp.1100-1153, University Arizona Press.
[13] 唐戸俊一郎（2011）現代地球科学入門シリーズ第 14 巻『地球物質のレオロジーとダイナミクス』，共立出版．
[14] Kikuchi, F. *et al.*（2009）*Radio Sci.*, **44**. doi:10.1029/2008RS003997
[15] Kopp, G. *et al.*（2016）*Solar Phys.*, **291**, 2951-2965.
[16] Lane, A. L. *et al.*（1986）*Science*, **233**, 65-69.
[17] Laneuville, M. *et al.*（2013）*J. Geophys. Res.*, **118**, 1435-1452.
[18] Lyubetskaya, T. and Korenaga, J.（2007）*J. Geophys. Res.*, **112**, B03211.
[19] Margot, J. L. *et al.*（2007）*Science*, **316**, 710-714.
[20] McDonough, W. F. and Sun, S. S.（1995）*Chem. Geol.*, **120**, 223-253.
[21] Meier, R. *et al.*（1999）*Icarus*, **141**, 253-262.
[22] Morschhauser, A. *et al.*（2011）*Icarus*, **212**, 541-558.
[23] Murray, C. D. and Dermott, S. F.（1999）*In* "Solar System Dynamics", Cambridge University Press, 592pp.
[24] Namiki, N. *et al.*（2009）*Science*, **323**, 900-905.
[25] 日本気象学会 編（1998）『新 教養の気象学』，朝倉書店．
[26] Ogawa, M.（2014a）*J. Geophys. Res.*, **119**, 2317-2330.
[27] Ogawa, M.（2014b）*J. Geophys. Res.* **119**, 2462-2486.
[28] 小野高幸・三好由純（2012）現代地球科学入門シリーズ第 12 巻『太陽地球圏』，共立出版．
[29] Park, R. S. *et al.*（2016）*Nature*, **537**, 515-517.
[30] Porco, C. C.（1991）*Science*, **253**, 995-1001.
[31] Stevenson, D. J. and Lunine, J. I.（1988）*Icarus*, **75**, 146-155.
[32] Svalgaard, L.（2016）*Solar Phys.*, **291**, 2981-3010.
[33] Turcotte, D. L. and Schubert, G.（2002）*In* "Geodynamics 2nd ed.", Cambridge University Press, 456pp.
[34] Wong, M. H. *et al.*（2006）*Icarus*, **185**, 403-415.
[35] Yanagisawa, T. *et al.*（2016）*Geophys. J. Int.*, **206**, 1526-1538.

第2章 太陽系の起源

2.1 宇宙・太陽系・惑星の構成物質

2.1.1 自然界の階層性

自然界には素粒子から宇宙に及ぶさまざまな**階層構造**（hierarchy）が存在する．原子から銀河系に至る無機固体物質の階層（表 2.1）のなかで，物性（物理的・化学的性質）が発露する最小単位は鉱物である．**鉱物**（mineral）は天然に産出し，ほぼ一定の化学組成と結晶構造をもつ単体や化合物である．その物性は，化学組成だけでなく結晶構造（化学結合とその空間分布）との両者により決まる．鉱物は固体惑星だけでなく，太陽系や銀河系にも宇宙塵として不偏的に存在している．水（H_2O）などの氷も鉱物の一種と考えてよい．

表 2.1 無機固体物質からみた自然界における階層

	典型的なサイズ [m]
原　子	10^{-10}
鉱　物	10^{-3}
岩　石	10^{0}
岩　体	10^{4}
地殻，マントル，コア	10^{6}
地　球	10^{7}
太陽系	10^{13}
銀　河	10^{21}

第 2 章　太陽系の起源

　岩石（rock）は鉱物の集合体である．岩石は集合して，固体地球表面（地表）では岩体や地層をつくり，これらが地殻を構成している．岩石から地殻–マントル–核といった層構造の間に明確な階層構造は存在せず，複雑な中間構造が存在することが地球の特徴でもある．固体惑星や太陽系小天体（小惑星や太陽系外縁天体）また月などの衛星も固体部分は岩石からなり，その一部が隕石（3.3 節）や宇宙塵（3.4 節）として地球に落下してくる．

2.1.2　太陽系の化学組成と構成物質

❹ 宇宙の組成

　太陽系の化学組成の前に，まず宇宙の組成について考えよう．宇宙の組成は，理論と天文観測から推定されるが，これによると宇宙空間を一様に満たしている暗黒エネルギーが主成分であり（約 76%），**暗黒物質**（dark matter）とよばれる質量をもつ未知の物質（未知の素粒子が正体ともいわれている）が約 20% を占めている．本書で取り扱うのは，われわれの太陽系などを構成している通常の元素（天文学では**バリオン**（baryon）とよばれる）からなる「物質」であり，宇宙全体のわずか 4% 程度を占めるにすぎない．

❺ 太陽系の化学組成

　太陽系における元素の存在度は，太陽大気のスペクトル観測と隕石の化学分析から求められる．太陽は太陽系の質量のほぼ 99.9% を占める．太陽大気中の原子による可視光の吸収（**フラウンホーファー線**，Fraunhofer line）の波長とその強度から，元素種とその存在度が推定され，その組成は太陽風によって核破砕を受けたリチウム（Li）を除き，太陽形成後変化していないと考えられる．一方，隕石のなかには太陽系初期に形成され，その後化学組成が変化していないと考えられるものがある．とくに CI とよばれるグループに属する炭素質コンドライトの化学組成は，揮発性元素を除いて太陽大気中の元素存在度とよく一致するため（図 2.1），これらが太陽系全体の化学組成を表していると考えられる．これは**太陽系元素存在度**（solar abundance of element）とよばれ，ケイ素（Si）の原子数を 10^6 個に規格化した値で表される（巻末の共通表 2）．また，揮発成分を除いたものは，**コンドライト組成**（chondritic composition，あるいは **CI 組成**）ともよばれる．

　われわれの太陽系以外での元素の存在度も，後に述べる元素合成のプロセスを考えると太陽系元素存在度と大きく変わらないと考えてよい．実際，水素（H）

2.1 宇宙・太陽系・惑星の構成物質

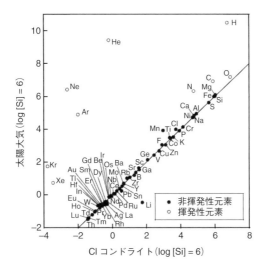

図 2.1 太陽系における元素存在度
巻末の共通表 2 も参照されたい.

と重元素の比は恒星によって数桁以上変動するが，重元素間の比（たとえば炭素（C）/鉄（Fe），酸素（O）/Fe，ケイ素（Si）/Fe など）の変動は 1 桁以下と小さいことが，星のスペクトル観測により指摘されている．

ⓒ 太陽系の主要元素と構成物質

太陽系元素存在度の大きい元素について順に並べると，表 2.2 のようになり，これらは以下の 3 つのグループに分けられる．

(1) H，ヘリウム（He），ネオン（Ne），アルゴン（Ar）
(2) O，C，窒素（N）
(3) マグネシウム（Mg），Si，Fe，硫黄（S），アルミニウム（Al），カルシウム（Ca），ナトリウム（Na），ニッケル（Ni）

(1) は主として気体として存在する元素である．H は原子の個数において全体のおおよそ 90% を占める．また，He の次に多い O や C の存在度は 10^7 のオーダーであることから，H と He で全体のおおよそ 99.9% を占めることがわかる．これらは，太陽を構成する主要元素であり，巨大惑星とくに木星型惑星の主成分でもある．

69

第 2 章　太陽系の起源

表 2.2　太陽系における存在度の大きな元素とその特徴

存在度順位	元素	存在度	初期太陽系において主として存在する相	原子番号	おもな質量数
1	H	2.72×10^{10}	気体，（氷）	1	1
2	He	2.18×10^{9}	気体	2	4
3	O	2.01×10^{7}	氷，有機物，（ケイ酸塩）	8	16
4	C	1.21×10^{7}	氷，有機物	6	12
5	Ne	3.76×10^{6}	気体	10	20
6	N	2.48×10^{6}	氷，有機物	7	14
7	Mg	1.075×10^{6}	ケイ酸塩	12	24
8	Si	1.00×10^{6}	ケイ酸塩	14	28
9	Fe	9.00×10^{5}	金属，硫化物	26	56
10	S	5.15×10^{5}	硫化物	16	32
11	Ar	1.04×10^{5}	気体	18	40
12	Al	8.49×10^{4}	ケイ酸塩	13	27
13	Ca	6.11×10^{4}	ケイ酸塩	20	40
14	Na	5.70×10^{4}	ケイ酸塩	11	23
15	Ni	4.93×10^{4}	金属	28	58

存在度順位 16 番のクロム（Cr）の存在度は 1.34×10^{4} であり，これ以下の元素存在度はごく小さい．

(2) は一部 H と結合して分子をつくる元素である．高温ではおもに気体として存在し，全体のおおよそ 0.1% を占めている．巨大惑星の多くの衛星の主要構成元素であり，天王星型惑星は主として H, He とこれらの元素の混合物からなると考えられる．低温では H_2O，一酸化炭素（CO），二酸化炭素（CO_2），メタン（CH_4），アンモニア（NH_3）などの氷，または有機物をつくり，低温における重要な固体成分である．

(3) は約 1,000 K 以下の温度では固体として存在する元素であり，全体でおおよそ 0.01% を占める．Fe や Ni の多くは金属としてあるいは S と化合し硫化物として存在する．その他の元素は通常 O と化合して，SiO_4 イオンと陽イオンの化合物であるケイ酸塩や酸化物などとして存在する．地球型惑星や月また多くの小惑星の主要構成元素であり，また巨大惑星の衛星の一部や太陽系外縁天体はこれらの元素と (2) の元素の混合物である．

Ⓓ 地球型惑星の主要元素と構成鉱物

比較的高温でも固相として存在し地球型惑星の主成分を占める元素のなかで，

2.1 宇宙・太陽系・惑星の構成物質

Mg, Si, Fe, S は 10^6 のオーダーの存在度をもち，O を加えた 5 元素で約 90% を占める．その原子比 Mg：Si：Fe：S はおおよそ 1：1：1：0.5, これらの元素と化合する O の比は Fe の酸化を無視すれば 3 である．これに 10^5 のオーダーの存在度をもつ Al, Ca, Na, Ni を加えると，9 元素で全体のおおよそ 99% となる．さらに H, C を加えると，地球型惑星の固体部分の化学組成をおおよそ議論できることになる．

これらの元素からつくられる主要な鉱物とその化学組成などを表 2.3 に示す．多くの鉱物は**固溶体**（solid solution）をつくる．固溶体とは異種原子が互いに溶け合い全体が均一となった状態の結晶質の固体のことで，2.5 節で述べる物質の分化にも大きく関係している．地球型惑星の主要元素とその存在比を考えたとき，すべての Fe が 2 価イオンとしてケイ酸塩に含まれる場合には**かんらん石**が，金属あるいは硫化物として存在する場合には**低 Ca 輝石**（low-Ca pyroxene）が主要鉱物となる．Al, Ca, Na は高 Ca 輝石や**斜長石**を構成する．また，ケイ酸塩は結晶構造をつくらず**非晶質ケイ酸塩**（amorphous silicate）としても存在する．金属鉄は Ni と合金（ニッケル鉄）をつくり，体心立方格子で Ni に乏しい（5～10% 程度）カマサイト，面心立方格子で Ni に富む（20～65% 程度）テーナイトとして存在する．硫化鉄は，トロイライトあるいは相対的に酸化的な磁硫鉄鉱（$Fe_{1-x}S$）として存在する．また，より酸化的な条件では，磁鉄鉱あるいは水と化合してフェリハイドライトなどの鉱物を構成する．無水ケイ酸塩は水と化合して，蛇紋石やサポナイトなどの含水ケイ酸塩鉱物をつくる．一方，C は還元的な雰囲気ではダイヤモンドやグラファイトとして単体で存在するが，酸化的な雰囲気では方解石などの炭酸塩をつくる．なお，表 2.3 に示す多くの鉱物は常圧で安定に存在する代表的な鉱物であり，地球内部のような高圧下では，高密度をもつさまざまな高圧相として存在するとともに，強い衝撃変成を受けた隕石に見出される（3.3.6 項参照）．

2.1.3　宇宙における元素の合成

Ⓐ ビッグバン

宇宙は今から 138 億年前に**ビッグバン**（big bang）によって生まれたと考えられている．これによると，最初，高温では陽子（^1H の原子核）と中性子しか存在しなかったが，やがて温度が 1 億 K 以下になるとはじめて十分な重水素（^2H）が生成され，その後 ^2H の 2 体反応の積み重ねにより ^4He が合成された．

第 2 章 太陽系の起源

表 2.3 主要な隕石・固体惑星構成鉱物

鉱物名		化学式	結晶系	密度 [10^3 kg/m^3]
ニッケル鉄	nickel-iron			
カマサイト	kamacite	α-(Fe,Ni)	立 方	7.90
テーナイト	taenite	γ-(Fe,Ni)	立 方	7.8〜8.22
ダイヤモンド	diamond	C	立 方	3.52
グラファイト	graphite	C	六 方	2.25
トロイライト	troilite	FeS	六 方	4.91
ペントランダイト	pentlandite	(Fe,Ni)$_9$S$_8$	立 方	5.07
オルダマイト	oldhamite	CaS	立 方	2.61
ドブレライト	daubreelite	FeCr$_2$S$_4$	立 方	3.87
スピネル族	spinel group			
スピネル	spinel	MgAl$_2$O$_4$	立 方	3.58
クロム鉄鉱	chromite	FeCr$_2$O$_4$	立 方	5.09
磁鉄鉱	magnetite	Fe$_3$O$_4$	立 方	5.20
イルメナイト	ilmenite	FeTiO$_3$	三 方	4.79
ペロブスカイト	perovskite	CaTiO$_3$	直 方 *	4.03
コランダム	corundum	Al$_2$O$_3$	三 方	4.01
ヒボナイト	hibonite	CaAl$_{12}$O$_{19}$	六 方	4.01
石 英	quartz	SiO$_2$	三 方	2.65
フェリハイドライト	ferrihydrite	Fe$_2$O$_3 \cdot 0.5$(H$_2$O)	三 斜	3.93
トチリナイト	tochilinite	6 Fe$_{0.9}$S$\cdot$5 (Mg,Fe)(OH)$_2$	単 斜	3.33
方解石	calcite	CaCO$_3$	三 方	2.71
ドロマイト	dolomite	CaMg(CO$_3$)$_2$	三 方	2.84
マグネサイト	magnesite	MgCO$_3$	三 方	2.98
シデライト	siderite	FeCO$_3$	三 方	3.87
燐灰石	apatite	Ca$_5$(PO$_4$)$_3$(OH,F,Cl)	六 方	3.22
かんらん石族	olivine group	(Mg,Fe)$_2$SiO$_4$		
フォルステライト	forsterite	Mg$_2$SiO$_4$	直 方 *	3.21
ファイヤライト	fayalite	Fe$_2$SiO$_4$	直 方	4.39
輝石族	pyroxene group			
Mg–Fe 輝石	Mg-Fe pyroxene	(Mg,Fe)SiO$_3$		
エンスタタイト	enstatite	MgSiO$_3$	直 方	3.21
フェロシライト	ferrosilite	FeSiO$_3$	直 方	3.90
単斜エンスタタイト	clinoenstatite	MgSiO$_3$	単 斜	3.21
単斜フェロシライト	clinoferrosilite	FeSiO$_3$	単 斜	3.83
ピジョン輝石	pigeonite	(Mg,Fe,Ca)SiO$_3$	単 斜	3.38
Ca 輝石	Ca-pyroxene	Ca(Mg,Fe)Si$_2$O$_6$		
ディオプサイド	diopside	CaMgSi$_2$O$_6$	単 斜	3.28
ヘデンバージャイト	hedenburgite	CaFeSi$_2$O$_6$	単 斜	3.63

2.3（つづき）

鉱物名		化学式	結晶系	密　度 [10^3 kg/m^3]
メリライト	merilite			
オケルマナイト	akermanite	Ca$_2$MgSi$_2$O$_7$	正　方	2.94
ゲーレナイト	gehlenite	Ca$_2$Al(AlSi)O$_7$	正　方	3.04
蛇紋石	serpentine	Mg$_6$Si$_4$O$_{10}$(OH)$_8$	単斜/三斜	2.60
クロンステッタイト	cronstedtite	Fe$_6$(Fe$_2$Si$_2$)O$_{10}$(OH)$_8$	三　斜	3.59
サポナイト	saponite	(Ca/2,Na)$_{0.6}$(Mg,Fe)$_6$ (Si,Al)$_8$-O$_{20}$(OH)$_4$·8 H$_2$O	単　斜	2.67
斜長石	plagioclase	(Na,Ca)(Al,Si)$_4$O$_8$		
アノーサイト	anorthite	CaAl$_2$Si$_2$O$_8$	単斜/三斜	2.76
アルバイト	albite	NaAlSi$_3$O$_8$	単斜/三斜	2.62

* 斜方晶系ともいう．

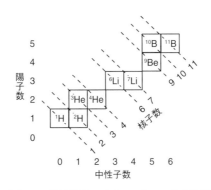

図 2.2　核子数が 1 から 11 までの安定核種

これは「宇宙誕生最初の 3 分間」とよばれる．

　図 2.2 は，核子数（質量数）が 1 から 11 までの安定核種について，陽子数（原子番号）と中性子数をプロットしたものである．この図からは，質量数が 5 および 8 をもつ安定核種が存在しないことがわかる．^{4}He より重い元素が合成される核反応としては，^{4}He と ^{1}H や ^{4}He どうしの重合反応が考えられるが，質量数 5 および 8 の安定核種が存在しないため，ビッグバンでは ^{4}He より重い元素の合成はほとんど起こらなかった．太陽系元素存在度にみられる H および He の圧倒的に高い存在度（表 2.2）は，これによって説明される．

第 2 章　太陽系の起源

❸ 星での元素合成

H より重い元素の合成には，星の進化が関わっている（図 2.3）．H や He を主体とする分子雲がジーンズ質量を超えると，星が誕生する（2.2.2 項参照）．成長しつつある星の中心部では，H の核融合により ^{4}He が生成されるようになる（**水素燃焼**，hydrogen burning）．先に述べたように，質量数 5 および 8 の安定核種が存在しないため，^{4}He の重合反応は起こらず，重力収縮と水素燃焼で解放されたエネルギーによる熱膨張とが釣り合った定常的な状態が達成され，**主系列星**となる．

H を燃料として使い果たすと，星は主系列から離れ**晩期型星**（late-type star）へと移行する．星の外層は膨張して**赤色巨星**（red giant）となるが，中心部では自己重力による収縮が起こり He の核融合反応が始まる．^{4}He の 3 重合反応により ^{12}C が，^{12}C と ^{4}He が重合すると ^{16}O が合成されるなどして，核融合反応が連鎖的に起こるようになる．さらに，^{12}C どうしの重合で 1 個の ^{4}He がはずれると ^{20}Ne が，また ^{20}Ne に ^{4}He が重合すると ^{24}Mg が合成され，^{16}O どうしの重合で 1 個の ^{4}He がはずれると ^{28}Si が…，などのように，星の質量が

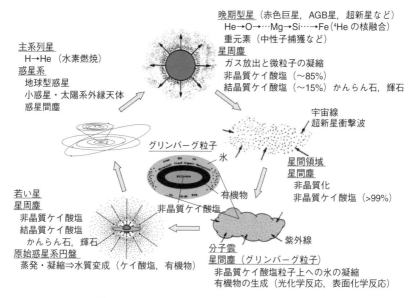

図 2.3　元素合成と宇宙における固体微粒子の輪廻

十分に大きければ，最も原子核エネルギーが安定な ^{56}Fe までの元素が合成される．^{12}C から ^{56}Fe までの，質量数が 4 の倍数の元素の太陽系存在度が大きい（表 2.2）のはこのためである．言い換えると，現在の宇宙や太陽系あるいは地球の姿は，以上のような元素合成の結果必然的に生まれたものであるといえる．

上に述べた一連の核融合は連鎖的に起こるため，主系列星のタイムスケールよりもかなり速く進行する．核融合がそれ以上進まなくなると星はふたたび重力収縮を起こすが，核融合は起こらないため，やがて**爆縮**（implosion）が起こる．これが**超新星爆発**（supernova explosion）であり，合成された元素は星間に飛び散るが，星の質量が大きいと（$> 10\,M_\odot$; $M_\odot$ は太陽質量を表す），その一部をブラックホールとして残すと考えられている．一方，星の質量が 0.08〜4 $M_\odot$ 程度の場合には，超新星爆発は起こらず，外層は星から流出していき，核反応が終了した中心核が**白色矮星**（white dwarf）として残る．Fe より重い元素は，主として元素の中性子捕獲によって合成される．ゆっくりとした中性子捕獲（**s 過程**，slow process）と β 崩壊の繰返しによって，ヒ素（As）からビスマス（Bi）までの重い元素が合成されていくが，これは**漸近巨星分枝**（asymptotic giant branch：AGB）とよばれる晩期型星の進化段階の星の外層部で起こると考えられている．一方，超新星爆発が起こると中性子の流束密度が大きくなり，中性子を捕獲した原子核が β 崩壊する前に次々と中性子を捕獲することで中性子過剰核が生成され（**r 過程**，rapid process），やがてこれらの不安定核が多数回の β 崩壊を起こして，As からウラン（U）までの重い元素が合成されていく．また，超新星爆発時には，陽子の捕獲による元素合成（**p 過程**，p-process）も起こる．

ⓒ 宇宙線による核破砕反応

Li，ベリリウム（Be），ホウ素（B）のような軽い核種の一部は，より重い核種の宇宙線による**核破砕反応**（nuclear spallation reaction）によって生成される（3.3.7 項）．

2.1.4 宇宙における固体物質

Ⓐ 宇宙における固体微粒子（星周塵，星間塵，惑星間塵）

宇宙空間において，固体は一般には μm サイズ以下の微粒子（**ダスト**，塵，dust）として存在し，**宇宙塵**（cosmic dust）とよばれる．宇宙塵はその観測される場所により，若い星あるいは晩期型星などの星のまわりにある**星周塵**（circumstellar dust），星間空間にある**星間塵**（interstellar dust）と太陽系の惑星間にある**惑星間塵**（interplanetary dust）に分けられる．太陽系形成時に存在した固体微粒子は，ガスがなくなるとポインティング・ロバートソン効果（コラム 2.1 参照）により，10^5 年程度のタイムスケールで中心星である太陽に落下してしまう．したがって，現在みられる惑星間塵は太陽系形成時からあるものではなく，小惑星や彗星などの太陽系小天体から比較的最近になって放出されたものである（3.4 節）．

地球に落下してくる 2 mm 以下の粒子（惑星間塵）も宇宙塵とよばれるが，これは第 3 章で述べることとし，ここでは太陽系外に存在する宇宙塵（星周塵，星間塵）について述べる．星間塵はガスを主体とする星間物質の質量のおよそ 1% 程度でしかないが，太陽系の固体物質の原材料であるとともに，紫外光や可視光の高いエネルギーの輻射を吸収し再放射するために，星形成や原始惑星系円盤の形成でエネルギー収支を支配している．

Ⓑ 宇宙における物質の輪廻

図 2.3 には，星での元素合成に加えて固体微粒子の輪廻が示されている．晩期

コラム 2.1　太陽放射圧とポインティング・ロバートソン効果

太陽を公転する粒子は，重力のほかに，太陽からの放射を吸収，散乱して運動量を受け取る．重力は粒子の質量に比例するのに対して，この**太陽放射圧**（solar radiation pressure）は粒子の表面積に比例するので，μm サイズ以下のダスト粒子では放射圧が重力を上回り，太陽系外に放出される．宇宙空間で観測されるこのような太陽方向からの微小粒子は**ベータメテオロイド**（beta meteoroid）とよばれ，宇宙風化作用の原因の 1 つとも考えられている．一方，μm サイズより大きなダスト粒子に対しては，太陽放射圧は抵抗としてはたらく．これは軌道運動の速度が大きいと光速に比べて無視できないため，粒子から見ると太陽放射を完全に太陽方向ではなく，やや前方から受ける．さらに粒子からの放射にも，前方と後方で異方性が生まれる．結果として粒子は角運動量を失って軌道半径が徐々に減少する．これを，**ポインティング・ロバートソン効果**（Poynting-Robertson effect）とよぶ．地球軌道にある 10〜100 μm サイズのダストは数千年から数十万年で太陽に落ち込む．また，惑星周囲の粒子（木星のダストリングなど）では，ポインティング・ロバートソン効果により惑星へ落ち込む．

型星は赤色巨星を経てその質量に応じて惑星状星雲あるいは超新星となり，そのさまざまな段階でガスを星の周囲に放出する．ガスの冷却によりケイ酸塩などの固体微粒子が凝縮し，星周塵として観測される．星周塵はガスとともに希薄な星間空間に拡散し，星間塵となる．星間空間のなかでも高密度で低温の**分子雲**では，星間塵を核として氷（H_2O，CO，NH_3 など）が凝縮し，さらに有機物が生成される．分子雲は自身の重力によって収縮し，やがて新たに星が誕生する．

2.1.3 項で述べたように，若い星は主系列星となり He が合成され，やがて晩期型星となり C から Fe までの元素合成，中性子捕獲などによる元素合成が行われる．このようにして重元素の割合が増加したガスはふたたび放出され，また星が誕生するというように，物質は輪廻しながら He 以上の重元素の割合が増加している．

ⓒ 宇宙塵の構成物質（宇宙鉱物学）

宇宙塵を構成する物質（鉱物や有機物）は，**赤外天文観測**（infrared astronomical observation）により推定される．これは物質中の特定の化学結合に対応して，赤外領域で特定の波長に吸収（あるいは散乱）が起こるからである．また，宇宙塵による星間減光の波長依存性がレイリー散乱特性（1.4.6 項）を示すことから，そのサイズは μm 以下であると考えられている．

ケイ酸塩は，波長がおおよそ 10 μm と 20 μm に，Si–O 結合のそれぞれ伸縮振動と変角振動に対応する吸収をもつ．この吸収が観測されることにより，星周塵や星間塵は主としてケイ酸塩からなることがわかる．1995 年以前は，これらの吸収ピークには結晶を特徴づける微細構造が観測されないことから，ケイ酸塩は非晶質であると考えられていた．その後，赤外線天文衛星（ISO，Spitzer（スピッツァー），「あかり」）や大口径地上望遠鏡（すばる，KEK）により高精度の赤外観測が可能となり，晩期型星や若い星の星周塵にフォルステライトやエンスタタイトといったかんらん石や低 Ca 輝石（ここでは以降単に輝石とよぶ）に対応するピークが見出され（図 2.4，図 2.5），結晶質ケイ酸塩も星周塵に普遍的に存在することが明らかとなった（詳しくは茅原らの解説（茅原ほか，2006）などを参照されたい）．ただし，星周塵のなかで最も多いのは非晶質ケイ酸塩であり，結晶質ケイ酸塩の量はケイ酸塩全体の 10〜15% 程度であると考えられている．星周塵には，かんらん石や輝石のほかにコランダム（Al_2O_3）などの酸化物，炭化ケイ素（SiC）などの炭化物，硫化マグネシウム（MgS）などの硫化

第 2 章 太陽系の起源

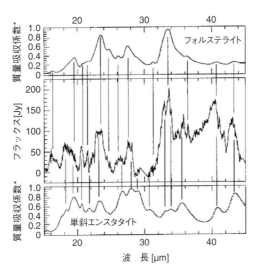

図 2.4 晩期型星（AFGL4106）星周とフォルステライトおよび単斜エンスタタイトの赤外線吸収スペクトルの比較（Jäger et al, 1998）

*質量吸収係数は 100 K でのプランク曲線を乗じて 1 に規格してある.

物といった物質の観測も報告されている.

かんらん石や輝石の**赤外線吸収スペクトル**（infrared absorption spectrum）において，各ピークの波長の値やシャープさ（半値幅）は，温度や化学組成（Fe/Mg比）により系統的に変化する．実験室での測定と天文観測との比較により，たとえばかんらん石の 69 μm ピーク（Mg–O, Fe–O 結合に関係）を用いて，晩期型星星周塵に見られるかんらん石は，ほとんど Fe を含まない Mg_2SiO_4 端成分（フォルステライト）に近い化学組成をもち，その温度は 100 K 以下の低温であることがわかる（たとえば，茅原ほか（2006））．また，結晶の形状（球状，針状，板状など）やその異方性（結晶方位依存性），格子欠陥（格子ひずみや積層欠陥など）など鉱物の生成履歴を反映する性質は，特定の波長の赤外線吸収ピークに影響を及ぼすことが知られており，これをもとに星周塵の生成条件やそのプロセスが議論されている．

一方，星間塵には結晶に特徴的な吸収ピークは観測されず，ほとんど非晶質物質として存在すると考えられている．星周塵としての結晶質ケイ酸塩は星間空間に放出され，宇宙線照射や超新星爆発の衝撃波により加速された H などの

2.1 宇宙・太陽系・惑星の構成物質

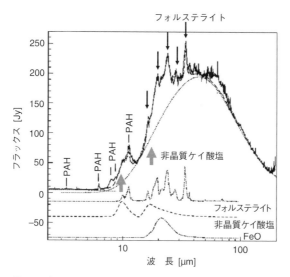

図 2.5 若い星（HD100546）の赤外線吸収スペクトル（Malfait *et al.*, 1998）

イオン照射により非晶質化したと考えられている．したがって，太陽系固体物質の材料物質は，基本的には非晶質ケイ酸塩であるといえる（図 2.3）．星間塵は $3.3\,\mu m$ 付近にも吸収をもっている．これは炭素質物質によるものであり，**多環芳香族炭化水素**（polycyclic aromatic hydrocarbon：PAH）などの候補が挙げられている．

　星の誕生の場である分子雲には，氷（非晶質）や有機物による吸収が観測されている．分子雲は通常の星間空間に比べて低温・高密度であり（2.2.1 節），H_2O や CO，NH_3 などの氷が非晶質ケイ酸塩粒子上に凝縮する．さらに，このような氷への紫外線照射や，氷表面に吸着した H 原子との化学反応（表面原子結合反応）により，有機物が生成されたと考えられている．有機物生成後，氷が蒸発し再凝縮すると，非晶質ケイ酸塩−有機物−非晶質氷の層構造をもった粒子が形成される．このような，おおよそ $100\,nm$ サイズの粒子が太陽系の固体原材料物質であると考えられ，提唱した Greenburg の名前にちなんで，**グリンバーグ粒子**（Greenburg particle）ともよばれる（Greenburg, 1998）（図 2.3）．

　このように，惑星間塵を除く宇宙塵は直接手にとって分析できないが，赤外天文観測と室内実験との比較により，晩期型星だけでなく若い星の星周や星間

領域におけるダストの同定やその生成・進化プロセスの議論が可能となりつつあり，**宇宙鉱物学**（astromineralogy）とよばれる．先に述べた Fe に乏しいかんらん石や輝石の星周塵は，Mg や Si に次ぎ存在度の大きい Fe と S（表2.2）がどのような物質として存在するのかという問題を投げかける．非晶質ケイ酸塩粒子に含まれる金属鉄や硫化鉄のナノ粒子（3.4.2項で述べる彗星起源の惑星間塵中の GEMS あるいはそれに類似したもの）として存在するという考え方もあるが，金属鉄や硫化鉄は赤外線吸収ピークをもたず，その詳細はよくわかっていない．

Ⓓ 惑星および太陽系小天体の構成物質

1.2節では惑星の内部構造を物理的な観点から述べたが，ここでは物質科学的な観点から見てみよう．惑星など太陽系天体の平均化学組成は，その**平均密度**（bulk density）（巻末の共通表1）を固体惑星構成鉱物の密度（表2.3）と比較することにより，おおまかな推定ができる．天体の平均密度を質量に対して図示すると，構成物質を反映したグループに分けられる（口絵6）．天体の質量が増加すると，自己重力によって内部の圧力が増加し，圧縮された構成鉱物は高圧相に転移して密度が増加する．この効果を考慮するために，口絵6には単一物質（硫化鉄（FeS），無水 Fe-Mg ケイ酸塩鉱物（たとえば，かんらん石），含水ケイ酸塩，H_2O（氷），H）でできた仮想天体について，質量による平均密度の変化を示してある．これは一種の圧縮曲線で，それぞれの物質に対応する状態方程式が正確には求められてはいないので厳密性には欠けるが，おおよその目安となる．一方，大気のない天体ではその反射スペクトルにより，天体表面の物質情報を得ることができる（3.2.3項）．

口絵6において，地球型惑星の平均密度は，無水 Fe-Mg ケイ酸塩鉱物の圧縮曲線より上にプロットされる．これにより，地球型惑星は無水ケイ酸塩だけでなく，より高密度の物質（主としてニッケル鉄）を含み，これが地球型惑星の核に対応している．水星はその平均密度が同じ質量での無水ケイ酸塩の圧縮曲線より大きく，相対的に大きな核をもつのに対して，火星は平均密度の差が小さく核が小さい．また，月は核をもたないか，あるいはもっていたとしても小さいことがわかる．

一方，巨大惑星は，巨大ガス惑星（木星型惑星）と巨大氷惑星（海王星型惑星）に分けられ，前者の主成分が H であることがわかる（2.3.5項）．巨大惑星の衛星は，そのほとんどが無水ケイ酸塩と氷の間に位置し，これらの物質の混

合体であることが示唆される．

ところで，H の圧縮曲線が急激に大きくなっているのは H の金属化によるものである．太陽が H の圧縮曲線よりも大きく低密度側に位置しているのは，太陽は内部で H の核融合が起こっている流体であることに対応している．

冥王星は主としてケイ酸塩と氷からなっていると考えられる．その他の太陽系外縁部の準惑星（エリスなど）の平均密度も同程度である．小惑星の平均密度は 1,000～3,500 kg/m^3 の間に分布し，低密度の原因の 1 つは空隙であると考えられている（3.2.4 項）．彗星は氷，ケイ酸塩および有機物からなることが知られているが，その密度は 1,000 kg/m^3 より小さく，多孔質であることが推測される．

❺ 地球型惑星の内部構造と構成物質

地球は地震波速度に基づいて，地殻-マントル-核という層構造をもっていることが知られている．かんらん岩（かんらん石を主要構成鉱物とする岩石）は造山運動やマグマによって地表にもたらされた上部マントル物質である．一方，それより深いマントル遷移層や下部マントルの構成物質は地震波速度と超高圧実験により推定するしかない．かんらん岩から推定される上部マントルの Mg/Si 比（1.3）は太陽系元素存在度の比（1.075）よりやや大きい．ケイ酸塩のほとんどはマントルに存在するので，もしマントルが化学組成的に均質なら，地球の平均的な元素存在度は太陽系元素存在度と異なる（Mg が Si に比べて相対的に富む）ことになる．一方，地球の平均的な元素存在度が太陽系元素存在度に等しいとすると，下部マントルは上部マントルに比べて Si に富んでいなければならない．これは地球の形成や進化を考えるうえでも重要な問題であるが，未解決である．

地球の地殻の平均的な元素存在度は，太陽系元素存在度とはやや異なっている（表 3.7 参照）．これは，上部マントル物質の部分溶融により生成されたマグマが上昇して地殻をつくるためである．たとえば，Si に富むマグマの生成により，Si の地殻存在度は大きい．火星や月の地殻も地球と同様に，マントル物質の部分溶融により生成されたマグマが固結したものである．火星の地殻物質は火星隕石として，月の地殻物質はアポロ（Apollo）やルナ（Luna）計画によって地球に持ち帰られたサンプルや月隕石として知られており，これらの岩石学的な研究からマントルはかんらん岩からなると考えられているが，平均的な元素存在度については不明な点も多い．

地球の核は地震波解析により，液体の外殻と固体の内核に分けられる．地震波速度から推定された外殻の密度は，実験で求められる Fe の高圧相の密度よりも小さく，核には軽元素が含まれなければならない．軽元素の候補としては，太陽元素存在度の大きい H, O, C, S が考えられている．金属鉄に濃集しやすい元素（親鉄元素）は地殻やマントルに欠乏しており，核に濃集していると考えられている．

2.2 ガス雲の収縮と星・原始惑星系円盤の形成

2.2.1 分子雲

宇宙空間は，H と He を主体とする星間ガスと星間塵とよばれる 1 μm 以下の固体微粒子で満たされている．星間ガスは低温（約 10〜数十 K 程度）かつ希薄（H 原子換算で 1 個/cm^3 程度の平均密度）で，ケイ酸塩，炭素質物質，Fe そして氷から構成される星間塵が星間ガスの約 1% 程度含まれている．低温の星間ガスは分子状態で存在するため，**星間物質**（interstellar medium：ISM）の密集した領域（**星間雲**，interstellar cloud）は**分子雲**（molecular cloud）とよばれる．太陽系近傍の分子雲としては，北半球のおうし座（Taurus），**オリオン座**（Orion），へびつかい座（Ophiuchus），南半球のおおかみ座（Lupus），カメレオン座（Chamaeleon）が有名である．太陽質量程度の小質量分子雲を**グロビュール**（globule），太陽質量の 1 万倍以上の巨大な分子雲を**巨大分子雲**（giant molecular cloud）とよぶ．分子雲の高密度な領域は，星間塵が背景星からの可視光を散乱・吸収することで減光されて，暗く見える．暗いシルエットとして浮かび上がって見える分子雲の姿から**暗黒星雲**（dark nebula）といわれる．一方で，近傍の大質量星（おもに OB 型星）からの光を受けて，反射または輝いて見える星間雲は**散光星雲**（diffuse nebula）とよばれている（口絵 5）．

分子雲のスペクトル観測では，最も豊富に存在する H$_2$ ではなく，CO，一硫化炭素（CS），シアン化水素（HCN），ホルミルイオン（HCO$^+$）などの分子輝線が利用される．低温環境下では無極性分子の水素からの電磁波放射は見られないが，電気双極子モーメントをもつ CO 分子などの励起温度は数 K と低いため，回転遷移に伴う輝線がミリ波やサブミリ波で観測されるためである．一般的な分子雲のサイズは 1 pc（1 pc = 3.26 光年）程度で，質量は数十〜数百

$M_\odot$. 典型的な個数密度は $10^2 \sim 10^3$ 個/cm^3 程度である. 分子雲内部の高密度領域 (0.1 pc 程度のサイズ, 約 $1 \sim 10 M_\odot$, $10^4 \sim 10^5$ 個/cm^3 程度) は分子雲コアとよばれ, 質量が恒星質量と同程度であることから, 分子雲コアの重力収縮から星形成が起こると考えられている.

2.2.2 分子雲の重力収縮

分子雲の質量が臨界値を超えると, 自己重力がガス圧に勝り, 収縮し始める. この臨界質量は**ジーンズ質量**(Jeans mass)とよばれ, 自由落下時間 ($t_{\rm ff} = 1/\sqrt{G\rho}$) と音波の伝達時間 ($t_{\rm s} = R/c_{\rm s}$) で記述される. ここで, G は万有引力定数, ρ はガス密度, $c_{\rm s}$ は音速, R は分子雲の半径である. **ジーンズ不安定**(Jeans instability)の条件 ($t_{\rm ff} < t_{\rm s}$) を H_2 の数密度 (n) で書くと, 数密度が温度 (T) と質量 (M) に依存する閾値を超えることが収縮条件

$$n > 10^4 \, {\rm cm}^{-3} \left(\frac{T}{20\,{\rm K}}\right)^3 \left(\frac{M}{1 M_\odot}\right)^{-2}$$

となり, 分子雲コアは重力収縮の条件を満たすことがわかる. 実際には, 磁場 (分子雲では $10 \sim 100\,\mu{\rm G}$ 程度の磁場が存在) の効果も収縮に影響する. これ以外にも, 星間ガス中の乱流, 近傍の超新星爆発による衝撃波圧縮といった外的要因で星形成が誘発される場合もある. われわれの太陽も星団の中で誕生した可能性が高い. 傍証の 1 つに挙げられるのが, 同位体分析から推定される, 普通コンドライト隕石中に含まれる短寿命放射性核種 ^{60}Fe の初期存在量である. ^{60}Fe は寿命が短く (半減期は約 260 万年), 恒星内部の元素合成でのみ効率的に合成される放射性核種であるため, ^{60}Fe 起源の ^{60}Ni の同定から, 太陽系の原材料のガスは直前の元素合成・放出 (たとえば, 超新星爆発) の影響を受けた可能性が高い (Tachibana et al., 2006).

重力収縮する分子雲コア内部はガスの温度と密度が時間とともに上昇する. 密度上昇で放射冷却が非効率になると, 等温収縮から断熱収縮の段階に移行する. やがて, 断熱的に収縮する分子雲コア内部では, 力学的に釣り合ったガス天体 (**ファースト・コア**あるいは**第一コア** (first core) とよばれる) が形成される. その後, 周囲のガスが第一コアに降着する過程で, 中心部のガス温度が約 2,000 K に達すると, H_2 分子が H 原子に解離し始める. H_2 分子の解離は吸熱反応のため, ガスの熱的圧力が低下し, ガス収縮が促進される. H_2 分子が解離し尽くすと, 最終的に高密度な分子雲コアすなわち**原始星** (protostar) が誕

生する．しかし，原始星内部ではまだ核融合は開始されず，ガス集積で解放される重力エネルギーはガスに含まれるダストからの熱放射として放出される．

分子雲コア自身はゆっくりと回転しており，大きな角運動量をもつガスは遠心力と重力の釣り合う地点でケプラー運動をするため，原始星の周囲にはガス円盤（**星周円盤**, circumstellar disk）が形成される．ガス円盤を通じて，ダストを含んだガスが原始星に集積することで，原始星の質量は時間とともに増大していく．ガス円盤内では，衝撃波や乱流により角運動量輸送が起こり，ガスは中心星に落下する．そのため**降着（集積）円盤**（accretion disk）とよばれ，中心星に降着するガスの重力エネルギーの解放により赤外線放射が観測される．円盤自身にエネルギー源があることから，**能動的円盤**（active disk）ともよぶ．原始星はガスや塵に包まれているが，原始星から**双極分子流**（bipolar molecular flow）とよばれる，円盤と垂直な2つの極方向に絞られたガス流がしばしば観測される．中心に絞られた電離ガスのジェットは周囲の星間ガスと衝突して**ハービック・ハロー天体**（Herbig-Haro object）とよばれる構造を生む．太陽質量程度の星では，およそ10^7年で原始星から**Tタウリ型星**（T-Tauri star）とよばれる段階へ移行する．Tタウリ型星の段階は赤外線と紫外線が主系列星と比較して強く，水素のHα輝線や変光を示す特徴がある．そして，星内部で核融合反応が始まると，星からの光が見え始める．

2.2.3 分子雲の観測

最近の電波・赤外線での観測によって，恒星は材料物質となるガス分子，ダストの多い星間分子雲の中で生まれること，そしてさまざまな質量の若い星の周囲に，ガスやダストの円盤が存在することが明らかになってきた．多くの星が

(1) 原始星（Class I）
(2) 古典的Tタウリ型星（classical T-Tauri star：CTTS，Class II）
(3) 弱輝線Tタウリ型星（weak-line R-Tauri star：WTTS，Class III）

を経て，主系列星（Class IVとよぶこともある）へ進化段階をたどることがわかっている．星形成段階は星と星周円盤からの紫外線から赤外線までの放射スペクトルの特徴から上記の3段階に分類される（図2.6）．ハッブル宇宙望遠鏡や補償光学による高分解能観測により，円盤そのものも観測されるようになった（図2.7）．とくに，オリオン星雲では背景の雲が明るいため，円盤の遮光効果で影に

2.2 ガス雲の収縮と星・原始惑星系円盤の形成

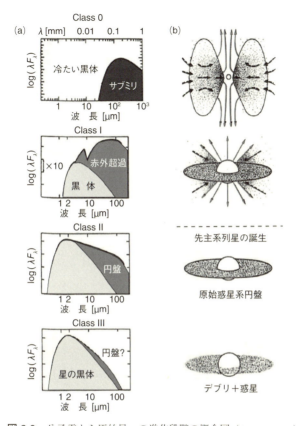

図 2.6 分子雲から原始星への進化段階の概念図（André, 2000）
(a) 波長（λ）ごとのエネルギー分布（スペクトルエネルギー分布：SED）．中心星からの寄与（黒体輻射）と円盤からの熱放射を表示．
(b) SED に対応する進化段階の予想図．
Class 0：分子雲コア，Class I：円盤由来の赤外超過が観測される，Class II：古典的 T タウリ型段階，Class III：弱輝線 T タウリ型段階 + 円盤ガスの散逸．

なって見える．中央に星が見える円盤や，円盤を横方向から見ると星が隠れているものもある．こうした円盤のスケールは数百 AU のサイズで現在の太陽系のおよそ 10 倍である．すばる望遠鏡に代表される地上からの赤外線観測も進んでおり，星周円盤は多種多様な構造を取ることがわかってきた．たとえば，非軸対称な構造や図 2.8 で見られる渦状腕，空隙の存在が発見されている．こうした円盤の構造は円盤内に存在するダストの成長や濃集，そして成長する惑星の存在の

85

第 2 章 太陽系の起源

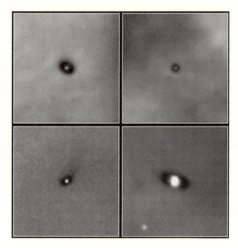

図 2.7 ハッブル宇宙望遠鏡でオリオン星雲の若い星のまわりに観測された原始惑星系円盤（McCaughrean, M.（Max-Planck-Institute for Astronomy），O'Dell, C. R.（Rice University）および NASA/ESA 提供．https://www.spacetelescope.org/static/archives/images/original/opo9545b.jpg）

散乱光によって背景が明るく，ダストを含んだ円盤（数百 AU で太陽系の約 10 倍の大きさ）がその光を妨げているため，暗くなっている．中心部の明るい領域は星の光である．

理解を深める．近年，アルマ（ALMA；Atakama large millimeter/submillimeter array，アタカマ大型ミリ波・サブミリ波電波干渉計）望遠鏡で代表される電波干渉計や超長基線電波干渉法（very long baseline interferometry：VLBI）といった技術を駆使した円盤の高分解能観測も可能になってきている．たとえば，アルマ望遠鏡による観測から，おうし座 HL 星，うみへび座 TW 星，HD 163296 などの星を取り巻く円盤に複数の環状の空隙が存在することが明らかになってきている（図 2.9）．

2.2.4　星周円盤

能動的円盤を駆動していた乱流が止むと円盤は静穏期になり，円盤ガスは冷えてその中でダストの濃集が始まる．温度は中心星からの放射で基本的に決まる．この段階を**受動的円盤**（passive disk）という．一般に，ダストの濃集から微惑星成長，惑星成長，巨大惑星によるガス取込みのステージまでが，弱輝線 T タウリ段階の 10^8 年以内のステージで進行したはずである（詳細は 2.3 節を

2.2 ガス雲の収縮と星・原始惑星系円盤の形成

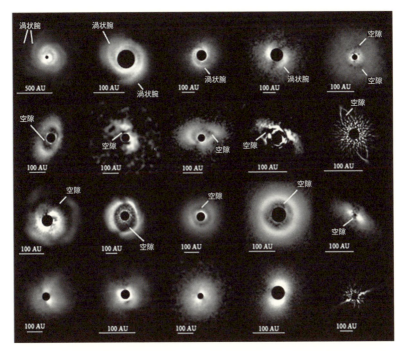

図 2.8 すばる望遠鏡の SEEDS プロジェクトで観測された星周円盤の擬似色画像 (SEEDS 提供．http://exoplanet.mtk.nao.ac.jp/gallery/278)
中心星はマスクで覆われて隠されている．空隙や渦状腕といった構造が見られる．

参照)．残っていた円盤ガスは中心星への質量降着や中心星から紫外線照射による光蒸発によって最終的に消失する．

ここで，能動的円盤から受動的円盤に移行した段階の円盤の力学的構造を現在の太陽系をベースに考えてみる．こうしたモデルは太陽系（円盤）復元モデルあるいは**最小質量円盤モデル**（minimum mass solar nebula：MMSN）とよばれる．円盤中に存在した材料物質は大きく移動せずに惑星に取り込まれたとする．軸対称な円盤を仮定すると，密度分布 $\rho(a,z)$ から，円盤の面密度分布 $\Sigma(a)$ は $\Sigma(a) = \int \rho(a,z)\,\mathrm{d}z$ より，ダスト（塵）とガスそれぞれについて，

$$\Sigma_{\mathrm{dust}}(a) = \begin{cases} 71\left(\dfrac{a}{1\,\mathrm{AU}}\right)^{3/2}\ \mathrm{kg/m^2} & (a < 2.7\,\mathrm{AU}) \\ 300\left(\dfrac{a}{1\,\mathrm{AU}}\right)^{-3/2}\ \mathrm{kg/m^2} & (2.7\,\mathrm{AU} < a) \end{cases} \tag{2.1}$$

第 2 章 太陽系の起源

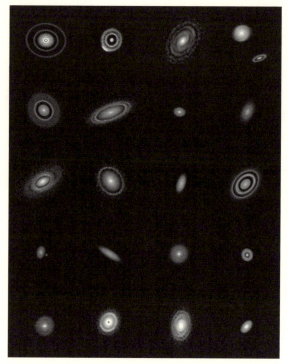

図 2.9 アルマ望遠鏡でとらえられた高解像度の原始惑星系円盤の姿（DSHARP プロジェクト）（ALMA（ESO/NAOJ/NRAO），Andrews, S. *et al.* 提供．https://alma-telescope.jp/assets/uploads/2018/12/201812DSHARP.png）

$$\Sigma_{\rm gas}(a) = 1.7 \times 10^4 \left(\frac{a}{1\,{\rm AU}}\right)^{-3/2}\,{\rm kg/m^2} \tag{2.2}$$

となる（Hayashi *et al.*, 1985）．ここで a は軌道長半径，z は円盤の鉛直方向の高度であり，ダストとガスの質量比は元素存在比から求めている．2.7 AU 以遠では H_2O 氷が凝縮するため，固体材料物質が 4.2 倍程度増大する効果を考えている．この境界を**スノーライン**あるいは**氷境界**とよぶ．円盤の内側，外側の境界は，それぞれ 0.3〜0.35 AU，30〜40 AU をとることが多い．式 (2.1) と式 (2.2) から円盤の総質量は $0.013 M_\odot$ を得る．現在の物質分布から推定される円盤質量は太陽質量に比べて小さく，円盤の構造を考えるときには主星の重力を考えればよい（円盤の重力は無視する近似が使える）．そこで，薄い円盤の近似（$z \ll a$）から，円盤の鉛直方向は圧力勾配と太陽重力の鉛直成分の釣り合い

より，
$$\left|\frac{\mathrm{d}p}{\mathrm{d}z}\right| = \frac{GM_\odot z}{a^3} \tag{2.3}$$

いま，ガスは理想気体で鉛直方向には等温であると仮定すると，ガスの密度分布は

$$\rho_{\mathrm{gas}}(a,z) = \rho_0(a)\,\mathrm{e}^{-(z/H)^2} \tag{2.4}$$

$$H(a) = 0.047\left(\frac{a}{1\,\mathrm{AU}}\right)^{5/4} \tag{2.5}$$

ここで，$\rho_0(a)$ は円盤赤道面のガス密度，H は密度のスケール長で，通常 $2H$ を円盤の厚みとして扱う．中心星からの輻射に対して光学的に十分薄い円盤では，ガスの温度は中心星輻射で決まるとした（$T \propto a^{-1/2}$ の関係式を用いた）．式 (2.5) より薄い円盤の近似が妥当とわかる．さらに，面密度が $\Sigma_{\mathrm{gas}} = \int \rho(z)\,\mathrm{d}z = \sqrt{\pi}H\rho_0$ となるので，式 (2.2) より，円盤の密度分布は

$$\rho_{\mathrm{gas}}(a,z) = 1.4 \times 10^{-6}\left(\frac{a}{1\,\mathrm{AU}}\right)^{-11/4}\mathrm{e}^{-(z/H(a))^2}\ [\mathrm{kg/m^3}] \tag{2.6}$$

実際の密度は，太陽からの距離とともに急速に下がっていくことがわかる．ガスの主成分が太陽組成の H と He の場合は，圧力分布 $P(a,z)$ は，

$$P(a,z) = 1.4\left(\frac{a}{1\,\mathrm{AU}}\right)^{-13/4}\mathrm{e}^{-(z/H(a))^2}\ [\mathrm{Pa}]$$

と書ける．

実際には，ダストの混じったガス円盤は太陽放射に対して光学的に不透明である．外側ほど広がる円盤の表面が中心星に照射されているモデルでのガス温度は，

$$T(a) \sim 150\left(\frac{a}{1\,\mathrm{AU}}\right)^{-3/7}\ [\mathrm{K}]$$

となり，円盤の内部ではさらに低温になる．

円盤中のダスト粒子は，乱流がなければ赤道方向に付着し，成長しながら沈殿する．古典的な惑星形成モデルでは，1,000 年程度で赤道付近にダスト/ガス比の大きな層ができて，これが重力的に不安定になり，分裂とダストの集積が起こって，10～100 km サイズの微惑星が形成される．そして，微惑星が相互に衝突・合体成長することにより，原始惑星さらに惑星へと成長する．惑星成長の過程については次の 2.3 節を参照されたい．

2.3 惑星の形成およびガス惑星の構造と形成

2.3.1 惑星の形成

前節では，分子雲から原始星への形成過程を見た．星の誕生の副産物として，恒星の周囲には**星周円盤**が形成される．星周円盤は円盤の形態や進化段階に応じて，**降着円盤**，**遷移円盤**（transition disk），**残骸円盤**（debris disk）と区分され，連星系では周連星円盤（circumbinary disk）と呼称される．惑星形成の文脈では，**原始惑星系円盤**（protoplanetary disk）を慣習的に用いる．とくに（原始）太陽の周囲に存在したガスは**原始太陽系星雲**（protosolar nebula）とよばれる．

原始惑星系円盤では，ケイ酸塩鉱物や鉄に代表される難揮発性物質だけではなく，円盤外側の低温環境では H_2O，NH_3，CO_2 といった揮発性分子が凝縮した固体物質（氷）がダストとして存在している．惑星の材料物質は，µm サイズのダストと円盤中に存在する気体成分（ガス）である．数千万年から数億年という長い時間をかけて，µm サイズのダストは惑星へと姿を変える（図 2.10）．惑星の集積過程を詳細に見る前に，太陽系を例に惑星形成の全体のおおまかなストーリーを見てみよう．

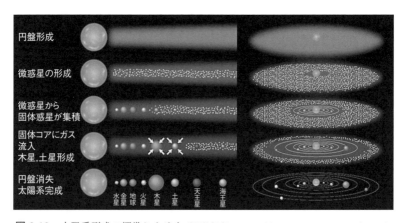

図 2.10　太陽系形成の標準シナリオ（理科年表：https://www.rikanenpyo.jp/FAQ/tenmon/faq_ten_007.html）

2.3 惑星の形成およびガス惑星の構造と形成

μm サイズのダストは付着合体あるいは凝集したダストの塊の自己重力で，**微惑星**（planetesimal）とよばれる km サイズの天体まで成長する（2.3.2 項）．微惑星どうしは重力相互作用で衝突合体を繰り返し，火星サイズの**原始惑星**（protoplanet または planetary embryo）が誕生する（2.3.3 項）．原始惑星どうしは長期間，相互に重力を及ぼし合うことで軌道が徐々に楕円軌道へと変化する．やがて，天体の軌道交差が起こると，系は力学的に不安定な状態に遷移し，原始惑星どうしの衝突が起こる（2.3.4 項）．この天体衝突の末，現在の金星や地球のような地球型惑星が誕生する．水星は天体衝突の際にマントルの大部分が剥ぎ取られた固体核，火星は原始惑星の生き残りと考えられている．太陽から遠く離れた低温環境では，岩石や鉄成分以外に，H_2O や CO_2 に代表される揮発性分子が凝縮した氷物質が存在する．惑星の材料物質が豊富に存在するため，地球型惑星の形成領域と比べて，大きく成長した固体核は周囲の原始惑星系円盤ガスを捕獲し始める．そして，分厚いガスに覆われた木星や土星が誕生する（2.3.5 項）．一方，木星や土星よりも遠方に存在する天王星や海王星は固体核の成長速度が遅く，周囲のガスを十分獲得する前に原始惑星系円盤のガスが消失したと考えられている．以上のシナリオが「**京都モデル**」とよばれる太陽系形成の標準モデルである（Hayashi et al., 1985）．

以降では，惑星形成の素過程を時系列に沿って見ていく．

2.3.2 微惑星の形成

惑星形成論の第一段階は，μm サイズのダストから km サイズの岩石や氷物質の天体（微惑星）をつくることにある．太陽系には微惑星の残骸として，火星と木星の軌道間に多数存在する**小惑星群**（**小惑星帯**，メインベルト），海王星以遠の**太陽系外縁天体**（以前は**エッジワース・カイパーベルト天体**とよばれた）やこれを起源とする彗星が存在する．

Ⓐ 微惑星の合体成長

μm サイズのダスト粒子から微惑星までの道程は物理サイズで 10 桁以上の差がある．微惑星形成のモデルは，**衝突合体成長**（collisional growth または coagulation）と自己重力不安定の 2 通りの道筋が提案されている．前者はダスト粒子どうしが直接，衝突合体を繰り返して成長する描像である．μm サイズのダスト粒子は分子間力（ファンデルワールス（van der Waals）力や水素結合）を介して付着合体する．ダストあるいはダストの**凝集体**（**アグリゲイト**，aggregate）

第 2 章 太陽系の起源

が単純に付着成長できるかというと一筋縄ではいかない．ダストは電離したガス環境では電子の吸着で負に帯電する．ダスト粒子の成長は静電反発で阻害される．さらに高速衝突するダストは合体せずに破壊や，跳ね返りを経験する．水素結合による引力のため H_2O 氷の衝突破壊強度は高く，数十 m/s の衝突速度でも付着成長は実験的に可能とされているが，岩石成分のダストは数 m/s の衝突で破壊される．

これらの障壁を克服して m サイズまで成長すると，中心星方向への落下問題が待ち受ける．原始惑星系円盤中でのガスとダストの運動の観点からダストの動径方向の移動を考えてみる．

円盤ガスは力学平衡にあるとき，円筒座標 (r, ϕ, z) を用いたガスの運動方程式の方位角成分は，

$$\frac{v_\phi^2}{r} = \frac{1}{\rho_g}\frac{dP}{dr} + \frac{GM_\star}{r^2} \tag{2.7}$$

ここで，P はガス圧力，ρ_g はガス密度，$M_\star$ は中心星質量，G は万有引力定数，v_ϕ はガスの速度の方位角成分とし，粘性項は圧力項に比べて十分小さいとして無視した．簡単化のために等温ガスを仮定すると，ガスの圧力と密度の関係は

$$P = \left(\frac{\partial P}{\partial \rho}\right)_S \rho_g = c_s^2 \rho_g \tag{2.8}$$

となる．ここで，c_s は音速である．上の式 (2.7) と式 (2.8) から，ガスの回転角速度 Ω は，

$$\Omega = \frac{v_\phi}{r} = \sqrt{\frac{GM_\star}{r^3} + \frac{c_s^2}{r^2}\frac{d\ln P}{d\ln r}} \tag{2.9}$$

となる．ガス圧は中心星から外側に向かって低下するため，圧力勾配 $d\ln P/d\ln r$ は負の値をとる．原始惑星系円盤中では，ガス自身は圧力勾配の分だけケプラー速度（$\Omega_K = \sqrt{GM_\star/r^3}$）よりも遅く回転する．ダスト粒子のサイズが十分小さいときはガスとダストは同時に運動するが，m サイズまで成長すると，ガスとの相対速度の差分（ケプラー速度からのずれ）だけ向かい風を経験する．ガス抵抗を受けるダストは角運動量を失い，中心星方向へ落下することになる（Weidenschilling, 1977）．以上から，直接合体による微惑星形成は長らく未解決問題とされていた．近年，ダストの凝集体は高空隙率をもつことで跳ね返りや中心星落下の問題を克服できる可能性が示唆されている．

❸ 微惑星の自己重力不安定

微惑星形成の**自己重力不安定**(self-gravitational instability)シナリオでは,原始惑星系円盤中でのダストの濃集に伴う自己重力不安定で微惑星をつくる(ゴールドライヒ・ワード(Goldreich-Ward)機構とよばれる.Goldreich and Ward, 1973).自己重力不安定の最大の利点はμmサイズのダスト粒子からkmサイズの微惑星まで一足飛びに成長できることである.ダストどうしの付着成長で懸念材料であった,ダストの衝突破壊や中心星への落下問題も回避できる.重力不安定シナリオの成否の鍵を握るのはダストの濃集過程である.従来,上空に浮遊するダストが原始惑星系円盤の赤道面方向へ沈殿して,自己重力的に不安定なダストの高密度層を形成すると考えられていた.しかし,高密度なダスト層と上空のガス層の間に生じる(前段落で述べたガス自身の圧力勾配の効果で)方位角方向の速度差によって,**ケルビン・ヘルムホルツ不安定**(Kelvin-Helmholtz instability)が発生する.この不安定は地球上でも鉛直方向に渦を巻く雲として見ることができる.

流体要素の微小変動における線形解析を実施すると,ケルビン・ヘルムホルツ不安定が起こる条件は無次元数 R(リチャードソン数,Richardson number)を用いて以下のとおり表される.

$$R = -\frac{g(d\rho/dz)}{\rho(dv_\phi/dz)^2} < \frac{1}{4} \tag{2.10}$$

ここで,g は重力加速度,ρ は流体の密度,v_ϕ は流体要素の速度の方位角成分とする.ケルビン・ヘルムホルツ不安定が起こる条件式(2.10)の物理的解釈は次のとおりである.上下に接触する2層が異なる水平方向の速度と密度をもつとき,鉛直方向に変位させた流体要素が受ける浮力は系を安定化させる方向にはたらくのに対して,速度差(速度シア)で生じる運動エネルギーの変化は系の不安定化に寄与する.後者が前者よりを卓越する場合,系はケルビン・ヘルムホルツ不安定となる.

実際に,赤道面に沈殿したダストが自己重力で微惑星を形成する状況では,ケルビン・ヘルムホルツ不安定の条件を満たす.ケルビン・ヘルムホルツ不安定で発生する渦はダストを上空に巻き上げ,自己重力不安定を誘発するダスト層を維持できない.そこで,ダストの濃集をひき起こす別のメカニズムとして,渦の存在や正の圧力勾配(たとえば,磁気回転不安定の不活領域の外縁など)や**ストリーミング不安定**(streaming instability,動径方向の速度差で生じる流

体力学的不安定）が注目されている．

2.3.3 微惑星の成長：微惑星から原始惑星へ

kmサイズに達した微惑星系の力学進化では，天体どうしの重力相互作用が支配的になる．そのため，微惑星は一律に同一速度で成長（秩序成長）せず，周囲の微惑星よりも大きな微惑星は他者を先んじて暴走的に成長する（これを**暴走成長**（runaway growth）とよぶ）（Wetherill and Stewart, 1989）．暴走成長した微惑星（原始惑星とよばれる）どうしは寡占競争のなかで，重力圏（ヒル圏）内の固体物質が枯渇するまでゆっくりと成長を続ける（**寡占成長**（oligarchic growth）とよぶ）（Kokubo and Ida, 1998）．そして，誕生した原始惑星どうしは次項で述べる巨大衝突段階へと突入する．

この項では，微惑星から原始惑星への集積過程を天体の軌道運動の視点で見ていく．外的な重力場の影響がない箱の中で，自由に運動する微惑星の集団を考えてみる（この描像を**自由電子**（particle-in-a-box）近似とよぶ）．いま，十分遠方の場所から相対速度 v で質量 m，半径 r の微惑星が質量 M，半径 R の天体に接近している（図2.11）．微惑星が天体のヒル圏に突入すると，天体からの重力を受けて，微惑星の軌道は弧状に曲げられ，かすめるように衝突する．このとき，天体に対する微惑星の衝突断面積は重力による引け付け効果（**重力フォーカシング効果**，gravitational focusing）で物理的な表面積 πR^2 より大きくなる．実効的な衝突半径 R'（一般に衝突パラメータとよぶ）は微惑星の角運動量保存則から，

$$R' = \left(\frac{v'}{v}\right)(R+r) \tag{2.11}$$

ここで，v' は衝突直前の微惑星の速度である．衝突直前の速度 v' はエネルギー

図2.11　天体（質量 M）の静止系から見たときの衝突天体（質量 m）の軌跡

保存則より，
$$\frac{v^2}{2} = \frac{v'^2}{2} - \frac{G(M+m)}{R+r} \tag{2.12}$$
である．これら式 (2.11) と式 (2.12) を用いると，実効的な衝突断面積 $\pi R'^2$ は
$$\pi R'^2 = \pi (R+r)^2 \left(1 + \frac{v_{\rm esc}^2}{v^2}\right) \tag{2.13}$$
ここで，$v_{\rm esc}$ は天体と微惑星が接触しているときの脱出速度で，
$$v_{\rm esc} = \sqrt{\frac{2G(M+m)}{R+r}} \tag{2.14}$$
$v_{\rm esc}^2/v^2$ の因子が重力の引き付け効果に伴う衝突断面積の広がりを表す．質量 m をもつ微惑星の個数密度を n とすると，単位時間あたりの衝突回数は $\pi R'^2 nv$ となる．

したがって，天体 M の成長率は次式で与えられる．
$$\frac{{\rm d}M}{{\rm d}t} = mn\pi(R+r)^2\left(1 + \frac{v_{\rm esc}^2}{v^2}\right)v \tag{2.15}$$
現実には，天体や微惑星は中心星のまわりでケプラー運動をしているが，式 (2.15) はほとんど変わらない．微惑星円盤の集積過程では，重力の引き付け効果が卓越するため，天体の成長時間 $T_{\rm grow}$ は以下のとおりになる．
$$T_{\rm grow} \equiv \frac{M}{{\rm d}M/{\rm d}t} \propto M^{-1/3}v^2 \tag{2.16}$$
ここで，微惑星の個数密度 n を $n \propto v^{-1}$ とした．n は微惑星円盤の厚み h（スケールハイト）と微惑星集団の面密度 Σ を用いて表され，h は系の軌道傾斜角 i（$h \sim 2ai$，ここで a は微惑星の軌道長半径），すなわち微惑星系の**ランダム速度**（random velocity，円運動からのずれ）に比例するため，以下の関係が得られる．
$$mn \sim \frac{\Sigma}{h} \sim v^{-1} \tag{2.17}$$
微惑星集積は天体の質量および相対速度 v（以下，ランダム速度）に依存する．

天体と周囲の微惑星に質量差がそれほどない状況（$M \sim m$）では，微惑星のランダム速度はおもに，微惑星どうしの重力相互作用で決まる．微惑星集団は互いの運動エネルギーを等しくなるように，エネルギー等分配しながら（**力学的摩擦**，dynamical friction）力学平衡に近づくため，微惑星のランダム速度は

$v \propto M^{-1/2}$ となる．結果として，天体の成長時間は $T_{\mathrm{grow}} \propto M^{-4/3}$ となり，他より大きな微惑星は重力の引き付け効果で周囲の小さな微惑星よりも優先的に急成長する．こうした成長段階が暴走成長とよばれる．また，天体が周囲の微惑星よりも十分小さい場合（$M < m$）は微惑星のランダム速度は天体の質量に無関係なので $T_{\mathrm{grow}} \propto M^{-1/3}$ となり，この場合も微惑星の集積は暴走的になる．

　暴走的に成長した微惑星（原始惑星）は，やがて自分自身の重力で周囲の微惑星の軌道を掻き乱す（**重力散乱**，gravitational scattering）．この段階では，微惑星のランダム速度は原始惑星との近接遭遇による軌道離心率および軌道傾斜角の励起（**粘性加熱**，viscous stirring）と周囲の円盤ガスからの空気力学的抵抗による減衰効果の競合で決まる．両者が拮抗する平衡状態を仮定すると，$v \propto M^{1/3}$ となることが知られている（Ida and Makino, 1993）．この場合，原始惑星の成長時間は $T_{\mathrm{grow}} \propto M^{1/3}$ となり，微惑星を捕獲しにくくなった原始惑星の成長は鈍化する．新たに暴走成長した複数の原始惑星が一定の間隔で寡占的に存在する状況で，原始惑星の成長が緩やかに進行していく（図2.12）．この段階の成長モードを寡占成長とよぶ．暴走成長から寡占成長への遷移は原始惑星の質量が周囲の微惑星集団の質量よりも小さい段階で起こり，典型的な遷移質量は月サイズ（地球質量の1/100程度）である（Ida and Makino, 1993）．

　近年，第3の惑星形成シナリオとして，cmサイズの小石（pebble）が注目されている．ストリーミング不安定で形成された多数の微惑星と無数の小石が存在する状況を想定する．成長とともに微惑星は原始惑星系円盤のガスを獲得して，大気を保持し始める．ガス抵抗の影響を受けやすい小石サイズの粒子は大気をもつ微惑星に効率的に捕獲される．質量が増加した微惑星はさらに大気を獲得し，より多くの小石を捕獲する．大気の存在と小石サイズの粒子は互いに正のフィードバックをもたらし，微惑星は短期間で暴走成長そして寡占成長をたどり，原始惑星へと成長を遂げる．この形成シナリオは**小石降着**（pebble accretion）モデルとよばれている（Lambrechts and Johansen, 2012）．

2.3.4　地球型惑星の誕生

　原始惑星は自身の重力が及ぶ範囲内の微惑星を食べ尽くすと，原始惑星の成長は止まる．このときの原始惑星の上限質量は**孤立質量**（isolation mass）とよばれ，典型的には火星サイズ（地球質量の1/10程度）といわれている．周囲に円盤ガスが残存する段階では，孤立質量に到達した原始惑星間の軌道交差や衝

2.3 惑星の形成およびガス惑星の構造と形成

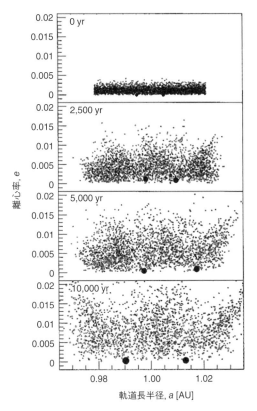

図 2.12 微惑星から原始惑星への成長の N 体計算（Kokubo and Ida, 1998）
1 AU 付近の微惑星集団から暴走成長を経て，誕生した複数個の原始惑星．

突は起こらない．他の原始惑星からの重力摂動で原始惑星の軌道離心率や軌道傾斜角は励起されるが，原始惑星系円盤からのガス抵抗でそれらの上昇が抑制される．しかし，円盤ガスがいったん散逸すると，複数の原始惑星系は力学的に不安定となる．若い星団内での赤外超過（ダストの存在を示唆）の有無を調査した観測から，原始惑星系円盤ガスの寿命はおよそ数百万年から 1,000 万年と推定されている．円盤ガスの消失後，数千万年から 1 億年程度の時間が経つと原始惑星どうしは軌道不安定となり，天体衝突（**巨大衝突**）が起こる．巨大衝突を繰り返して，火星サイズの天体は最終的に地球型惑星となる．

　天体からの脱出速度に匹敵する衝突速度をもつ巨大衝突では，衝突天体はマ

ントル物質さらには一部の核物質も剥ぎ取られる．目標天体の内部は衝撃波の伝播で断熱圧縮を受け，岩石や鉄を溶融するほどの高温状態になる．同時に，大部分の揮発性分子（たとえば，大気）も宇宙空間に散逸する．正面衝突ではなく，斜め衝突では天体の周囲に撒き散らされた物質が円盤構造（**周惑星系円盤**，circumplanetary disk）を形成する．地球の月や火星の衛星などは周惑星系円盤から誕生したと考えられている．

2.3.5　巨大惑星

　これまでは微惑星から原始惑星までの集積過程そして地球型惑星形成の最終段階を見てきた．ここからは地球型惑星とは異なり，分厚いガスに覆われたガス惑星の形成を見ていく．ケイ酸塩の地殻・マントル，そして Fe や Ni 合金の金属核をもつ地球型惑星に対して，H と He 主体のガス惑星の内部構造から見ていこう．

Ⓐ ガス惑星の内部構造

　木星および土星に代表される H と He を主成分とする惑星は，ガス惑星または**巨大ガス惑星**（gas giant, giant gas planet）とよばれる．ガス惑星の内部は「岩石」や「氷」のコア（中心核）と H と He の分厚い外層（**エンベロープ**，envelope）からなる．ガス惑星の深部は超高圧・高温環境のため，H は圧力電離によって一部の電子が自由電子のように振る舞う金属状態（**金属水素**，metallic hydrogen）にあると理論的に予測されている．導電性をもつ金属水素の存在は**ダイナモ運動**（dynamo）のキャリアとして，ガス惑星の強力な磁場生成を担う．

　ガス惑星内部では H と He は一様に混合しているわけではない．ある温度・圧力条件下では，H と He の混和状態は熱力学的に不安定となり，**H–He 分離**（H-He separation）が生じる（図 2.13）．このとき不混合状態となり，沈降する He 液滴（He の雨）へ Ne が選択的に溶解するため，上層大気で Ne の枯渇が起こる．実際，Galileo（ガリレオ）探査機の測定から木星大気中の He や Ne の存在度は太陽組成に比べて低い．He 液滴の沈降に伴って解放される重力ポテンシャルエネルギーは土星の冷却問題を解決する熱源候補と考えられている．ガス惑星は輻射により宇宙空間へ熱を放出することで，時間とともに冷却していく．冷却に伴い，ガス惑星の大気は重力収縮（**ケルビン・ヘルムホルツ収縮**，Kelvin-Helmholtz contraction）する．しかし，現在の土星の光度は熱進化モデルから予想されるより高いため，土星の熱史の矛盾を解決するアイディアとし

2.3 惑星の形成およびガス惑星の構造と形成

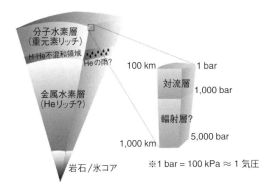

図 2.13　ガス惑星の内部構造

て H–He 分離が有力視されている．ほかにも土星内部の二重拡散対流の存在が土星の冷却を遅らせた可能性も提案されている．

　木星や土星の大気は分光観測から太陽組成に比べて，重元素（H, He 以外の元素）に富むと示唆されている．Voyager による赤外線観測や Galileo 探査機の質量分析計から，木星大気中の C, N, S は 3〜4 倍，貴ガス（He, Ne は除く）は 2〜4 倍，太陽組成に比べて豊富である．不運にも，Galileo 探査機が異常に乾燥した領域に突入したため，水の存在量を正確に決定できず，木星大気の（H に対する）O の（相対）量はよくわかっていない．しかし，他の揮発性元素と同様に太陽組成より豊富にあると考えられている．一方，探査機による直接測定がないため，土星の大気組成に対する理解は木星に比べて乏しいが，地上からの赤外・電波観測で C と N は太陽組成に比べて数倍程度多いとされている．

　ガス惑星の内部構造は，探査機（Pioneer（パイオニア）10,11 号，Voyager 1,2 号，Galileo 探査機，探査機 Juno）や地上観測で測定された半径および重力場（重力モーメント）の情報に基づいて推定される．超高圧・高温の極限環境下にあるガス惑星の内部では，H や He の物性（状態方程式，equation of state：EOS）も地上とは異なる．そのため，ガス惑星の内部構造の推定は，観測量の測定精度と圧縮実験や理論モデルに基づいた状態方程式に依存する（近年では第一原理計算から状態方程式を求める試みもなされているが，金属水素の相転移など，いまだ不確定な状況にある）．

　ここで，ガス惑星の内部構造を記述する基礎方程式について触れておく．惑

第 2 章　太陽系の起源

星内部の各場所で重力（＋遠心力）と圧力勾配が釣り合った力学平衡にあるとき，静水圧平衡の式および，質量保存として連続の式が成り立つ．ガス惑星内部は光学的に厚く，対流による熱輸送が卓越し，上層大気では輻射が熱の輸送を担う．ガス惑星の温度構造は 2 つの熱輸送機構，対流あるいは輻射で決まる．

静水圧平衡

$$\underbrace{\frac{\partial P}{\partial r}}_{\text{圧力勾配}} = \underbrace{-\frac{GM_r\rho}{r^2}}_{\text{重力}} + \underbrace{\frac{2}{3}\omega^2 r\rho}_{\text{遠心力}} \tag{2.18}$$

連続の式（質量保存）

$$\frac{\partial M_r}{\partial r} = 4\pi r^2 \rho \tag{2.19}$$

熱輸送

$$\frac{\partial T}{\partial r} = \frac{T}{P}\frac{\partial P}{\partial r}\nabla, \quad \nabla = \left(\frac{\log T}{\log P}\right) \quad \text{(対流)} \quad \nabla_{\text{ad}} = \left(\frac{\log T}{\log P}\right)_S$$

$$\text{(輻射)} \quad \nabla_{\text{rad}} = \frac{3\kappa}{16\pi acG}\frac{PL_r}{M_r T^4} \tag{2.20}$$

温度勾配，（対流）断熱温度勾配（等エントロピー）

エネルギー保存

$$\frac{\partial L}{\partial r} = 4\pi r^2 \rho \left(\varepsilon - T\frac{dS}{dt}\right) \quad \longleftarrow \quad \text{熱力学第一法則より，} \; dQ = TdS = dU + pdV \tag{2.21}$$

ε：核融合，質量降着，放射壊変に伴う熱生成率

ここで，M は質量，r は半径，P は圧力，ρ は密度，T は温度，S はエントロピー，L は光度，t は時間，ω は自転角速度，κ は質量吸収係数，a は輻射定数，c は光速，G は万有引力定数である．

最新の内部構造理論によると，現在の木星はコアをもたないものから 8 倍の地球質量程度のコアをもち，一方の土星は 5〜20 倍の地球質量程度の大きなコアをもつとされている．Juno 探査機による最新の重力場計測から，木星は低密度で大きなコア（約 10〜25 倍の地球質量）をもつ可能性も示唆されている．しかし，形成後から 45 億年の期間で木星や土星のコアが侵食を受けた可能性もある．実際，ガス惑星のコアを形成する岩石（おもにケイ酸塩鉱物）や氷成分

2.3 惑星の形成およびガス惑星の構造と形成

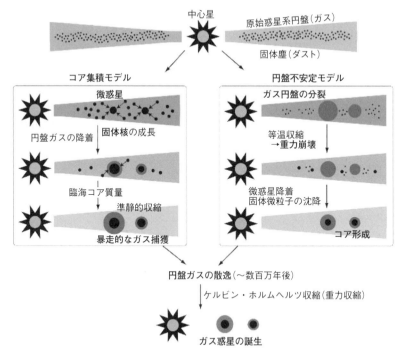

図 2.14　ガス惑星の形成モデル

（おもに H_2O）は，コア付近の圧力・温度領域では金属水素に溶解する．形成直後のガス惑星のコアは現在よりも大きかったかもしれない．

Ⓑ ガス惑星の形成

ガス惑星の形成には，**コア集積モデル**（core accretion model）と**円盤不安定モデル**（disk instability または gravitational instability）の 2 つが提唱されている（図 2.14）．コア集積モデルは，2.3.3 項で述べた微惑星集積によるコア成長と円盤ガスの捕獲の 2 つのプロセスからなる．コアがおよそ月質量以上になると，**ボンディ半径**（Bondi radius，ガスの熱速度とコアの重力圏からの脱出速度が等しくなる場所）がコアの物理半径より大きくなり，大気をまとい始める．大気質量はコア質量とともに増加するため，大気中を通過する微惑星をガス抵抗で減速させて効率的に捕獲することで，固体コアの成長は加速する．コアが小さいときは大気の重力収縮に伴う円盤ガスの流入は少ない．やがて，コア質

量が臨界値（**臨界コア質量**, critical core mass）に到達すると，大気の急激な収縮で暴走的な円盤ガスの捕獲が始まる（**暴走ガス捕獲**, runaway gas accretion）．臨界コア質量は大気の熱的構造により決まるため，円盤ガスの温度と圧力，微惑星の降着に伴う加熱および光の吸収度に依存するが，典型的に 10 倍の地球質量程度とされている．暴走ガス捕獲段階では，獲得した大気自身の重力収縮が更なる円盤ガス降着を促し，大量の円盤ガスを獲得して，最終的に分厚いエンベロープをもつガス惑星が誕生する．実際には，ガス惑星がある質量にまで成長すると，周囲のガス円盤に空隙（gap）を生成し，ガス流入が律速または停止する可能性がある．

円盤不安定モデルでは，原始惑星系円盤のガスが圧力勾配や遠心力に打ち勝ち，自己重力で崩壊してガス塊（原始ガス惑星，ガス惑星の卵）を形成する．流体計算によると円盤内に生じたガスの密度揺らぎが増幅され，密度波による渦状腕構造が生成される．渦状腕の高密度領域は自己重力で分裂し，ガス塊が誕生する．ガス塊は数千年から数万年という短期間で収縮および重力崩壊し，ガス惑星になる．円盤の自己重力不安定の条件として，無次元数である**トゥームレ**（Toomre）の Q 値が指標となる．十分に薄く，軸対称なガス円盤に微小摂動を与えた場合の線形安定性解析から，

$$Q \equiv \frac{\kappa c_{\mathrm{s}}}{\pi G \Sigma} \lesssim 1 \tag{2.22}$$

のとき，ガス円盤は自己重力に対して不安定となる．ここで，G は万有引力定数，Σ はガス面密度，κ はエピサイクル振動数（半径方向の振動における振動数），c_{s} は音速である．式 (2.22) から，円盤不安定モデルは重いガス円盤（典型的には $0.1 M_\odot$）を支持する．円盤不安定モデルで形成されるガス惑星は円盤ガスの組成を反映する．このとき，密度波で掃き集められた固体微粒子（grain）やガスに含まれる固体微粒子はガス塊内部で合体成長して深部へ沈降し，コアを形成する．そこで，大質量のガス塊が動崩壊するとき，ガス塊内部で固体成分（重元素）が深部へと沈殿することで，コアが形成され，現在の木星と土星が誕生したという円盤不安定起源説も提案されている．

ⓒ 太陽系のガス惑星の起源

2.3.1 項では，コア集積モデルに基づいた太陽系誕生の標準シナリオ「京都モデル」を説明した．京都モデルの枠組みでは「天王星と海王星の形成時間」「火星の存在」，そして「後期重爆撃期」の存在が謎として残る．月表面のクレー

2.3 惑星の形成およびガス惑星の構造と形成

ター年代学によると，39億年前の前後に小天体の大量衝突が起きた痕跡が記録として残っている（**後期重爆撃期**）．惑星形成からおよそ7億年後の時間差で発生した後期重爆撃期の引き金となる出来事は，いったい何であったのか．さらに従来，太陽系の外側に存在する4つの巨大惑星はその場で誕生したと考えられていた．しかし，現在の天王星や海王星の軌道付近では，公転速度が遅く，その場での固体核の成長には数億〜数十億年と太陽系の年齢程度の時間がかかる．そのため，京都モデルの枠組みでは，大気を獲得する前に周囲の円盤ガスが散逸してしまい，総質量の10〜15%程度の大気をもつ天王星や海王星がつくれないという問題を抱える．逆に，地球型惑星の形成に関しては，火星は原始惑星の生き残りと考えられているが，惑星形成のN体計算によると，原始惑星は最終的に地球サイズまで成長してしまうというジレンマを抱えている．

そこで，天王星と海王星は今よりも太陽に近い場所で形成した後，何らかの理由で現在の位置まで移動したと考えられるようになった．海王星の外向き移動は海王星以遠天体，とくに惑星の公転面から大きく傾斜した楕円軌道をもつ散乱天体の軌道分布や海王星と冥王星の公転周期が3：2の整数比という尺数関係（**平均運動共鳴**，mean motion resonance）にある観測事実と整合的である．

天王星・海王星移動のアイディアを発展させたのが**ニースモデル**（Nice model）である（図2.15）．ほぼ現在の位置に存在した木星と土星に対して，天王星と海王星は誕生直後，現在の天王星の軌道よりも内側に存在した状況を想定する．近接した軌道で配置された4つの巨大惑星の軌道は互いの重力摂動で振動する．やがて，木星と土星が2：1の平均運動共鳴（2：1の公転周期比）の位置関係を通過するとき，系は突然，力学的に不安定な状態へ移行する．木星や土星に比べて，質量の軽い天王星や海王星は外側へ弾き飛ばされる．巨大惑星の周囲および海王星以遠や小惑星帯に分布していた小天体の一部は，重力散乱で地球軌道付近にまで運ばれる．4つの巨大惑星の軌道不安定を引き金にして，惑星形成からしばらく経過した後に短期間に月表面へ大量の隕石が降ってくる．重力散乱を経験しても，木星や土星は衛星を保持し，木星のトロヤ群は重力散乱時に捕獲した小惑星の名残りとされる．このように，ニースモデルは太陽系の巨大惑星の軌道配置，天王星と海王星の形成，海王星以遠天体の分布，後期重爆撃期を定性的に再現する．

しかし，狭い軌道間隔に並んだ4つの巨大惑星をどのように実現するのかという疑問が残る．これに対して，「**グランドタック仮説**（grand tack hypothesis）

第 2 章　太陽系の起源

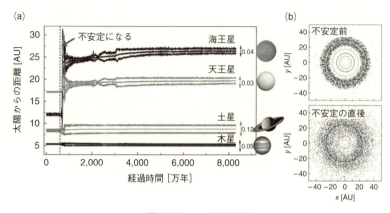

図 2.15　ニースモデル
（a）太陽系の 4 つの巨大惑星の軌道不安定前後の軌道進化.（Tsiganis *et al.*（2005）の図を一部改編）
（b）軌道不安定前後の海王星以遠天体の軌道分布.（Gomes *et al.*（2005）の図を一部改編）

（木星・土星の大移動説）」がニースのコート・ダ・ジュール天文台の研究者らによって提唱された（Walsh *et al.*, 2011）．この仮説は「惑星はガス円盤との潮汐相互作用で移動する」という理論予測を前提とする．ガス惑星は重力散乱で周囲のガス円盤に空隙をつくり，中心星へ質量降着する円盤ガスに引きずられて移動する．これは**タイプ II 型惑星移動**（type II migration）とよばれる（2.4.3項も参照）．グランドタック仮説は中心星方向へ移動を開始した木星が火星軌道付近に到達したとき，追いついた土星により 3：2 の平均運動共鳴の関係に捕獲されて現在の位置まで引き戻されたというシナリオである．このとき，土星の外側では天王星と海王星の形成が進行しており，木星と土星の U ターン後に 4 つの巨大惑星が狭い軌道間隔で整列することになる．土星が木星に追いつく理由は，木星よりも軽い土星はガス円盤に完全な空隙を空けきれず，タイプ II 型惑星移動よりも少し速い惑星移動（**タイプ III 型惑星移動**，type III migration）をするためである．木星に追いついた土星は捕獲した木星と空隙が重なり合った状態になることで，左右の円盤ガスから受ける重力トルクの釣り合いが崩れる．その結果，木星-土星ペアに外向きの力がはたらき，一緒に外側へ引き戻される．外向きに移動し始めた木星-土星ペアは土星軌道付近で誕生した天王星と海王星を外側へ押し出す．最終的に，4 つの巨大惑星は近接した軌道で並び，そ

104

の後はニースモデルの運命をたどるかたちになる.グランドタック仮説の利点は,木星と土星の大移動の影響で火星軌道付近の材料物質が枯渇し,京都モデルで懸念された火星の形成について説明が付くことである.

ここまで,ガス惑星の形成そして太陽系の起源を見てきた.小石降着モデルに始まり,ニースモデルそしてグランドタック仮説と太陽系の誕生はいまなお混沌としている.そこで,惑星形成を紐解く手がかりとなるのが太陽系外で発見されている惑星系である.次節では太陽系外の多様な惑星系の姿とその成り立ちについて見ていく.

2.4 太陽系外惑星

2.4.1 太陽系外惑星の発見

太陽系誕生のシナリオが構築され,惑星科学が成熟期を迎えていた1995年,スイスのMichael Mayorらのグループが太陽型星,51 Pegasi(ペガスス座51番星)のまわりで,初めての太陽系外惑星 51 Pegasi b[1]を発見した(Mayor and Queloz,1995).51 Pegasi b は木星質量の0.468倍,公転周期4.23日の短周期軌道(0.052 AU)をもつ特異なガス惑星であった.従来の太陽系形成モデルでは,木星や土星のようなガス惑星の形成領域は,揮発性分子の凝縮で固体材料物質の面密度増加が起こる氷境界(約2.7 AU)以遠と考えられていた.**ホットジュピター**(hot Jupiter)と名づけられた短周期ガス惑星の存在は,従来の惑星形成理論モデルを再検討するきっかけになった.現在では,3,800個以上の**太陽系外惑星**(extrasolar planetまたはexoplanet)が発見されている[2].

2.4.2 太陽系外の惑星の探索

太陽系外惑星の探査方法には視線速度法/ドップラー(Doppler)法,アストロメトリ法,重力マイクロレンズ法,トランジット法,そして直接撮像がある.

Ⓐ 視線速度法/ドップラー法

惑星をもつ恒星は相互重力で共通重心のまわりを運動する.最初の太陽系外惑

---

[1] 発見された太陽系外惑星は中心星を添え字aとして,付随する惑星の発見順にb, c, d, …とアルファベットが付けられる.軌道の並びとアルファベットの順序が必ずしも対応しない.たとえば,Gliese 581やHR8799の惑星系など.
[2] 太陽系外惑星のカタログ:http://exoplanet.eu や http://exoplanets.org

星は,ペガスス座51番星のふらつき速度を計測する**視線速度法**(radial velocity method)で間接的に発見された.恒星の揺らぎの視線速度(視線方向の速度成分)の振幅(K)は,ケプラー運動する二体問題から次式で与えられる.

$$K = \left(\frac{2\pi G}{P}\right)^{1/3} \frac{1}{\sqrt{(1-e^2)}} \frac{M_p \sin i}{(M_\star + M_p)^{2/3}} \quad (2.23)$$

ここで,Gは万有引力定数,eは軌道離心率,Pは軌道周期,$M_\star$とM_pは恒星および惑星の質量,iは軌道傾斜角である.

視線速度変化は恒星から届く光の波長シフトとして観測される.これは光のドップラー効果または相対論的ドップラー効果とよばれる.恒星の大気吸収から波長シフトを測定する手法として,可視光領域の標準定規としてヨウ素(I,近赤外域ではNH_3)の吸収線テンプレート(ガス吸収セル法)やトリウム(Th)-Arランプ(同時比較光源法)が用いられる.吸収線の数と深さが波長分解能(精度)を左右するため,光周波数コム技術を駆使した高精度な標準物差しも導入され始めている.しかし,高速自転星では,大気中の原子や分子の速度分散による線スペクトル幅の広がり(Doppler broadening)で測定精度が低下し,低金属量星や有効表面温度の高い大質量星(O,B,A型星)では吸収線の欠乏が問題になる.それ以外にも,恒星表面の彩層(恒星の光球上部に存在するガス層)活動やそれに起因する黒点の存在は,見かけの視線速度変化(ジッター,jitter)をひき起こすため,年齢の若い星や脈動星,表面活動度の高い星は観測的に困難である.星のジッター以外にも観測機器由来の誤差やフォトンノイズによっても,S/N比(signal-to-noise ratio)が制限される.

❸ アストロメトリ(高精度位置観測)法

高精度位置観測(astrometry,アストロメトリ)では,惑星による恒星のふらつき速度ではなく,恒星の位置変化を検出する.恒星のまわりを公転する惑星を考える.惑星と恒星は共通重心まわりを円運動しているとき,共通重心から惑星までの距離はケプラーの第三法則によって観測から惑星の公転周期と軌道長半径が決まれば,質量比が求まる.

いま,地球から恒星(系の重心)までの距離をDとすると,視差と軌道長半径の関係は近似的に$\theta \approx a_*(\sin i)/D$で与えられる.ここで,$i$は軌道傾斜角,$\theta$は恒星と惑星の離角,$a_*(= a_p(M_p/M_\star))$は共通重心からの距離,$M$は質量,添え字p,*はそれぞれ惑星と恒星を表す.1秒角は1AUの距離を1pc離れた場所から見たときの角度に相当する.したがって,恒星までの距離,離角,そ

して長期間観測によって公転周期が決まれば，惑星質量が求まる（iは別途の観測で測定）．

アストロメトリ法では，恒星から遠く離れた惑星，質量の大きな惑星ほど，離角 θ が大きくなるため，検出は容易になる．もし地球から 1 pc 離れた場所で 1 AU に木星をもつ太陽の位置変化を検出するためには，1 ミリ秒角の位置決定精度が必要となる．VLBI そして**欧州宇宙機関**（European Space Agency：ESA）の Hipparcos（ヒッパルコス）衛星の登場により，1 秒角の高精度位置観測が可能となったが，ESA が打ち上げた可視光の位置天文衛星 Gaia（ガイア），そして日本が打ち上げ予定の赤外線の位置天文衛星 JASMINE（Japan Astrometry Satellite Mission for Infrared Exploration，ジャスミン）の活躍によって，10 マイクロ秒角の高精度位置観測が達成されると期待される．

ⓒ 重力マイクロレンズ法

一般相対性理論によると，物質の存在すなわち質量は時空の歪みをもたらす．天体の周囲では光の進路さえも湾曲する．天体（光源）と地球（観測者）の間に別の天体が存在するとき，光源からの光は別の天体の重力場で歪んだ空間に沿った経路（測地線）で地球に届く．この現象を**重力レンズ**（gravitational lens）とよび，重力源となる天体を**レンズ天体**（lens）とよぶ．レンズ天体が惑星系の場合には，光の増幅のみ観測される弱い重力レンズ（重力マイクロレンズ）となる．**重力マイクロレンズ法**（gravitational microlensing）では，惑星の存在で曲げられた背景天体の光の増光現象を捕らえる．光源，レンズ天体，観測者の位置関係で光の屈折の振舞いが変わるため，像の見え方および増光率が異なる．すべて同一直線上に並ぶとき，**アインシュタインリング**（Einstein ring）とよばれる環状の像となり，ずれた位置関係では弧状の像が現れる．レンズ天体が惑星をもつ恒星の場合では複数回の光の増光現象が見られ，光源面上で増光率が発散する位置は**火線**（caustic curve）とよばれ，惑星の兆候はおもに火線上を通過するイベントで検出される．

重力マイクロレンズ法での惑星探索は，OGLE・MOA・Wise・KMTNet の探査グループと世界中の観測所が参加する μFUN・PLANET・RoboNet などの追観測体制で取り組んでいる．探査グループが，星が密集する銀河の中心方向のモニタリングで惑星による増光らしきイベントを検出した場合，アラートを通知して一斉に追観測が実施される．これは重力マイクロレンズイベントの発生確率（約 10 万～100 万分の 1）がきわめて低く，一過性の現象のためであ

る．2003 年に重力マイクロレンズ法による最初の惑星が発見された（Bond *et al.*, 2004）．

重力マイクロレンズ法では，M 型・K 型星のような低質量星のまわりの惑星候補天体の検出率が高い．これは星の**初期質量関数**（initial mass function：IMF）から存在頻度の高い低質量星がレンズ天体となる確率が高いためである．重力マイクロレンズ法の強みは，他の手法は太陽系近傍での惑星探索に制限されるが，地球から 1 kpc 以上離れた場所の惑星も発見可能なことである．さらに，重力レンズ現象の特徴的な半径とされるアインシュタインリングの半径が数 AU 程度であることから，氷境界以遠の惑星検出に高い感度をもつ．2020 年以降には宇宙望遠鏡 WFIRST（Wide Field Infrared Survey Camera）の打ち上げも控えており，遠方の地球型惑星の存在が明らかになると期待される．

❶ トランジット法

金星の太陽面通過や日食（月による太陽の掩蔽）のように，観測者（地球）から見て，ある天体が別の天体の前面の通過（**トランジット**，transit）や影で隠れる**食**（eclipse），背後に隠れる掩蔽といった天体現象が起こる．2000 年に太陽型星のまわりで HD 209458b のトランジット（Charbonneau *et al.*, 2000）による光度曲線の変化が初めて検出されて以降，地上観測のみならず ESA の CoRoT（コロー，Convection, Rotation and planetary Transits，衛生）や **NASA**（National Aeronautics and Space Administration，**アメリカ航空宇宙局**）のケプラー宇宙望遠鏡による太陽系外惑星のトランジット検出が多数報告されている．太陽系外惑星のトランジットは，観測者の視線方向と惑星の公転面が揃う場合に検出されるため，軌道傾斜角がほぼ 90°の系に対して観測される．惑星が恒星面を横切るときを**一次食**（primary eclipse），恒星の背後に隠れるときを**二次食**（secondary eclipse）とよぶ．

一次食では，恒星から届く光は惑星に隠される面積分だけ減少する一方で，通過する惑星の夜面からの熱放射は増加に寄与する．そこで，一次食での減光率 d は輻射強度を用いて次式で与えられる．

$$d \approx \left(\frac{R_\mathrm{p}}{R_\star}\right)^2 \left(1 - \frac{I_\mathrm{p}}{I_\star}\right) \tag{2.24}$$

ここで，$R_\star$，R_p は恒星および惑星の半径，$I_\star$，I_p は恒星，惑星からの輻射強度[3]を表す．太陽と地球のトランジットでは減光率約 0.01%レベルの高精度な

---

[3] 単位時間，単位立体角あたりに単位面積を通過する振動数 ν の光の輻射エネルギー．

測光観測が必要となる．$I_\star$ は恒星の表面活動（黒点/白斑，フレア活動）や惑星からの潮汐力による中心星の変形に伴う変光（ellipsoidal variation），相対論的なビーミング効果（beaming effect，相対論的効果で，恒星が共通重心のまわりを回転するのに同期して増光や減少を繰り返す現象），そして重力減光[4]）によって時間変動する．I_p も放射面の位相変化および惑星の大気循環・温度変化で時間変動するが，惑星放射の影響は小さい．また，恒星の光球面の周縁部は中心部に比べて暗く見える影響（**周縁減光**[5]），limb darkening）でトランジット経路によっても光度曲線は変化する．

いま，軌道長半径 a，軌道離心率 e をもつ惑星のトランジット確率を考える．円軌道をもつ惑星が恒星面を通過する角度範囲は $2R_\star/a$ となる．ランダムな観測方向を仮定すれば，全天球面の立体角 4π に対して公転軌道の全周 2π が観測可能な領域となるので，幾何学的なトランジット確率は $P_{\rm tr} = R_\star/a$ となる．楕円軌道の場合は，二体間の距離（r_p）は一定ではなく，時間変動する．ケプラー運動では $r_{\rm p} = a(1-e^2)/(1+e\cos f)$ となり，$2R_\star/r_{\rm p}$ を真近点離角 f について $[0, 2\pi]$ の範囲で積分すると全天球面におけるトランジット確率が $P_{\rm tr} = (R_\star \pm R_{\rm p})/a(1-e^2)$ と求まる．± 符号はトランジットの定義を完全に天体を隠す場合のみ（−），部分的な食の場合（+）に対応する．たとえば，太陽に対する地球のトランジット確率は 0.5% 程度と見積もられる．

トランジット観測では周期的な光度変化から，惑星の公転周期および軌道離心率が求まる．さらに，複数惑星系では他の惑星からの重力摂動で惑星のトランジットの中心時刻にずれが生じる．これを **TTV**（transit timing variation）とよび，他の惑星の存在を間接的に予測できると同時に質量推定にも利用される．TTV は楕円軌道や惑星どうしが平均運動共鳴にあるときに顕著となる．実際，ケプラー宇宙望遠鏡では 2：1 や 3：2 の平均運動共鳴付近の位置関係をもつ複数トランジット惑星系が多く発見されている．

二次食では惑星の熱放射を介して惑星大気の情報が得られる．これまでにホットジュピターや 55 Cancri e や HAT-P-11b などで二次食の観測が報告されている．測光観測データから得られる波長ごとの二次食の減光率と惑星大気モデル

---

[4]）惑星重力による潮汐変形で恒星の表面重力が弱まり，表面温度が低下する効果．
[5]）観測者の見通せる大気の深さ τ（光学的厚み）はほぼ 1 なので，到達経路の違いから恒星の周縁部では恒星大気の上層（低密度そして低温度の場所），中心部では高温の大気深部からの光を見ることになる．

を比較することで，惑星大気の組成および温度を制約できる．惑星と中心星からの熱放射流束比（$F_\mathrm{p}/F_\star$）（振動数 ν）はプランク（Planck）分布より，

$$\frac{F_\mathrm{p}}{F_\star} = \left[\frac{\exp\left(h\nu/kT_\mathrm{eff}^\star\right)-1}{\exp\left(h\nu/kT_\mathrm{eq}^\mathrm{p}\right)-1}\right]\left(\frac{R_\mathrm{p}}{R_\star}\right)^2$$

となり，惑星の軌道長半径に依存しない．ここで，T_eff，T_eq は恒星の有効表面温度，惑星の平衡温度を表す．短周期系外惑星からの熱放射は近赤外〜中間赤外波長域（$h\nu/kT \ll 1$）にピークをもつため，**レイリー・ジーンズの法則**（Rayleigh-Jeans law，$\mathrm{e}^{h\nu/kT} \sim 1 - h\nu/kT$）から $F_\mathrm{p}/F_\star$ は温度と表面積の積比で近似できる．たとえば，太陽まわりのホットジュピターおよび地球の熱放射流束比はそれぞれ 10^{-3}，10^{-6} 程度となる．

❺ 直接撮像

直接撮像（direct imaging）は太陽系外惑星からのかすかな光を直接捕える手法である．地球に届く光は地球大気の乱流や風の影響で波面が乱されて，天体の像がぼやける．そこで直接撮像では，像の乱れを波面センサーで測定し，**可変形鏡**（deformable mirror）で大気擾乱に伴う波面を逐次補正し，安定した像を得る**補償光学**（adaptive optics：AO）とよばれる技術が利用される（補償光学の補正性能が不十分な場合には，レーザーガイド星（レーザー光で大気中につくられたガイドとなる星）を基準に波面補正が行われる）．さらに，中心星を円形のマスクで覆い隠し，周囲の回折光・散乱光を環状のリオストップ（Lyot stop）で抑え，中心星の光に埋もれた惑星からの微弱な光を抽出する**コロナグラフ撮像**（coronagraphic imaging）が直接撮像の成否の鍵を握る．現在までに惑星と期待される候補天体は，HR 8799 系や β Pictoris b，GJ 504b など 20 個程度である．HR 8799 系では，数十 AU 以遠に 4 つのガス惑星が発見されている．

直接撮像で取得された生画像のままでは惑星はノイズ（とくに，スペックルノイズ）に埋もれて見えない．直接撮像では安定した**点広がり関数**（point spread function：PSF）を得るため，天球面に対して望遠鏡の瞳面（pupil）を固定して撮像する**角度差分撮像法**（angular differential imaging：ADI）が用いられる．天体の日周運動のため，惑星の位置は時間とともに回転して撮像される．そこで，撮像された複数の画像をデータ中央値で足し合わせることで惑星のシグナルは消え，中心星，スパイダー（カセグレン焦点での副鏡の支持装置）およびそのノイズ，歪んだ波面の干渉で生じる粒状のスペックルノイズが残った参照画像を得る．すべての画像から参照画像を引き，日周運動の回転角分だけ戻し

て重ね合わせると候補天体（惑星）の姿が抽出される．これが直接撮像のデータ解析の仕組みである．取得された画像に写る点源が，偶然写り込んだ背景星ではなく，恒星に重力的に束縛されていることを確認するためには，異なる時期に撮像した画像から，候補天体の固有運動が恒星と連動するかどうかにより惑星と判定する．

現在，ジェミニ（Gemini）望遠鏡の Gemini planet imager（通称 GPI），すばる望遠鏡の SCxEAO，VLT（very large telescope）の SPHERE と高コントラスト観測装置が続々導入され，中心星により近い，低質量なガス惑星の直接撮像が可能となってきた．さらに，2020年代には口径30m級の超大型望遠鏡（European Extremely Large Telescope：E-ELT，Thirty-Meter Telescope：TMT，Great Magellan Telescope：GMT）が登場する．惑星からの反射光成分の寄与は熱放射に比べて小さいが，将来的には地球型惑星からの反射光を捉えて，表面地形のマッピングまで実現可能となる日がくるだろう．

2.4.3　多様な惑星系

太陽系外惑星の質量，半径および軌道要素（軌道長半径，軌道離心率，軌道傾斜角）から，太陽系とは大きく異なる惑星系の姿が明らかになってきた．ここでは代表的な太陽系外惑星に関する最新の理解を理論と観測の側面から見ていく．

Ⓐ 短周期ガス惑星

中心星近傍に存在する（典型的な軌道長半径は 0.1 AU 以内）灼熱の短周期ガス惑星は**ホットジュピター**とよばれる（図2.16）．視線速度法およびトランジット法は質量やサイズの大きな惑星に高い検出感度をもつため，これまでに100個以上のホットジュピターが発見されているが，ホットジュピターをもつ恒星の存在率は数％以下と稀少である．強烈な中心星輻射による加熱を受けて，ホットジュピターの表面温度は2,000℃近くにまで達する．そのため，大気上層から水素が彗星の尾のように流失する様子も Lyman α 線の観測から報告されている（例：HD 209458b や HD 189733b）．また，異常に膨張したホットジュピター（半径 > 1.2 倍の木星半径）も多数発見されており，惑星内部の**オーム散逸**（Ohmic dissipation，熱電離で帯電した粒子の運動に伴って発生する電流によって生じるジュール（Joul）熱が大気上層を加熱する機構）や潮汐加熱などの加熱説が提案されているが，半径異常の原因はいまだ謎に包まれている．一

第 2 章　太陽系の起源

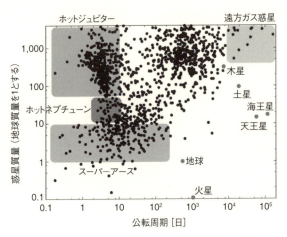

図 2.16　太陽系外惑星の質量-公転周期の分布

方で，中心核が質量の 70% 以上を占める高密度な HD 1409026b も発見されており，ガス惑星どうしの衝突が起きたと考えられている．

ホットジュピターは中心星との潮汐相互作用により公転周期と自転周期が同期した状態（**潮汐固定**，tidal lock）にあると予想される．潮汐固定されたホットジュピターでは，赤道面近傍に東西方向のジェットが発達し，大気循環によって昼面から夜面へかけての熱の再分配が起こっている．

中心星近傍では惑星の重力圏が小さく，高温ガスを重力的に束縛しにくいので，ホットジュピターのその場形成は考えにくい．そこで，外側領域で形成されたガス惑星が何らかの機構を経て，中心星近傍まで移動した可能性が高い．ホットジュピターの起源として 4 つのシナリオが提唱されている．(1) 中心星方向へ降着する円盤ガスに引きずられて，ガス惑星が中心星近傍まで落下する**タイプ II 型惑星移動**，(2) 外側領域で誕生した複数のガス惑星どうしの重力相互作用で内側へ跳ね飛ばす**惑星散乱**（planet-planet scattering），(3) 伴星あるいは他の惑星による永年摂動で離心率と軌道傾斜角の周期変動をひき起こす**古在機構**（Kozai-Lidov mechanism），そして (4) 惑星系の近傍を通過する恒星からの**重力摂動**（gravitational perturbation，**近接遭遇**，close encounter）である．

乱流粘性で角運動量を失うことで，円盤ガスは中心星へ質量降着する．ガスに引きずられて，ガス惑星も中心星方向へ落下する機構がタイプ II 型移動であ

る．移動速度は単位時間あたりの角運動量（J）の変化から評価できる．動粘性係数 ν，ガス面密度 $\Sigma_{\rm gas}$ のガス円盤中をガス惑星（質量 $M_{\rm p}$，軌道長半径 $a_{\rm p}$）がケプラー角速度 $\Omega_{\rm p}$ で公転している状況を考える．ガスの動径方向の速度を $v_{\rm r}$ とすると，質量降着率は $v_{\rm r} a_{\rm p} \Sigma_{\rm gas}$ となる．ガス惑星近傍では，円盤ガスの方位角方向の速度差（速度シア）はケプラー回転のシア速度 $(3/2) a_{\rm p} \Omega_{\rm p}$ となる．ここで，粘性による拡散方程式の関係から $v_{\rm r} \sim \nu/a_{\rm p}$ と近似すると，粘性円盤でのガス降着による単位時間あたりの角運動量変化は

$$\frac{dJ}{dt} \sim a_{\rm p} \frac{3}{2} a_{\rm p} \Omega_{\rm p} \frac{\nu}{a_{\rm p}} a_{\rm p} \Sigma_{\rm gas} \tag{2.25}$$

となる．ガス惑星の単位時間あたりの軌道角運動量変化は以下で与えられるので，

$$\frac{dJ}{dt} = \frac{d}{dt}\left(M_{\rm p} a_{\rm p}^2 \Omega_{\rm p}\right) \tag{2.26}$$

式 (2.25) と式 (2.26) の釣り合いから，ガス惑星のタイプ II 型移動速度（ここでは，ガス惑星の落下時間：$\tau_{\rm typeII}$）は，

$$\tau_{\rm typeII} \equiv \frac{a_{\rm p}}{\dot{a}_{\rm p}} \propto \frac{a_{\rm p}^2}{\nu}\left(\frac{M_{\rm p}}{a_{\rm p}^2 \Sigma_{\rm gas}}\right) \tag{2.27}$$

$a_{\rm p}^2/\nu$ は粘性拡散の特徴的な時間スケールを表しており，括弧内は惑星およびガス円盤の質量比に相当する．引きずる周囲の円盤ガスよりも惑星質量が小さく，粘性が強いほど落下時間は短くなる．実際の移動速度は，円盤ガスからのトルクがどれくらい効率的にガス惑星の軌道変化に寄与するかやガス惑星近傍の空隙などに依存する．タイプ II 型移動は，周囲の円盤ガスが散逸したとき，あるいは円盤内縁（inner edge）に到達したときに停止する．円盤内縁の位置は中心星磁場と円盤ガスの相互作用で決まるが，典型的には公転周期と中心星の自転周期が同じ位置（共回転半径，corotation radius）付近とされる．実際，ホットジュピターの公転周期は 3 日程度の共回転半径付近に集中している．

タイプ II 型移動を経験するとき，ガス惑星は自らの重力で近傍のガス粒子を弾き飛ばし，周囲のガス円盤に空隙（低密度な領域）をつくる．こうした空隙は 2.2.4 項で述べた星周円盤の観測で見られる溝の生成要因の 1 つと考えられている．しかし，ガス惑星の質量が土星質量程度またはそれ以下である場合には，空隙の周縁で生じる内向きの圧力勾配と粘性拡散でガス惑星の重力圏（ヒル圏）へ円盤ガスが流入して，空隙の形成は不完全となる．このときはタイプ

II 型移動よりも速い移動（タイプ III 型惑星移動）となる．

タイプ II 型移動以外は，他の天体による重力摂動でガス惑星の軌道を変化させるシナリオである．惑星散乱では，初期に 3 個以上のガス惑星が存在する場合を想定する．周囲のガス円盤が散逸後，3 個の巨大惑星系は相互重力で 1 個は系の外に放出され，もう 1 個は外側へ移動し，残りの 1 個は中心星近傍まで弾き飛ばされる（中心星に衝突する場合もある）．これをジャンピング・ジュピターモデル（jumping Jupiter model）とよび，中心星近傍に弾き飛ばされたガス惑星は楕円軌道になるため，**高離心率惑星**（エキセントリックプラネット，eccentric planet）の起源の 1 つとされている（例：HD 80606b）．やがて，中心星との潮汐相互作用でガス惑星は円軌道化され，ホットジュピターとなる（惑星散乱を経験したガス惑星が円軌道変化の後にホットジュピターが形成されるシナリオを**スリングショットモデル**（slingshot model）とよぶ）．

古在機構では外側の天体から重力摂動を受けて，内側のガス惑星の相対軌道傾斜角が約 39°を超えると，ガス惑星の近点引数が 90°または 270°のまわりを秤動しながら，離心率と軌道傾斜角は軌道角運動量を保存するように交互に周期変動する．近点距離が中心星近傍に達すると，ガス惑星は中心星からの潮汐力により軌道減衰しながら円軌道化される．実際，古在機構由来のホットジュピターとして，ホットジュピターをもつ恒星のなかには伴星を有するもの（すなわち連星系）も発見されている．また，公転周期がおよそ 10 日よりも長い（楕円軌道の場合が多い）**ウォームジュピター**（warm Jupiter）は古在機構による軌道進化の途中段階と解釈されている．

❸ 遠方ガス惑星

直接撮像の観測から 10 AU 以遠に存在する**遠方ガス惑星**（distant gas planet または wide-orbit gas planet, 図 2.16）の姿も明らかになってきた．4 個もの遠方ガス惑星の存在が確認されている HR 8799 系の HR 8799c や 51 Eridanis b（エリダヌス座 51 番星 b）では，部分的に覆う雲の存在や大気中の C/O 比の推定にも成功している．日本のすばる望遠鏡を用いた SEEDS プロジェクトで発見された遠方ガス惑星，GJ 504b（グリーゼ 504b）では，大気中の CH_4 の存在が示唆されている．

コア集積モデルでは，10 AU 以遠の遠方領域では固体核の成長に時間がかかりすぎるため，遠方ガス惑星のその場形成は困難である．しかし，ホットジュピターの起源で提案された惑星どうしの重力散乱では，外側に跳ね飛ばされる

ガス惑星が存在する．少なくとも単独の遠方ガス惑星は，コア集積モデルで内側領域に誕生したガス惑星が外側に移動した可能性も残る．一方，HR 8799系のように，複数個の遠方ガス惑星の存在は円盤不安定によるガス惑星の形成（あるいは形成後に落下を免れた生き残り）を示唆する．一般に，金属量の低い円盤ガスでは熱が逃げやすく，効率的に冷却が起こることで重力不安定が誘発される．実際，GJ 504bを除けば，直接撮像された遠方ガス惑星系はすべて，太陽組成に比べて低金属量の恒星のまわりで発見されている．円盤不安定は自己重力に対抗するガス圧の弱い領域，すなわち遠方の低温環境で起こりやすい．さらに，低温環境でも内側領域は密度が高く，ガスの電離度が低いため，磁場と中性ガスの結合は弱く，磁気回転不安定駆動（の乱流粘性）による円盤ガスの質量降着が非効率的になる．一方，ガスの密度および電離度の低い外側領域では内側方向へのガス降着が駆動される．結果として，外側領域から流入するガスの滞留によって，低温領域の内側（数AUから数十AU）付近ではガス面密度の増加が生じ，自己重力不安定が誘発される．

視線速度法では若い恒星まわりの惑星探しは観測的に困難なため，惑星保有星の年齢は数億年から数十億年と比較的年老いている．直接撮像観測は，形成時の集積熱で高温状態にある（若い恒星まわりの）若い惑星ほど検出しやすい．その反面，直接撮像された候補天体の質量決定には大きな不定性がある．惑星（恒星）の年齢は，進化モデル以外に恒星の自転周期を指標とする**ジャイロクロノロジー法**（gyrochronology），彩層活動の指標 Ca HII & K線の強度などから経験的に推定されるが，恒星までの距離（すなわち恒星の光度）の誤差に加えて，経験式の不定性分だけ年齢の不定性が生じる．円盤不安定モデルは**ホット・スタートモデル**（hot start model）ともよばれ，ガス惑星は初期に高温状態（正確には高いエントロピー状態）で誕生する．微惑星および円盤ガス降着率次第では高温の初期状態も実現されるが，一般に**コア集積モデル（コールド・スタートモデル**，cold start model）は比較的低いエントロピー状態で誕生する．恒星の年齢の不定性が大きすぎると，いずれの形成モデルでも惑星質量の違いによって観測される惑星の光度を説明できてしまう．

◉ 短周期の低質量惑星

(1) スーパーアース

太陽系外には，ホットジュピター同様に短周期の低質量惑星，とくに地球から天王星や海王星程度の質量をもつ惑星，**スーパーアース**（super-Earth．慣習的

には，10倍の地球質量以下）（図2.16参照）が普遍的かつ豊富に存在することがわかってきた．短周期スーパーアースの質量と半径の関係によれば，地球型惑星と同様の岩石や鉄主体の惑星以外に，多種多様な内部組成の可能性が示唆される．なかには内部組成をすべて H_2O と仮定した惑星よりも低密度なスーパーアース（例：Kepler-11の惑星系）も多数発見されており，これらのスーパーアースは大気を保持していると考えられている．こうしたスーパーアースは天王星や海王星の縮小版として，**ミニネプチューン（小型海王星型惑星**, mini-Neptune）または**サブネプチューン**（sub-Neptune）や**小型ガス惑星**（gas dwarf）とよばれる．統計的手法に基づく内部組成の確率分布から，スーパーアースが岩石/鉄主体の惑星なのか，大気をもつ惑星なのかの惑星半径の境界は，地球半径の1.5〜1.7倍と推定されている．

視線速度法およびトランジット法の観測的性質上，発見されたスーパーアース（例：コロー 7b; CoRoT-7b）は中心星近傍を周回するものが多い．こうしたスーパーアースは巨大衝突直後の原始地球のように，蒸発した岩石由来の大気組成（Na, SiO, O_2, O など）をもつマグマの海状態にあるかもしれない．惑星大気を透過する中心星からの光（透過光スペクトル）の観測から，短周期スーパーアースの空は雲や光化学反応由来の有機物のもやに覆われている可能性がある．ただし，地球上の水蒸気の雲や金星で見られる硫酸の雲とは異なり，塩化カリウム（KCl）や硫化亜鉛（ZnS），硫化ナトリウム（Na_2S）といった凝縮温度の比較的高い凝縮物（鉱物）の雲となる．また，短周期スーパーアース（例：GJ 1214b や GJ 3470b）の大気は地球や金星とは異なり，H_2 に富んだ還元的大気，あるいは大気の厚みが小さい（高い平均分子量をもつ）大気（例：水蒸気大気）ではないかともいわれている．

(2) ホットネプチューン

ホットネプチューン（hot Neptune, **灼熱海王星型惑星**）とよばれる，スーパーアースよりも質量（< 30倍の地球質量）および半径（< 4倍の地球半径）（図2.16）の大きな短周期惑星も発見されている（例：GJ 436b や HAT-P-11b）．これらの惑星質量は暴走的な円盤ガスの降着をひき起こす臨界コア質量以上にあり（2.3.5項を参照），ガス集積により円盤ガス由来の H に富んだ分厚い大気の獲得を経験したと予想される．実際，GJ 436b では水素大気の流失が観測されている．ホットジュピターの大気上層では Na や K のアルカリ金属，H_2O や CO_2，He の吸収が報告されていたが，ハッブル宇宙望遠鏡の広視野カメラ（WFC3

による近赤外線観測でHAT-P-11bの大気でもH$_2$OやHeの吸収が検出され始めている．少しずつ明らかになってきたホットネプチューンやスーパーアースの大気成分は今後のジェームズ・ウェッブ宇宙望遠鏡（James-Webb space telescope：JWST）やアリエル宇宙望遠鏡（ARIEL, Atmospheric Remote-sensing Infrared Exsoplanet Large survey mission）の登場で詳細に調べられると期待されている．

(3) 短周期低質量惑星の起源

地球より大きなスーパーアースやホットネプチューンの形成には，太陽系の地球型惑星領域よりも潤沢な固体材料物質が必要になる．そこで，初期に重力不安定が起こらない程度に質量の大きな原始惑星系円盤または固体物質が豊富に存在した可能性が考えられる．ホットジュピターと同様に，遠方（たとえば，スノーライン以遠）で誕生した惑星が何らかの輸送機構で内側まで運ばれた可能性も考えられる．ガス円盤に空隙を生成しない低質量惑星の場合も，ガス円盤との重力相互作用で惑星移動が起きる．これはホットジュピターのタイプII型移動と区別して**タイプI型惑星移動**（type I migration）とよばれ，惑星がガス円盤に励起した渦状の密度波（density wave）から重力トルクを受けて移動する．実際，図2.8に示した円盤観測の画像には**渦状腕**（spiral arm）の構造が発見されており，これはガス円盤に埋もれている惑星が励起した密度波の証拠ではないかと考えられている．

タイプI型移動は等温ガス円盤にかぎり，惑星は常に内側移動を経験する．この移動速度を簡単に見積もってみる．惑星が密度波を励起する場所は音速点（ケプラー運動のシア速度 = ガスの音速 c_s）と考えると（正確にはリンドブラッド共鳴（Lindblad resonance）の場所），惑星から音速点までの距離はスケールハイト（$H_p \sim c_s/\Omega_p$）程度となる．背景の円盤ガス面密度 Σ_0 に対する，惑星重力による密度揺らぎを $\delta\Sigma$ とすると，音速点での円盤ガスのエンタルピー変化は惑星の重力ポテンシャル程度（$c_s^2 \delta\Sigma/\Sigma_0 \sim GM_p/H_p$）になる．惑星が密度波から反作用として受けるトルクは，$a_p GM_p \delta\Sigma H_p^2/H_p^2 \times$ ガス円盤の曲率（$\sim H_p/a_p$）となるので，惑星の軌道角運動量の時間変化（式(2.26)）との釣り合いから，移動速度は以下の式で与えられる．

$$\tau_{\text{typeI}} = \frac{a_p}{\dot{a}_p} \sim \left(\frac{M_\star}{M_p}\right)\left(\frac{M_\star}{a_p^2 \Sigma_0}\right)\left(\frac{H_p}{a_p}\right)^2 \Omega_p^{-1} \tag{2.28}$$

ここで，$M_\star$，M_p は恒星質量および惑星質量，a_p は惑星の軌道長半径，Ω_p は惑

星のケプラー角速度である．式 (2.28) から質量の大きな惑星ほど速く移動することがわかる．式 (2.28) では，惑星の左右のリンドブラッドトルク差のみを考慮しているが，現実には左右のトルク差はガス円盤の熱的状態に依存し，さらに惑星軌道上，厳密には**馬蹄軌道**（horseshoe orbit）上のガスからのトルク（**共回転トルク**, corotation torque）の寄与や乱流の影響でタイプ I 型移動の速度や移動方向は変化する．

2.4.4　系外惑星の統計学

　ここまで，太陽系外で発見された短周期惑星および遠方惑星の姿について見てきた．最初の太陽系外惑星が発見されてから 20 年以上が経ち，統計的に系外惑星系の特徴を議論できるようになってきた．中心星近傍では，ホットジュピターをもつ恒星の割合は数 % 以下であるのに対して，たとえば太陽型星（F, G, K 型星）のまわりで 2 倍の地球半径以下の惑星が存在する割合は 20〜30% と有意に高い（図 2.17）．一方で，公転周期 100 日以内の惑星の存在頻度はおよそ 4 倍の地球半径を境にして，急激に減少する．これは暴走ガス捕獲をひき起こす臨界コア質量（約 10 倍の地球質量）に対応している可能性と，中心星からの強烈な紫外線や X 線照射，活発な恒星表面活動由来の恒星風やコロナ質量放出による惑星大気の剥ぎ取りを反映している可能性もある．

　長周期の惑星に関しては，中心星の金属量（[Fe/H]）とガス惑星の存在頻度

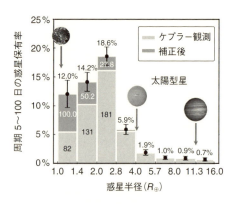

図 2.17　太陽型星まわりで公転周期 100 日以内の惑星の存在率と惑星半径との関係（Petigura *et al.* (2013) の図を一部改編）

に正の相関があることが知られている．金属量はガス円盤中での惑星の固体材料物質の量に対応することから，この傾向はコア集積モデルによるガス惑星形成を支持している．一方，直接撮像で発見された 10 AU 以遠の遠方ガス惑星は意外に少なく（数％以下），従来，想定されているよりも円盤不安定は起こりにくいのかもしれない．コア集積モデルでも惑星散乱をひき起こすような 3 個以上のガス惑星系が形成される確率は非常に低いと予想され，直接撮像の観測事実と矛盾しない．長周期の低質量惑星は観測技術の制約から発見数が十分ではない．短周期低質量惑星の存在頻度と中心星の金属量にはあまり強い相関は見られないが，中心星の質量が小さいほど，低質量惑星の割合が多い傾向にある．いずれにしても，太陽近傍だけ見ても，天の川銀河には惑星はありふれた存在であることは間違いない．

　太陽型星のまわりの惑星系以外はどのようになっているのだろうか．重い星（A, B 型星）は寿命が短く，視線速度法では原理的に観測困難なため，惑星の発見数が少ない．しかし，主系列星から準巨星あるいは巨星段階へ進化すると，表面温度が低下し，自転速度も遅くなるため，重い星のまわりでも視線速度観測による惑星探査が可能となる．準巨星および巨星のまわりでは，重い星ほどガス惑星の保有率は増加するが，ホットジュピターの存在率は他の星と変わらない．この理由として，星の進化段階での急激な半径増大に伴う（たとえばヘリウム・フラッシュ）潮汐力で星に飲み込まれた可能性以外にも中心星近傍まで移動してきたガス惑星が中心星へ落下した可能性が提案されている．なぜなら，重い星の内部は全域で輻射層が発達し，恒星磁場は弱く，円盤内縁の位置が星近傍にシフトするためである．可視光で見ると暗い，低質量星（M 型星）のまわりの惑星系については近年，開発中の近赤外線分光器（例：すばる望遠鏡に導入される赤外ドップラー装置（IRD））を用いた高精度の視線速度測定によって，今後詳細かつ大規模に惑星探査がなされる予定である．

2.4.5　特異な系外惑星系

　巨星より進化した星，中性子星でも惑星系の存在が確認されている．実はペガスス座 51 番星よりも前に，中性子星（PSR 1257+12）のまわりで世界初の系外惑星（パルサー惑星，Pulsar planet）の発見が報告されていた．その後に，2018 年現在までに数例，パルサー惑星が検出されている．また，大気が重元素に富む白色矮星の存在も多数報告されている．重元素の供給源として，周囲に

かつて存在したあるいは存在する惑星や微惑星およびその破片が大気を重元素で汚染したものではないかといわれている．実際に，白色矮星の大気の重元素存在比は岩石天体のものと類似している．

　これまでは単独星まわりの惑星系を見てきたが，太陽型星の約 40% は連星系をなしており，連星率は恒星の質量とともに増加していく．映画スターウォーズのタトゥーイン（Tatooine）のような連星のまわりの惑星を**周連星惑星**（circumbinary planet）とよび，連星のまわりを回る P 型周連星惑星（primary 型）と主星あるいは伴星のどちらか一方のまわりを公転する S 型周連星惑星（secondary 型）に分類される．2011 年に発見された Kepler-16AB の連星まわりでの土星サイズの惑星は P 型周連星惑星で，これまでに 100 個程度の周連星惑星が知られている．

　恒星のまわりを公転していない惑星は存在するだろうか．たとえば，ホットジュピターの起源と考えられる惑星散乱では，ガス惑星が系外に放出される．恒星に重力的に束縛されず，宇宙空間を漂う惑星は（自由）**浮遊惑星**（free-floating planet または rogue planet）とよばれる．惑星散乱以外にも，超新星爆発のような恒星進化の段階で系外に放出されたり，星団環境下で近傍を通過する恒星の摂動で惑星系の軌道不安定が誘発されることでも浮遊惑星が生成される．浮遊惑星はおもに重力マイクロレンズイベントで多数検出されており，銀河バルジ方向の重力マイクロレンズサーベイ結果によると，木星質量程度の浮遊惑星は主系列星の 5% 程度（最大でも 1/4 程度）存在すると見積もられている．このことは惑星の系外放出イベントはそれほど頻繁には発生しないことを示唆している．

2.5　宇宙・太陽系における物質分化

　最初は均一だったものが異質なものに分かれることを**分化**（differentiation）といい，化学組成の異なるものが形成されるとともに，その過程で多様な構造やパターンをもつ構造が形成される．これは，原始太陽系星雲からの惑星系形成や，固体惑星の層構造（地殻，マントル，核）形成などの大規模なものから，マグマの結晶作用や，さらに実験室における mm サイズ以下の微小なものまでさまざまなものが存在する．ガスからの凝縮や液体からの結晶作用のような**相変化**（phase change）において，天然のような多成分系では複数の相（たとえ

ば，気体と固体，液体と固体あるいは異種の固体間）の化学組成は互いに異なる．これらの相が何らかの物理的（ときには化学的）なプロセスで分離される（たとえば，密度差による重力分離），すなわち相分離が起こることにより分化が起こる．2.1 節で述べたように，固体惑星をつくる鉱物の多くは固溶体をつくるので，分化の多様性が増大する．多相間でどのように化学組成が異なるか（元素が分配されるか）は，相平衡が成り立っている場合には熱力学的な議論が可能である．しかしながら，相変化の過程で厳密には相平衡は成り立たず，速度論（カイネティクス）的な取扱いが必要となる．

2.5.1 太陽系形成初期と固体惑星での分化過程の特徴

宇宙空間を含む広い温度-圧力条件において，ケイ酸塩や水などの物質を問わず，液体が安定に存在できる領域は固体惑星の表面から内部にかけての限られた領域である．したがって，惑星形成以前の太陽系形成初期においては，分化に重要な役割を果たすのは固体-気体間の相変化（**蒸発**（evaporation）および**凝縮**（condensation））[6] である．一方，固体惑星や月，ベスタなどの分化した天体においては，高温で液体が安定に存在できるので，固体-液体間の相変化（**融解**（melting），**溶解**（dissolution）および**固化**（solidification））が分化に重要な役割を果たすことになる．地球においても固体-液体間の相変化が大きな役割を果たしており，岩石学や高圧地球物理学での主要テーマの1つである．ここでは，太陽系形成初期における分化に重要な役割を果たした固体-気体間の平衡や相変化に主眼をおいて述べることにする．

2.5.2 多成分系多相平衡の熱力学と固相-気相平衡

熱力学的平衡（thermodynamic equilibrium）では，系全体の**自由エネルギー**（free energy）は極小となり，定温・定圧ではギブズ（Gibbs）の自由エネルギーを用いて平衡が議論できる．天然は**多成分系**（multi-component system）であり，気相と液相だけでなく多くの固相も溶体（固溶体）をつくり，溶体における混合の効果を含めた自由エネルギーについて考えなければならない．このような多成分多相系での平衡を考える場合には，自由エネルギーそのものでなく**化学ポテンシャル**（chemical potential）を用いたほうが便利である．α 相（気相，

---

[6] 一般には，凝縮相から気相へ，または気相から凝縮相へ相転移する現象を「昇華」とよぶが，ここでは前者を「蒸発」，後者を「凝縮」とよぶことにする．

液相,固相)における第 i 成分の化学ポテンシャル μ_i^α は次式で表すことができる.

$$\mu_i^\alpha = G_i^\alpha + RT \ln a_i^\alpha = G_i^\alpha + RT(\ln \gamma_i^\alpha + \ln x_i^\alpha) \tag{2.29}$$

ここで,G_i^α は i 成分組成をもつ純相 α のギブズ自由エネルギーであり,a は活動度,γ は活動度係数,x はモル分率,T は温度であり(添え字は μ_i^α と同じ),平衡ではそれぞれの成分で共存する相($\alpha, \beta, \gamma, \cdots$)の化学ポテンシャルが等しくなる($\mu_i^\alpha = \mu_i^\beta = \mu_i^\gamma = \cdots$).原始太陽系星雲のような低圧では,気相は理想気体とみなして差し支えないので,a_i^α は i 成分分子の分圧 p_i,に等しくなる.一方,凝縮相(固相,液相)では一般には理想溶体からのずれは大きく,a_i^α と x_i^α は異なり,γ_i^α は化学組成や T によっても変化する.かんらん石,輝石などの固溶体やマグマのような液相についての溶体モデルが提案され(たとえば,"MELTS", http://melts.ofm-research.org),γ_i^α を定量的に求めることも可能である.したがって,熱力学データ(ガス分子や純相の自由エネルギーの温度依存性)をもとに,相平衡を計算することができる.とくに気相を含む系では,凝縮相と気相の自由エネルギー(あるいは化学ポテンシャル)差の温度変化が大きく,平衡温度などを精度よく計算することができ,2.5.3 項で述べる平衡凝縮論の基礎となっている.一方,実験から気体を含む相図を直接決めることは難しい.

太陽系における主要な鉱物は,元素存在度を考えると,Fe–Mg ケイ酸塩鉱物であるかんらん石,低 Ca 輝石に加えて,金属鉄とトロイライトである(表 2.3).太陽系元素存在度(巻末の共通表 2)の化学組成をもつガスは約 550 K 以上の高温では還元的で[7]),Fe はほぼすべて金属鉄として存在するので,かんらん石や輝石は Mg 端成分を考えればよい.金属鉄やかんらん石の Mg 端成分であるフォルステライト(Mg_2SiO_4)を例にとると,**固相–気相平衡**(solid-gas equilibrium)は,それぞれ次の反応式で表すことができる.

---

[7]) 太陽系元素存在度のように O が C よりも多い場合([O] > [C]),原始太陽系星雲の典型的な圧力(1 Pa 程度)において,約 550 K 以上の高温では O の一部は C と化合して CO(g) をつくり,残った O は H と化合して H_2O(g) となる.一方,この温度以下では,C は CH_4(g) として存在し(CO–CH_4 変換.CO(g)+3H_2(g) $\rightleftharpoons$ CH_4(g)+ H_2O(g)),O はすべて H_2O(g) となる.CO(g) は凝縮反応に関係せず,O_2(g) の分圧は H_2O(g) 分圧の 2 乗に比例するので,約 550 K を境に高温では還元的,低温では酸化的な雰囲気となる.一方,C が O よりも多い場合([C] > [O])には,O はすべて C と化合して CO(g) となり,残った C は CH_2(g) などとして存在するので,極端に還元的な雰囲気となる.

$$\text{Fe(s)} \rightleftharpoons \text{Fe(g)} \tag{2.30}$$

$$\text{Mg}_2\text{SiO}_4(\text{s}) + 3\,\text{H}_2(\text{g}) \rightleftharpoons 2\,\text{Mg}(\text{g}) + \text{SiO}(\text{g}) + 3\,\text{H}_2\text{O}(\text{g}) \tag{2.31}$$

ここで，括弧内の s, g はそれぞれ固相，気相を表している．原始太陽系星雲の典型的な温度圧力条件では，気相中の Fe や Mg は単原子分子，Si は SiO 分子，O は主として H_2O 分子として存在することが熱力学的には期待される．これらの式より，固相および気体分子の標準生成自由エネルギーを用いて，温度や圧力の関数として固相–気相平衡を計算することができる（コラム 2.2）．

コラム 2.2　固相–気相平衡：近似的な平衡蒸気圧と凝縮温度の求め方

（1）単体（例：金属鉄）

式 (2.30) の反応定数は，

$$K_{\text{Fe}} = \frac{p_{\text{Fe}}^{\text{eq}}}{a_{\text{Fe}}} = \exp\left(-\frac{\Delta_{\text{f}} G_{\text{Fe}}}{RT}\right) \tag{1}$$

と書ける．a_{Fe} は Fe の活動度であり，金属鉄が純相の場合には $a_{\text{Fe}} = 1$，合金では $a_{\text{Fe}} = \gamma_{\text{Fe}} x_{\text{Fe}}$（$\gamma_{\text{Fe}}$ は合金中での Fe の活動度係数，x_{Fe} は Fe のモル分率）である．この反応の標準生成自由エネルギー変化は

$$\Delta_{\text{f}} G_{\text{Fe}}(T) = G_{\text{f}}[\text{Fe(g)}] - G_{\text{f}}[\text{Fe(s)}] \tag{2}$$

と書け，Fe 単原子分子および金属鉄の標準生成自由エネルギー $G_{\text{f}}[\text{Fe(g)}]$ および $G_{\text{f}}[\text{Fe(s)}]$ は，熱力学データ（たとえば，JANAF：http://kinetics.nist.gov/janaf/）として既知なので，式 (1) から K_{Fe} の値が T の関数として得られ，平衡蒸気圧 $p_{\text{Fe}}^{\text{eq}}$ を T の関数として計算することができる．

次に，化学組成が太陽系元素存在度をもつ気相（全圧を P_{tot} とする）を考えよう．元素の存在比を [H], [He], [Fe] などと書き，主要元素の H と He（この 2 つの元素で 99.9% を占める．表 2.2）を考えると

$$P_{\text{tot}} \approx p(\text{H}_2) + p(\text{He}) \propto \frac{[\text{H}]}{2} + [\text{He}] \tag{3}$$

となる．一方，気相中の Fe はすべて単原子分子になっていると仮定すると（太陽系における元素存在度のように H に富む還元的な系ではこの仮定は正しい），Fe(g) の分圧は $p_{\text{Fe}} \propto [\text{Fe}]$ なので，

$$p_{\text{Fe}} \approx \frac{[\text{Fe}]}{[\text{H}]/2 + [\text{He}]} P_{\text{tot}} \tag{4}$$

となる．この気相から純相の金属鉄が凝縮を開始する温度は，式 (1) で $p_{\text{Fe}}^{\text{eq}} = p_{\text{Fe}}$ とおいて，

$$\left(\frac{[\text{H}]}{2} + [\text{He}]\right) K_{\text{Fe}}(T) \approx [\text{Fe}] P_{\text{tot}} \tag{5}$$

となる温度である．化学組成が太陽系元素存在度とは異なっていても，H, He が多い還元的な雰囲気であればこの式が使える．この式および式 (1) からわかるように，金属鉄の凝縮温度は P_{tot} に依存し，P_{tot} が高くなると凝縮温度も高くなる．

(2) 調和蒸発する化合物（例：フォルステライト）

式 (2.31) の反応定数は，

$$K_{\text{Fo}} = \frac{(p_{\text{Mg}}^{\text{eq}})^2 p_{\text{SiO}}^{\text{eq}} p_{\text{H}_2\text{O}}^3}{a_{\text{Fo}} p_{\text{H}_2}^3} = \exp\left(-\frac{\Delta_{\text{f}} G_{\text{Fo}}}{RT}\right) \tag{6}$$

（フォルステライト純相の場合には $a_{\text{Fo}} = 1$），標準生成自由エネルギー変化は

$$\Delta_{\text{f}} G_{\text{Fo}}(T) = 2G_{\text{f}}[\text{Mg(g)}] + G_{\text{f}}[\text{SiO(g)}] + G_{\text{f}}[\text{H}_2\text{O(g)}] - G_{\text{f}}[\text{Fo(s)}] - G_{\text{f}}[\text{H}_2\text{(g)}] \tag{7}$$

と書ける．したがって，平衡蒸気圧の積 $(p_{\text{Mg}}^{\text{eq}})^2 p_{\text{SiO}}^{\text{eq}}$ （水溶液での溶解度積に対応する）が T の関数として計算できる．真空中への蒸発では，雰囲気に $\text{H}_2\text{O(g)}$ は存在しないので，蒸発反応は式 (2.31) ではなく，次式となる．

$$\text{Mg}_2\text{SiO}_4(\text{s}) \rightleftharpoons 2\,\text{Mg(g)} + \text{SiO(g)} + \frac{3}{2}\text{O}_2(\text{g}) \tag{8}$$

$$K'_{\text{Fo}} = \frac{(p_{\text{Mg}}^{\text{eq}})^2 p_{\text{SiO}}^{\text{eq}} (p_{\text{O}_2}^{\text{eq}})^{3/2}}{a_{\text{Fo}}} = \exp\left(-\frac{\Delta_{\text{f}} G'_{\text{Fo}}}{RT}\right) \tag{6'}$$

$$\Delta_{\text{f}} G'_{\text{Fo}}(T) = 2G_{\text{f}}[\text{Mg(g)}] + G_{\text{f}}[\text{SiO(g)}] + \frac{3}{2} G_{\text{f}}[\text{O}_2\text{(g)}] - G_{\text{f}}[\text{Fo(s)}] \tag{7'}$$

このときの平衡蒸気圧 $p_{\text{Mg}}^{\text{eq}}$, $p_{\text{SiO}}^{\text{eq}}$ および $p_{\text{O}_2}^{\text{eq}}$ は，$p_{\text{Mg}}^{\text{eq}} = 2p_{\text{SiO}}^{\text{eq}}$, $p_{\text{O}_2}^{\text{eq}} = 3p_{\text{SiO}}^{\text{eq}}$ および式 (6') から求められる．

太陽系元素存在度をもつ気相中では，高温では Mg は Mg(g)，Si は SiO(g)，C は CO(g)，O は SiO(g), CO(g) のほかに $\text{H}_2\text{O(g)}$ として存在するので，式 (4) のアナロジーにより，$p(\text{Mg}) \approx A[\text{Mg}]P_{\text{tot}}$, $p(\text{SiO}) \approx A[\text{Si}]p_{\text{tot}}$, $p(\text{H}_2\text{O}) \approx A([\text{O}] - [\text{C}] - [\text{Si}])P_{\text{tot}}$, $p(\text{H}_2) \approx A([\text{H}]/2)P_{\text{tot}}$ となる．ここで A は $A = \{[\text{H}]/2 + [\text{He}]\}^{-1}$ で表される定数である．これらを式 (6) に代入することにより，フォルステライトが凝縮を開始する温度は次式で与えられる．

$$\left(\frac{[\mathrm{H}]}{2}\right)^3 K_{\mathrm{Fo}}(T) = A^3 [\mathrm{Mg}]^2 [\mathrm{Si}]([\mathrm{O}] - [\mathrm{C}] - [\mathrm{Si}])^3 P_{\mathrm{tot}}^3 \tag{9}$$

なお，気相の酸素分圧は

$$\mathrm{H_2O(g)} \rightleftharpoons \mathrm{H(g)} + \frac{1}{2}\mathrm{O_2(g)} \tag{10}$$

の反応定数を $K_{\mathrm{H_2O}}$ とすると，次式で近似的に与えられる．

$$p_{\mathrm{O_2}} = K_{\mathrm{H_2O}}^2 \left(\frac{p_{\mathrm{H_2O}}}{p_{\mathrm{H_2}}}\right)^2 = K_{\mathrm{H_2O}}^2 \left(\frac{[\mathrm{O}] - [\mathrm{C}] - [\mathrm{Si}]}{[\mathrm{H}]/2}\right)^2 \tag{11}$$

(3) 非調和蒸発する化合物（例：トロイライト，フォルステライト）

トロイライトの場合，式 (2.33) の反応定数は，$p(\mathrm{H_2S}) \approx A[\mathrm{S}]P_{\mathrm{tot}}$ も考慮すると次式で表される．

$$K_{\mathrm{Tr}}(T) = \frac{a_{\mathrm{Fe}} p_{\mathrm{H_2S}}^{\mathrm{eq}}}{a_{\mathrm{FeS}} p_{\mathrm{H_2}}} = \frac{2 a_{\mathrm{Fe}} [\mathrm{S}]}{a_{\mathrm{FeS}} [\mathrm{H}]} \tag{12}$$

トロイライトおよび金属鉄が純相の場合には，$K_{\mathrm{Tr}}(T) = 2[\mathrm{S}]/[\mathrm{H}]$ となり，金属鉄と $\mathrm{H_2S(g)}$ との反応で生成されるトロイライトの凝縮温度は全圧にはよらず S/H 比によって決まる一定の値（太陽系における元素存在度の場合は約 700 K）となる．

エンスタタイトでは，式 (2.32) の反応定数は

$$K_{\mathrm{En}}(T) = \frac{a_{\mathrm{Fo}} p_{\mathrm{SiO}}^{\mathrm{eq}} p_{\mathrm{H_2O}}}{a_{\mathrm{En}}^2 p_{\mathrm{H_2}}} = \frac{2 a_{\mathrm{Fo}} A[\mathrm{Si}]([\mathrm{O}] - [\mathrm{C}]) P_{\mathrm{tot}}}{a_{\mathrm{En}}^2 [\mathrm{H}]} \tag{13}$$

となり，フォルステライトと $\mathrm{SiO(g)}$ の反応で生成されるエンスタタイトの凝縮温度は，全圧の関数となる．

2.5.3　平衡凝縮モデル

太陽系の元素存在度をもつ多成分系における固相−気相平衡計算が 1970 年後半から行われるようになり，**平衡凝縮論**（equilibrium condensation theory）として，さまざまな鉱物の凝縮温度の計算や，物質分化の基礎的な議論が可能となった．計算結果の一例として，図 2.18 に，太陽系星雲の典型的な圧力（1 Pa）における気相と平衡にある固相（鉱物）の存在割合を，温度の関数として表す．このような図は，高温の気相が常に平衡を保ちながらゆっくりと冷却していったときに，どのような固相（鉱物）が凝縮するかを示したものとみなせるので，

第 2 章　太陽系の起源

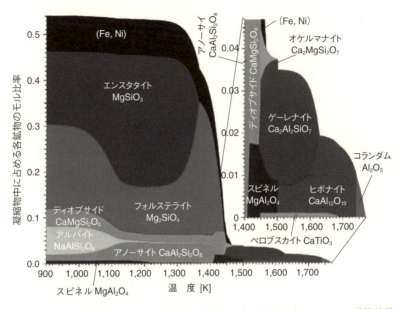

図 2.18 平衡凝縮論による太陽系元素存在度をもつ主要元素についての計算結果
（Davis and Righter（2005）を一部修正）
全圧：10^{-3} 気圧.

「平衡凝縮」モデルとよばれるが，常に平衡を保ちながらゆっくりと加熱されたときの蒸発の様子を示しているとみなすこともできる．

図 2.18 では，1,600 K 以上の高温で，コランダム（Al_2O_3）が最初に凝縮し，気相中の Ca と反応してヒボナイト（$CaAl_{12}O_{19}$）が，さらに気相中の Si や Mg と反応してメリライト（ゲーレナイト，$Ca_2Al_2SiO_7$-オケルマナイト，$Ca_2MgSi_2O_7$），スピネル（$MgAl_2O_4$）が生成され，ペロブスカイト（$CaTiO_3$）も凝縮する．このように，Al，Ca，Ti に富む鉱物が高温（図では約 1,400 K 以上）で凝縮することが予想される．実際，**CAI**（Ca-Al rich inclusion）とよばれる **Ca, Al** に富む包有物は，これらの鉱物の集合体であり，高温ガスからの凝縮や蒸発で生成されたものと考えられている．温度が下がり，Mg ケイ酸塩としてフォルステライト（Mg_2SiO_4）が凝縮を始めると，隕石の主要鉱物が一気に凝縮するようになる．フォルステライトは気相中の Si と反応してエンスタタイト（$MgSiO_3$）が生成され，

$$\mathrm{Mg_2SiO_4(s) + SiO(g) + H_2O(g) \rightleftharpoons 2\,MgSiO_3(s) + H_2(g)} \tag{2.32}$$

高 Ca 輝石（ディオプサイド，$\mathrm{CaMgSi_2O_6}$）や斜長石（アノーサイト，$\mathrm{CaAl_2Si_2O_8}$–アルバイト，$\mathrm{NaAlSi_3O_8}$）も凝縮する．一方，ニッケル鉄（Fe,Ni）も Mg ケイ酸塩とほぼ同時に凝縮を始める．図 2.18 には示されていないが，金属鉄は 700 K（430℃）程度の温度で気相中の S と反応して，硫化物（トロイライト，FeS）が生成される．

$$\mathrm{Fe(s) + H_2S(g) \rightleftharpoons FeS(s) + H_2(g)} \tag{2.33}$$

さらに温度が低下して，CO–$\mathrm{CH_4}$ 変換（脚注 7 参照）により酸化的な雰囲気になると，金属鉄は酸化されて $\mathrm{Fe^{2+}}$ イオンとして Mg ケイ酸塩の $\mathrm{Mg^{2+}}$ の一部を置換して Fe-Mg ケイ酸塩となり，金属鉄は消失する．さらに温度が低下すると，Fe-Mg ケイ酸塩は気相中の水分子と反応して含水ケイ酸塩（たとえば，蛇紋石，$\mathrm{(Mg,Fe)_3Si_2O_5(OH)_4}$）が生成される．より低温では H，C，N，O などの揮発性元素が，約 180 K（約 −90℃）以下で $\mathrm{H_2O}$，約 130 K（約 −140℃）以下で $\mathrm{NH_3}$，約 40 K（約 −230℃）以下で $\mathrm{CH_4}$ が氷として安定となる．$\mathrm{H_2O}$ 氷の凝縮温度は，スノーラインを定義するものとして，惑星形成論で重要なものである（2.2.4 項）．

図 2.18 は，圧力 100 Pa における太陽系の元素存在度をもつ組成についての計算であるが，圧力や化学組成が異なると凝縮温度が変化し，安定に存在する相も変化することがある．たとえば，圧力が高くなると，Al，Ca，Ti に富む鉱物や Mg ケイ酸塩，ニッケル鉄の凝縮温度は高くなる．また，固体成分（Mg，Si，Fe，S，O など）が気体成分（$\mathrm{H_2}$，$\mathrm{H_2O}$，CO など）に比べて相対的に多くなると，ケイ酸塩液体が高温で安定に存在できるようになる．このような条件はダスト成分が濃集した領域が加熱されたものに対応し，ケイ酸塩液滴としてのコンドリュール（3.3.3**B**(1) 項参照）の存在を説明できる．一方，C が O よりも多い極端に還元的な雰囲気では（脚注 7 参照），高温でグラファイト（C），炭化ケイ素（SiC），鉄シリサイド（FeSi など）やさらに Ca の硫化物（オルダマイト，CaS），Al の窒化物（AlN）などの凝縮が起こる．このような条件は，炭素星の星周環境で期待されるが，太陽系星雲でも炭質物が濃集したような局所的な領域が加熱された場合にも，このような条件が到達される（たとえば，エンスタタイトコンドライトの生成条件）．

先に述べたように平衡凝縮モデルは固相–気相平衡を表したものであり，実際

に初期太陽系で起こった物理化学プロセスは，動的なものも考えなければならない．たとえば，気相から鉱物が凝縮するためには一般には核形成が必要であり，大きな過冷却が起こるだろう．また，鉱物と気相の反応が進行するためには，一般には固体中の拡散が必要である．これらは，凝縮や反応速度と冷却速度などのタイムスケールの大小関係によって決まり，低温で反応が遅くなるだけでなく，高温でも必ずしも平衡に到達するとは限らない．実際に，隕石中の含水ケイ酸塩はかつて太陽系星雲中での水分子との反応で生成されたとは考えられていたが，現在では微惑星として氷がケイ酸塩などとともに集積した後，氷の融解によって生じた水（液体）と反応することによるものと考えられている．次項では，凝縮や反応などの相変化がどのような速度で起こるか，**カイネティクス（kinetics，速度論）** の基礎について述べる．

2.5.4 相変化のカイネティクス

気相と凝縮相間あるいは固相と液相間の相変化（1次の相変化）は熱活性型であり，相間の自由エネルギー差 ΔG，あるいは化学ポテンシャル差 $\Delta \mu$ によって駆動され（**熱力学的な駆動力**，thermodynamic driving force），**活性化エネルギー（activation energy）** の障壁を乗り越えて進行する．気相からの凝縮の場合，p, p^{eq} をそれぞれ凝縮する成分の（過飽和な）蒸気圧と平衡蒸気圧（たとえば，式 (2.30) の Fe(g) の蒸気圧）とすると，過飽和度 $\sigma = p/p^{\mathrm{eq}} - 1$ が小さいときには，$\Delta \mu$ は近似的に σ に比例し，

$$\frac{\Delta \mu}{RT} = \ln \frac{p}{p^{\mathrm{eq}}} \approx \sigma \tag{2.34}$$

σ が大きいほど反応は速くなる．一方，活性化エネルギーは相変化プロセスそのものに関係し，拡散や界面カイネティクスなどによって決まる．

なお，相変化ではないが，星間分子雲で起こる分子間の反応において，とくに H 分子が関与する量子効果を伴う反応では，反応は熱活性型ではなく**トンネル反応（tunneling reaction）** により 10 K のような極低温でも反応が効率良く進み，さまざまな分子が生成されることが知られている（羽馬ほか，2016）.

Ⓐ 核 形 成

1次の相変化は**核形成（nucleation）** とそれに引き続く成長によって進行する．環境相（たとえば気相）中に微小の球状粒子の相（たとえば固相や液相）が存在しているときの自由エネルギー差は，粒子の界面自由エネルギー γ を考慮す

2.5 宇宙・太陽系における物質分化

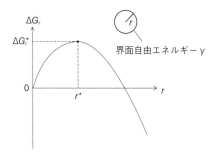

図 2.19 半径 r の微小粒子の自由エネルギー差 ΔG_r の r 依存性と核形成

ると，次式のように粒子半径 r の関数となる．

$$\Delta G_r = -\left(\frac{4\pi}{3}\right)r^3 \Delta G + 4\pi r^2 \gamma \tag{2.35}$$

ここで ΔG は単位体積あたりの相変化の駆動力であり（式 (2.30) のような反応では $\Delta G = \Delta \mu$），臨界核半径 $r^* = 2\gamma/\Delta G$ において

$$\Delta G_r^* = \frac{16\pi\gamma^3}{3\Delta G^2} \tag{2.36}$$

の極大をもつ（図 2.19）．r が r^* より小さい場合には，r の増加により自由エネルギー ΔG_r が増大するので，このような粒子（エンブリオ）は熱力学的に不安定である．一方，r^* を超えると r の増加に従い ΔG_r が低下するので相変化が進行する，すなわち核形成が起こる．エンブリオに 1 分子が付加される反応の活性化自由エネルギーを ΔG_a とすると，核形成速度 I は K を定数として，近似的に以下のように表される．

$$I \approx K \exp\left(-\frac{\Delta G_r^* + \Delta G_a}{RT}\right) \tag{2.37}$$

ΔG が小さい場合には，r^* や ΔG^* は大きな値をもち核形成は実質的には起こらないが，ある値を超えると急激に核形成が起こることになる．

均質な媒体からの核形成を**均質核形成**（homogeneous nucleation）とよぶ．式 (2.37) はこの均質核形成速度を表したものである．気相からの凝縮では一般に γ の値が大きく，均質核形成が起こるには大きな過冷却が必要となる．とくに金属鉄では γ が大きく，核形成が大きな役割を果たすと考えられている（Yamamoto and Hasegawa, 1977）．一方，別の固相などが先に存在し，その固相を基盤に

第2章　太陽系の起源

して不均質核形成が起こる場合には，大きな過冷却は必要としないことがある．蒸発過程では，液相中での発泡のような場合を除いて，気相（あるいは真空中）へ蒸発するので，核形成は必要ではない．

❶ 成長（凝縮・蒸発）

次に，核形成後の**成長**（growth, 凝縮や蒸発）について考えよう．凝縮相の表面からの i 分子の正味の凝縮あるいは蒸発のフラックス（単位時間，単位面積あたりの凝縮あるいは蒸発分子の数） j_i は，凝縮フラックス j_i^+ および蒸発フラックス j_i^- の差として，次式で与えられる．

$$j_i = j_i^+ - j_i^- = \frac{a_i^+ p_i - a_i^- p_i^{\text{eq}}}{\sqrt{2\pi m_i kT}} \approx \frac{\alpha_i(p_i - p_i^{\text{eq}})}{\sqrt{2\pi m_i kT}} = \frac{\alpha_i}{\sqrt{2\pi m_i kT}} \frac{\sigma}{p_i^{\text{eq}}} \tag{2.38}$$

ここで，p_i および p_i^{eq} はそれぞれ i 分子の気相中での蒸気圧および平衡蒸気圧，α_i^+ および α_i^- は凝縮および蒸発係数，m_i は i 分子の質量，k はボルツマン定数であり，凝縮フラックスが正になるように表現されている．α_i^+ や α_i^- は，それぞれ凝縮相表面における気体分子の凝縮相への取込みや気相への脱着過程に関連するもので，すべての気体分子が凝縮相に取り込まれるあるいは気相へ飛び出していく場合には1となるが，表面反応でのカイネティック拘束により一般には1より小さくなる．一般には凝縮と蒸発は非対称（$\alpha_i^+ \neq \alpha_i^-$）であるが，$\alpha_i^+ = \alpha_i^- (= \alpha_i)$ と単純化されることが多い．なお，平衡（$p_i = p_i^{\text{eq}}$）では $\alpha_i^+ = \alpha_i^-$，したがって $j_i = 0$ となる．

p_i^{eq} は熱力学的なデータから計算で求めることができる（コラム2.2）ので，式(2.38)から凝縮や蒸発速度を p_i の関数として求めることができる（具体的な蒸発・凝縮速度の求め方をコラム2.3に示す）．ただし，カイネティック拘束を表すパラメータ α_i（α_i^+ および α_i^-）は，物質の表面（物質とその異方性），過飽和度 σ，温度などに依存し，とくにケイ酸塩のような複雑な化合物では，その値や振舞いはよくわかっておらず，実験により求められている．その例を図2.20に示す．

❷ 相変化速度

核形成とそれに引き続く成長による等温下での相変化は，一定の核形成速度と等方的な一定成長速度を仮定することにより，以下のように表される（ジョンソン・メール・アブラミ（Johnson-Mehl-Avrami）式）．

$$Y = 1 - \exp\left[-\left(\frac{t}{\tau}\right)^n\right] \tag{2.39}$$

コラム 2.3　蒸発・凝縮速度

(1) 単体（例：金属鉄）

鉄の平衡蒸気圧はコラム 2.2 の式（1）で与えられるので，式 (2.38) より，金属鉄の蒸発あるいは凝縮フラックスは

$$j_{\mathrm{Fe}} = \frac{\alpha_{\mathrm{Fe}}^{+} p_{\mathrm{Fe}} - \alpha_{\mathrm{Fe}}^{-} a_{\mathrm{Fe}} K_{\mathrm{Fe}}}{\sqrt{2\pi m_{\mathrm{Fe}} kT}} \approx \frac{\alpha_{\mathrm{Fe}}(p_{\mathrm{Fe}} - a_{\mathrm{Fe}} K_{\mathrm{Fe}})}{\sqrt{2\pi m_{\mathrm{Fe}} kT}} \tag{1}$$

となる．単位時間・単位面積あたりの金属鉄表面の法線方向の蒸発速度あるいは凝縮速度 R_{Fe} は，金属鉄における Fe の 1 原子あたりの体積を V_{Fe} とすると，$R_{\mathrm{Fe}} = V_{\mathrm{Fe}} j_{\mathrm{Fe}}$ で与えられる．

(2) 化合物（例：フォルステライト）

フォルステライト（$\mathrm{Mg_2SiO_4}$）のような定比化合物（stoichiometric compound）が，化合物の組成を変えずに調和蒸発や凝縮する場合には，各分子の蒸発・凝縮フラックスの比は化合物の元素比と等しくなければならない．したがって，式 (2.31) で表されるような蒸発・凝縮が起こる場合には，$j_{\mathrm{Mg}}/j_{\mathrm{SiO}} = 2$ および $j_{\mathrm{H_2O}}/j_{\mathrm{SiO}} = 3$ が満たされなければならない．各分子種について式 (2.38) の蒸発フラックスを考慮すると，それぞれ

$$\frac{p_{\mathrm{Mg}} - p_{\mathrm{Mg}}^{\mathrm{eq}}}{p_{\mathrm{SiO}} - p_{\mathrm{SiO}}^{\mathrm{eq}}} = 2\left(\frac{\alpha_{\mathrm{SiO}}}{\alpha_{\mathrm{Mg}}}\right)\left(\frac{m_{\mathrm{Mg}}}{m_{\mathrm{SiO}}}\right) \tag{2}$$

および

$$\frac{p_{\mathrm{H_2O}} - p_{\mathrm{H_2O}}^{\mathrm{eq}}}{p_{\mathrm{SiO}} - p_{\mathrm{SiO}}^{\mathrm{eq}}} = 2\left(\frac{\alpha_{\mathrm{SiO}}}{\alpha_{\mathrm{H_2O}}}\right)\left(\frac{m_{\mathrm{H_2O}}}{m_{\mathrm{SiO}}}\right) \tag{3}$$

となる．原始太陽系星雲のように雰囲気中に十分な量の $\mathrm{H_2O(g)}$ が存在している場合には，$p_{\mathrm{H_2O}} \approx p_{\mathrm{H_2O}}^{\mathrm{eq}} \gg p_{\mathrm{Mg}}, p_{\mathrm{SiO}}$ であり，コラム 2.2 の式 (6) と上の式 (2) より $p_{\mathrm{Mg}}^{\mathrm{eq}}$ と $p_{\mathrm{SiO}}^{\mathrm{eq}}$ が決まり，たとえば $\mathrm{SiO(g)}$ に着目して，以下のように蒸発・凝縮速度を求めることができる．

$$R_{\mathrm{Fo}} = V_{\mathrm{Fo}} \frac{\alpha_{\mathrm{SiO}}^{+} p_{\mathrm{SiO}} - \alpha_{\mathrm{SiO}}^{-} p_{\mathrm{SiO}}^{\mathrm{eq}}}{\sqrt{2\pi m_{\mathrm{SiO}} kT}} \approx V_{\mathrm{Fo}} \frac{\alpha_{\mathrm{SiO}}(p_{\mathrm{SiO}} - p_{\mathrm{SiO}}^{\mathrm{eq}})}{\sqrt{2\pi m_{\mathrm{SiO}} kT}} \tag{4}$$

なお，ここで V_{Fo} は $\mathrm{Mg_2SiO_4}$ 1 分子あたりの体積である．

ここで，Y は相変化した割合，t は時間，τ は相変化のタイムスケール（相変化速度の逆数），n は相変化プロセスに依存するカイネティックパラメータで，核形成や成長速度の様式の違いにより通常 1〜4 の値をとる．

第 2 章　太陽系の起源

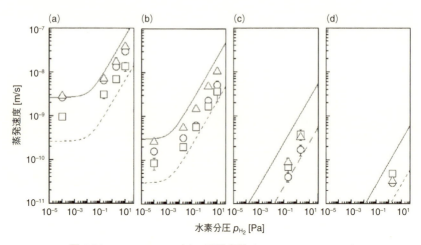

図 2.20　フォルステライトの蒸発実験 (Takigawa *et al.*, 2009)
(a) 1,657℃, (b) 1,535℃, (c) 1,327℃, (d) 1,153℃において, a 軸 (○), b 軸 (□), c 軸 (△) 方向への蒸発速度を水素分圧 p_{H_2} の関数として示してある. 熱力学計算により求められた蒸発速度を実線 ($\alpha = 1$) および破線 ($\alpha = 0.1$) で示す. フォルステライトの蒸発速度は異方性をもつが, いずれも α は 0.1 から 1 の間にあることがわかる.

また, 冷却するガスからの凝縮プロセスは, **均質核形成・成長理論** (homogeneous uncleation-growth theory) を基にした無次元化された結晶化パラメータ,

$$\Lambda = \frac{\nu_{\text{coli}} \tau_{\text{cool}}}{h/kT_e - 1} \propto p_i \tau_{\text{cool}} \tag{2.40}$$

と無次元化された表面エネルギー

$$\Gamma = \frac{4\pi \gamma a_0^2}{kT_e} \tag{2.41}$$

を用いてモデル化することができる (Yamamoto and Hasegawa, 1977). ここで, ν_{coll} は凝縮分子の衝突頻度, τ_{cool} は冷却のタイムスケール, h は凝縮潜熱, T_e は平衡凝縮温度, p_i は凝縮分子の分圧, a_0 は凝縮分子の半径である. 図 2.21 はこのモデルにより予想される凝縮物の最終的な平均粒径 a_∞ と凝縮が起こる無次元化された過冷却度 $\Delta T/T_e$ の関係が, Λ および Γ の関数として表されている. これによると, a_∞ はほぼ Λ によって決まり, 凝縮分子分圧が大きいあるいはゆっくりとした冷却では Λ が大きく a_∞ が大きくなる. 一方, $\Delta T/T_e$ はおおよそ Γ によって決まり, γ が大きいほど過冷却度が大きくなる. モデルは単純化されているので, この図が定量的にどの程度正しいかはわからないが, 少

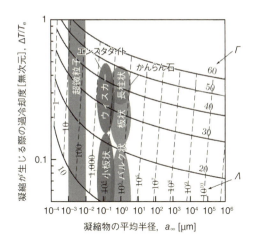

図 2.21 凝縮理論モデルより求められた緒量(Miura *et al.*(2010)を一部修正)
凝縮物の平均半径 a_∞,凝縮温度で規格化した過冷却度 $\Delta T/T_e$ と結晶化パラメータ Λ,(式(2.40))および無次元化された表面エネルギー Γ,(式(2.41))との関係.

なくとも定性的な描像をよく表している.

2.5.5 非調和蒸発・反応を伴う凝縮

金属鉄のような単体やフォルステライトのような化合物は,式(2.30)や式(2.31)のように同じ化学組成を保ちながら蒸発し(これを**調和蒸発**(congruent evaporation)とよぶ),気相ガスから直接凝縮する.一方,トロイライト(FeS)やエンスタタイト($MgSiO_3$)のような化合物は,それぞれ金属鉄やフォルステライトを固体残渣として**非調和蒸発**(incongruent evaporation)し,金属鉄とSを含むガスとの反応やフォルステライトとSiを含むガスとの反応により生成する(式(2.32)および式(2.33))(平衡計算の具体例をコラム2.2の(3)に示す).このような反応系では,固相と気相で化学組成が異なるので,物質の分別が起こる.

非調和蒸発が起こると,トロイライトやエンスタタイトの表面にはそれぞれ金属鉄やフォルステライトの層が生成される.また,ガスとの反応による凝縮においては,トロイライトが金属鉄表面に,エンスタタイトがフォルステライト表面に生成する.これらの反応が進むためには,生成層を通じての物質移動が必要となる.生成層が多孔質な場合には,分子がその空隙を移動できるが,緻

密な場合には固体内拡散が必要であり,生成層の厚みが増加するとともに反応速度は遅くなり,生成層の厚みは時間の1/2乗に比例する(放物線則).

2.5.6 元素分別と同位体分別

次に,気相と凝縮相の分離により,どのように元素や同位体の分別が起こるかを考える.このために,まず気相と凝縮相との間で元素や同位体がどのように**分配**(partition または distribution)されるかについてみてみよう.

Ⓐ 元素・同位体分配係数

元素あるいは同位体 E_i について,気相–凝縮相平衡を表す反応式として,式 (2.30) を一般化した

$$E_i(\text{s}) \rightleftharpoons E_i(\text{g}) \tag{2.42}$$

を考える.凝縮相が元素 A, B の溶体(固溶体あるいは溶液)あるいは同位体 A, B からなるとき(i を A, B とする),気相–凝縮相間の A-B の**平衡分配係数** (equilibrium partition coefficient) は,気相中の A, B の濃度比(平衡蒸気圧 p_i^{eq} の比)と凝縮相の A, B の濃度比(凝縮相中のモル分率 x_i の比)の比として,以下のように表される.

$$D_{\text{A-B}}^{\text{s-g}} = \frac{p_{\text{A}}^{\text{eq}}/p_{\text{B}}^{\text{eq}}}{x_{\text{A}}/x_{\text{B}}} = \frac{\gamma_{\text{A}} K_{\text{A}}}{\gamma_{\text{B}} K_{\text{B}}} \tag{2.43}$$

ここで,γ_i は活動度係数,K_i は式 (2.42) の反応定数である.元素では一般に $\gamma_{\text{A}} \neq \gamma_{\text{B}}$, $K_{\text{A}} \neq K_{\text{B}}$ なので $D_{\text{A-B}}^{\text{s-g}} \neq 1$ となり,大きな元素分配が起こりうる.同位体では,$\gamma_{\text{A}} \approx \gamma_{\text{B}}$, $K_{\text{A}} \approx K_{\text{B}}$ なので $D_{\text{A-B}}^{\text{s-g}} \approx 1$ となるが,同位体効果のために $D_{\text{A-B}}^{\text{s-g}}$ は正確には 1 ではなく,一般に低温(常温あるいはそれ以下)では ‰ オーダーの同位体分別が起こる.$D_{\text{A-B}}^{\text{s-g}}$ には温度依存性があり,これをもとにしたものが同位体温度計(たとえば酸素同位体温度計)である.

蒸発が起こる場合には,蒸発した気体の組成は質量に依存した分別(**質量分別**, mass fractionation)を受ける.カイネティックな効果を考えた見かけ上の分配係数を $D_{\text{A-B}}^{\text{s-g}\,\prime} = (j_{\text{A}}/j_{\text{B}})/(x_{\text{A}}/x_{\text{B}})$ とし,真空への蒸発($p_i^{\text{eq}} = 0$)を考えると,式 (2.38) より

$$D_{\text{A-B}}^{\text{s-g}\,\prime} = \left(\frac{m_{\text{B}}}{m_{\text{A}}}\right)^{1/2} \frac{\alpha_{\text{A}} \gamma_{\text{A}} K_{\text{A}}}{\alpha_{\text{B}} \gamma_{\text{B}} K_{\text{B}}} = \left(\frac{m_{\text{B}}}{m_{\text{A}}}\right)^{1/2} \frac{\alpha_{\text{A}}}{\alpha_{\text{B}}} D_{\text{A-B}}^{\text{s-g}} \tag{2.44}$$

となり,平衡分配係数 $D_{\text{A-B}}^{\text{s-g}}$ に質量と蒸発係数に関するカイネティックな項

$(m_B/m_A)^{1/2}(\alpha_A/\alpha_B)$ が付け加わる．元素の場合，$D_{A\text{-}B}^{s\text{-}g}$ の値が一般に 1 とは大きく異なるのでカイネティックな影響はほぼ無視できる．同位体の場合には $D_{A\text{-}B}^{s\text{-}g} \approx 1$，$\alpha_A/\alpha_B \approx 1$ なので

$$D_{A\text{-}B}^{s\text{-}g}{}' \approx \left(\frac{m_B}{m_A}\right)^{1/2} \tag{2.45}$$

となり，質量分別が起こることになる．

❺ 元素・同位体分別

次に，実際に起こりうる**元素・同位体分別**（element and isotope fractionation）を考える．凝縮相中に含まれる A，B の量をそれぞれ n_A，n_B とし，分配係数に従って A，B が蒸発により凝縮相から順次分離されることを考えよう．蒸発のタイムスケールに比べて凝縮相の均質化（混合）のタイムスケールが十分に小さい（液体や固体内での拡散が速い）場合に，凝縮相の元素あるいは同位体比 $P = n_A/n_B$ が蒸発によってどのように分別していくかを表した**レイリーの分別式**（Rayleigh fractionation equation）

$$\ln \frac{P}{P_0} + \left(D_{A\text{-}B}^{s\text{-}g}{}' - 1\right) \ln \frac{1+P}{1+P_0} = \left(D_{A\text{-}B}^{s\text{-}g}{}' - 1\right) \ln \left(\frac{n_t}{n_{t,0}}\right) \tag{2.46}$$

が得られる．ここで，添字 0 は初期値，$n_t = n_A + n_B$ であり，$n_t/n_{t,0}$ は蒸発の残渣量である．

成分 A が微量元素あるいは微量な同位体である場合（$n_A \ll n_B$）には，$P \ll 1$ なので，式 (2.46) の左辺第 2 項は無視できる．このとき，同位体分別の程度 $\delta = (P/P_0) - 1$ は，蒸発残渣量を $f = n_t/n_{t,0} \approx n_B/n_{B,0}$ とすると，次式で近似できる．

$$\delta \approx f^{D_{A\text{-}B}^{s\text{-}g}{}' - 1} - 1 \tag{2.47}$$

同位体では，式 (2.45) および式 (2.47) に従って，図 2.22 に示すように，蒸発に伴って質量の大きな同位体が残渣に濃縮していくことが期待される．

蒸発実験により，式 (2.47) をもとにして $D_{A\text{-}B}^{s\text{-}g}{}'$ の値を求めることもできる．しかし，このようにして得られた $D_{A\text{-}B}^{s\text{-}g}{}'$ の値は，しばしば式 (2.45) から予想される値よりも 1 に近く，質量分別の程度が小さいことがある．その原因として，(1) 実際の反応に関与する分子の実効的な質量が単純な分子より大きくなっている場合，(2) 凝縮相内（とくに固相）での拡散が不十分な場合，(3) 蒸発した分子が系外へと十分に取り去られない場合が考えられる．実際，凝縮相と気

第 2 章　太陽系の起源

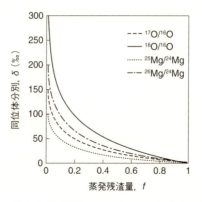

図 2.22　蒸発に伴う酸素同位体，マグネシウム同位体組成変化の計算例

相全体が閉じた系である場合には，凝縮相は最終的に気相と平衡に達し，同位体分別は起こらないことになる．

　隕石の構成物のような微小サイズから惑星サイズに至るさまざまなスケールにおいて，元素や同位体の分別が起こりうる．元素分別の場合，平衡にある物質（たとえば，凝縮相と気相）の分離によっても分別は起こる．たとえば，式(2.43)において，A が B に比べて揮発性が高い場合（$K_A > K_B$ あるいは $p_A^{eq} > p_B^{eq}$）には，D_{A-B}^{s-g} の値は 1 より大きく，不揮発性の B が凝縮相に濃集する（これは一種の平衡凝縮モデルである）．一方，式(2.46)に示されるような連続的な物質の分離が起こる場合（レイリー分別）には，B はさらに蒸発残渣に濃集していくことになる．たとえば，コンドライト隕石に含まれる CAI は難揮発性成分に富み，少なくとも一部のものは蒸発による元素分別を経験していると考えられる．また，月はアルカリ元素などの中揮発性元素に乏しく，これは初期太陽系での巨大衝突のような高温プロセスの結果と考えられている．しかし，平衡凝縮モデルとレイリー分別の定量的な切り分けは困難な場合が多い．

　同位体分別は，式(2.47)に示されるような連続的な物質の分離により起こる．このような**同位体質量分別**（isotope mass fractionation）は CAI などに見出され，太陽系初期における高温プロセスの証拠となっている．しかしながら，先に述べたように効率的に同位体の質量分別が必ず起こるとは限らず，すべての CAI が大きな同位体質量分別を示すわけではない．また，コンドリュール形成時にも蒸発が起こったと考えられるが，同位体分別はほとんど認められていな

い，H，C，O などの軽元素を除いて，惑星や小惑星などの天体間における大きな同位体分別もない．

ⓒ 3 同位体比（酸素同位体）

3つの安定同位体が存在する場合には情報量が増える．同位体比変動を表す式 (2.47) において，存在量が大きい同位体（たとえば質量数が 4 の倍数である ^{16}O や ^{24}Mg など）を成分 B とし，存在量の小さい 2 つの同位体（^{17}O (0.038%)，^{18}O (0.205%) や ^{25}Mg (10.00%)，^{26}Mg (11.01%) など）を成分 A の代わりにそれぞれ 1, 2 と表記すると，成分 B に対する成分 1 および 2 の同位体比変動 δ_1 と δ_2 の比は，$D_{\text{A-B}}^{\text{s-g}} \approx 1$ ($A = 1, 2$) および式 (2.47) より，近似的に以下のように表せる．

$$\frac{\delta_1}{\delta_2} = \frac{f^{D_{1\text{-B}}^{\text{s-g}}{}'} - 1}{f^{D_{2\text{-B}}^{\text{s-g}}{}'} - 1} \approx \frac{(m_\text{B}/m_1)^{1/2} - 1}{(m_\text{B}/m_2)^{1/2} - 1} \tag{2.48}$$

たとえば酸素同位体について，^{16}O に対する ^{17}O の比の標準物質（平均海水，SMOW）からの変動を以下のように表す．

$$\delta^{17}\text{O} = \left[\frac{([^{17}\text{O}]/[^{16}\text{O}])_\text{sample}}{([^{17}\text{O}]/[^{16}\text{O}])_\text{SMOW}} - 1 \right] \times 1,000 \, [‰] \tag{2.49}$$

^{16}O に対する ^{18}O の比の変動 δ^{18}O も同様に表し，δ^{17}O を δ^{18}O に対してプロットすると，質量差が $m_1 - m_\text{B} = 1$，$m_2 - m_\text{B} = 2$ なので，δ^{17}O と δ^{18}O の比は式 (2.48) よりおおよそ 0.5 となる．あるいは，δ^{17}O を δ^{18}O に対してプロットすると（3 同位体図，図 2.23），傾きがほぼ 0.5 の質量分別線が得られる[8]．

このような同位体質量分別は，蒸発に限らずさまざまな物理化学的プロセスによっても起こる（レイリー分別には関わらない）．実際に，地球物質の O 同位体比は 3 酸素同位体図において原点（地球の平均海水）を通る傾きがおおよそ 0.5 の線上にプロットされ，**地球質量分別線**（terrestrial mass fractionation line）とよばれる．一方，多くの隕石の O 同位体比は，地球分別線上には乗らず，同一の隕石グループで特徴的な O 同位体比をもつ．このような O 同位体比の違いは，通常の物理化学プロセスでは説明できず，隕石の分類にも使われる（図 3.12 参照）．

一部の隕石（とくに炭素質コンドライト，3.3.3ⓐ(1) 項参照）の構成物質は，

---

[8] 厳密には，この分別線は直線ではなく，また傾きも，たとえば反応に関与する分子が O，H$_2$O，CO の場合，原点における傾きはそれぞれ 0.5221，0.5197，0.5129 となる．

第 2 章　太陽系の起源

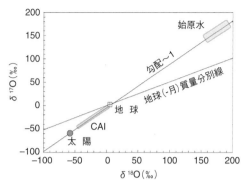

図 2.23　酸素同位体プロットと地球（-月）質量分別線
太陽（McKeegan *et al.*, 2011），CAI（Clayton *et al.*, 1993），地球（-月），太陽系の始原水（Sakamoto *et al.*, 2007）は勾配が約 1 の線上に乗る．

傾きが約 1 の線上に乗り，100 ‰ オーダーの比較的大きな変動をもつ（図 2.23）．これは質量分別では説明できず，^{16}O に乏しい（$^{17,18}O$ に富み，3 同位体図において右上にプロットされる）物質と ^{16}O に富む（$^{17,18}O$ に乏しく，3 同位体図において左下にプロットされる）物質との混合の結果であると考えられる．このような同位体比の異なる物質は，かつては太陽系以外の星（超新星など）での元素合成に起源をもつと考えられていたが，次節に述べるように，自己遮蔽効果による **非質量依存同位体分別**（non mass dependent isotope fractionation）のためという考え（たとえば，倉本・圦本，2005）が主流となっている．

Ⓓ 非質量依存同位体分別

分子雲における O の大部分は CO 分子として存在し（脚注 7 参照），先に誕生した星などからの紫外線で照射される．CO 分子は波長 911～1,118 Å の紫外線の吸収により解離されるが，異なる同位体分子は吸収線の波長が異なる．最も存在度の多い $C^{16}O$ 分子を解離する波長をもつ紫外線は線吸収により減衰してしまう（これを **自己遮蔽効果**（self-shielding effect）とよぶ）のに対して，存在度の少ない $C^{17,18}O$ 分子を解離する波長をもつ紫外線はほとんど減衰されず，分子雲内部の領域の $C^{17,18}O$ 分子も解離する．このため，内部領域では CO 分子は相対的に ^{16}O に乏しくなるが，$^{17}O/^{18}O$ 比はほとんど変化せず，質量に依存しない同位体分別が起こる．CO 分子の解離により生成された O 原子は，ケイ酸塩ダスト上の H_2O 氷に取り込まれると考えられる．このような領域から

生成された原始太陽系は，^{16}O に富む CO 分子と ^{16}O に乏しい H$_2$O 分子（あるいは氷）および同位体分別を受けていないケイ酸塩からなる．したがって，現在みられる酸素同位体比の変動（図 2.23）は，このような非質量分別とその後の混合や質量分別により説明できることになる．非質量分別は分子雲ではなく，原始太陽系星雲で起こったという考えもあるが，ジェネシス計画によって捕獲された太陽風の O 粒子の同位体組成は ^{16}O に富み，分子雲における非質量分別を支持しているようにみえる（たとえば，倉本・圦本，2005）．

E 同位体組成変動と同位体異常

O 同位体組成は多様で 100 ‰ オーダーの比較的大きな変動をもつのに対して，Mg や Si，S，Fe などの同位体組成は，CAI などの一部の物質を除いて大きな変動をもたない．これは，O は低温においてもガス分子や氷あるいはケイ酸塩などの固体さらに水として存在し，光化学反応による非質量分別だけでなくさまざまな化学反応（蒸発，凝縮，融解，結晶作用，水質変成）を受けているのに対して，Mg や Si，S，Fe などの元素は低温では固体としてしか存在しないので，分子雲などでの非質量分別は期待できず，2.5.4 B 項で述べたような高温における蒸発や凝縮による質量分別がおもな同位体分別の原因となるためである．H，C，N といった揮発性元素も比較的大きな同位体分別が知られているが，このような元素には 2 つの安定同位体しか存在しないため，質量分別と非質量分別とを区別することができない．

元素合成が起こっている**晩期型星**（赤色巨星や超新星）では，各元素の同位体組成は太陽系のものとは大きく異なるので，このような起源をもつ物質が混入すると大きな同位体比の変動，すなわち**同位体異常**（isotope anomaly）として検知される．このような太陽系外の星周で生成されたケイ酸塩や酸化物，炭素質物質（ダイヤモンド，グラファイト，SiC）のダストがほとんど変化を受けずに太陽系に取り込まれたものが隕石中に見出されており，これらは**プレソーラー粒子**とよばれる（3.3.3 B (5) 項）．同位体異常は ‰ オーダーあるいはそれ以上にも及ぶので，安定同位体が 2 つしかない元素についても認識できる．

参考文献

[1] André, P. (2000), "Formation Stellaire et Physique des Etoiles Jeune", Pro-

gramme National de Physique Stellaire (CNRS).

[2] Bond, I. A. *et al.* (2004) *Astrophys. J.*, **606**, L155-L158.
[3] 茅原弘毅ほか (2006) 日本惑星科学会誌, **15**, 44-51.
[4] Charbonneau, D. *et al.* (2000) *Astrophys. J.*, **529**, L45-L48.
[5] Clayton, R. N. (1993) *Annu. Rev. Earth Planet. Sci.*, **21**, 115.
[6] Cowan, N. B. *et al.* (2012) *Astrophys. J.*, **747**, 82.
[7] Davis, A. M. and Righter, F. M. (2005) *In* "Comets and Planets", Davis, A. M. (ed.), pp.407-430, Elsevier.
[8] Goldreich, P. and Ward, W. R. (1973) *Astrophys. J.*, **183**, 1051-1061.
[9] Gomes, R. *et al.* (2005) *Nature*, **435**, 466-469.
[10] Greenburg, M. (1998) *Astron. Astrophys.*, **330**, 375-380.
[11] 羽馬哲也ほか (2016) 地球化学, **50**, 33-50.
[12] Hayashi, C. *et al.* (1985) *In* "Protostars and planets II", pp.1100-1153, University of Arizona Press.
[13] Ida, S. and Makino, S. (1993) *Icarus*, **106**, 210-227.
[14] Jäger, C. *et al.* (1998) *Astron. Astrophys.*, **339**, 904-916.
[15] Kokubo, E. and Ida, S. (1998) *Icarus*, **131**, 171-178.
[16] 倉本 圭・圦本尚義 (2005) 日本惑星科学会誌, **14**, 193-200.
[17] Lambrechts, M. and Johansen, A. (2012) *Astron. Astrophys.*, **544**, A32.
[18] Malfait, K. *et al.* (1998) *Astron. Astrophys.*, **332**, L25-L28.
[19] Mayor, M. and Queloz, D. (1995) *Nature*, **378**, 355-359.
[20] McKeegan, K. D. *et al.* (2011) *Science*, **332**, 1528-1532.
[21] Miura, H. *et al.* (2010) *Astrophys. J.*, **719**, 642-654.
[22] Petigura, E. A. *et al.* (2013) *Proc. Natl. Acad. Sci. U.S.A.*, **110**, 19273-19278.
[23] Sakamoto, N. *et al.* (2007) *Science*, **317**. 231-233.
[24] Tachibana, S. *et al.* (2006) *Astrophys. J.*, **639**, L87–L90.
[25] Takigawa, A. *et al.* (2009) *Astrophys. J.*, **707**, L97–L101.
[26] Tsiganis, K. *et al.* (2005) *Nature*, **435**, 459-461.
[27] Walsh, K. J. *et al.* (2011) *Nature*, **475**, 206-209.
[28] Weidenschilling, S. J. (1977) *Mon. Not. Roy. Astron. Soc.*, **180**, 57-70.
[29] Wetherill, G. W. and Stewart, G. R. (1989) *Icarus*, **77**, 330-357.
[30] Yamamoto, T. and Hasegawa, H. (1977) *Prog. Theor. Phys.*, **58**, 816-828.

第3章　彗星，小惑星と太陽系物質

3.1　彗　　星

3.1.1　彗星の起源

Ⓐ　彗星発見の歴史

　彗星（comet）はその一生のほとんどを太陽から遠く離れた漆黒の宇宙空間で過ごすが，太陽に近づくわずかな瞬間に劇的な変化を示す．それは公転周期の数十分の1か，数百分の1という短期間ではあるが，氷と岩石でできた彗星が太陽の熱にあぶられて，ガスやダスト（塵）を大量に放出し，プラズマテイル（イオンの尾）やダストテイル（塵の尾）とよばれる見事な羽を広げて地球上の私たちを驚かせる．そのため，彗星は，古来不吉な天変の兆候として記録が残されてきた．彗星の軌道を初めて明らかにしたのは，英国の天文学者 Edmond Halley である．Halley は友人の Isaac Newton が発見した万有引力の法則を学び，彗星も天体なら太陽の引力を同じように受けて，ある種の軌道を描いているはずであると考え，惑星のように円に近い軌道ではなく，歪んだ楕円だろうと推定した．そして歪んだ軌道の代表例として，放物線軌道を当てはめようと考えたのである．Halley は過去に観測された 24 個の彗星の軌道を放物線として求め，そのなかに軌道が非常によく似ているものを見出した．1531 年，1607 年，1682 年の3彗星で，これらは軌道だけでなく出現間隔も 76 年，75 年とほぼ等しかった．この事実から，これらの彗星は正確には放物線ではなく，大きく歪んだ楕円軌道を描いており，周期的に現れると考えたのである．これが，

第3章 彗星，小惑星と太陽系物質

周期彗星の第1番目の1P/Halley（ハリー）**彗星**である．Halleyは次回の回帰を木星の摂動などを加味して1758年から1759年と予言しながら，その彗星をふたたび見ることなく亡くなった．近年だと，1986年に回帰しており，次回は2061年に出現するはずである．

❸ 彗星の軌道

　彗星は，離心率が1以上で放物線軌道や双曲線軌道に近い非周期彗星と，離心率が1未満の楕円軌道の周期彗星とに大きく分けられる．一般に公転周期200年を境にして，前者を**長周期彗星**，後者を**短周期彗星**とよんでいる．短周期彗星の軌道の多くは黄道面付近に存在し，遠日点が木星付近にあるものが多い．これを**木星族彗星**（Jupiter family comet）とよぶ．一方，長周期彗星のなかには遠日点は数千〜数万AUという，太陽系惑星領域のはるか彼方からやってくるものも多く，短周期彗星とは違って軌道が黄道面とは無関係である．オランダの天文学者Jan Hendrik Oortは，放物線軌道の彗星の遠日点が数万AU付近に集中している彗星の故郷が，球殻状に存在すると考えた．これが**オールトの雲**である（図3.1）．オールトの雲を起源とする彗星はあらゆる方向からやってくるが，このうち，木星などの巨大惑星に接近したものが軌道を変えられ，短周期彗星になると考えたのである．短周期彗星の遠日点が木星付近に集中しているのは，この接近遭遇のためと考えれば自然である．

　一方，アイルランドの天文学者Kenneth Essex Edgeworthと米国の天文学者Gerard Peter Kuiperは，Oortよりも早く，冥王星よりも外に彗星の故郷があると主張していた．短周期彗星が黄道面に集中していることから，オールトの雲のような球殻状の分布ではなく，冥王星の外側に黄道面に沿ったベルト状の彗星の故郷があると考えたのである．1980年代頃から，従来のオールトの雲だけでは短周期彗星を説明できないことが明らかになり，1992年にベルトに属する最初の小天体が発見されてから，その故郷の存在は確実視されるようになり，現在では3,000個あまりが発見されている．この太陽系外縁に分布するベルト天体を**エッジワース・カイパーベルト天体**や**TNO**（trans-neptunian object）とよんでいる（口絵7）．現在観測される放物線軌道の彗星はオールトの雲から，短周期彗星はエッジワース・カイパーベルトから惑星の重力摂動により軌道が変わり，太陽系の内側へやってくると考えられている．

　2018年現在，太陽系小天体のうち小惑星は約80万個発見されているが，彗星は約5,000個である．ここでは，スミソニアン天体物理研究所が運営する小

3.1　彗　星

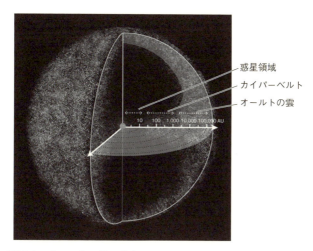

図 3.1　オールトの雲の分布（https://space-facts.com/oort-cloud/）
オールト天体は太陽からの距離が数千〜数万 AU，光速でも数カ月から数年かかる太陽重力圏内に分布していると考えられている．太陽系に最も近い恒星プロキシマ・ケンタウリまでの距離は，約 4.2 光年である．

天体センター（Minor Planet Center：MPC）が公開している約千個の周期彗星の軌道要素を用いて，短周期彗星と長周期彗星の軌道の特徴を図 3.2 と図 3.3 にまとめる．

● 彗星の形成

彗星の起源は今から 46 億年前の太陽系形成期にさかのぼる．2.3 節で述べたように，銀河を漂う密度の高い巨大な分子の雲（分子雲コア）が自己重力により収縮して原始太陽が生まれ，ガスとダスト（塵）からなる原始太陽系円盤の中では，ダストどうしが合体成長して直径 10 km 程度の微惑星とよばれる微小天体が生まれた．微惑星どうしが衝突合体して惑星へ成長していくさなか，惑星に取り込まれることを逃れた微惑星の生き残りが彗星だと考えられている．この惑星が形成される約 45 億年前までの期間を**前期爆撃期**（early bomberment）とよび，おびただしい量の惑星間塵，彗星，小惑星が原始惑星に衝突した約 40 億年前を**後期重爆撃期**とよぶ．有機物や水を豊富に含む彗星などの小天体が無数に飛び交う後期重爆撃期には，膨大な量の宇宙物質が地球へも運び込まれたと考えられている．ただし，この後期重爆撃期は，アポロ計画で地球に持ち帰った月面サンプルの正確な年代測定により，現在の月に見られるクレーターが 38

143

第 3 章 彗星,小惑星と太陽系物質

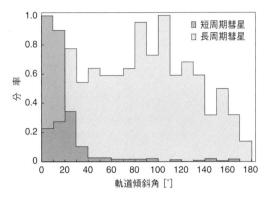

図 3.2 短周期彗星と長周期彗星の軌道傾斜角分布

軌道周期 200 年以下の短周期彗星は軌道傾斜角が 30° 以下のものが圧倒的に多く,黄道面付近に集中しており,ほとんどの軌道傾斜角は 90° 未満であることから,順行していることがわかる.一方,長周期彗星の軌道傾斜角の分布は順行(軌道傾斜角が 90° 未満)と逆行軌道(軌道傾斜角が 90° 以上)の数がほぼ同数の正弦曲線に沿った分布から,軌道の極が天球上に一様に分布していることが伺える.

億~41 億年前に集中して形成されたと考えられることによるものであるが,それはごく限られた領域からのサンプルの分析に依存した考え方であり,サンプリングバイアスである可能性も指摘されている(4.5.1 項参照).宇宙に存在する胚種(パンスペルミア)が地球などの惑星に生命をもたらしたという「パンスペルミア説(Panspermia)」が古くから議論されているが,地球に落下した隕石や惑星間塵中に有機物や水が発見されている事実は,生命前駆物質(疑似パンスペルミア)の宇宙起源説を後押しし,**アストロバイオロジー**(astrobiology,宇宙生物学)とよばれる重要な分野として研究が進んでいる.そして,有機化合物や水を含む彗星や小惑星が,生命起源物質の有力な供給源と考えられている.

さて,原始太陽系円盤中で形成された微惑星は,太陽からの距離に応じてサイズや組成が異なる.地球近傍では太陽に近いため温度が高く岩石が主成分となり,木星より遠方では水(H_2O)が凍って氷の塊となり,海王星付近では二酸化炭素(CO_2)や一酸化炭素(CO)も凍りつく.このうち,遠方でできた微惑星が,現在の彗星の核のような成分であったと考えられている.微惑星がさらに衝突合体を繰り返して原始惑星,そして,惑星へと成長する一方,惑星になりきれなかった微惑星は,原始惑星との接近遭遇により重力的に散乱されて,その軌道が放物線に近い楕円の場合,微惑星は太陽から数万天文単位まで離れ

3.1 彗星

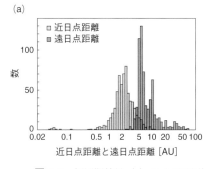 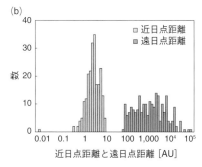

図 3.3 短周期彗星（a）および長周期彗星（b）の近日点距離と遠日点距離

(a) 短周期彗星の遠日点は，5 AU と 10 AU 付近に集中が認められるが，これは木星と土星の軌道長半径に相当する．つまり，短周期彗星の多くは木星族であり，土星族も含まれていることがわかる．また，近日点は 2 AU 付近に分布が集中していることもわかる．また，ここには記していないが，太陽の極近く（0.005 AU 以内）をかすめるクロイツ（Kreutz）群などのグループに分類されるサングレーザー（Sungrazer = Sungrazing comet）が，太陽観測衛星 SOHO（ソーホー）などで 1,500 個ほど発見されている．

(b) 長周期彗星の近日点距離は 2 AU 付近にあり，短周期彗星と類似している．5 AU 付近の木星軌道付近にも近日点距離の集中が見られるが，これは短周期彗星には見られない．一方，遠日点距離の分布はランダムであり，10 万 AU にまで及ぶ長周期彗星も存在する．

る．こういった天体は，もともと黄道面に集中していたが，重力散乱される過程や，太陽系が銀河をまわっているうちにはたらく銀河潮汐力，近くを通過する恒星などの重力の摂動を受け，球殻状の分布になったと考えられる．これがオールトの雲の起源であると考えられている．しかし，すべての天体が太陽系起源とは限らず，星間空間から捕獲された天体も含まれるであろう．

一方，微惑星の衝突合体が進む速度は，太陽に近いほど速いため，太陽系の内側の領域で急速に岩石惑星が成長しつつある頃，外側ではまだ微惑星どうしが衝突・合体を繰り返している段階にあった．そのうちに微惑星をつくる材料である原始惑星系円盤が枯渇して，成長が終息を迎える．まだ微惑星が衝突合体途中にあった冥王星よりも外側では，微惑星が成長途中の姿で残されたと考えられる．これがエッジワース・カイパーベルトの起源である．そこで形成された微惑星は太陽から十分に遠く冷たいため，CO や CO_2 を含んだ氷天体であり，熱変成をほとんど受けていない始原的な物質である．太陽系の化石天体ともいえる．

3.1.2 彗星の核

Ⓐ 彗星核の構成物質

彗星の正体を巡っては，20世紀前半には大きな論争が持ち上がっていたが，1950年に米国の天文学者 Fred Lawrence Whipple は，**彗星核**（cometary nucleus）が塵の混じった氷からできているという「**汚れた雪だるま（雪玉）説**（dirty snowball theory）」を提唱して終止符を打った．雪だるまモデルでは，太陽熱で加熱された揮発性物質が蒸発（昇華）してガスとなり，同時に塵も放出されることを説明しただけではない．周期3.3年の典型的な短周期彗星である 2p/Enke（エンケ）彗星の非重力効果（彗星がニュートン力学の計算で予測される軌道からずれていく効果）を，揮発性分子の蒸発による反力を使って理論的に説明したのである．

彗星の主成分が H_2O であることが観測的に示されたのは，1970年の Bennett, c/1969Y1（ベネット）彗星であった．紫外線観測衛星によって，彗星から半径100万 km にも達する水素原子の雲の観測に初めて成功したのである．H 原子は，彗星の主成分である H_2O 分子が太陽の紫外線で壊れて，H 原子とヒドロキシ基（OH）になって生成されたもので，最も軽い H 原子が高速で広がって巨大な水素雲が形成したと解釈できる．そのばく大な量から，彗星核の主成分は H_2O であることが確認されたのである．また，1973年の Kohoutek, c/1973E1（コホーテク）彗星の分光観測により，水分子が電気を帯びた水イオン（H_2O^+）の輝線として初めて捉えられた．そして，1986年のハリー彗星では，航空機による赤外線観測によって H_2O そのものの輝線が発見されたのである．

水以外の微量成分も彗星のガスの観測から調べられており，現在は，個々の彗星で微量成分に若干の差があるものの，平均的には彗星核の成分は約80%が H_2O，残りの20%に CO_2, CO, アンモニア（NH_3），メタン（CH_4），それに微量成分として炭素（C），酸素（O），窒素（N）に H が化合した種々の分子（メタノール（CH_3OH），シアン化水素（HCN），ホルムアルデヒド（CH_2O），エタノール（C_2H_5OH），エタン（C_2H_6）など多数）が含まれていることが，可視光，赤外線，電波観測などで明らかになってきた．彗星核は，この氷の成分にケイ酸塩と有機物を含む炭素質の塵や泥が混ざった「有機物を豊富に含む汚れた雪だるま」，あるいは「泥だるま」である．これらの物質は**星間分子雲**（interstellar molecular cloud）でも検出されており（コラム3.1参照），彗星が星間物質をほ

3.1 彗　星

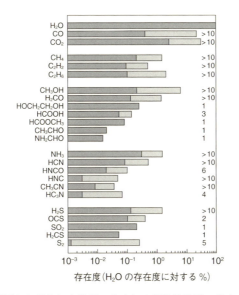

図 3.4 分光観測から得られた彗星に含まれる揮発性物質の存在度（Mumma and Charnley（2011）の図を改編）

水（H_2O）を100%としたときの主要な分子の存在度を示している．右側の数字は，観測された彗星の数を示し，推定された存在度の範囲を薄い灰色で示している．数字1は近年最も明るかったHale-Bopp, C/1995 O1（ヘール・ボップ）彗星のみからの観測結果である．

とんどそのまま継承していると考えられる．星間塵が太陽系形成過程を生き延びた証拠は，星間分子雲の組成が彗星のガス組成と類似しているだけでなく，プレソーラー粒子（3.3.3 **B**(5)項参照）がコンドライト隕石や惑星間塵から見つかっていることからも証明される．彗星に含まれるおもな分子の存在度を図3.4にまとめる．

B 彗星核の大きさ

彗星核そのものの大きさや形状は，1986年のハリー彗星探査機群（ハリー艦隊）によって明らかになった．とくにヨーロッパの Giotto（ジオット），旧ソ連の Vega（ベガ）1号，Vega 2号は彗星の核の近傍まで近づき，核の様子を近距離から撮影することに成功した．その結果，彗星核は雪だるまというイメージとは裏腹に，反射率4%の真っ黒な石炭のような姿であった．周期彗星の表面は，何度も太陽光にさらされ，残された不揮発性物質で厚く覆われていることが予想された．地上観測では天体の反射率を仮定してその天体の明るさから大

147

きさを推定するので，この結果はそれまで地上観測から推定されていた彗星核の大きさが過小評価だったことを示している．

さらに彗星核表面には，ほとんど蒸発しない不揮発性物質に覆われたところと，内部から蒸発してくるガスや塵がジェットとして吹き出す噴気孔のような活動領域があることがはっきりした．地上観測でも，塵のジェットが核の自転とともに回転し，渦巻き模様を描く様子がしばしば観測される．

2001年，米国の探査機Deep Space（ディープ・スペース）1号機が19P/Borrelly（ボレリー）彗星に接近し，ハリー彗星と同様のすすのような炭素で覆われた彗星の核を撮影した．また，2004年には，米国のSTARDUST（スターダスト）探査機が81P/Wild=Wild 2（ヴィルド第2）彗星に接近して塵を採取し，2006年に地球へのサンプルリターンを成功させている．2015年には，米国のDeep Impact（ディープ・インパクト）探査機が，9P/Tempel=Tempel 1（テンペル第1）彗星に重さ370 kgのインパクターを衝突させて，クレーター形成や彗星内部構造を探査した．同探査機は，2007年にEpoxi（エポキシ）と名前を変えて，2010年に103P/Hartley=Hartley 2（ハートリー第2）彗星の核を撮影した．2011年には，STARDUSTがテンペル第1彗星に近づき，形成された直径150 mのクレーターの撮影に成功している．ここまでの彗星探査は，すべてフライバイによる限られた時間内での探査であったが，ESAのRosetta（ロゼッタ）探査機は，2014～16年の2年間にわたり，67P/Churyumov–Gerasimenko（チュリモフ・ゲラシメンコ）彗星の周回軌道に入り，太陽に接近して彗星活動を行う様子を詳細にとらえた．人類による彗星核の探査は，ようやく6つになった．探査機による直接探査や，赤外線や電波などを併用した観測によって求められた，おもな彗星核の大きさを表3.1にまとめ，探査機によって撮影された6つの彗星核の様子を図3.5に示す．

ⓒ 彗星の崩壊

表3.1に示したように，彗星の核の密度は$500 \, \text{kg/m}^3$ほどとかなり小さく，内部構造の半分以上が空隙でもろく壊れやすいため，しばしば分裂を繰り返す．1994年に木星に衝突したShoemaker-Levy 9=D/1993 F2（シューメーカー・レビー第9）彗星は，木星接近時（木星半径とほぼ同じ約7万kmを通過）の潮汐力で分裂したとされているが，その条件で分裂するためには，核は粉雪を固めた程度の強度でなければならない．また，1772年に発見された3D/Biela（ビエラ）彗星は，1845年の回帰時に大小2つの核に分裂する様子が観測され，次の1852

3.1 彗　星

表 3.1　彗星核の大きさと密度

彗星名［探査年］	半径［包絡域］[km]	密度 [kg/m^3]
95P/Chiron	107.8 ± 4.95	
C/1995 O1（Hale-Bopp）	60 ± 20	
28P/Neujmin 1	10 ± 0.5	
10P/Tempel	[5.2〜6.15]	
49P/Arend-Rigaux	5.1 ± 0.25	
C/1983 H1（IRAS-Araki-Alcock）	4.6	
2P/Encke	2.4 ± 0.3	
C/1996 B2（Hyakutake）	2.25 ± 0.3	
107P/Wilson-Harrington	1.95 ± 0.25	
55P/Tempel-Tuttle	1.7 ± 0.3	
22P/Kop	1.52	
126P/IRAS	1.43	
1P/Halley [1986]	6.0[15 × 8 × 8]	200〜1,500
19P/Borrelly [2001]	[8 × 4 × 4]	180〜300
81P/Wild [2004]	[5.5 × 4.0 × 3.3]	600
9P/Tempel [2005,2011]	[7.6 × 4.9]	200〜700
103P/Hartley [2010]	[1.2 × 1.6]	200〜400
67P/Churyumov-Gerasimenko [2014-2016]	[4.1 × 3.3 × 1.8]	533 ± 6

これまで探査機によって探査された彗星は，1P/Halley（Giotto），19P/Borrelly（Deep Space 1），81P/Wild（STARDUST），9P/Tempel（Epoxi），103P/Hartley 2（Epoxi），67P/Churyumov–Gerasimenko（Rosetta）の 6 つで，それ以外の代表的な彗星はハッブル宇宙望遠鏡や赤外線望遠鏡などの観測で大きさが求められている．

年の回帰で，2 つの核が並んで観測された最後の機会となった．そして，1872 年 11 月 27 日，アンドロメダ座 γ 星付近を放射点として，1 時間に数千個という**流星雨**（meteor shower）が観測された．続く 1885 年，1892 年にも流星雨が発生した．この放射点は，ビエラ彗星が出現する方向と一致しており，ビエラ彗星の核が分裂後に完全にバラバラになって雲散霧消し，核に含まれていた塵が大量に地球に降り注いだ結果，**アンドロメダ流星群**（Andromedids，ビエラ流星群）を発生させたと考えられる．　近年だと，1995 年の 73P/Schwassmann-Wachmann 3（シュヴァスマン・ヴァハマン第 3）彗星，2000 年の LINEAR, C/1999S4（リニア）彗星，2013 年の ISON, C/2012 S1（アイソン）彗星などの崩壊が観測されている．

Ⓓ 彗星の枯渇

1983 年に打ち上げられた米・オランダ・英の赤外線天文衛星 IRAS（Infrared

第 3 章 彗星，小惑星と太陽系物質

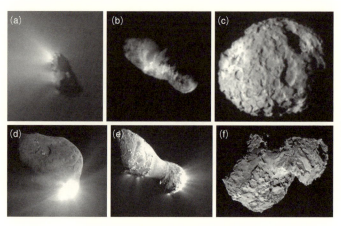

図 3.5 探査機から撮影された彗星核
(a) 1P/Halley（MPAE, May-Plank Institute for Astronomy）．(b) 19P/Borrelly（NASA）．(c) 81P/Wild（NASA）．(d) 9P/Tempel（NASA）．(e) 103P/Hartley（NASA）．(f) 67P/Churyumov-Gerasimenko（ESA）．

Astronomical Satellite）は，同年 10 月に小惑星 1983TB を発見した．この小惑星の軌道が，1861 年に発見されたふたご座流星群（Gemini meteor shower）の軌道に一致することが，Fred Lawrence Whipple によって指摘された．当時知られていた小惑星のなかでは，太陽に最も近づくことから，ギリシャ神話に登場する太陽神ヘリオスの息子ファエトンにちなみ，小惑星ファエトン（3200, Phaethon）（ラテン語読みで「ファエトン」）が誕生した．実際ファエトンは，水星から太陽までの距離のほぼ 1/3 にあたる 0.14 AU（約 2 千万 km）まで太陽に近づき，約 1 年 5 カ月もの短い周期で太陽のまわりを回っている．直径は 6 km，自転周期は 3.6 時間と推定され，太陽光を反射する割合（アルベド，albedo，反射率）は 11% と暗く，有機物に富む B 型小惑星（3.2.3 項参照）に分類されている．2018 年現在，ふたご座流星群は年間を通して最も流星数の多い定常流星群であり，母天体であるファエトンは，かつては彗星であったことが提唱されていた．2009 年以降，地上からは観測が困難であるファエトンが太陽に一番近づく近日点通過の様子を NASA のステレオ探査機が観測したところ，毎回近日点通過直後にファエトンが予想よりも 2 等級も増光することがわかり，25 万 km まで伸びる尾も確認された．近日点通過時は太陽に非常に近いため，水の光解離による寿命は 30 分程度と短いため，直径が約 1 μm の塵が尾の正体であるこ

150

とが突き止められた．この発見は，ファエトンが現在でも活動を続ける彗星であることを明らかにした．約千℃に達する太陽最接近時のファエトンの表面の熱が内部に浸透するにはある程度時間がかかるため，彗星の深部には熱的に隔絶された場所が存在し，氷などの揮発性成分が閉じ込められていると推測される．典型的なB型小惑星表層にあるケイ酸塩や水和粘土鉱物などが，太陽接近時の熱収縮によって亀裂を生じ，内部へ通じる割れ目をつくることで，深部の揮発性成分がガスとして吹き出していることが考えられる．しかし，現在のファエトンの活動だけでは，毎年出現するふたご座流星群を説明することはできない．また，ファエトンには分裂した天体も見つかっており，今後の探査機による調査で，彗星の揮発性成分が枯渇して小惑星へ遷移する天体の進化について明らかにされるであろう．

3.1.3 彗星の尾

Ⓐ イオンの尾（プラズマの尾）

彗星は，太陽熱の影響によって温度が上昇すると核に含まれる揮発性物質が蒸発し，そのガスに伴って塵も放出される．宇宙空間へ放出されたガスや塵は拡散していく過程で太陽の影響を受け，反太陽方向へと流される．彗星に尾があるかどうかは，彗星核からの蒸発量に強く依存する．彗星核から蒸発してくるガスのなかには，電気を帯びやすく，イオンになるものがある．いったんイオン化すると電磁気的な力が強くはたらき，惑星間空間の磁力線に捕まり，その磁力線に沿った運動を行う．太陽から磁力線を引きずりながら秒速数百〜1,000 kmもの超高速で流れる風が**太陽風**である．彗星から出たイオンは，この太陽風中の磁力線に捕まり加速され，太陽と反対側に伸びた細い**イオンの尾**（ion tail, **プラズマの尾**, plasma tail）をつくる．イオンの尾は青白く光ることが多いが，これはおもに一酸化炭素イオン（CO^+）によるもので，ほかに H_2O^+ も存在する．彗星のイオンの尾の方向がほぼ太陽と反対方向であったことから，ドイツの天文学者 Ludwig Biermann が太陽風の存在を予言したのは有名である．イオンの尾は，途中でちぎれたり，屈曲したりする擾乱現象をひき起こす．これは，太陽風速度の急変や磁気中性面（磁力線が前後で逆向きになる面）を通過した際の磁力線再結合の際に起こるため，イオンの尾の形態変化は太陽風の状態を可視化しているともいえる（図3.6）．

第 3 章 彗星，小惑星と太陽系物質

図 3.6　Hale-Bopp, C/1995 O1（ヘール・ボップ）彗星のイオンの尾（左側）とダストの尾（右側）
東京大学木曽観測所において 105 cm シュミット（Schmidt）望遠鏡と写真乾板を用いて撮影．

❸ ダストの尾とナトリウムの尾

　彗星核からの揮発性ガスの蒸発に伴って，小さな塵（ダスト）も一緒に放出される．放出された塵は太陽からの光の圧力（放射圧）を受け，太陽の重力と放射圧が釣り合う方向に形成される．塵の大きさ（断面積）によって放射圧の効き方が異なるため，イオンの尾のように細くはならず，軌道平面上に広がった尾をつくる．これが**ダストの尾**（dust tail，塵の尾）である．塵の運動は放出時刻，彗星核の軌道速度，そして塵のサイズだけで決まる（放出速度は無視している）．放出時刻が同じ塵が並ぶラインを**シンクロン**（synchrone），サイズが同じ塵が並ぶラインを**シンダイン**（syndyne）とよび，適切なパラメータで両曲線を描けば，基本的には彗星のダストの尾は再現できる．これは**ベッセル・ブレッドキン理論**（Bessel-Bredikhin theory）とよばれるもので，現在でも簡単な解析に用いられている．さらに放出速度や塵のサイズ分布，放出量をパラメータにした**フィンソン・プローブシュタイン理論**（Finson-Probstein theory）が使われる．しかし，彗星のダストの尾は，これらの理論では説明できない細

い筋の群れが見えることがある.1997年のヘール・ボップ彗星や,2007年のMcNaught, C/2006 P1(マックノート)彗星で観測された.この構造はストリーエとか,シンクロニック・バンドとよばれている.シンクロンに似てはいるが,正確にはシンクロンとは異なり,しかもまれにしか現れないので,その成因はいまだによくわかっていない.一般には彗星の塵の2次的な崩壊によるとされているが,単純な崩壊なら塵のサイズがばらつくため放射圧が同じにならず筋状になるはずがない.

1997年に接近したヘール・ボップ彗星では,新しい種類の尾,中性ナトリウム(Na)の尾(sodium tail)が発見された.イオンの尾が電荷を帯びた分子からなるのに対し,Naの尾は中性原子からなる尾で,イオンの尾よりも直線的に現れる.Naは中性原子のなかでも特定の波長の光(ここではNaの波長の光)を受ける効率(蛍光効率)が抜群に良く,太陽からの光を浴びたNaは瞬く間にイオンよりも効率よく反太陽方向に加速され流されるため,イオンよりも大きな加速を受けて直線的に現れる.しかし,Naの尾はNa放出量が最も多くなるはずの彗星の近日点付近にくると目立たなくなる.これは次のように説明される.太陽光には太陽大気のNaによる深い吸収があり,その波長の光子は極端に少ないが,太陽に対して大きな相対速度をもつ彗星が感じる太陽光はドップラー効果により波長がずれるために蛍光が起こる.しかし,太陽との相対速度が0になる近日点付近になると,ドップラー効果が効かなくなるため,急速にNaの尾がなくなるのである.この証拠に,近日点から離れた彗星からふたたびNaの尾が観測された.また,ヘール・ボップ彗星では,ダストの尾からじわじわと放出したNaが形成する第4の尾も観測されている.

3.2 小惑星

3.2.1 小惑星の起源

1801年,イタリアのシチリア島パレルモ天文台で,小惑星セレス(Ceres, ケレスともいう)が発見された.ちょうど,ティティウス・ボーデの法則で惑星がなかったところ(式(1.1)で$N=3$)に発見された天体は,当初は惑星と考えられた.その後あいついで3つの天体(パラス(2 Pallas),ジュノー(3 Juno),ベスタ(4 Vesta))が発見された.これを四大小惑星とよぶが,直径946 kmで

コラム 3.1　星間分子

　分子の振動や回転スペクトルに起因する赤外線やマイクロ波の電磁波を望遠鏡で観測することにより，**星間分子**（interstellar molecule）を同定できる．2017年までに発見された代表的な分子を表に示す．ほとんどは7個程度までの原子からなる有機分子で，エタノールや酢酸などの地球上でもなじみの深い化合物もあるが，分子イオンやラジカルなどの不安定な化学種も多い．数多くの元素からなる分子として直鎖状シアノポリイン化合物の1つシアノペンタアセチレン（$HC_{11}N$，H—C≡C—C≡C—C≡C—C≡C—C≡N）があり，赤色巨星まわりでは C_{60}，C_{70} などのフラーレン分子も発見された．いまだに多くの帰属できないスペクトル（未同定ライン）があり，最も簡単なアミノ酸であるグリシン（H_2NCH_2COOH）の存在の可能性も報告されたが認められていない．1987年ハリー彗星が地球に接近したときに，当時観測が始まったばかりの野辺山45m電波望遠鏡で探索した分子がアミノアセトニトリル（H_2NCH_2CN）であった．この分子は水との反応（加水分解）によってグリシンになる．結局，アミノアセトニトリルはハリー彗星中には発見されなかったが，最近になってオリオン分子雲中に同定された．

表　観測された代表的な星間分子

分子イオン	HCO^+, HOC^+, HCS^+, N_2H^+, HCO_2^+, H_2CN^+, SO^+, CF^+
無機化合物	H_2, H_3^+, OH^*, O_2, NO, N_2O, HNO, NS, SH, SO, SiO, SiN, SiS, SiH_4, HCl, HF, NaCl, KCl, AlF, AlCl, H_2O, H_3O^+, H_2S, SO_2, FeO, HN, NH_2^*, NH_3, N_2, O_2, CO_2, N_2O, H_2O_2
アルコール，エーテル	CH_3OH, C_2H_5OH, $(CH_3)_2O$
アルデヒド，ケトン	H_2CO, H_2CCO, CH_3CHO, C_2H_5CHO, HCCCHO, $(CH_3)_2CO$, HCO^*
酸，エステル	HCOOH, CH_3COOH, $HCOOCH_3$
アミン，イミン	NH_2CN, NH_2CHO, CH_2NH, CH_3NH_2, CH_3CONH_2
シアン，イソシアン	HCN, HNC, H_2CN, CH_2CN^*, CH_3CN, CH_3NC, CH_3CH_2CN, CH_2CHCN, HNCO, CH_2CCHCN, HCOCN, H_2NCH_2CN
含硫黄化合物	OCS, HNCS, H_2CS, CH_3SH, C_2S
含リン化合物	CP, PN, PO, HCP
含金属化合物	MgCN, MgNC, KCN, NaCN, AlNC, SiCN, SiNC
環状化合物	C_3H_2, C_3H, C_3, c-SiC_2, c-C_3H, c-H_3C_3O, c-C_2H_4O, C_{60}, C_{70}
直鎖炭素鎖化合物	HCN, HC_3N, HC_5N, HC_7N, HC_9N, $HC_{11}N$, CH^*, H_2C, C_2, C_2H^*, C_2H_2, C_3H^*, C_4H^*, C_5H^*, C_6H^*, CO, CO_2, C_2O, C_3O, CN^*, C_3N^*, CS, CCS^*, C_3S, CSi^*, C_4Si

* はラジカルを表す．

（理科年表（2018）より抜粋）

ほぼ球型のセレス以外は，それぞれ平均直径 550 km, 240 km, 500 km 程度の球からは歪んだ形状をしている．その後も，火星と木星の間に，太陽を周回する小天体は続々と発見され，現在では軌道が確定しているものだけでも 50 万を超えている．また，海王星軌道までの**ケンタウルス族天体**（Centaur）も（彗星活動をしていない天体であれば）小惑星として分類できる．しかし，現在の小惑星の全質量の見積もりは，3.6×10^{21} kg にしかすぎず（Krasinsky et al., 2002），これは最大小惑星セレスの約 4 倍で，地球質量のわずか 0.6% であり，月質量よりも少ない．

太陽系がガス円盤の中で生成されるとき，凝縮される固体物質の量は太陽から遠方にいくほど減少する．林モデル（式 (2.1)）では，2.7 AU（スノーライン）を超えると氷の凝縮により固体物質の量は増加するが，その手前では面密度は最小になる．岩石物質の存在度についてはスノーライン以遠も減少していく．材料物質が少ないため，木星が成長したときには，小惑星となるべき天体はまだ大きな天体になっていなかった．とくにグランドタックモデル（2.3.5 **⊖** 項参照）では，現在の小惑星帯の内側まで一度木星が移動するので，影響は大きい．このような木星の重力の影響のため，天体がたかだか原始惑星サイズ（数百〜1,000 km）までしか成長しなかったと考えられる．

3.2.2 小惑星の族と分布

小惑星の軌道半長径，離心率，軌道傾斜角から公転周期起源の短周期変動と木星など他の天体による摂動の寄与を取り除いた量を，それぞれ**固有軌道長半径**（proper semi-major axis），**固有離心率**（proper eccentricity），**固有軌道傾斜角**（proper orbital inclination）という．1918 年，平山清次は小惑星の軌道要素の解析から，固有離心率，固有軌道傾斜角がほぼ等しい値を示すグループがあることを発見し，同じ天体から生まれた小惑星の集まりと考え，**族**（family）と命名した．彼の発見した 5 つの族（**コロニス**（Koronis），**エオス**（Eos），**テミス**（Themis），**フローラ**（Flora），**マリア**（Maria））は**平山族**（Hirayama family）とよばれている．図 3.7a には，後に発見された軌道傾斜角の大きい，**ハンガリア族**（Hungaria），**フォカエア族**（Phocaea）も示してある．また，木星軌道上にあるトロヤ群小惑星も族の 1 つである．観測が進み，2017 年現在で 1,000 個以上の小惑星を含む族が 32，メンバーが少ないものまで含めると 100 以上の族があるのではと考えられている．なかには，大きな族のサブグループを成して

第 3 章 彗星，小惑星と太陽系物質

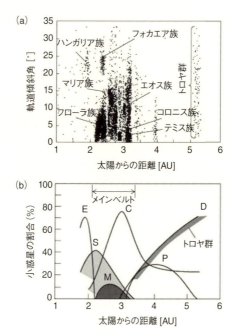

図 3.7　小惑星の族（縦軸は軌道傾斜角）（a）とスペクトル型（図 3.9 参照）（b）
(https://ase.tufts.edu/cosmos/print_images.asp?id=13)

いる族も発見されている．

　小惑星の族のメンバーの多色観測から，同じ族に属している天体は基本的に同じ色を示している．これは，それぞれの族が，小惑星帯の衝突で天体が破壊されることにより生成されたという考えで説明できる．実際にセレス以外の小惑星は，球から大きくはずれた形状をしている．

　自転する小惑星では，表面の温度変化による熱放射の不均一によって生じる微小な力の積み重ねにより，10 cm から数十 km のサイズの天体では，軌道長半径が変化する．これがヤルコフスキー効果（Yarkovsky effect）である．図 3.7a では，小惑星帯の数カ所で天体の分布が少なくなっている．これは，軌道周期が木星と整数比の関係になるときに，平均運動共鳴により軌道離心率が大きくなり，さらに火星や地球などに接近して軌道が変わることによるものである．

　隕石や地球近傍小惑星は多くの場合，このようにして小惑星帯から放出されたと考えられる．落下軌道が求められている隕石の大部分は，遠日点は小惑星

帯にある．図 3.7b は，さまざまなスペクトル型の小惑星と共鳴領域が重なっていることを示している．これから，なぜ多様な隕石が地球に落下しているかも理解できるであろう．

3.2.3 小惑星の分類：スペクトル型

月や小惑星の表面物質は，アポロ計画やルナ計画（月），またはやぶさ計画（小惑星イトカワ）で地球に持ち帰られたごく一部のものを除き，太陽光（可視〜近赤外光）の反射スペクトルを用いて推定するのが唯一の方法である．太陽系元素存在度から想定される主要鉱物は，隕石を構成するとともに小惑星や月の主要構成鉱物でもある（表 2.3）．このようなケイ酸塩鉱物は $0.8 \sim 2.3\,\mu m$ 付近に 2 価の鉄イオン（Fe^{2+}）による幅広い吸収帯をもっており，結晶場による吸収帯波長領域の違いから，かんらん石，低カルシウム（Ca）輝石，高 Ca 輝石や斜長石を区別することができる（図 3.8）．不透明鉱物ははっきりとした吸収帯を示さない．また，Fe を含む含水鉱物は，$0.6 \sim 0.8\,\mu m$ 付近に Fe^{2+}-Fe^{3+} 電荷移動による吸収帯や，$1.4\,\mu m$ や $2.3 \sim 3.1\,\mu m$ 付近に構造水に関係した吸収帯をもっている．小惑星・月表面物質や隕石のような鉱物の混合物の反射スペクトルは，多重散乱・吸収のため構成鉱物の反射スペクトルの単純な線形結合とはならないが，構成鉱物の吸収帯が現れる．月や惑星表面は一般的には微小天

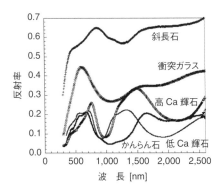

図 3.8 小惑星や月表面の主要鉱物および衝突ガラスの反射スペクトル

衝突ガラス以外は Apollo（アポロ）の月試料から各鉱物を分離して測定した反射スペクトル．衝突ガラスは岩石がほぼ衝突メルトで構成された破砕岩の測定データ．（源泉データは Brown 大学データベースより）

第 3 章 彗星，小惑星と太陽系物質

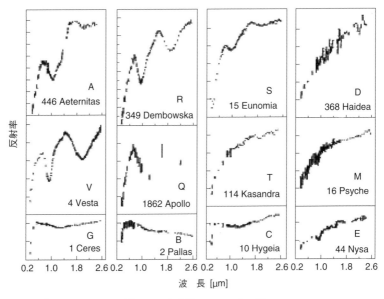

図 3.9 小惑星のスペクトル型

体やさらに小さいメテオロイド（3.4.1 項）の衝突で生成された細かな砂（レゴリス，regolith）に覆われており，隕石を粉末にして実験室で反射スペクトルを測定し，観測された天体の反射スペクトルと比較される．

　小惑星の反射スペクトルは，その形状とアルベドの違いにより 14 ないし 15 の型に分けられ，アルファベットで表される（たとえば，廣井・杉田，2010）（図 3.9）．図 3.7b には主要なスペクトル型をもつ小惑星の存在頻度を軌道長半径に対して示してある．**S 型小惑星**は小惑星帯の中央より内側の軌道を周回するものが大多数を占めている．ケイ酸塩鉱物に特徴的な吸収帯をもち，0.3〜0.7 μm にかけて反射率が上がっていくのがスペクトルの特徴であり，その多くのものは宇宙風化を受けた普通コンドライトに対応している．普通コンドライトは隕石のなかで最も高い落下頻度をもつ（表 3.2）にもかかわらず，そのスペクトルに似た Q 型スペクトルをもつ **Q 型小惑星**（図 3.10）は小さなものが少数見つかっているにすぎない．S 型スペクトルは Q 型スペクトルと比べてアルベドが低く（暗化）また低波長側の反射率の低下が大きい（赤化）．このようなスペクトルの暗化や赤化は月表面でも観測されており，アポロサンプルの分析によ

表 3.2　地球外物質（隕石および宇宙塵）の分類

隕石（> 2 mm のもの）：下降量は宇宙塵の 10% 以下			グループ	落下数*	落下＋目撃数*	候補起源天体
始原隕石 (コンドライト)		コンドライト(計)		*978*	*54,157*	
		炭素質コンドライト	CI, CM, CO, CV, CK, CR, CH, CB	46	2,299	CI, CM: C 型, TL**: D 型?, CV, CO: K 型?
		普通コンドライト	H, L, LL	908	50,977	S: Q 型
		エンスタタイト コンドライト	EH, EL	18	611	
		R コンドライト	rumuruti	1	200	
		K コンドライト	kakangari	1	4	
始原的エコンドライト	石質隕石	始原的エコンドライト(計)		*91*	*3,507*	
		アカプルコアイト－ロドラナイト	acapulcoite-lodranite	2	158	同一天体?
		ウィノナイト	winonaite (IAB, IIICD)	1	31	
		ブラチナイト	brachinite	0	44	
		ユレーライト	ureilite	6	500	
分化隕石 (エコンドライト)		エコンドライト(計)		*82*	*2,774*	
		アングライト	angrite	1	28	
		オーブライト	aubrite	9	76	E 型
		HED 隕石	howardite, eucrite, diogenite	66	2,033	V 型（ベスタ）
		火星 (SNC) 隕石	shergottite, nakhlite, chassignite, orthopyroxenite	5	209	火星
		月隕石	lunar	0	344	月
	石鉄隕石	石鉄隕石(計)		*11*	*356*	
		パラサイト	pallasite (main stream, Eagle Station, pyroxene)	4	115	
		メソシデライト	mesosiderite	7	241	V 型（ベスタ?）
	鉄隕石	微量元素による分類	IAB, IC, IIAB, IIC, IID, IIE, IIF, IIIAB, IIICD, IIIE, IIIF, IVA, IVAB	53	1,320	M 型
		金属組織による分類	hexahedrite, octahedrite, ataxite			
		総計		*1,215*	*62,115*	

宇宙塵（< 2 mm のもの）		特徴	頻度	候補起源天体
採取法・形態による分類	惑星間塵 (IDP)	成層圏で採取（〜10 mm）：大気圏突入による加熱の影響が少ない		
	微隕石 (micrometeorite)	極地の雪氷から採取（数十〜数百 μm）：大気圏突入による加熱の影響を受けたものが多い		
	宇宙塵スフェリュール (cosmic spherule)	大気圏突入による加熱により融解して丸くなったもの		
構成鉱物による分類	CS (chondritic smooth)（含水宇宙塵）	主として含水ケイ酸塩からなる，炭素質コンドライト（CM, CI, TL**）に類似	〜40%	C, D, T 型?
	CP (chondritic porous)（無水宇宙塵）	細粒のかんらん石，輝石，ガラス，硫化鉄，ニッケル鉄と有機物の集合体で多孔質	〜40%	彗星
	粗粒宇宙塵	結晶質（鉱物粒子，CAI，コンドリュール的なもの）	〜20%	コンドライトなどの欠片?

* Meteoritical Bulletin Database（2018 年 8 月 3 日時点）による（合計数が一致しないのはグループ分けされない隕石があるためである）．
** TL: タギッシュレイク（Tagish Lake）隕石（グループ分けされない炭素質隕石）．
（隕石の分類は，Weisberg *et al.*（2006）に基づく）

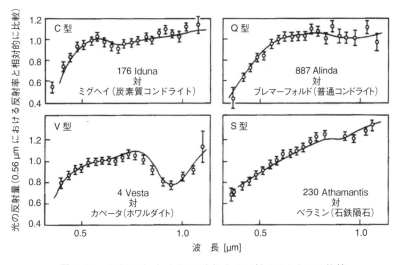

図 3.10 小惑星（―）と隕石（○）との反射スペクトルの比較

り，**宇宙風化**（space weathering）とよばれるマイクロメテオロイドの高速衝突や太陽風の照射による鉱物表面の変質作用（非晶質化とナノ金属粒子の分散）によるものであることが知られていた．NEAR シューメーカー計画やはやぶさ計画などの探査機による小惑星の近接観測結果（古いと考えられる表面ほど暗化・赤化が進んでいる）や宇宙風化の再現実験から，宇宙風化が小惑星表面でも起こり，普通コンドライトからなる小惑星のほとんどは S 型スペクトルを示すと考えられるようになった．2011 年になって，はやぶさサンプルの分析により，小惑星イトカワの反射スペクトルから推定された表面物質が実際に普通コンドライト（LL，3.3.3Ⓐ(1) 項参照）であることが明らかになるとともに，サンプル粒子表面に宇宙風化層が見出され，小惑星における宇宙風化が実証された（3.6 節）．

C 型小惑星やこれを細分化した G，B，F 型は紫外域を除いて全体的に暗くて平らなスペクトルをもっており，CM や CI とよばれる炭素質物質に富み水質変成を強く受けた**炭素質コンドライト**（表 3.2）の反射スペクトルに類似している（図 3.10）．小惑星帯（メインベルト）にある小惑星の多くは C，G，B，F 型小惑星であるのに対して（図 3.7b），対応すると考えられる炭素質隕石の落下頻度は小さい（表 3.2）．一方，宇宙塵には炭素質隕石あるいはこれに類似する

物質が多い．炭素質隕石は機械的強度が小さく，その多くは小さな破片となって宇宙塵として地球に降り注いでいるのかもしれない．**P型小惑星**や**D型小惑星**は非常に暗いやや右上がりのスペクトルを示すことから，有機物を多く含むC型よりさらに始原的な物質であると考えられている．2001年1月にカナダに落下したタギッシュレイク（Tagish Lake）隕石は従来知られていた種類に属さないユニークな炭素質コンドライトで，D型小惑星由来であるという説もある．一方，P型はC型とD型の中間的な特徴をもつ．C，P，D型小惑星にも宇宙風化が起こっていると考えられている．宇宙風化により，反射スペクトルは明るく（明化），傾きは小さくなる（青化）といった，S型と逆傾向をもつという指摘もある．**JAXA**（Japan Aerospace Exploration Agency，宇宙航空研究開発機構）の「はやぶさ2」は2018年にC型小惑星に到着し，観測が始まった．また，NASAのOSIRIS REx（オシリス・レックス）探査機も2019年にB型小惑星に到着予定である．それぞれサンプルを採取する予定で，その成果が期待される（コラム3.2）．

　V型小惑星はベスタの反射スペクトルおよびそれに近いもので，輝石の吸収帯をもち，ユークライトとよばれる玄武岩質のエコンドライトの反射スペクトルに類似し（図3.10），ユークライトと成因を一にするHED隕石の起源天体と考えられる．2007年に打ち上げられたNASAのDawn探査機は，2011年7月から2012年9月まで小惑星ベスタを，その後2015年3月から2016年6月までG型スペクトルをもつ準惑星セレスを，それぞれ周回しながら探査した．これにより，ベスタはHED隕石に対応する反射スペクトルをもつとともに，地表面が再更新されていることが示唆された．また，セレスの表面は含水鉱物を含む始原的な物質をもつことがわかった．

　E型小惑星はアルベドが大きく特徴の乏しいスペクトルで，エンスタタイトエコンドライト（オーブライト）に対応すると考えられている．**M型小惑星**はE型よりも暗いが，スペクトルの形状は似ている．おもに鉄隕石に対応すると考えられている．また，S型のあるものは，石質隕石や始原的エコンドライトに対応すると考えられている．

　小惑星のスペクトル型の分布の太陽からの距離依存性（図3.7b）は，無水ケイ酸塩と金属・硫化鉄からなる物質（S型），含水ケイ酸塩と炭素質物質を含む物質（C型），有機物を多く含む物質（P型，D型）という，高温生成物から低温生成物へというゾーニングを示している．このゾーニングの成因は興味深い

第 3 章　彗星，小惑星と太陽系物質

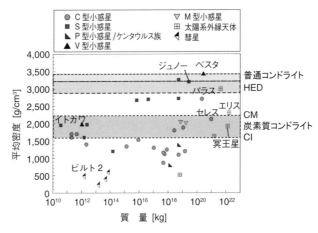

図 3.11　小惑星と隕石の平均密度の比較
(小惑星のデータは主として Brit et al.（2002）による)

が，スノーラインとよばれる太陽系形成時に H_2O 氷が固体として存在しうる境界や有機物の存在可能範囲に対応した初期の物質分布をほぼ反映しているという考え方や，D 型小惑星などは小惑星帯形成後に太陽系外縁天体物質が移動してきたという考え方（**グランドタックモデル**）がある．

3.2.4　小惑星の内部構造

　小惑星の表面物質は反射スペクトルからある程度の推定はつくが，内部構造の推定はさらに困難となる．スペクトル型から推定した表面物質が内部にも存在していると仮定すると，小惑星の平均密度との比較が可能となる．図 3.11 には小惑星の平均密度と質量を，その候補物質（隕石）の密度とともに示してある（口絵 6 も参照）．セレス（準惑星）やベスタ，パラスといった大きな小惑星は，平均密度と候補物質の密度はほぼ同じで，内部まで均質なコヒーレントな天体であると考えられている．
　比較的小さな C 型小惑星の平均密度は炭素質コンドライトの密度の約半分程度であり，内部に 40〜50 % 程度空隙が存在していると考えられている．このような大きな内部空隙は先に存在した小惑星が衝突で破壊され，その破片が再集積してできたもの（**ラブルパイル**（rubble pile，瓦礫の集まり）**天体**とよばれる）であると一般には考えられている．S 型小惑星の多くは普通コンドライト

の密度より20%程度小さい平均密度をもっている．これらの15〜20%程度の内部空隙をもつと考えられる小惑星は，破砕されて空隙率が増加した小天体であると考えられている．小さなS型小惑星であるイトカワは平均密度が小さく，LLコンドライトや回収サンプルの密度と比べると内部空隙は40%程度となり，またその表面構造からもラブルパイル天体であることが示された初めての小惑星である（3.6節）．また，M型小惑星の平均密度は鉄隕石と比較すると極端に小さく，70〜80%もの内部空隙が存在することになるが，一部にはケイ酸塩に富むものもあるらしい．

コラム 3.2　はやぶさ2

　近地球小惑星イトカワから，表面試料の採取・帰還に成功した「はやぶさ」の後継機としてJAXAにより「はやぶさ2」が計画された（図1）．より始原的な天体と考えられる炭素質小惑星からのサンプルリターンを目指している．ターゲットは1999JU3，後にリュウグウ（162173 Ryugu）（「竜宮」の意）と命名された900 mほどの大きさのC型小惑星である．

　2014年12月に打ち上げられ，イオンエンジンにより加速され，1年後に地球重力のスィングバイで小惑星へ向かう傾斜角のある軌道に入った．2018年6月27日にリュウグウに到着し，近接画像の撮影（図2）を行うとともに，1年あまりにわたりリュウグウを観察する．その間に着陸サンプリングに成功した．また，ドイツやフランスなどが制作した着陸機を下ろして地表の詳細観測を行うとともに，表面の宇宙風化を除去した内部のデータを取るため，2回目の着陸

図1　「はやぶさ2」の想像図（JAXA提供）

第 3 章　彗星，小惑星と太陽系物質

図 2　「はやぶさ 2」が撮影した小惑星リュウグウ（JAXA/東京大学ほか提供）

の前に衝突体による表面破壊実験を行った．そして，2020 年に地球にサンプルを帰還する予定である．おもな搭載機器としてはサンプラーのほか，望遠多色カメラ（近紫外–可視–近赤外），赤外分光計（3.2 μm まで），熱赤外放射計，レーザー高度計が挙げられる．

　米国 NASA のアポロ計画により 1969 年に初めて月の岩石や砂が，その後旧ソ連のルナ計画でも月の砂が地球に持ち帰られた．今世紀になってからは，スターダスト計画（NASA）により彗星塵が，そしてわが国のはやぶさ計画（JAXA）では小惑星のサンプルが持ち帰られた．また，はやぶさ 2 計画だけでなく，NASA でもオシリス・レックス計画が進められている．探査機は 2016 年 9 月に打ち上げられ，B 型小惑星の 101955 Bennu（ベンヌ）からサンプルを採取して 2023 年に地球に帰還する予定であり，サンプルリターンを目的とした太陽系大航海時代が始まったといってもよい．

　隕石や宇宙塵から太陽系を探るとき，単にこれらを分析するだけでなく，天文観測との比較が重要であり，リターンサンプルはこの両者を結びつけるきわめて重要なものである．このような分析–観測という「小さなサンプルから小惑星に至るさまざまなサイズの物質を見る」という研究手法は，室内実験や理論的研究と協調しながら進めていくことが重要である．これにより**太陽系小天体**（solar system small body）について，どの場所にどのような天体が存在し，それはどのようにして形成され進化してきたのかが明らかにされる．われわれはこのような太陽系の実体すらまだ正確には把握していないといえる．

　かつて博物学者らは自然物の採集と同定を行い，その分類に情熱を傾けた．その後，さまざまな分類法が編み出された．現在では，生物は進化論を鉱物は結晶化学を基にした分類が確立され，旧来の博物学はその使命を終えたかに見える．一方，現在隕石と宇宙塵の分類は別々に行われており，太陽系小天体の分類も明確には体系化されてはいない．この意味では，地球外太陽系物質の分

類は今まさに21世紀の博物学の時代を迎えたことになる．幸いなことにわれわれは惑星形成論という分類のための武器をすでにもっており，サンプルリターンを介した太陽系小天体博物学が今後進められ，これにより太陽系の形成と進化についての理解が大きく進むものと思われる．

図3 高度約64 mからONC-Tが撮影したリュウグウ表面の画像（JAXA/東京大学ほか提供）

図の横幅は8 m．

コラム 3.3　オウムアムア：太陽系外からの来訪者

2017年10月19日．ハワイ大学のRobert Werykは同大学のパンスターズ（Pan-STARRS）1望遠鏡による広視野の画像のなかから，時速15万kmで地球から遠ざかる天体を発見した．太陽系を脱出できる速度で，軌道離心率は $e=1.20$ と大きく，双曲線軌道である．この天体は，ハワイ語で「遠方からの最初の使者」を意味する**オウムアムア**（'Oumuamua）と名づけられた．太陽系の外から飛来して，太陽に接近して方向を変え，また太陽系の外へ向かおうとしている．

この天体は数時間ごとに明るさが15倍以上も変化する．細長い鉛筆か葉巻のような形をしており，7.34時間周期で自転していると考えられる（図）．長い側面が観測されるときに明るく，天体の細い先端を見ているときは暗い．天体の長さは400 m，幅40 mほどで（天体の反射率が低ければ，800 mの大きさもありうる），これほど細長い小惑星はこれまで観測されていない．オウムアムアにはダストやガスの尾は観測されていないため，彗星ではなく，小惑星に近い組成をもつと考えられる．天体の表面は赤みがかった反射を示している．おそら

く，宇宙空間で長いあいだ星間ダストの衝突にさらされて，宇宙風化作用が進んだものと考えられる．

図　オウムアウアの想像図（http://www.eso.org/public/images/eso1737a/）

3.3　隕　　石

3.3.1　太陽系物質

　地球に落下する地球外固体物質のうちで，直径が 2 mm よりも大きいものを隕石（meteorite），それよりも小さいものを**宇宙塵**[9]とよぶ（表 3.2）．隕石のほとんどは小惑星を，宇宙塵は彗星および小惑星を起源とすると考えられている．太陽系小天体は小惑星，太陽系外縁天体，太陽系外縁天体を起源とする彗星からなるが，太陽系の形成を考えると，これらは惑星として大きく成長しなかった微惑星や原始惑星の「化石」であり，その構成物質には太陽系形成時の情報やその後の進化の情報が残されている．

---

[9] 宇宙に存在する固体微粒子（ダスト，塵）はすべて宇宙塵（広義）である．それに対して，地球に落下する固体微粒子を宇宙塵（狭義）とよぶこともある．第 3 章ではとくに断らないかぎり，狭義の宇宙塵を「宇宙塵」とよぶ．

3.3.2　隕石と大分類

Ⓐ 隕石とその起源

　隕石は，落下が目撃された**落下隕石**（fall）と，落下は目撃されていない**発見隕石**（find）に分けられる．隕石は落下時に衝突クレーター（たとえば，米国アリゾナ州のメテオール（Meteor）クレーター）をつくることがあるが，大気への突入時の衝撃で多くの破片に分かれて隕石シャワーとして広い範囲に分布することもある（たとえば，2013年にロシアに落下したチェリアビンスク（Chelyabinsk）隕石）．2017年8月の時点で国際隕石学会に登録されている隕石の総数は約62,000個あるが（Meteoritical Bulletin Database, 2018），そのほとんどは発見隕石で，落下隕石は1,200個程度である（表3.2）．石質隕石は地上での風化により発見されにくいが，鉄隕石は発見されやすい（次のⒷ項参照）．したがって，隕石の落下頻度は，落下隕石の割合から見積もられる．発見隕石は，南極の氷や砂漠の砂の上で発見されたものも多く，日本の南極地域観測隊は，1969年以来南極の裸氷帯で多量の隕石を発見し採集している．

　隕石の名前は落下地点あるいは発見地点の地名が付けられる．たとえば，861年に福岡県直方（のうがた）市に落下した隕石は世界最古の目撃記録があるとされる隕石で，直方隕石と名づけられている．南極や砂漠で発見されたものは，地名に発見年および番号が振られる（たとえば，南極やまと山脈で1974年に発見された191番目の隕石はYamato 74191と命名されている）．

　隕石の起源に関しては，複数地点から落下が目撃された隕石は落下軌道を復元できるものがあり，これらが小惑星のメインベルト由来であることを示すこと，また隕石と小惑星の反射スペクトルがほぼ一致すること（図3.10）から，そのほとんどは小惑星を起源とすると考えられてきた．JAXAのはやぶさ計画により小惑星イトカワから採取されたサンプルは，その分析により，反射スペクトルから推測された隕石種と一致し，隕石が小惑星起源であることが確証された（3.6節）．また少数の隕石は月および火星起源である（表3.2）．

Ⓑ 隕石の大分類

　隕石は，主としてケイ酸塩からなる**石質隕石**（stony meteorite），主としてニッケル鉄からなる**鉄隕石**（iron meteorite），主としてケイ酸塩とニッケル鉄からなる**石鉄隕石**（stony-iron meteorite）に大きく分類される（表3.2）．石質隕石はコンドリュール（chondrule）とよばれる球状物質を含むコンドライト（chondrite）

と，これを含まない**エコンドライト**（achondrite）に分けられる（表3.2，口絵8）．コンドライトは落下頻度の87%を占め，初期太陽系において集積した固体物質が融解を受けずに現在に至っている**始原隕石**（primitive meteorite）である．一方，エコンドライトはマグマの固結した火成岩の一種であり，鉄隕石や石鉄隕石とともに，大規模な融解を経験した天体からもたらされた**分化隕石**（differentiated meteorite）である．また，これらの中間的なものとして，**始原的エコンドライト**（primitive achondrite）がある（Weisberg et al., 2006）．

コンドライトも太陽系の固体原材料そのものではなく，以下のプロセスのいくつかを受けている．(a) 太陽系形成時の熱プロセス（凝縮，蒸発，固体–気体反応）に伴うさまざまな元素および同位体分別，(b) 天体として集積した後の熱変成や水質変成，(c) 母天体表面への小天体の衝突による衝撃変成，(d) 母天体表面での宇宙環境との相互作用（宇宙風化など），(e) 母天体から放出された後の宇宙空間での宇宙線照射，(f) 地球大気突入時の加熱（溶融皮殻の形成），(g) 地上での風化（金属鉄などの酸化など）である．

❸ 酸素同位体組成

2.5.6 ❸ 項で述べたように，**酸素同位体組成**（oxygen isotope composition）は質量分別により規則的に変化し，3酸素同位体図において**地球質量分別線**とよばれる傾きがほぼ0.5の線上を動く（図2.23）．質量分別は，蒸発・凝縮・融解・溶解・結晶作用などの相変化や，化学反応などによって起こるが，同一の質量分別線上にないものは，主として分子雲あるいは太陽系星雲での**非質量依存同位体分別**（CO分子の自己遮蔽効果，2.5.6 ❹ 項参照）によるものと考えられている．したがって，隕石のグループのなかで同じ質量分別線上にない，すなわち酸素同位体組成の異なるものは，その化学組成の特徴が共通していても異なった起源をもっていると考えられる．このように，酸素同位体組成は隕石の起源を考えるうえで重要であり，分類にも用いられる．

図3.12に，さまざまな隕石グループの3酸素同位体プロットを示す．たとえば，始原的隕石のなかでもエンスタタイトコンドライトとよばれるグループは地球物質の分別線（地球質量分別線）上にプロットされ，地球の原材料ではないかという説もある．月の石は地球質量分別線上にプロットされるのに対して火星隕石はずれるので，月は地球と同一の物質から形成されたのに対して，火星は地球とは異なった物質から形成されたと考えられる．各隕石グループの特徴については，3.3.3項および3.3.4項を参照されたい．

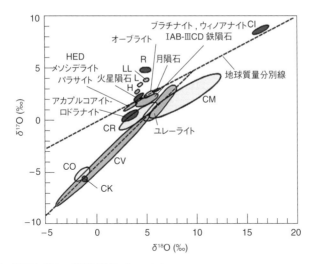

図 3.12 隕石などの3酸素同位体プロット（http://www.cefns.nau.edu/geology/naml/Meteorite/Book-Tools.html）

隕石の分類は表 3.2 を参照.

3.3.3 始原隕石（コンドライト隕石）

Ⓐ コンドライトの分類

(1) 化学グループ

コンドライトは化学組成により，炭素質（carbonaceous）コンドライト，普通（ordinary）コンドライト，エンスタタイト（enstatite）コンドライトのグループに大別される（表3.2）．化学グループごとに，鉄の総量とケイ酸塩や酸化物に含まれる鉄（Fe^{2+}, Fe^{3+}）および金属や硫化物に含まれる鉄の量の関係を示したものを，図 3.13 に示す．炭素質コンドライトは有機物などの炭素質物質や水といった揮発性成分を豊富に含み，化学組成と酸素同位体組成により，CI, CM, CR, CO, CV, CK, CH, CB の化学グループに細分化されている．炭素質コンドライトの落下頻度はコンドライトのなかで5%程度にすぎないが，小惑星帯にはこれらの隕石の起源天体と考えられる小惑星が多数存在し（3.2.3項），重要なグループである．普通コンドライトは落下頻度がコンドライト隕石の90%以上を占め，鉄の総量と酸化還元状態の違いにより H（high iron），L（low iron），LL（low iron and low metal）の3種類に細分される．エンスタタ

第 3 章 彗星，小惑星と太陽系物質

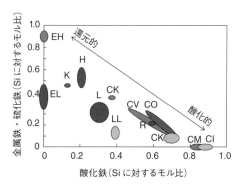

図 3.13 コンドライトグループごとの鉄の総量と酸化還元状態との関係（Brearley and Jones, 1998）

傾き −1 の直線は鉄の総量が一定の線であり，右上へいくほど鉄の総量が多くなる．一方，傾き −1 の直線上では Fe の総量は一定で，左上へいくほど還元的，右下へいくほど酸化的な組成となる．

イトコンドライトは鉄がほとんど金属や硫化物としてのみ存在する還元的な生成条件を示すもので，落下頻度は数％程度である．鉄の量により EH と EL に細分される．またまれなグループとして，R コンドライト，K コンドライトがある．

(2) 岩石学タイプと熱変成，水質変成

コンドライト隕石は岩石学的組織や構成鉱物の化学組成により，1 から 6 までの**岩石学タイプ**（petrologic type）に分類される（表 3.3）．タイプ 3 は，構成物質であるコンドリュールやマトリックスなどが機械的に集積した構造をほぼ残しており，構成鉱物の化学組成は不均質で化学的に非平衡状態にあるので，**非平衡コンドライト**（unequilibrated chondrite）とよばれる．タイプ 3 から 6 になるに従って，再結晶による鉱物の粗大化や化学組成の均質化が進み，タイプ 4〜6 は**平衡コンドライト**（equilibrated chondrite）とよばれる．タイプ 3 で存在するコンドリュール中のガラスは結晶化し，2 次的な斜長石などが生成される．これは，母天体内での**熱変成作用**（thermal metamorphism）に対応している．熱変成の程度が大きいタイプ 6 でも，加熱温度は 800℃程度で，岩石の溶融までには至らない．表 3.3 には示されていないが，タイプ 7 は完全に再結晶あるいは融解したもので，多くは衝撃溶融を受けたものである．タイプ 3 の普通コンドライトや CO, CV はサブタイプ 3.0〜3.9 に細分類される．

3.3 隕石

表3.3 コンドライト隕石の岩石学タイプ

岩石学タイプ	1	2	3	4	5	6
かんらん石の均一性		偏差 > 5%		偏差 < 5%	均質	
低Ca輝石の結晶構造		主として単斜晶系		単斜晶系 > 20%	単斜晶系 < 20%	直方晶系
斜長石			初生的（微量）	2次的（粒径：< 2μm）	2次的（粒径：2～50μm）	2次的（粒径：> 50μm）
コンドリュール中のガラス	変質あるいは存在しない	多くは変質，一部存在	清浄，等方的	失透	存在しない	
金属中の最大Ni含有量（wt.%）		< 20，テーナイトはまれ	> 20，カマサイトとテーナイトに2相分離			
硫化物中の平均Ni含有量（wt.%）		> 0.5	< 0.5			
マトリックス	細粒で不透明	主として細粒で不透明	砕屑性，わずかに不透明	透明，再結晶化，4から6にかけて粗大化		
コンドリュール	存在しない	明瞭な輪郭		認識可	認識しにくい	
炭素含有量（wt.%）	3～5	0.8～2.6	0.2～1	0.2		
水含有量（wt.%）	18～22	2～16	0.3～3	< 1.5		
変成温度の目安 [℃]	< 150	150～200	200～400	400～600	600～700	700～800

（Weisberg et al. (2006) をもとに一部加筆）

一方，タイプ1，2は，**水質変成作用**（aqueous alteration）の程度に対応している（表3.3）．水質変成により，かんらん石，輝石，ガラス（非晶質ケイ酸塩）などの無水ケイ酸塩はサーペンティン，サポナイトなどの層状含水ケイ酸塩鉱物（粘土鉱物）に，金属鉄や硫化鉄はマグネタイトやフェリハイドライトといった酸化鉄や水酸化鉄になるとともに，炭酸塩や硫酸塩が析出する（表2.3）．生成鉱物間の酸素同位体分別などから，水質変成は0～150℃程度で起こったと考えられている．このような水質変成は，隕石母天体にケイ酸塩などとともに集積した氷が解けて生じた液体の水との反応により起こったと考えられ，水質変成を強く受けた隕石は，太陽系の**スノーライン**（2.2.4項）よりも外側でつくられたと考えられる．CM, CRは水質変成の程度によりサブタイプ2.0～2.9に細

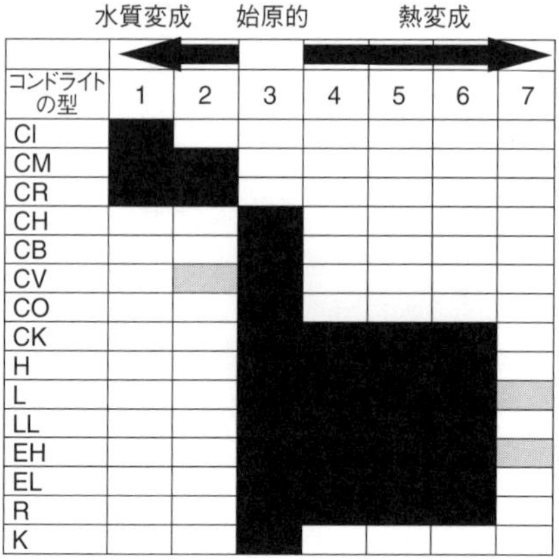

第 3 章　彗星，小惑星と太陽系物質

図 3.14　各コンドライトグループが示す岩石学タイプ（Weisberg *et al.*, 2006）
タイプ 7 は完全に再結晶あるいは融解したもので，多くは衝撃溶融を受けたものと考えられている（表 3.3 には示していない）．

分類されるが，ほとんど水質変成を受けていないサブタイプの高いものは**始原的炭素質コンドライト**（pristine carbonaceous chondrite）とよばれる．

　コンドライトの種類は岩石学タイプと化学グループの組合せで表記される（たとえば，LL5 など）．これまでに知られているものを図 3.14 に示す．一般的に，炭素質コンドライトのあるものは水質変成を受け，それ以外のコンドライトは熱変成を受けている．また，普通コンドライトには弱い水質変成を受けているものもある．それぞれのグループは，基本的には個々の小惑星に対応していると考えられている．

❸ コンドライトの構成物質

　コンドライトは，コンドリュール，金属や硫化鉄などの鉱物片や CAI などのさまざまな包有物と，それらを取り囲む微細な鉱物集合体であるマトリックスから構成される（口絵 8a,c）．これらの構成物の存在比は化学グループによって異なる．たとえば，炭素質コンドライトのなかでも，CI はマトリックスがほぼ 100％ で通常はコンドリュールや CAI を含まないのに対して，CM はコンドリュール，CAI，マトリックスをそれぞれ 20％，5％，70％ 程度含む．一方，普通コンドライトやエンスタタイトコンドライトは 60〜80％ 程度のコンドリュールを含み，CAI はまれである．また一部のコンドライトのマトリックスには，ごく少量のプレソーラー粒子が含まれる．

3.3 隕　石

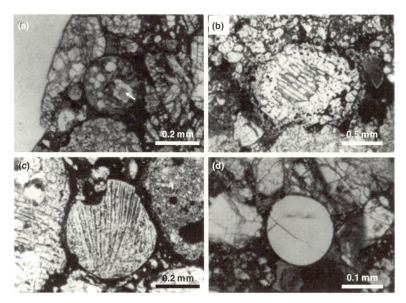

図 3.15　コンドリュールとその組織
(a) 斑状組織 (H3), (b) 棒状かんらん石組織 (L3), (c) 放射状輝石組織 (LL3), (d) 潜晶質組織 (H3). (a) の矢印は融け残り結晶.

(1) コンドリュール

　コンドライトを特徴づける**コンドリュール**は，ケイ酸塩を主とするサイズ 0.1～1 mm 程度の球粒物質で，その形状，ケイ酸塩メルトの急冷物であるガラスや急速に成長した形態をもつ結晶の存在から，自由空間（原始太陽系星雲）において高温で溶融状態にあったケイ酸塩液滴が急冷されたものであると考えられている．その組織は，大きく斑状と非斑状に分けられる（図 3.15）．**斑状組織**（porphyritic texture）はかんらん石や輝石の斑晶とその粒間を埋めるメソスタシス（ガラスあるいは細粒結晶の集合体）をもつ（図 3.15a）．**非斑状組織**（non-porphyritic texture）のおもなものは，棒状のかんらん石（3 次元的には板状）とメソスタシスからなる**棒状かんらん石**（barred olivine）組織（図 3.15b）と，放射状の低 Ca 輝石とメソスタシスからなる**放射状輝石**（radial pyroxene）組織（図 3.15c）である．これらの組織を実験室で再現することにより，非斑状組織は過冷却されたメルトから核形成が起こり結晶が急速に成長したもの，斑状組織は不完全溶融状態から冷却し融け残った結晶（図 3.15a）から斑晶が成

長したものと考えられる．光学顕微鏡では観察できない微小結晶しか成長しなかった**潜晶質**（cryptocrystalline）組織（図 3.15d）なども存在する．

　コンドリュールの化学組成は試料ごとに異なるが，平均値は親石元素（ケイ酸塩に入りやすい元素）では母岩のバルク組成にほぼ等しい．一方，親鉄・親銅元素（金属や硫化物に入りやすい元素）に乏しく，これらの元素は主として金属や硫化物の鉱物片として存在している．親石元素のなかでは，ナトリウム（Na），カリウム（K）やマンガン（Mn）などの中程度揮発性元素の存在度の変動が大きく，コンドリュール形成時の蒸発・凝縮が影響した可能性も指摘されているが，蒸発・凝縮で予想される同位体分別はほとんど認められない．

　斑状組織の融け残り結晶（図 3.15a の矢印）の存在は，コンドリュールが固体前駆物質の加熱によってつくられたことを意味している．再現実験から，最高到達温度は 1,400〜1,850℃，加熱の持続時間は数分以内，冷却速度は 100〜数千℃/hr 程度であると推定されている．コンドリュールの成因（加熱機構）は太陽系初期のプロセスを議論するうえで重要であり，(1) 原始太陽系星雲中に生じた衝撃波，(2) 原始太陽系星雲中での放電，(3) 小天体どうしの衝突，(4) 原始太陽に近い高温領域での加熱などが挙げられている．上記のコンドリュール生成条件を比較的説明しやすい衝撃波説が有力ではあるが，決着はついていない．コンドリュールの生成年代は，太陽系最古の固体物質である CAI 形成（45.68 億年前）から 150〜250 万年後である（図 3.19 参照）．

(2) CAI とその他の包有物

　CAI は calcium-aluminum-rich inclusion（Ca と Al に富む包有物）の略称で，その化学組成は Ca，アルミニウム（Al）に代表される難揮発性親石元素に富み，Na や Mn などの揮発性元素や Fe，ニッケル（Ni）などの親鉄元素に乏しい．一般には白色で，1 mm 以下から数 cm までさまざまな大きさの不定形〜球形に近い形状をもち，メルトから結晶化した組織や固体が集合して焼結したような組織を示すものもある．その構成鉱物は**平衡凝縮モデル**（2.5.3 項）において太陽系組成ガスから高温で出現する一連の鉱物とよく一致し，複数の鉱物が凝縮で予想される順番に並んで層状構造を示しているものもある．難揮発性元素である希土類元素の存在度も CI 組成に比べて 20 倍あるいはそれ以上に濃縮しているが，その存在度のパターンにより，元素間の分別の程度の異なる複数のタイプに分けられている．また，いくつかの CAI は蒸発に伴うマグネシウム（Mg）やケイ素（Si）などの同位体質量分別（2.5.6 項）をもつことが知られて

いる.これらの特徴から,CAI は太陽組成のガスから凝縮し,少なくともその一部は加熱による蒸発や融解・結晶化を含むさまざまな過程を経たものであると考えられている.

CAI は最も古い生成年代をもち(3.3.8 項),太陽系で形成された最初の固体物質である.現時点で最も古い生成年代は Northwest Africa 2364 隕石(CV コンドライト)中の CAI で求められた 45.68 億年である(図 3.19a 参照).先に述べたようにコンドリュール形成は CAI 形成よりも若く,2 つの異なった高温過程が太陽系形成時に起こったことになる.

CAI にはいくつかの**同位体異常**が存在しているのも,大きな特徴である.とくに**酸素同位体組成**は,地球の質量分別線に乗らない ^{16}O を過剰に含む成分と通常の成分の混合で説明され,太陽系形成時のプロセスを反映していると考えられている(2.5.6 項).CAI にはまた比較的半減期の短い核種(^{26}Al,^{53}Mn,^{41}Ca,^{10}Be など:表 3.6 参照)の壊変による同位体異常が見出されることがある.これらの核種が合成された後比較的短時間のうちに CAI が形成され,その後放射壊変により消滅したと考えられ,これらの**消滅核種**(extinct nuclide)を用いて相対的な生成年代が求められている(3.3.8 項).

コンドライトは,CAI のほかにも多様な包有物をもつ.AOA(amoeboid olivine aggregate)は炭素質コンドライトに含まれるフォルステライト微細粒子の集合体で,粒間を CAI と同様の Ca, Al などに富む鉱物が埋めている.普通コンドライトには炭素質コンドライト類似物質やさらに彗星塵起源かもしれない炭素質物質に富む始原的な物質からなる包有物や,花崗岩組成に近い珪長質で分化した物質からなる包有物も見出されている.また,一部の普通コンドライトには岩塩の結晶が含まれており,その中に流体包有物が存在している.

(3) 金属・硫化物

普通コンドライトには,カマサイトやテーナイトのニッケル鉄(テーナイトはカマサイトに比べて Ni に富み,両者は結晶構造が異なる:表 2.3)やトロイライトが,主として鉱物片として含まれている.LL から H にかけてニッケル鉄の量は増加し,ニッケル鉄中でのテーナイトの比は減少する.炭素質コンドライトは一般に金属鉄を含まないが,CH は 15% 以上,CR では 50% 以上のニッケル鉄粒子を含んでいる.エンスタタイトコンドライトでは,ニッケル鉄やトロイライト以外にも,還元的な条件を示す Ca や Mn の硫化物も存在する(表 2.3).

（4）マトリックス

マトリックス（matrix）は0.01～数µm程度の細粒鉱物粒子の集合体であり，薄片を光学顕微鏡で観察すると，光が散乱されるため不透明である．構成鉱物は主としてケイ酸塩，酸化物，硫化物，ニッケル鉄であるが，水質変成を受けたものでは含水層状ケイ酸塩鉱物などの含水鉱物からなり，炭酸塩や硫酸塩などの鉱物片を含む（表2.3）．一部の隕石のマトリックスには自形に近いかんらん石粒子も見出されており，凝縮物の可能性も指摘されているが，コンドリュールの破片などの機械的な破砕物もある．

始原的炭素質コンドライトのマトリックスは非晶質ケイ酸塩を特徴的に含む．このような非晶質ケイ酸塩には惑星間塵中の非晶質ケイ酸塩粒子であるGEMS（3.4.2項）に似た特徴をもつものもあり，水質変成を逃れた太陽系における最も始原的な物質の1つと考えられており，太陽系の固体原材料物質として重要である．

（5）プレソーラー粒子

炭素質コンドライト，非平衡普通コンドライト，非平衡エンスタタイトコンドライトには，きわめて大きな同位体異常をもつ微粒子がごく少量であるが含まれている．このような同位体異常は**超新星**（super nova）や**漸近巨星分枝星**，**赤色巨星**といった星での元素合成で期待される同位体組成により説明が可能で，太陽系形成以前に太陽系外で形成された粒子が太陽系に取り込まれたものであり，**プレソーラー粒子**（pre-solar grains）とよばれている（表3.4）．

プレソーラー粒子の発見は，隕石を化学処理して単離された炭素系物質にXe，Neなど貴ガスの同位体異常が見出されたことによる．最もよく研究されているSiCの多くは，1µm以下の自形粒子（結晶面で囲まれた粒子）である．C，N，Si同位体比により，メインストリーム，A+B，Y，X，Zなどいくつかのグループに分けられている．全体の約93%を占めるメインストリーム粒子はAGB星起源とされ，キセノン（Xe），ネオン（Ne）同位体異常（Xe-S，Ne-E(H)）もこれを支持する．グラファイトは数十µm以下の球状の外観を示す．短寿命核種である^{22}Naの寄与によると考えられるNeの同位体異常（Ne-E(L)）をもち，超新星やAGB星起源と考えられている．ダイヤモンドは数nmの微粒子で，そのXe同位体異常（Xe-HL）は超新星起源を示唆しているが，太陽系起源である可能性も指摘されている．

酸化物も，隕石を化学処理した残渣として回収できる．高温凝縮物であるス

3.3 隕石

表 3.4 プレソーラー粒子の種類とおもな特徴

物　質	化学式	サイズ	存在量	同位体異常をもつおもな元素	おもな起源
炭素系物質					
炭化ケイ素	SiC	0.1〜10 μm	<〜10ppm	C, N, Si, Ne-E(H), Xe-S	超新星，AGB 星，新星
グラファイト	C	<数十 μm	<〜10ppm	C, Ne-E(L)	超新星，AGB 星
ダイヤモンド	C	数 nm	〜500ppm	Xe-HL	超新星[1]
酸化物・ケイ酸塩					
酸化物鉱物[2]		10〜100 nm	1〜10ppb	O	赤色巨星，AGB 星
ケイ酸塩鉱物[3]		0.1〜1 μm	数〜数千 ppm	O	赤色巨星，AGB 星 CP 惑星間塵にも存在
星間有機物				H, C, N	星間空間，分子雲

[1] 太陽系起源説もある．
[2] スピネル ($MgAl_2O_4$), コランダム (Al_2O_3), ヒボナイト ($CaAl_{12}O_{19}$).
[3] かんらん石，Ca に乏しい輝石，Ca に富む輝石，非晶質物質．

（圦本（2008）をもとに作成）

ピネルやコランダム，ヒボナイトの一部に，大きな酸素同位体異常をもつプレソーラー粒子が見出されている．酸素同位体比により 4 つのグループに分けられているが，その多くは赤色巨星や AGB 星に起源をもつと考えられている．ケイ酸塩は酸処理で取り除かれてしまうので，二次イオン質量分析計（SIMS）を用いたその場分析が必要である．**ケイ酸塩プレソーラー粒子**（silicate presolar grain）はまず彗星塵（CP 惑星間塵）中に，ついで隕石中に発見された．かんらん石，輝石や非晶質ケイ酸塩として見出され，酸素同位体異常は酸化物のものと類似しており，同様の起源をもつと考えられている．

炭素質プレソーラー粒子は，炭素星（低質量星が進化段階にあるもの）のような [C]>[O] であるガスからの凝縮により生成される．一方，われわれの太陽系の元素組成のような [O]>[C] であるガスからはケイ酸塩や酸化物の凝縮が起こり（2.5.2 項），これらがわれわれの太陽系の主要な固体原料物質でもある．炭素質プレソーラー粒子の存在度（10〜500ppm 以下）に比べて，ケイ酸塩プレソーラー粒子の存在量は多いが，最も多い CP 惑星間塵中でもたかだか数千 ppm である．太陽系の原料物質とみなせる星間塵には非晶質ケイ酸塩しか観測されないが，プレソーラー粒子にはかんらん石や輝石も存在する．星間塵はさまざまな星の星周領域での形成を反映してさまざまな同位体異常をもっているはずで

177

あるが，CP惑星間塵や始原的隕石中のほとんどの非晶質ケイ酸塩は同位体異常を示さないので，星間空間でスパッタリングや太陽系形成時の高温プロセスにより同位体の均質化が起こったのかもしれない．あるいは，同位体異常をもたない非晶質ケイ酸塩は太陽系形成時の凝縮を起源としているのかもしれない．このように，プレソーラー粒子が，太陽系の固体原材料である星間塵のなかでどのような位置を占めるのかはよくわかっていない．

始原的隕石やCP惑星間塵には，H，N，Cの大きな同位体異常をもつ有機物粒子も見出されている．これらは，上記の星周塵起源のプレソーラー粒子と異なり，星間分子雲あるいは原始太陽系星雲で生成した有機物を起源としていると考えられている（3.5.2項参照）．

ⓒ 全岩化学組成

CIコンドライトの全岩化学組成は太陽系における元素存在度を代表しているが，その他のコンドライトもこれに近い化学組成をもっている．図3.16は，各コンドライトグループの全岩化学組成のうち，親石元素（ケイ酸塩に入りやすい元素）について，CIの濃度と主成分元素であるMgで規格化したものを，難揮発性から中程度揮発性の元素の順に並べたものである．MgやSiよりも難揮

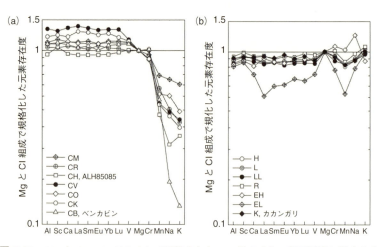

図3.16 MgとCIコンドライトで規格化したコンドライトの親石元素に関する全岩化学組成（Krot *et al.*, 2015）
(a) 炭素質コンドライト，(b) 非炭素質コンドライト．

発性の元素の存在度は，炭素質コンドライトではCIに比べて高く，普通コンドライトをはじめとして炭素質コンドライト以外のグループはCIに比べて低い．これは，炭素質コンドライトがCAIのような高温凝縮物からなる包有物を相対的に多く含むことに対応しており，原始太陽系星雲でAlやCaをはじめとする難揮発性元素の分別が起こったためと考えられている．一方，揮発性の高い元素は，炭素質コンドライトで欠乏している．図にはないが，より揮発性の高い元素では，炭素質コンドライト以外のグループにも欠乏がみられる．親鉄・親銅元素（金属鉄・硫化物に入りやすい元素）の存在度も，親石元素と同様の傾向をもっている．

3.3.4　分化隕石・始原的エコンドライト

Ⓐ エコンドライト隕石

エコンドライト（achondrite）は，始原的エコンドライトと分化隕石としてのエコンドライトに分けられる．エコンドライトの研究により，溶融を受けてマントルとコアに分化した天体（一部の小惑星だけでなく月や火星）の形成や進化が理解できる．

始原的エコンドライトは平衡コンドライトに似た全岩化学組成や岩石組織の特徴をもち，コンドライト的な物質が高温での加熱により一部溶融を受け（金属鉄−硫化鉄の共融やケイ酸塩の部分融解），生じたメルトが欠損あるいは濃集したものと考えられている．表3.2にあるように，アカプルコアイト（acapulucoite）とロドラナイト（lodranite）からなるグループとウィノナイト（winonaite），ブラチナイト（brachinite），ユレーライト（ureilite）が知られている．構成鉱物の組合せはいずれも普通コンドライトのものに類似するが，ウィノアナイトはやや還元的でHコンドライトとエンスタタイトコンドライトの中間的な特徴をもつ．非マグマ的鉄隕石（IAB, IIICD, IIE）のケイ酸塩包有物はこれらの隕石と成因的に関連すると考えられている．ユレーイライトは，かんらん石と輝石の粒間を金属鉄や硫化鉄を含む炭素相（グラファイト，ダイヤモンド）が埋めており，炭素を含む超塩基性岩といえる．酸素同位体組成が炭素質コンドライトのものと類似している（図3.12）．母天体での火成活動において部分溶融によりメルトが取り除かれた固体残渣，あるいはマグマから晶出した鉱物が集積したもの（集積岩）と考えられている．

分化エコンドライト（differentiated achondrite）は母天体での大規模な融解

によって生成された火成岩であり，HED隕石，アングライト，オーブライト，月隕石，火星隕石に分類される．

　HED隕石はホワルダイト（howardite），ユークライト（eucrite），ダイオジェナイト（diogenite）の頭文字をとって名づけられたもので，エコンドライトのなかで最大のグループである．ユークライトは主としてピジョン輝石と斜長石からなり，玄武岩的なものとはんれい岩的なものに分けられる（口絵8d,e）．前者の玄武岩質ユークライトは急冷組織をもつが，地球上の玄武岩とは異なりピジョン輝石の化学組成が均一なことから熱変成（800〜1,000℃，数千〜数十万年）を受けたと考えられている．後者は粗粒組織をもち，集積岩ユークライトとよばれる．ダイオジェナイトは主として粗粒な直方輝石からなるパイロキシナイト（輝石岩）であるが，かんらん石を多く含むハルツバージャイトやさらにかんらん岩まで定義が拡張されている．ユークライトやダイオジェナイトはほとんど角礫岩であり，これらのポリミクト角礫岩（3.3.6項参照）がホワルダイトである．これらの隕石は基本的には同じ酸素同位組成をもち（図3.12），反射スペクトルの比較から小惑星ベスタ（V型）を起源とすると考えられている（図3.10）．この場合，ベスタは表面にユークライトの地殻をもち，その内側にダイオジェナイトの層，さらに内側にかんらん岩のマントルという成層構造をもっていることになる．ユークライトの成因に関しては，原岩の部分融解によるマグマ説と，マグマオーシャン説がある．石鉄隕石の一種であるメソシデライトは，HED隕石と鉄隕石（IIIABに関連）とのポリミクト角礫岩であり，母天体形成後の大規模な衝突により地殻の岩石とニッケル鉄からなるコアが混合してできたとされている．

　アングライト（angrite）は，主としてCa–Al–Tiに富む輝石，Caに富むかんらん石，アノーサイトからなる特異な鉱物組合せをもち，太陽系最古の火成活動による火成岩である．

　オーブライト（aubrite）は，FeOをほとんど含まないエンスタタイトを主とし，ニッケル鉄にSiが固溶されていること，オルダマイト（CaS）などの硫化鉱物を含むことから，還元的な条件で生成されたものである．酸素同位体組成の類似（図3.12）からも，エンスタタイトコンドライトとの成因関係も指摘されているが，両者のポリミクト角礫岩は見出されていない．

　1982年に米国の南極隕石探査チームが発見した隕石（Allan Hills 81005）が，アポロ計画で採取されていた月の石との比較から**月隕石**（lunar meteorite）で

あることが指摘され，その後 1979 年に日本の南極調査隊により採取されていた隕石（Yamato 791197）にも月隕石が発見された．その後，南極や砂漠で次々と発見され，2018 年 8 月現在，344 個の月隕石が見つかっている．アポロやルナ計画で採取されたサンプルは月の表側の赤道付近のものであり，月全球からもたらされた月隕石は，月を理解するうえで重要である（4.3 節）．

　火星隕石（martian meteorite）は，かつて **SNC 隕石**とよばれていた．これは，シャーゴッタイト（shergottite），**ナクライト**（nakhlite），シャシナイト（chassignite）の頭文字をとって名づけられたもので，いずれもかんらん石などをもつ火成岩である．1970 年代前半までに見つかっていた SNC 隕石はわずかに 6 個であったが，酸素同位体組成を含めた共通した化学的特徴をもち，太陽系の年代に比べて若い結晶化年代（約 13 億年以前）を示し，また水質変成の痕跡を残すことなどから，共通の母天体として火星の可能性が指摘されていた．その後，1980 年に南極で見つかったシャーゴッタイト（Elephant Moraine A79001）の衝撃溶融部に含まれる貴ガスの同位体組成が，1976 年に火星に着陸した Viking（バイキング）探査機が分析した火星大気のデータと一致したことから，火星起源が裏づけられた．また，SNC には属さない直方輝石岩で約 45 億年という結晶化年代をもつ火星隕石（Allan Hills 84001）も見出され，この隕石の割れ目にバクテリアの微化石様のものが見出され，火星生命の痕跡であるという指摘がなされたが，現時点では非生物起源であるとの見方が主流となっている．2018 年 8 月現在，209 個の火星隕石が見つかっている（5.3 節）．

❸ 鉄 隕 石

　鉄隕石は主としてニッケル鉄からなり，トロイライトやシュライバサイトを副成分鉱物として含む．ニッケル鉄は Ni に乏しいカマサイト（α-Fe）と Ni に富むテーナイト（γ-Fe）の 2 相があり，高温ではテーナイト 1 相だったものが，冷却によりカマサイトを析出し，**ウィッドマンシュテッテン構造**（Widmanstätten structure, 口絵 8g）とよばれる 3 回対称をもって 2 相が互層をなす組織が形成される．鉄隕石の多くは Ni を 6〜16wt.% 程度含み，ウィッドマンシュテッテン構造をもち，オクタヘドライトとよばれる．Ni 量が 6% より少ないとカマサイトのみからなり，ヘキサヘドライトとよばれる．一方，Ni 量が多いとほとんどテーナイトのみからなり，微細なウィッドマンシュテッテン構造をもつが，これはアタキサイトとよばれる．ウィッドマンシュテッテン構造の形成過程において，冷却速度が早ければ析出するカマサイトの結晶サイズは小さくなり，低

温では拡散が追いつかずニッケル鉄の濃度勾配が凍結される．これを利用して，鉄隕石だけでなく石鉄隕石の冷却速度が見積もられている．その速度は500℃で 0.1～10^3℃/数百万年であり，母天体の冷却速度に対応している．

上に述べた形態学的分類に加えて，鉄隕石はイリジウム（Ir），ゲルマニウム（Ge），ガリウム（Ga）などの微量元素の含有量の関係によって13のグループに分類される．これらは，**マグマ的鉄隕石**（magmatic iron meteorite, IC, IIAB, IIC, IID, IIE, IIF, IIIAB, IIIF, IVA, IVB）と**非マグマ的鉄隕石**（non-magmatic iron meteorite, IAB, IIICD, IIIE）に大別される．前者はそれぞれのグループに共通した金属コアの分別結晶作用によってできたものとされ，最大のグループはIIIABである．一方，非マグマ的鉄隕石は分別結晶作用では説明できず，始原的エコンドライトに類似したケイ酸塩包有物を伴うのが特徴である．

ⓒ 石鉄隕石

石鉄隕石の主要なグループは，メソシデライトとパラサイトである．**メソシデライト**（mesosiderite）はⒶ項でも述べたように，HED隕石と鉄隕石のポリミクト角礫岩である．**パラサイト**（pallasite）は主としてかんらん石とニッケル鉄からなり，輝石やトロイライトなどを含む（口絵8h）．粗粒なかんらん石が連なったニッケル鉄中に存在しているものが多い．分化した小天体の金属コアとかんらん石を主体としたマントルとの境界領域でつくられたという説が有力である．メソシデライトやパラサイトのなかで最大のグループであるメイングループ・パラサイトに含まれるニッケル鉄の化学組成は，IIIAB鉄隕石のものに類似している．

3.3.5 隕石の二分性

2.5.6ⓒ項や3.3.2ⓒ項では，安定同位体である酸素同位体比をもとに隕石の起源が区別でき，分類にも用いられることを述べた．次式で表される安定同位体であるチタン（Ti）やクロム（Cr）などの同位体の比，ε^{54}Crやε^{50}Ti

$$\varepsilon^{54}\mathrm{Cr} = \left[\frac{(^{54}\mathrm{Cr}/^{52}\mathrm{Cr})_{\text{サンプル}}}{(^{54}\mathrm{Cr}/^{52}\mathrm{Cr})_{\text{標準物質}}} - 1\right] \times 10^4 \tag{3.1}$$

$$\varepsilon^{50}\mathrm{Ti} = \left[\frac{(^{50}\mathrm{Ti}/^{47}\mathrm{Ti})_{\text{サンプル}}}{(^{50}\mathrm{Ti}/^{47}\mathrm{Ti})_{\text{標準物質}}} - 1\right] \times 10^4 \tag{3.2}$$

からも類似の情報を得ることができる．酸素同位体では3つの同位体比のプロット（図2.23, 図3.12）から，質量分別とそれでは説明できない非質量分別や同

3.3 隕石

位体異常を区別できたが，ε^{54}Cr や ε^{50}Ti ではそれぞれ 2 つの同位体の比なので，これから単純には質量分別と同位体異常を区別することはできない．しかし，隕石で測定された ε^{54}Cr や ε^{50}Ti の値は質量分別で考えられる値より大きく，太陽系外での核合成による同位体比をもつ粒子が空間的あるいは時間的に不均一に混合した結果による同位体異常であると考えられている．さまざまな隕石のもつこれらの同位体比や，酸素同位体比 δ^{18}O の地球質量分別線からの差 Δ^{17}O

$$\Delta^{17}\text{O} = \delta^{17}\text{O} - 0.52 \times \delta^{18}\text{O} \tag{3.3}$$

をプロットしたところ，図 3.17 に示すように，炭素質コンドライト隕石とその他の隕石（非炭素質コンドライト隕石）に分けられることが最近指摘された．これは**隕石の二分性**（dichotomy）とよばれ，炭素質コンドライト隕石は太陽系の外側で，非炭素質コンドライト隕石は太陽系の内側でそれぞれ集積したためであると考えられている．2.3.5◉，3.2.1 項で述べた**グランドタックモデル**とも合わせると，CR，CI，CM など水質変成を強く受けた炭素質コンドライトの少なくとも一部は，木星よりも外側でつくられたのではないかという考えもある．

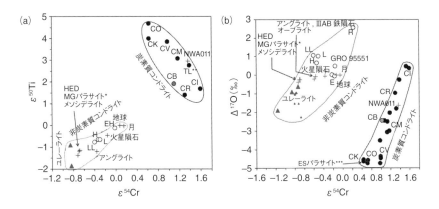

図 3.17 惑星物質の安定同位体比（Warren *et al.*（2011）を一部修正）
(a) ε^{50}Cr–ε^{50}Ti プロット，(b) ε^{50}Cr–Δ^{17}O プロット．●炭素質コンドライト，○非炭素質コンドライト，▲ユレーライト，＋分化隕石・分化天体，*MG：メイングループ，**TL：タギッシュレイク隕石，***ES：イーグルステーション．

3.3.6 隕石に見られる衝撃作用

 天体どうしあるいは天体への物体の衝突は太陽系初期の惑星形成やその後の進化における最も重要な過程の1つであり，天体表面の衝突クレーターや，衝突破片の再集積によってできたラブルパイル天体（たとえば，小惑星イトカワ）として，その証拠が残されている．隕石試料には，このような衝突イベントが角礫岩化，**衝撃変成**（impact metamorphism），大規模溶融として記録されている．

 角礫岩化作用（brecciation）を受けた隕石は，隕石母天体への衝突によって形成された角ばった岩片（角礫）とその間を埋める細粒物質の集合体からなっている．同一種類の隕石の岩片の集合体を**モノミクト角礫岩**（monomict breccia），異なる種類の隕石の岩片を含むものを**ポリミクト角礫岩**（polymict breccia）とよぶ．分化隕石であるダイオジェナイトとユークライトが混合したホワルダイトや，ホワルダイトに金属鉄が混合したメソシデライトは，ポリミクト角礫岩の代表的なものである．コンドライトにも，普通コンドライトに炭素質コンドライトや別の種類の普通コンドライトの岩片が，炭素質コンドライトに別の種類の炭素質コンドライトの岩片が含まれているものなどがある．またCMコンドライトに別の種類の炭素質コンドライト，エンスタタイトコンドライト，分化隕石など多くの種類の岩片を含むものも知られており，異なった種類の天体が衝突したことを示している．

 鉱物粒子には衝撃による変形が認められる．たとえば，かんらん石は波動消光し，やがてモザイク化，面状変形組織をもつようになる．斜長石は，大きな衝撃により固体のままで非晶質化した**マスケリナイト**（maskelynite）になる．また，局所的に高温になった部分が溶融して，脈状の組織（**ショックベイン**，shock vein）やプール状の組織（**メルトポケット**，melt pocket）が形成される．このような特徴について，衝撃実験の回収試料との比較により，普通コンドライトの受けた衝撃作用の程度が，**衝撃ステージ**（shock stage）として，低いものから順にS1〜S6と分類される．S6に相当する隕石のショックベインやメルトポケット中あるいはその近傍には，ワズレアイト，リングウッダイト，アキモトアイト，メジャーライト，ブリッジマナイト，リングンアイト，ザイフェルアイトなどの高圧鉱物が見つかっている．これらはかんらん石や輝石，斜長石，石英などの高圧実験で合成されるもので，そのうちのいくつかは地球のマ

ントル遷移層や下部マントルの重要な構成鉱物と考えられているが，天然では衝撃を受けた隕石でのみ見出される．

S6以上の衝撃を受けたものは全溶融し，メルトロックやメルト角礫岩として知られている．岩石学タイプ7とされるものの大部分は，このような衝撃溶融岩である．

3.3.7 宇宙環境，地球環境との相互作用

Ⓐ 母天体表面，宇宙空間での宇宙環境との相互作用と宇宙風化

　小惑星（隕石母天体）や月など大気をもたない天体の表面は岩石やレゴリスとよばれる砂によって覆われている．このような天体表面や宇宙空間に放出された隕石は，さまざまな起源やエネルギーの荷電粒子である**宇宙線**（cosmic ray）の照射を受ける．それらは高エネルギー（〜1 GeV/核子）の銀河宇宙線，中程度のエネルギー（1〜100 MeV/核子）の太陽宇宙線，低エネルギーの太陽風（〜1 keV/核子）に大きく分けられ，荷電粒子の90%以上は水素である．

　銀河宇宙線（galactic cosmic ray）は天体表面から1 m程度の深さまで入り，核反応を起こして宇宙線起源の核種（たとえば，^{3}He，^{22}Neなど）をつくる．このような宇宙線生成核種の生成量からは，宇宙線照射年代が求められる．**太陽宇宙線**（solar energetic particle：SEP）は，太陽フレアなどによって太陽から放出され，表面から数cmまでの深さに入り，格子欠陥や反跳粒子による損傷によるトラックをつくる．太陽風のなかで最も多い水素（^{1}H$^+$〜1 keV）や次に多いヘリウム（^{4}He$^+$〜4 keV）は，粒子表面の20〜50 nm程度まで打ち込まれ，結晶の非晶質化と鉄を含むナノ粒子を生成するとともに，**ブリスター**（blister）とよばれる泡状構造をつくる．一方，天体表面への微小隕石衝突により粒子表面がスパッタリングされ，その再集積によっても鉄を含むナノ粒子が生成される．このようなナノ粒子は天体の反射スペクトルを変化させ，**宇宙風化**の原因である．

Ⓑ 地球への落下の影響と地上での風化

　隕石は地球への落下時に大気との摩擦で加熱されるが，融けた表面はすぐに剥がれるので内部はほとんど加熱されない．その結果，表面は**フュージョンクラスト**（fusion crust）とよばれる薄い溶融皮殻で覆われ，隕石を見分けるときの特徴ともなっている．

　地球に落下後は，地上での風化を受ける．大気中の酸素や水との反応により

ニッケル鉄は容易に酸化され水酸化鉄となり,水酸化鉄からなる赤い風化脈が割れ目に沿って存在していることが多い.このような風化は,南極の氷や砂漠のような乾燥地帯でも起こる.大気中の貴ガスや鉛(Pb)などの微量元素の汚染や,ヒトを含む生物などによる有機物の汚染も,多かれ少なかれ避けられない.

3.3.8 隕石の年代学

地球の年齢は,高温状態にあった初期地球の冷却過程における熱伝導をもとに,William Thomson(Kelvin 卿)により初めて科学的に推定された.1862 年の彼の論文によると,地球の年齢は 2000 万〜4 億年程度であり,当時知られていた造山運動や生物進化(Darwin による『種の起源』の発表は 1859 年)を考えるとこの年齢は短すぎるため,論争となった.この論争に終止符を打ち,正確な年代測定の基礎を与えたのは,放射性元素の発見である(Curie 夫妻によるポロニウム(Po),ラジウム(Ra)の発見は 1898 年).これにより,長寿命放射性核種であるウラン(^{235}U, ^{238}U),トリウム(^{232}Th)や ^{40}K の崩壊による発熱のため熱伝導を用いて推定された地球の年齢は短すぎたことがわかっただけでなく,放射性核種の壊変定数を用いて定量的に年齢測定をすることが可能となった.現在測定されている隕石の生成年代値は 45〜46 億年であり,これが太陽系の形成年代でもある.

放射性核種(radioactive nuclide)の壊変を用いた**年代測定法**(dating)は大きく分けて,長寿命核種を用いる**絶対年代測定法**(absolute (age) dating)と,短寿命核種(消滅核種)を用いる**相対年代測定法**(relative age dating)があり,これらを組み合わせることにより,太陽系の形成・進化史が議論されている.

❹ 長寿命放射性核種を用いた年代測定法

年代測定に使われている親核種と娘核種および**半減期**(half-life)を表 3.5 に示す.これらの長寿命放射性核種は太陽系の初めから現在に至るまで天然に存在している.放射性核種の崩壊は,親核種の原子数を P,時間を t,**壊変定数**(decay constant)を λ とすると

$$\frac{dP}{dt} = -\lambda P \tag{3.4}$$

で表される.初期条件 $t=0$ において $P=P_0$ として,式 (3.4) を解き,さらに娘核種の原子数を D,その初期値を D_0 とすると,$P_0 + D_0 = P + D$ より,

$$D = D_0 + P\left(e^{\lambda t} - 1\right) \tag{3.5}$$

3.3 隕石

表 3.5 おもな長寿命放射性核種と半減期

親核種	娘核種	半減期 [億年]
^{40}K	^{40}Ar	125
^{87}Rb	^{87}Sr	488
^{187}Re	^{187}Os	423
^{147}Sm	^{143}Nd	1,060
^{238}U	^{206}Pb	44.7
^{235}U	^{207}Pb	7.0
^{232}Th	^{208}Pb	140

の関係が得られる．半減期 $t_{1/2}$ は $\ln 2/\lambda$ に等しい．

例として，ルビジウム（Rb）とストロンチウム（Sr）の ^{87}Rb–^{87}Sr 系を考えよう．同位体は存在量より比のほうが精度良く測定できるので，娘核種の安定同位体である ^{86}Sr の存在量（t にかかわらず一定）を式 (3.5) の分母とすると，

$$\frac{^{87}\mathrm{Sr}}{^{86}\mathrm{Sr}} = \left(\frac{^{87}\mathrm{Sr}}{^{86}\mathrm{Sr}}\right)_0 + \left(\frac{^{87}\mathrm{Rb}}{^{86}\mathrm{Sr}}\right)(e^{\lambda t} - 1) \tag{3.6}$$

と表せる．年代測定を行いたいサンプルを Rb/Sr 比が異なるいくつかの部分（たとえば異なる鉱物種）に分けて，同位体分析から得られた ^{87}Sr/^{86}Sr 比に対して ^{87}Rb/^{86}Sr 比をプロットすると，1 本の直線を形成し，その傾き $e^{\lambda t} - 1$ より形成年代 t が求まることになる．この直線は**アイソクロン**（等時線，isochron）とよばれる．この手法では，$t = 0$ において，Rb/Sr 比が異なる部分はすべて同じ**初生同位体比**（initial isotope ratio）$(^{87}\mathrm{Sr}/^{86}\mathrm{Sr})_0$ をもつことが前提である（初生同位体比は直線の切片で与えられる）．高温の平衡状態では相はすべて同一の同位体比をもつ（たとえば，高温のガスから凝縮した鉱物やマグマから結晶化した鉱物）が，これらが冷却して原子が拡散などによって動かなくなり，壊変により同位体平衡が成り立たなくなる時点が $t = 0$，すなわち「生成」に対応する（このときの同位体比が初生比である）．図 3.18 には，コンドライト隕石を構成する物質についての Rb–Sr アイソクロンを示してあり，この隕石の生成年代が 45.6 億年であることがわかる．一方，さまざまな石質隕石（コンドライトおよびエコンドライト）も約 45.5 億を示すアイソクロンを形成し，個々の隕石と石質隕石全体で初生同位体比もほぼ同じ値（0.700）をもっている．これは，これらの石質隕石がおおよそ 45.5 億年前に同じものから形成され，誤差を考えるとコンドライトおよびエコンドライトの形成時期に大きな差はないこと

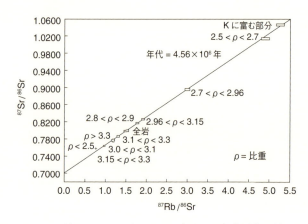

図 3.18 Rb–Sr 法による，アイソクロンを用いた年代測定の例（Gopalan and Wetherill, 1970）
インダーク（Indarch）隕石コンドライト（EH4）．

を示している．

^{87}Rb–^{87}Sr 系のような多くの長寿命放射性核種の壊変定数は 1% 以下の精度では求められていないが，^{235}U–^{207}Pb, ^{238}U–^{206}Pb 系の壊変定数は約 0.1% の精度で決められており，高精度の年代測定が可能である．それぞれの系について，放射壊変によって生じない ^{204}Pb を分母として，式 (3.6) と同様の式より，U の壊変による放射起源 Pb（* で表した）の同位体比は

$$\frac{^{207}\text{Pb}^*}{^{206}\text{Pb}^*} = \left(\frac{^{235}\text{U}}{^{238}\text{U}}\right)\left(\frac{e^{\lambda_{235}t}-1}{e^{\lambda_{238}t}-1}\right) \tag{3.7}$$

となる（U の同位体比は定数（^{235}U/^{238}U = 1/137.88）である）．一方，U の存在度を消去すると

$$\frac{^{207}\text{Pb}}{^{206}\text{Pb}} = \frac{^{207}\text{Pb}^*}{^{206}\text{Pb}^*} + \left(\frac{^{204}\text{Pb}}{^{206}\text{Pb}}\right)\left\{\left(\frac{^{207}\text{Pb}}{^{204}\text{Pb}}\right)_0 - \left(\frac{^{207}\text{Pb}^*}{^{206}\text{Pb}^*}\right)\left(\frac{^{206}\text{Pb}}{^{204}\text{Pb}}\right)_0\right\} \tag{3.8}$$

となる．^{207}Pb/^{206}Pb 比を ^{204}Pb/^{206}Pb 比に対してプロットすると，その切片は放射起源鉛の同位体比（^{207}Pb*/^{206}Pb*）となり，式 (3.8) より Pb の同位体比のみから年代が求まる（**Pb–Pb 法**）．図 3.19a には，Pb–Pb 法による CAI およびコンドリュールの年代測定例を示してある．このように CAI は太陽系物質のなかで最も古い年代（45.68 億年前）をもち，太陽系で形成された最古の物質であると考えられている．コンドリュールはこれよりも約 200 万年若い年代

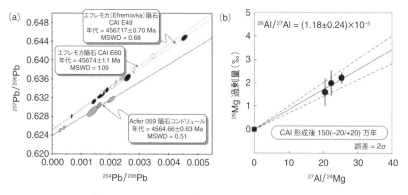

図 3.19 CAI およびコンドリュールの年代測定
(a) Pb-Pb 法による CAI およびコンドリュールの年代測定の例(Amelin *et al.*, 2002).
(b) Al-Mg 法によるコンドリュールの相対年代測定の例(倉橋, 2005).

を示す.普通平衡コンドライトについては,H4~H6 において 45.63 億~45.04 億年前という岩石学タイプと反相関する年代が得られており,内側ほど高温でゆっくりと冷えたという玉ねぎ状構造が提唱されている.

^{40}K–^{40}Ar 系を利用して,サンプルを中性子照射することにより安定同位体の ^{39}Ar を ^{40}Ar に変換したものを段階的に加熱して,各ステージで放出される Ar 同位体比を測定することにより,高温での形成年代や低温での衝突脱ガスなどに対応する 2 次的な変成年代を求める方法(**Ar–Ar 法**)などもある.

Ⓑ 消滅核種を用いた年代測定法

太陽系形成時に存在した**短寿命放射性核種**($t_{1/2} < 1$ 億年)は現在消滅しているが,壊変による娘核種の過剰を測定することにより,相対年代を求めることができる.表 3.6 にこのような**消滅核種**とその初生同位体比を示す.

たとえば ^{26}**Al**–^{26}**Mg** 系において,太陽系初期のある時点で物質中の ^{26}Al はすべて壊変したとすると,現在測定される ^{26}Mg の存在量は安定同位体である ^{24}Mg の存在量との比として

$$\frac{^{26}\mathrm{Mg}}{^{24}\mathrm{Mg}} = \left(\frac{^{26}\mathrm{Mg}}{^{24}\mathrm{Mg}}\right)_0 + \left(\frac{^{26}\mathrm{Al}}{^{27}\mathrm{Al}}\right)\left(\frac{^{27}\mathrm{Al}}{^{24}\mathrm{Mg}}\right) \tag{3.9}$$

と書ける(^{27}Al は親核種の安定同位体).この式に従って,サンプルの構成物の ^{26}Mg/^{24}Mg 比を ^{27}Al/^{24}Mg 比に対してプロットすると,このアイソクロンの傾きはサンプルが形成されたときにもっていた ^{26}Al/^{27}Al 比となる(図 3.19b).

表 3.6　おもな消滅核種の半減期と初生同位体比

親核種	娘核種	半減期［百万年］	初生比	
^{41}Ca	^{41}K	10	^{41}Ca/^{40}Ca	1.4×10^{-9}
^{26}Al	^{26}Mg	70	^{26}Al/^{27}Al	5.2×10^{-5}
^{10}Be	^{10}B	150	^{10}Be/^{9}Be	1×10^{-4}
^{60}Fe	^{60}Ni	260	^{60}Fe/^{56}Fe	7×10^{-7}
^{53}Mn	^{53}Cr	370	^{53}Mn/^{55}Mn	8×10^{-6}
^{183}Hf	^{183}W	900	^{183}Hf/^{180}Hf	1×10^{-4}
^{129}I	^{129}Xe	1,600	^{129}I/^{127}I	1×10^{-4}

この短寿命核種の同位体比が太陽系内で常に一様であったとすると，この比は ^{26}Al についての壊変の式 (3.4) に従って変化する．太陽系が進化を始めた時刻 $t=0$ は厳密にはわからないので，ある参照試料が形成された時刻を $t=0$ とすると，相対年代 Δt は

$$\Delta t = -\frac{1}{\lambda} \ln \frac{^{26}\text{Al}/^{27}\text{Al}}{(^{26}\text{Al}/^{27}\text{Al})_0} \tag{3.10}$$

で求められ，$(^{26}\text{Al}/^{27}\text{Al})_0$ は参照物質の同位体比である．Al–Mg 法では最古の年代をもつ CAI の形成時の同位体比（$\sim 5 \times 10^{-5}$）が他の隕石物質に比べて大きな値をもつのでこれを参照物質として，サンプルのアイソクロンのもつ ^{26}Al/^{27}Al 比から式 (3.10) を用いると，CAI 形成からの相対年代が求められる．このようにして測定された相対年代は，CAI に対してコンドリュールは 150～250 万年後を示し（図 3.19b），Pb–Pb 年代の結果とよく一致する．平衡コンドライトやエコンドライトでは 400～500 万年後の年代が得られている．

　消滅核種を用いた年代測定法はこのほかにも，^{53}Mn–^{53}Cr 系，^{182}Hf–^{182}W 系，^{129}I–^{129}Xe 系を用いたものなどがある．参照試料としては CAI だけではなく，**^{53}Mn–^{53}Cr 系**ではアングライト（LEW 86010 隕石）など，他の隕石物質が用いられることも多い．^{53}Mn–^{53}Cr 系の相対年代は，Pb–Pb 法や Al–Mg 法の年代とも整合的である．また，ハフニウム（Hf）とタングステン（W）の **^{182}Hf–^{182}W** 系は親核種がケイ酸塩に，娘核種が金属鉄に入りやすいため，コア形成などの天体の分化過程の議論に用いられる．コンドライトやエコンドライトから得られる年代は，太陽系の誕生後数百万～数千万年の間に，コンドリュール生成から微惑星・原始惑星での熱変成や大規模な分化に至るさまざまなプロセスが起こったことを示唆する．これは，太陽系形成の力学モデル（2.2 節，2.3 節）で

推定される年代スケールとも一致している．

ⓒ 宇宙線照射年代

3.3.7ⓐ項で述べたように，銀河宇宙線照射の核反応により，天然には存在しない短寿命放射性核種（**宇宙線生成核種**，cosmogenic nuclide）が生成される．このような核種の存在量 D_R は，その生成率を f_R とすると照射時間 t によって増加する（$D_R = f_R \times t$）とともに放射壊変も起こるので，やがて両者が均衡し $D_R = f_R/\lambda$ と一定値に到達する（放射平衡）．一方，この放射性核種と同じ質量数をもつ安定な宇宙線生成核種では，その存在度 D_S は生成率 f_S によって増加するだけである（$D_S = f_S \times t$）．同じ（あるいは近い）質量をもつ宇宙線生成核種の生成率は等しい（$f_R = f_S$）と仮定すると $t = D_S/(\lambda D_R)$ となり，放射平衡に達した放射性核種と安定核種の存在度より**照射年代**（exposure age）を求めることができる．すなわち，放射性宇宙線生成核種の放射平衡到達時間スケール（$\sim 1/\lambda$）に対して，同じ生成率をもつ安定宇宙線生成核種が生成される時間を求めるわけである．用いられる放射性/安定核種は，^{22}Na/^{22}Ne，^{36}Cl/^{36}Ar，^{81}Kr/^{83}Kr などである．銀河宇宙線の侵入深さは 1 m 程度なので，通常この照射年代は隕石が母天体から放出されて直径 1 m 程度の大きさとなり，地球に落下するまでの時間に対応すると考えられている．隕石の宇宙線照射年代は隕石のグループによって異なる分布をもつ．たとえば H コンドライトは 700 万年に，エコンドライトでは 2,000 万〜3,500 万年に集中するのに対して，鉄隕石は数億〜10 億年の宇宙線照射年代をもっており，隕石の強度や隕石生成イベントに関係しているらしい．

宇宙空間で放射平衡に達した放射性宇宙線生成核種をもつ隕石が地球に落下すると，壊変による減少量から，隕石が落下してからの**落下年代**（terrestrial age）を求めることもできる．

3.4 宇宙塵（惑星間塵）

3.4.1 地球に落下する宇宙塵とその起源

地球は常に宇宙からの物質にさらされている．通常，ヒトが視認できる流星の直径は mm 程度であるが，地球に流入する地球外物質のほとんどが直径 10〜100 μm の**宇宙塵**である．これらの微小地球外物質は 1 日に 100〜300 t ほど地球

第 3 章 彗星，小惑星と太陽系物質

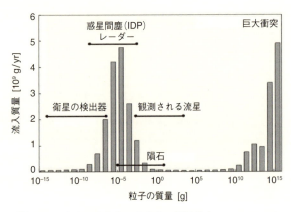

図 3.20　地球に流入する宇宙塵の質量分布（Plane, 2012）

に降り注いでいることが，黄道光ダスト観測，長期宇宙曝露装置（long duration exposure facility：LDEF），流星レーダー，成層圏ダスト，南極氷床ダスト，海底沈殿物などから示唆されてきた．とくに流星レーダーで観測される 10^{-9}〜10^{-3} g の質量領域（推定直径約 100〜200 µm）は，地球流入ダストの大半を占める（図 3.20）．これらの宇宙塵の大きさを観測的に決定することは困難だが，国際天文学連合（IAU）によって以下のような名称の取決めが 2017 年に行われた．

メテオロイド（meteoroid）は直径が約 30 µm〜1 m の惑星間空間からやってくる天然の固体物質である．一方，ダストは，惑星間空間からやってくるメテオロイドよりも小さい天然の固体物質である．これらの大きさの定義は物理的な境界ではなく，合意で決められたおおよその境界である．メテオロイドやダストの起源としては，彗星が主役を担っていると考えられているが，直径 1 m 以上の微小天体は小惑星の破片が支配的であると考えられる．また，黄道光ダスト（zodiacal dust cloud），彗星ダストの尾（cometary dust tail），彗星ダストトレイル（cometary dust trail）として観測されるダストの大きさは 30 µm 以下に限定されず，メテオロイドも含まれる．直径 30 µm 以下のダストの場合，大気突入時でもダスト表面からの効率の良い放射冷却により蒸発を免れる傾向にある．

流星（meteor）は固体物質が高速でガス大気に突入した際の発光と，それに関連する熱，衝撃，イオン化などの物理現象を示し，隕石はメテオロイドがガ

ス大気に突入した際に完全に気化せずに,流星アブレーション(ablation)過程を終え,**ダークフライト**(dark flight)を経て地上に到達して生き残った天然の固体物質である.直径が 2 mm より小さな隕石を**微隕石**(マイクロメテオライト,micrometeorite)とよぶ.大気のない天体への衝突体の場合は,**衝突デブリ**(impact debris)とよぶ.そして,大気突入時の空力加熱が固体物質の融点以下で,流星現象を起こさないダストが成層圏まで沈降して採取されるダストを**惑星間塵**[10]とよび,**マイクロメテオロイド**(micrometeoroid)という呼び名は推奨されていない.また,**流星煙**(meteoric smoke)は流星過程で気化した物質が大気中で凝縮した固体物質を示し,**隕石塵**(meteoritic dust)は,明るい流星(ボライド)の通過後に残るダストの帯(ダストトレイル)として観測される.そのほか,**火球**(fireball)や**ボライド**(bolide)は距離 100 km に換算した可視絶対等級が −4 等級より明るい流星の別の呼び名で,−17 等級より明るい流星をとくに**スーパーボライド**(superbolide)ともよぶ.また,**衝突閃光**(impact flash)はメテオロイドがガスのない天体に直接衝突した際の放射現象の名称で,**流星痕**(meteor train)は流星が通過した後に流星の飛跡に沿って残った光または電離柱を表す.**メテオロイドストリーム**(meteoroid stream)は同一の天体を起源にもつ類似軌道のメテオロイドで,**流星群**(meteor shower)とはメテオロイドストリームによってもたらされる特定の期間に集中して現れる流星現象のことである.

3.4.2 宇宙塵と星間塵

宇宙塵(図 3.20)(3.3.1 項脚注 9 参照)は前項で述べた IAU の定義とは別に,採取される場所とその形状により,成層圏で採取されるサイズが 10 μm 程度の狭義の**惑星間塵**(interplanetary dust particle:IDP)(図 3.21),極域の氷雪中から採取される数十〜数百 μm 程度の**微隕石**,極域の氷雪中や海底堆積物などから採取される**宇宙塵スフェリュール**(cosmic spherule)に分けられる(表 3.2,図 3.22).惑星間塵や微隕石は隕石に比べて小さく,地球大気圏突入による加熱の影響を受けにくい.しかし,宇宙塵スフェリュールは加熱と融解によって球状になったものであり,多くの微隕石は加熱によって揮発性成分が蒸発し多孔質になっており(図 3.22b),加熱の影響がほとんどない微隕石はまれである.

---

[10] 惑星空間に存在するダスト(塵)は広義の惑星間塵であり(2.1.4 項),これが成層圏で採取されたものを狭義の惑星間塵とよぶ.

第 3 章 彗星，小惑星と太陽系物質

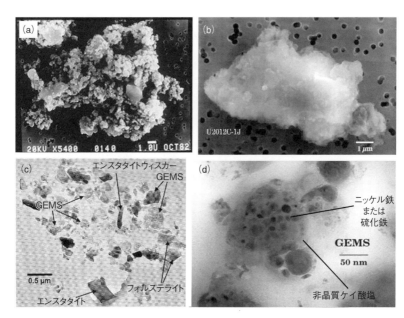

図 3.21 惑星間塵（IDP）

(a) CP 惑星間塵（CP–IDP），(b) CS 惑星間塵（CS–IDP），(c) CP–IDP の断面（Bradley, 2003），(d) CP–IDP に含まれるニッケル鉄・硫化鉄ナノ粒子を含む始原的なガラス粒子 GEMS．(a)，(b) は走査型電子顕微鏡（SEM）像，(c)，(d) は透過型電子顕微鏡（TEM）像．

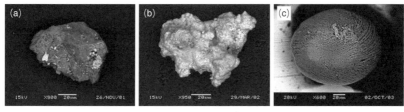

図 3.22 南極の氷から採取された宇宙塵の走査型電子顕微鏡（SEM）像
(a) 含水鉱物に富む微隕石，(b) 多孔質な微隕石，(c) 宇宙塵スフェリュール．

惑星間塵は，CI コンドライト的な組成をもち，多孔質な CP 惑星間塵と平滑な CS 惑星間塵に大別される（表 3.2）．含水鉱物の有無により，前者は**無水惑星間塵**（anhydrous IDP），後者は**含水惑星間塵**（hydrated IDP）ともよばれる．**CP 惑星間塵**（chondritic porous IDP：CP–IDP）は，**GEMS**（glass with embedded metal and sulfide）とよばれるニッケル鉄・硫化鉄ナノ微粒子を含む100 nm 程度の非晶質ケイ酸塩粒子（図 3.21d）を特徴的に含み，1 μm 以下の微細なケイ酸塩（かんらん石，輝石）粒子や硫化鉄粒子と，これらを繋ぐ有機物からなる（図 3.21a,c）．CP–IDP はプレソーラー粒子（大きな同位体異常をもつケイ酸塩・有機物粒子）を相対的に多く含んでおり，**彗星塵**（cometary dust）起源と考えられている．平均密度は $0.4\,\mathrm{g/cm^3}$ 程度であり，おおよそ 70% を占める空隙には，かつて氷が存在していたのかもしれない．GEMS は太陽系形成を生き延びた星間塵（Bradley, 2013），あるいは太陽系形成時の高温ガス凝縮物（Keller and Messenger, 2011）と考えられている．赤外天文観測によると星間塵は非晶質ケイ酸塩であるが，彗星がつくられた太陽系外縁の低温領域でこのような非晶質ケイ酸塩が GEMS として集積したとする星間塵説は無理がないようにみえる．しかしながら，プレソーラー粒子としての非晶質ケイ酸塩の割合は隕石に比べて多いとはいえ，ほとんどの GEMS は太陽系起源の酸素同位体比をもつことから，星間塵起源の GEMS は少なく，太陽系形成時の高温ガス凝縮物である可能性は大きい．一方，高温凝縮物説では GEMS を太陽系外縁部まで移動させなければならない．いずれにせよ，GEMS は太陽系初期の最も始原的な固体物質であることに違いない．なお，輝石やかんらん石粒子は針状や板状の結晶形態をもち（たとえば，図 3.21a のエンスタタイトウィスカー），高温ガスから凝縮したと考えられている．彗星の氷が星間物質をそのまま継承していると考えられる（3.1.2 項）のに対して，彗星塵中のケイ酸塩など固体の少なくとも一部は太陽系の高温起源を示しており，興味深い．また次節で述べるように，STARDUST 探査機が採取した彗星塵に見出された高温生成物（CAI とコンドリュール）は，初期原始太陽系の高温の内側から低温の外縁部に移動したと考えられている．

　CS 惑星間塵（chondritic smooth IDP：CS–IDP）は，主として含水層状ケイ酸塩からなり，水質変成を受けた炭素質コンドライトあるいはそれに類似し（図 3.21b），小惑星起源であると考えられる．一方，コンドライトに含まれるコンドリュールや CAI に類似した宇宙塵も存在する（表 3.2）．

　加熱の影響をほとんど受けていない微隕石には CS 惑星間塵と類似しているもの（図 3.22a）のほかに，CP 惑星間塵と類似しているものや炭素含有量の多い超炭素質微隕石も見出されている．以上のように，宇宙塵は隕石と起源を一部共有するものの，隕石とは異なった起源をもっているものが多いと考えられ

ている.これは,起源物質の強度の大きいものはサイズが大きい(2 mm 以上)隕石として,一方強度が小さいものは彗星塵も含めてサイズの小さい(2 mm 以下)宇宙塵として地球に落下するというように,強度がサイズに関係しているためと考えられる.

3.4.3　スターダストサンプルと彗星塵と星間塵

米国 NASA の STARDUST 探査機は 2004 年 1 月に木星族彗星であるヴィルド第 2 彗星に最接近して彗星塵サンプルを採取した.2006 年 1 月に地球にサンプルが回収され,約 6 カ月間の初期分析が行われ(Brownlee *et al.*, 2006),現在も分析が行われている.

ヴィルド第 2 彗星から放出された塵は探査機との相対速度が大きく(約 6 km/s),エアロゲルとよばれる超低密度な多孔質 SiO_2 ガラスを用いて捕獲された.エアロゲル捕集器に突入した彗星塵は衝突トラックとよばれる細長い空隙をつくるが,突入した粒子は最大数十 μm 以下の多くの破片に分かれて捕獲されていた(図 3.23).また,捕集器の枠に装着された Al 箔に衝突してできたクレーター内の残存物も回収され,分析が行われた.採取された彗星塵は脆くて微細な粒子(サブマイクロメートルサイズ)の集まりと比較的大きな結晶性のよい粒子(マイクロメートルサイズ)の集合体であり,その全体の化学組成は太陽組成をも

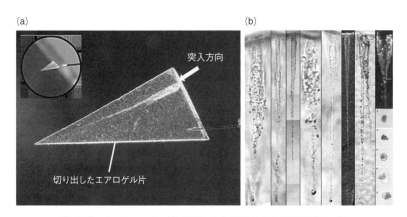

図 3.23 STARDUST 探査機により採取された彗星塵サンプル

(a) エアロゲル中の衝突トラック(トラック長:2.67 mm).(b) 衝突トラック中に見られる彗星塵粒子(光学顕微鏡像)(Brownlee *et al.*, 2006).

つ CI コンドライトと大きく異ならないことがわかった．その平均密度は衝突トラックのサイズと形状をもとに，$0.49 \pm 0.18\,\mathrm{g/cm^3}$ と推定されている（Niimi et al., 2012）．また，有機物も見出されている．このように，採取された粒子は彗星起源と考えられている CP 惑星間塵に類似しているが，粒子の一部は突入の際に融けたエアロゲルと混ざり合って，詳細な分析を困難なものにしており，GEMS に類似した粒子も見出されているが，不明な点も多い．一方，組織や元素・同位体組成から，結晶質粒子の中には CAI やコンドリュールの欠片が含まれていることがわかった．これらの高温生成物は，原始太陽系の内側の高温領域で形成され，初期太陽系外縁部に運ばれて有機物などとともに彗星に取り込まれたと考えられ，太陽系形成初期には大規模な物質の循環が起こっていたことが明らかとなった．

STARDUST 探査機は，星間塵がやってくると考えられる方向にもエアロゲル捕集器を向け，2000〜02 年の 195 日間をかけて星間塵サンプルの採取を試みた．多くの衝突トラックと Al 箔上のクレーター内の物質を調べた結果，その化学組成と突入方向をもとに，星間塵の衝突によってできた可能性が高い 3 つのトラックと 4 つのクレーターが見出された（Westphal et al., 2014）．トラックおよびクレーターをつくった星間塵候補の粒子サイズは，それぞれ 1 μm と 200 nm 程度である．それぞれの星間塵候補の化学組成や構成物質（非晶質物質，かんらん石や Fe を含む未同定相など）はさまざまで，従来の天文学的観測や理論よりも多様性をもつことが示唆された．なお，Al 箔上のケイ酸塩について酸素同位体比が測定されたが，プレソーラー粒子がもつような同位体異常は見出されていない．

3.5 有機物と生命物質

3.5.1 太陽惑星系における揮発性元素

太陽惑星系物質の構成元素（太陽系元素存在度）を全体的に見ると，H，He，O，C，N の**揮発性軽元素**（volatile light element）が非常に多い（2.1.2 項，巻末の共通表 2）．これらのうち反応性を有しない He を除いた H，C，O，N は**有機物**（organic material）や水などの**生命関連物質**を形成する元素群である（表 3.7）．太陽系以外でも星誕生領域である分子雲や星の終末後の惑星状星雲にお

第3章 彗星，小惑星と太陽系物質

表 3.7 太陽，地殻，海洋，生物における元素存在度 *

順位	宇宙	地殻	海洋	植物	動物
1	H	O	H	H	H
2	He	Si	O	O	O
3	O	H	Cl	C	C
4	C	Al	Na	N	N
5	Ne	Na	Mg	P	Ca
6	N	Fe	S	Ca	P
7	Mg	Ca	K	K	S
8	Si	Mg	Ca	Mg	Na
9	Fe	K	C	S	K
10	S	Ti	N	Cl	Cl
11	Ar	P	Br	Na	Mg

* 原子数による．

いても同じような相対存在度が観測され，宇宙の元素存在度ともいうことができる．地球外における有機物の分布と化学進化の解明は，宇宙における生命の普遍性を探るうえで興味がもたれ，**アストロバイオロジー**とよばれる研究領域にも発展している．

　分子雲に豊富に存在する H，C，O，N は**星間分子**を形成する．おもに電波望遠鏡により現在まで約 200 種弱の星間分子が同定され，そのうち 120 種程度を有機分子が占める（コラム 3.1 の表 1 参照）．星間分子のなかでもとくに多いものは順に $H_2 \gg CO > H_2O > NH_3 > HCHO \sim CH_3OH > HCN$ であり，後述する生体関連化合物の合成においてきわめて重要な分子である．これらの分子は原始惑星系にも発見されており，太陽惑星系の誕生時にも星雲内に存在していたに違いない．しかしながら，原始惑星円盤でのダイナミックな運動のなかで，これらの分子が物理的・化学的にどのように振る舞い，原始地球での化学進化においてどれだけ直接的に寄与したかはまだ謎である．

　現在の太陽系においては，木星型惑星とその衛星や彗星にはこれらの揮発性元素からなる分子が氷やガスとして存在している．一方で，岩石質な地球型惑星には，これらの揮発性成分が極端に少なく，地球においては太陽存在度に対して C で約 1 万分の 1，H で約百万分の 1 まで枯渇している．小惑星帯に存在する小天体においては，半分以上が炭素質な表面物質をもつと考えられる C 型小惑星で，炭素質コンドライトとの関連が指摘されている．近年，惑星探査機

による観測（コラム3.2参照），模擬実験，隕石・宇宙塵分析により地球外有機物の理解が進んでいる．

3.5.2 地球外物質中の有機物

現在，われわれが手にとって研究できる地球外物質には地球に飛来する隕石や宇宙塵のほかに，探査機によって採取された試料がある．**地球外有機物**（extraterrestrial organic）について最も研究されているのは炭素質コンドライトである．**炭素質コンドライト**はCI, CM, CR, CV, CO, CK, CH, CBなどに分類されるが（表3.2，図3.14），CI1は約4％までのCと約20％のH_2Oを含み，CM2ではそれぞれ約2％と約10％である．それらに対して，CV3, CO3などはそれぞれ1％以下，5％以下と少ない．Cのほとんどは有機物（グラファイト的なものも含む）として存在する．さまざまな有機化合物が報告されているのはおもにCI, CM, CRである．これらは数量が少ないために現在まで**マーチソン（Murchison）隕石**（CM2, 1969年落下）で多くの研究が行われてきたが，**タギッシュレイク隕石**（C2, 2000年落下）や南極隕石も貴重な研究試料である．また，アポロ計画による月試料（1969～72年）やスターダスト計画の彗星試料（2006年），はやぶさ計画による小惑星イトカワの試料（2010年）についても研究されたが，有機物量はきわめて少ない．

隕石有機物の分析において，溶媒に可溶な成分（**可溶性有機物**, soluble organic matter：SOM）と**不溶性有機物**（insoluble organic matter：IOM）があり，全有機物の7～9割はIOMである（たとえば，Pizzarello et al., 2006; Remusat, 2015）．どちらも化学構造や同位体組成は非常に不均一であり，化合物の全貌と起源などはいまだに謎の部分が多い．しかしながら，始原的な炭素質コンドライトには炭化ケイ素やグラファイトなどのプレソーラー粒子が含まれているために（表3.4），隕石有機物が分子雲などの前太陽系起源なのか，原始太陽系誕生時のプロセスに起源をもっているのかが注目されている．いずれの起源においても隕石母天体上での熱変成作用や水質変成作用が，もともとの有機物の性質を変えている．

SOMには超高質量分解能による質量分析によって，マーチソン隕石から約15万のイオン質量ピークが報告されており，組成式が決定されたのは約5万である（Schmitt-Kopplin et al., 2010）．ほとんどの有機化合物はアルキル同族体として存在し，1個の炭素化合物からの炭素鎖伸長反応が重要なプロセスと考

えられる．また，同じ組成式をもつ化合物でも構造異性体や立体異性体が多く存在するので，有機化合物の同定と定量のためにはクロマトグラフィーによる分析が必要である（コラム 3.4）．SOM のなかでも水に可溶な成分にはアミノ酸，カルボン酸類（モノカルボン酸，ジカルボン酸，ヒドロキシカルボン酸）が含まれ（図 3.24），地球上の生体物質と関連することから多くの研究がある．一方，無極性有機溶媒に溶解しやすい成分には**多環芳香族炭化水素**などが報告されているが，極性溶媒に可溶な有機物に対して量は多くない．

アミノ酸（amino acid）は隕石あたり数十 ppm 含まれ，炭素数 8 までのものが 100 種類弱検出されている．そのなかには生体構成アミノ酸 20 種のうち，12 種が報告されている（Burton *et al.*, 2012）．これらは熱水抽出物中に遊離アミノ酸として存在しているものもあるが，多くは加水分解することによってアミノ酸となる前駆体として存在している．しかし，その前駆体構造はいまだにはっきりしていない．一般的に炭素数が多くなるにつれて，その存在量は対数的に減少する．

これらのほかに生命関連物質としては**核酸塩基**（nucleobase）であるプリンやピリミジン類の探索が行われ，アデニンやキサンチンなどのプリン類が同定，定

コラム 3.4　隕石有機物の分析手法

　隕石有機物の分析には多岐にわたる手法が使用されてきたが，SOM か IOM かによって大きく異なる．SOM の場合は試料をガスクロマトグラフ（GC）や液体クロマトグラフ（LC）を用いて個々の化合物に分離する．クロマトグラフィーに用いるカラムの性質により，構造異性体や光学異性体を分離することができる．検出器としては，水素炎イオン化や熱伝導度（GC の場合），可視–紫外光や蛍光（LC の場合）を用い，さらに質量分析するのが一般的である．GC では対象とする化合物が揮発性をもつことが必要で，分子量の大きい（約 500 以上）ものの分析は難しい．アミノ酸のような分子内塩も不揮発性物質であり，揮発性物質にするために誘導体化が行われる．LC では溶液となるものは基本的に分析できるが，移動相の溶媒などが付加することによって本来の化合物の質量と異なるイオン質量となる場合が多い．最近では超高質量分解質量分析や高分離カラムクロマトグラフィーにより，より多くの地球外有機化合物が隕石から検出されている．

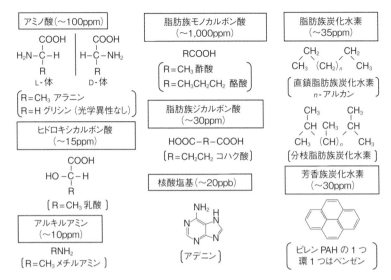

図 3.24　隕石中に見出された代表的な有機化合物

量されている (Burton et al., 2012). その含有量は ppb レベルで，アミノ酸の 1/1,000 程度である. また，ピリミジン類ではウラシルが報告されている. 同じ含窒素芳香環化合物としてピリジンカルボン酸であるニコチン酸やピコリン酸なども報告されている (Pizzarello et al., 2006).

個々の有機化合物の同位体比も測定されており，炭素鎖が長くなるにつれて，**炭素同位体比** (carbon isotope ratio, $\delta^{13}C$) が低くなり，炭素伸長反応時の速度論的同位体効果により軽い ^{12}C が反応しやすいと考えられる. アミノ酸の δD は数千‰までの大きな値を示し，とくにアルキル側鎖に結合した水素がより重水素 (^2H, D) に富む傾向がある. $\delta^{15}N$ も数百‰まで同位体的に重く，これら重い同位体濃縮は分子雲起源を示しているとの主張もある. 一方で，地球上のアミノ酸の同位体比は 0‰ よりも低いマイナス値を取る.

IOM は隕石中の炭素の大部分を占めるが，その構造も隕石により，また隕石中の部位ごとに異なる. 基本構造として数個の環からなる多くの多環芳香族炭化水素がエーテルやケトン，エステル，ニトリルなどの官能基を含む短鎖の脂肪族炭化水素で架橋されている (Remusat, 2015). また，その芳香族炭化水素は硫黄や窒素，酸素などを含むヘテロ芳香環も含む. 一般的に炭素質コンドラ

イトの IOM の芳香族/脂肪族炭素比は低い変成度のものでは低く，より高温を経験したものほど高くなる．変成度の高いものではよりグラファイト構造に近くなる．クロム酸酸化や含水熱分解などの反応では IOM は酸素を取り込んで，カルボン酸や二酸化炭素を生成する．

IOM の $\delta^{13}C$ はバルク炭素より小さいが，水素や窒素の同位体比は大きい．また，同位体組成はマイクロメートルスケールで不均一であり，とくに，極端に重い同位体（δD が数万‰，$\delta^{15}N$ が数千‰）に富む数 μm の領域が始原的な炭素質隕石の IOM から発見されており，同位体的ホットスポットとよばれている（Remusat, 2015）．これらは前太陽系物質の由来であると示唆されている一方，太陽系縁の低温域で生成する可能性も指摘されている．

3.5.3　彗星やガス惑星の有機物

木星や土星の巨大ガス惑星の主成分は H_2 と He であるが，微量成分として CH_4 などの炭化水素や NH_3 などを含む．とくに，木星の衛星タイタンには N_2 主成分のほかに CH_4, NH_3, H_2O が存在するために，光反応により生成されたソリン（tholin）とよばれる高分子化合物や赤褐色の複雑な有機物が存在している可能性が指摘されている．彗星は H_2O 氷を主成分とする汚れた雪だるまであるが，天文観測により，多様な有機分子が同定されている（図 3.4）．ハリー彗星を追尾観測した Giotto 機に搭載された質量分析計では，核酸塩基のプリン骨格の存在も示唆された（Kissel and Krueger, 1987）．また，ヴィルド第 2 彗星から塵を持ち帰るスターダスト計画では塵採取エアロゲルから最も簡単なアミノ酸であるグリシンが報告された（Elsila *et al.*, 2009）．2015 年にはチュリモフ・ゲラシメンコ彗星の探査機 Rosetta および着陸機 Philae（フィラエ）により種々のニトリル，アミン，アルデヒド，アルコール化合物がおもに質量分析器によって同定された（Goesmann *et al.*, 2015）．

3.5.4　隕石有機物の起源と生成メカニズム

地球外物質中に存在が確認される有機化合物の起源と生成メカニズムについては諸説がある．当初は原始太陽系星雲に存在したと考えられる CO, H_2, NH_3 が磁鉄鉱などを触媒とするフィッシャー・トロプッシュ型（Fisher-Tropsch type：FTT）反応や，光や放電をエネルギーとするラジカル反応による生成過程（ミラー・ユーリー型（Miller-Urey type）反応ともよばれる）が提案された．しか

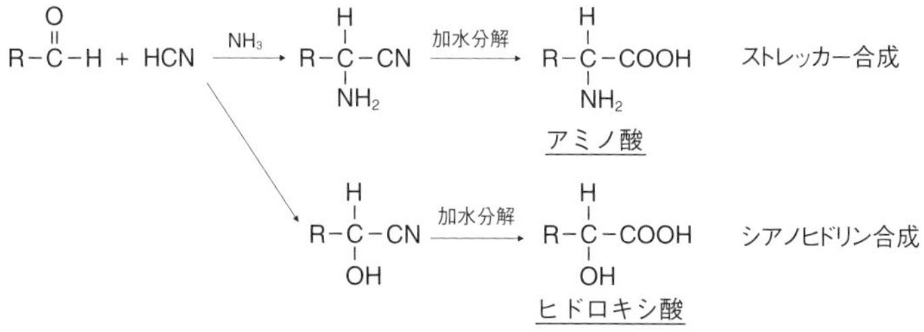

3.5 有機物と生命物質

図 3.25 ストレッカー合成とシアノヒドリン合成

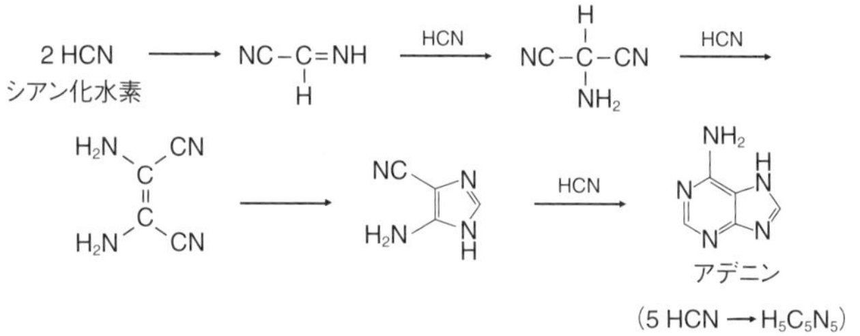

図 3.26 HCN 重合による核酸塩基（アデニン）の生成

し，FTT 反応の主生成物である鎖状炭化水素がほとんど含まれないことや，磁鉄鉱は母天体上での水質変成鉱物であることから，あまり重要視されていない．また，ラジカル反応においては光や放射線の透過度や化合物間の同位体分別に問題が提起された．最近ではDや^{15}Nの重い同位体の濃縮から星間雲に存在する分子の寄与の大きさが指摘されている．とくに，分子雲に比較的多く存在しているアルデヒド類（HCHOやCH$_3$CHO）やNH$_3$，シアン化水素（HCN）の水中での反応は隕石中に見出される化合物の合成を説明しやすい．

代表的な例はアミノ酸合成における**ストレッカー反応**（Strecker reaction）である（図 3.25）．この反応でNH$_3$の濃度が低ければ，乳酸（C$_3$H$_6$O$_3$）などのヒドロキシ酸を生成するシアノヒドリン反応となる．さらに，HCNの自己重合では核酸塩基であるアデニン（H$_5$C$_5$N$_5$）が生成するし（図 3.26），HCHOの多量化反応であるホルモース反応（formose reaction）ではさまざまな糖（炭水化物，C$_n$(H$_2$O)$_n$）が生成する．また，アルデヒド類とNH$_3$の反応によりアルキル化含窒素ヘテロ芳香族化合物が合成され（Naraoka et al., 2017），隕石中のニ

コチン酸などの生成に寄与していると考えられる．これらの反応はいずれも水溶液内で反応するので，隕石母天体上での水質変成と有機物の化学反応は密接に結びついている．

3.5.5 隕石有機化合物の光学異性体過剰

地球上の生命が左手構造である L 体アミノ酸からなることから（図 3.27），隕石アミノ酸の D 体と L 体の比である DL 比（一般的には**エナンチオマー過剰率**，enantiomer excess; e.e. = $(L-D)/(L+D) \times 100$（%）で定義される）は非常に興味がもたれてきた．生命の関与しない一般的な化学反応では $D:L = 1:1$ のラセミ体が生成物となる．1970 年に落下直後にマーチソン隕石を分析した結果では，ほぼラセミ体として検出されたが，1990 年代からの分析では，地球上にほとんど存在しないアミノ酸について 15% e.e. までの **L 体過剰**（L-isomer excess）率が報告され，地球生命の L 体起源の 1 つとして主張されている．L 体アミノ酸の過剰は宇宙空間における左右円偏光の照射の違いが D 体の選択的光分解となっている可能性がある一方で，隕石の水質変成度と L 体過剰率が相関をもっていることから（Burton *et al.*, 2012），隕石母天体上での鉱物が関与した反応が重要であると考えられる．さらに最近ではアミノ酸以外の化合物の光学異性体過剰についても研究されている．

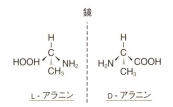

図 3.27　アミノ酸における左と右（光学異性体）

コラム 3.5　たんぽぽ計画

　われわれはどこからきたのか．生命の起源に関するいくつかの仮説のうち，生命は地球で誕生したという説と，生命は地球の外から飛んできたという説（**パンスペルミア仮説**）がある．また，生命は地球で誕生したと考える場合，その材料となる有機物は宇宙からもたらされたという説と，地球上で合成されたという説がある．いずれのシナリオが正しいのかはいまだに議論の渦中にある．この問題に挑もうとしているのが，**国際宇宙ステーション**（International Space Station：ISS）の日本実験棟（きぼう）曝露部で現在進行している，国内初のアストロバイオロジー実験，**たんぽぽ計画**（Tanpopo mission）である（図1）．

　たんぽぽ計画は，3つのメインテーマ，(1) 生命の惑星間移動仮説の検証（微生物の曝露と捕集），(2) **地球外有機物**の地球への運搬可能性の実証（有機物の曝露，宇宙塵の捕集），(3) 宇宙開発利用の発展につながる先端的技術開発（エアロゲル実証，宇宙ごみのフラックス評価），からなる．たんぽぽ計画は，惑星間を移動する微生物や宇宙から地球に供給される生命材料を，風に乗って運ばれるたんぽぽの綿毛のついた種に見立てて名づけられた．さかのぼること2006年に生まれた構想が，本計画の代表である東京薬科大学の山岸明彦を中心に，国内の多数の大学・研究機関に属する生命科学・地球惑星科学・工学の研究者と彼らの学生たちによる長年の努力と協力によって，2015年に実現するに至った．

　上述のテーマのなかでも，国際宇宙ステーションで，つまり高度400 kmの地球周回軌道で，有機物を含む**宇宙塵**を採取する試みは世界初である．その利点

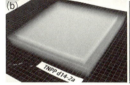

図1　(a) 国際宇宙ステーションの概観（NASA提供），(b) シリカエアロゲル，(c) 捕集パネル，(d) 曝露パネル．

は2つある．1つは，大気圏の摩擦熱を受けない宇宙塵を入手できる点，もう1つは，地球上の物質で汚染されていない宇宙塵を入手できる点である．一方で，高速で飛来する宇宙塵が国際宇宙ステーションに衝突する熱で宇宙塵の成分が変性するかもしれないという難点もある．そのため，捕集媒体には千葉大学で独自に開発された超低密度シリカエアロゲル（10 kg/m^3）を用い，試料の変性を最小限に抑える工夫をしている．これは，NASAのスターダスト計画でヴィルト第2彗星の塵を採取する際に30 kg/m^{3}のシリカエアロゲルが使われたアイディアを手本としたものである．地上実験では，このエアロゲルで宇宙塵中の有機物を捕獲できるかどうかを検証するために，宇宙科学研究所の2段階ガス銃を用いてマーチソン隕石微粒子のエアロゲルへの高速衝突実験を行った．その結果，秒速4 kmでは隕石中の有機物の化学組成はほとんど変化しないことが明らかとなった．

1年間の捕集を経て，2016年9月に初めて帰還した宇宙面エアロゲル（100 cm^2）に捕らえられた微粒子衝突痕（トラック）数は8個であった．まず，これらが地球外起源なのか地球起源なのかを判別しなければならない．帰還したエアロゲル試料を宇宙科学研究所で開発された切り出し装置で成形し，その後，エアロゲル中の微粒子（図2）をタングステン針などを使って慎重に取り出した後，顕微分光，二次イオン質量分析，電子顕微鏡などを用いた微粒子分析，放射光X線CTを用いた高速衝突トラックの3次元解析，2次元高速液体クロマトグラフィーを用いた微粒子中のアミノ酸分析を各大学で分担して行っている．この作業は2年後，3年後の試料帰還以降まで続く．

捕集された宇宙塵から，生命の材料は地球外物質からもたらされ，地球生命は地球で誕生したという考えを裏づけるようなデータが出てくるかもしれない．たんぽぽ計画は，どのような答えをわれわれに教えてくれるだろうか．

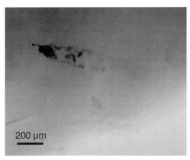

図2 国際宇宙ステーションの宇宙面に設置したエアロゲルに捕集された微粒子の高速衝突トラック
黒い部分がトラックの末端粒子．

3.6 「はやぶさ」のイトカワ探査

3.6.1 はやぶさ計画

2003年5月9日に打ち上げられたJAXAの「はやぶさ」探査機は，2005年9月にターゲットの小惑星イトカワに到着して，サンプル採取の後，種々のトラブルを乗り越えて，2010年6月13日に帰還した．「はやぶさ」の科学成果は，リモートセンシング観測とサンプル分析に大きく二分される．「はやぶさ」がイトカワを観察したのは，2カ月あまりの短い期間であるが，それまでの太陽系探査では得られていない，新しく重要な成果を上げた．

3.6.2 ラブルパイル（瓦礫の集まり）の実証

3.2節で，小惑星は族の母天体の大きな天体が衝突で破壊されて形成されたというモデルについて述べた．小惑星帯はちょうどスノーラインのところで原材料物質が少なく，微惑星の集積によりできた数百～1,000 kmサイズの原始惑星とよばれる天体よりも大きな母天体が生まれなかった．ところで，衝突破片ひとつひとつが個々の小惑星になるのだろうか？　そうではなく，多数の衝突破片が重力的に集まって小惑星を形成するというのが，ラブルパイル（瓦礫の集まり）説である (3.2.4項参照)．イトカワ以前に探査機が接近した小惑星はガスプラ (Gaspra)，イダ (Ida)，マチルデ (Mathilde)，エロス (Eros) であるが，いずれの天体もレゴリス（衝突で生成される微細粒子）で覆われていた．また，表面に線状の溝やリッジ（山脈）があり，何らかの内部の応力に反応する構造がある．そのため，これらの小惑星がラブルパイル天体であるという強い主張はできなかった．マチルデのように密度が極端に低い ($1,100\,\mathrm{kg/m^3}$) 小惑星は，内部の空隙率が高く，ラブルパイルモデルと矛盾しないが，天体形成後の衝突で空隙率が増加した可能性もあり確定できない．

イトカワは長径500 mほどの非常に小さな天体である．直径1 km以下の小惑星は脱出速度が小さく（$0.2\,\mathrm{m/s}$以下），天体表面に隕石などが衝突したときの放出物はほとんど表面には残らずレゴリスが少ないと考えられるので，天体の裸の姿が見えるのではと期待された．イトカワ以前に探査機が観測したイダの衛星ダクティル (Dactyl) は，直径1 km程度の天体であったが，衝突クレーターが確認される一方で大きな岩塊は確認されず，ラブルパイルという姿では

第 3 章 彗星，小惑星と太陽系物質

図 3.28 「はやぶさ」ONC カメラ AMICA で撮影された小惑星イトカワ（JAXA 提供）
自転軸はイトカワのほぼ短軸に沿っていて（図の上下方向），逆行自転である．(a) は東半球，(b) は西半球．相対的に明るい場所の多い頭部（(a) の右側，(b) の左側）と，胴部（(a) の左側，(b) の右側）からなり，その間には滑らかな地域が存在する．(a)，(b) の右端に見える岩は Yoshinodai とよばれている長さ 50 m のイトカワ上最大の岩である．また，TD1, TD2 は 2 回のタッチダウンの推定地点であり，その際にサンプリングされた物質がサンプルカプセルのそれぞれ B 室，A 室に収納された．

なかった．

　小惑星の表面状態は，赤外領域で（密度，比熱，熱伝導率で決まる）**熱慣性** (thermal inertia；$\sqrt{\rho C k}$ [J m^2 s$^{1/2}$/K]) という量を測定することで，地上観測からも推定することができる．表面が砂状のレゴリスで覆われていると熱伝導率 k や密度 ρ が低いために熱慣性は小さく，100 以下になる．一方で k, ρ の高い岩石の熱慣性は大きく，1,000 以上である．事前の地上観測で得られたイトカワの値は 750 で，レゴリスと岩石の中間の値であった．

　2005 年 9 月，「はやぶさ」がターゲット天体イトカワに近づき，岩塊に覆われた壮絶なその姿を撮影した（図 3.28）．岩塊はイトカワの上に横たわるものや突き刺さるものなど，さまざまである．これは，衝突破片が重力的に集積したというラブルパイル説でないと説明できない．イトカワは相対的に明るい場所の多い頭部（図 3.28a の右側，図 3.28b の左側）と，胴部（図 3.28a の左側，図 3.28b の右側）からなり，その間には，(打ち上げ前のはやぶさの呼称から) MUSES-C と命名された滑らかな地域が存在する（図 3.28a）．サンプル取得のため表面に接近したときのクローズアップ画像から，この地域は数 cm 程度の小石で覆われていることが明らかになった（図 3.29）．イトカワの密度は，「はやぶさ」が接近したときに測定した重力加速度から求められた（Fujiwara *et al.*, 2006）．イトカワは歪んだ形をしているため，形状モデルによる体積の誤差が密度に及ぼす影響が少なくない．重力加速度から求めた質量（3.51×10^{10} kg）と形状モデルから求めた体積（1.84×10^7 m^3）から，密度として $1,900 \pm 130$ kg/m^3

3.6 「はやぶさ」のイトカワ探査

図 3.29 MUSES-C 地域の接近画像（JAXA 提供）
イトカワの頭部と胴部の間の滑らかな地域．数 cm の小石に覆われている．矢印は小石層の上の大きめの転石．スケールバー：1 m．「はやぶさ」はこの地域への着陸，サンプリングを目指した．

という値が求まっている．イトカワの組成に対応するのは LL とよばれる普通コンドライト隕石で，これからイトカワの内部は 40% 程度の空隙率があることが見積もられる．これらの結果を総合的に解釈することによって，小惑星は大きな天体が衝突で破壊された岩塊が再集積してできたというラブルパイル説が実証された．

　イトカワの表面の岩塊の形状やサイズ分布を使った議論もなされている．サイズ 20 m 以上の大きな岩塊はイトカワの西側に分布している（図 3.30a）．Yoshino-dai とよばれている岩（図 3.28b の右端）は長さ 50 m で，イトカワの長軸の 1/10 である．イトカワがもともと 1 枚岩で，衝突により表面の岩塊が形成されるというモデルでは，数十 m サイズの大きな岩を説明することはできない．イトカワを形成したときの衝突破片が残っている（その後に破壊されて小さくなった可能性はあるが）と考えるのが自然である．イトカワ表面の岩石には，エッジをもつものや，割れ目があるものもあり，衝突実験で得られる破片と形状は似ている（図 3.30b）（Nakamura *et al.*, 2008）．

　イトカワ表面に存在する 10〜100 m サイズのクレーターの頻度分布はイトカワよりは大きなエロス（長径約 35 km）と変わらない．一方，滑らかな地域に確認された数個を除き，10 m 以下のクレーターは確認されておらず，隕石衝突や惑星接近がひき起こした振動により，小さなクレーターは変形，消失したと考えられる．クレーターは浅いものが多く，深さ，直径の比は 0.08 ± 0.03 であ

第 3 章 彗星, 小惑星と太陽系物質

図 3.30 イトカワ表面の岩塊（JAXA 提供）
（a）大きな岩塊の多いイトカワの西半球．胴体側から頭部側を見る方向の画像．スケールバー：30 m．中央下部には埋没したクレーターらしき地形が見える．下部右側に横たわる岩には割れ目がある．
（b）岩塊密集地域のクローズアップ画像．スケールバー：1 m．明るい色の斑点はメテオロイドの衝突により，表面の風化層が削られた部分と考えられる．

る（Hirata et $al.$, 2009）．直径 10〜100 m のクレーターの頻度分布から推定されるイトカワの形成年代は，7,500 万年前から数億年前の間と推定される．

3.6.3 イトカワの組成と宇宙風化作用

地球に落下して発見される隕石の多くは，小惑星帯の天体に起源があると考えられている．それにもかかわらず，隕石のなかでは一番多い**普通コンドライト**隕石の実験室反射スペクトルと，小惑星帯の太陽に近い領域では最多の（典型的な岩石質天体と考えられる）**S 型小惑星**の可視〜近赤外域の観測スペクトルには違いがある．観測された S 型小惑星のスペクトルは全体的に暗く，波長が短いほど反射率が低い「赤化」の傾向がある．また，輝石やかんらん石に特有の吸収帯が相対的に弱い．これらの特徴から，S 型小惑星は普通コンドライト隕石と同様の物質で構成されているが，その反射スペクトルは時間とともに，普通コンドライトの反射スペクトルから変化したと考えられる．この表面反射スペクトル変化は，小惑星だけではなく月や水星など大気のない岩石天体では共通している現象で**宇宙風化作用**とよばれる．月の岩石とレゴリスの反射率の違いについては，微小天体の高速衝突による加熱（蒸発と再凝縮）や太陽風の照射により生成された数〜10 nm サイズの金属鉄微粒子が原因であることが，40 年以上前に提唱された（Hapke et $al.$, 1975）．金属鉄微粒子は月のレゴリス中

3.6 「はやぶさ」のイトカワ探査

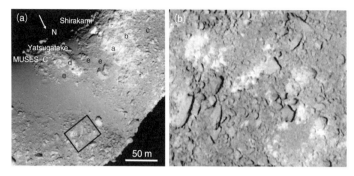

図 3.31 イトカワ表面の明るさの場所による変化

(a) MUSES-C 地域と頭部の画像．暗色の岩塊地域（c），傾斜が急になると表面が剝がれて明るい内部が露出する（b → a）．MUSES-C 側の山地（Yatsugatake）も表面層が剝がれて明るい．下には滑り落ちた物質が溜まっている領域（e）がある．

(b) (a) 中の矩形部の拡大図．明るい部分が環状に繋がっているため，衝突によって風化を受けていない内部が露出したと考えられる．明暗は実際の差（20〜30％）より強調されている．

に発見されていたが，後述するようにイトカワの回収サンプルでも直接確認された．

地上観測で得られたイトカワの近赤外スペクトルは，普通コンドライトの一種である LL コンドライトが弱く赤化した反射スペクトルに近かった．「はやぶさ」はイトカワ表面を多色カメラ AMICA と，近赤外分光計 NIRS で観測した．イトカワ表面には明るさの違いがあり，遠距離からでも 20% 程度，接近画像では 30% に及ぶ．明るい場所は岩塊地域の急傾斜地や盛り上がっている場所に特徴的に広がっている（Saito et al., 2006）．図 3.31a の頭部の MUSES-C 側の斜面（Shirakami）は，表面の反射率の低い岩塊層が剝離して落ち，その下の明るい層が露出したように見える．

これまで探査機が観察した S 型小惑星（ガスプラ，イダ，エロス）では，明るさと色（スペクトル）の両方の変化は起こっていない．イトカワでは，明るさの違いとともに色の違いが発見された（Ishiguro et al., 2007）．この色の違いは，LL コンドライト隕石組成の物質が宇宙風化作用を受けてスペクトルの傾きと吸収強度が変化するというシナリオで説明できる（Hiroi et al., 2006）．すなわち，明るい場所は風化が進んでおらず，表面年代が若い．風化度が低い地域はおもに岩塊地域に分布していて，MUSES-C 領域の頭部側も風化度は低くなっている（Ishiguro et al., 2007）．また図 3.30b で，暗色の岩塊の表面に明る

第 3 章　彗星，小惑星と太陽系物質

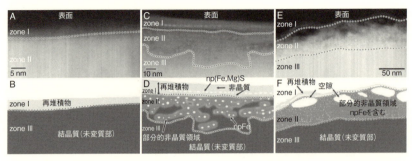

図 3.32　透過型電子顕微鏡によりイトカワ粒子表層に見出された 3 つのタイプの宇宙風化層（A, C, E）（Noguchi et al., 2014）
A：表面に薄い再堆積層（zone I）が形成される．
C：太陽風照射による部分的非晶質層（zone II）中にはナノ Fe 微粒子（npFe），外層の再堆積層中にはナノ（Fe, Mg）S 粒子（np(Fe, Mg)S）が形成される．
E：太陽風照射が飽和して，部分的非晶質層に空隙（ブリスター）が形成される．
B, D, F はそれぞれ A, C, E の模式図．

い色の斑点が確認できる．これは，メテオロイドの衝突で表面の風化層が削られた微小クレーターであると考えられる．この表面風化層は岩石そのものが風化している可能性と，岩石の表面に風化した鉱物粒子が付着して薄い層を形成している可能性がある．宇宙風化作用の模擬実験では，空隙率のある隕石は岩片のままでも表面に風化層ができることが確認されている．しかし，サンプル中にナノ鉄微粒子をもつ「風化」した鉱物粒子（図 3.32 の np; nano particle）が発見された（3.6.7 項）ことから，後者の可能性が高くなった．イトカワの表面には例外的に反射率の低い岩が存在する．頭部にある Black Boulder と命名された 6 m ほどの岩の反射率は，平均の 60% 程度で 1 μm の吸収帯が弱い．宇宙風化作用ではなく大きな衝突に伴う衝撃の影響で，微小鉄粒子や FeS 粒子が生成されて黒くなっていると考えられる．

3.6.4　イトカワ表面の物質移動

イトカワで明らかになった重要な点の 1 つが，微小重力下での物質移動である．イトカワの表面には，月や大きな小惑星に見られるようなレゴリス層はリモートセンシングでは見られなかった．イトカワのレゴリスはサイズが大きく，MUSES-C 地域に見られるような cm サイズの小石からなる．小石に覆われた滑らかな地域は，北極域から広がる Sagamihara，さらに MUSES-C 地域から

南極域に広がっている．これらはいずれも重力ポテンシャルの低い地域である．イトカワ上のクレーター数は多くはないが，クレーターをつくらない程度の小さな衝突は頻繁にあり，イトカワ全体を振動させた可能性がある．イトカワの岩塊地域で衝突破砕などにより生成された小石が衝突の振動で浮き上がり，重力ポテンシャルの低い方へ移動したことで，滑らかな地域が生成されたと考えられる．また，斜面に残っている岩石の長軸が斜面の向きと垂直方向に並んでおり，これは地球の地滑り斜面に見られる特徴で，重力が非常に弱いイトカワ上でも，地球上と同じような斜面での物質移動過程が起きていることがわかる (Miyamoto et al., 2007)．

MUSES-C 地域では接近画像で，10 cm サイズの石が cm サイズの敷きつめられたような小石の上に乗っている様子がみえる (図 3.29)．これは，ブラジルナッツ効果とよばれる現象 (岩石などの粒子の集合体が振動を受けると流動化して対流のような運動をする．そのときに，大きな石が選り分けられて浮き上がる) が，重力のきわめて小さい状況でも起こっているためと考えられる．

3.6.5　イトカワ表面の物質

「はやぶさ」探査機によって採取されたサンプルは，小惑星から初めてもたらされたものであるだけでなく，月 (アポロ計画，ルナ計画) に次いで地球外天体から採取された 2 番目のレゴリスのサンプルでもある．探査機は MUSES-C 地域に 2 回タッチダウンし，サンプル採取を行った (図 3.28a の TD1, TD2)．当初の計画ではイトカワ表面に弾丸を打ち込み，低重力下で舞い上がった粒子を 1 g 程度サンプリングする予定であった．2 回ともに弾丸は発射されなかったが，地球の大気や有機物に汚染されていない少量の微粒子が採取されていた．2,000 個以上の粒子 (最大径約 300 μm で多くは 10 μm 以下) が見出され，その総量は 100 μg 程度と推定される．2011 年に初期分析が行われた後，国際公募による詳細分析が開始され，今も分析は続いている．

はやぶさサンプルはかんらん石，低 Ca 輝石，高 Ca 輝石，斜長石などの鉱物からなり (表 3.8, 図 3.33)，その鉱物組合せやモード組成 (Tsuchiyama et al., 2011)，化学組成 (Nakamura et al., 2011) (図 3.34) および酸素同位体組成 (Nakashima et al., 2013) は，すべて小惑星イトカワの表面物質が LL コンドライトであることを示している．サンプルのバルク化学組成 (Nakamura et al., 2011) やモード組成と粒子の体積から推定されたバルク密度 ($3,400\,\mathrm{kg/m^3}$)

表3.8 イトカワ粒子に含まれる鉱物の化学組成、モード組成、酸素同位体組成、モード組成および普通コンドライトとの比較

	かんらん石	低Ca輝石	高Ca輝石	斜長石	アルカリ長石	クロム鉄鉱	アパタイト	メリルライト	カマサイト	テーナイト	トロイライト	空隙
Fe/(Mg+Fe)×100	28.4(1.2)											
Fe/(Mg+Fe+Ca)×100		23.0(2.0)	9.0(1.5)									
Ca/(Mg+Fe+Ca)×100		1.7(1.5)	43.2(4.3)									
Mg/(Mg+Fe+Ca)×100		75.3(2.3)	47.9(2.9)									
K/(Ca+Na+K)×100				5.3(1.3)	79.1(1.6)							
Ca/(Ca+Na+K)×100				10.4(0.8)	7.0(0.7)							
Na/(Ca+Na+K)×100				84.3(1.6)	13.9(1.1)							
Ni									3.9	47.7	0.1	
Fe									86.2	48.1	63.4	
Co									9.9	2.5	0.1	
S											35.6	
酸素同位体(‰)												
$\delta^{18}O$	4.57(0.74)	5.07(0.28)	4.30(0.36)	5.68(0.51)								
$\delta^{17}O$	3.77(0.46)	3.82(0.49)	3.44(0.38)	4.23(0.54)								
$\Delta^{17}O$	1.39(0.31)	1.18(0.49)	1.21(0.33)	1.28(0.47)								
モード(vol.%)												
イトカワ	64.9	18.6	2.8	11.2		0.1	0.2	0.06		0.01	2.1	1.5
LL4-6	~58	~16	~6	10		<1	2	<1			5	
L4-6	~48	~24	~6	10		<1	<5	<1			5	
H4-6	~38	~28	~6	10		<1	10	<1			5	

注：原子数による。カッコ内の数字は誤差。

3.6 「はやぶさ」のイトカワ探査

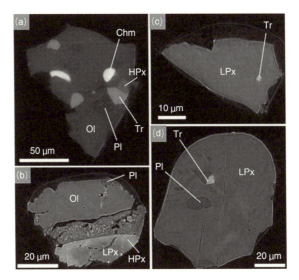

図 3.33 イトカワ粒子の CT 断面像（Tsuchiyama, 2014）
（a）サンプル番号：RA-QD02-0031，（b）RA-QD02-0048，（c）RA-QD02-0038，（d）RA-QD02-0042．Ol：かんらん石，LPx：低 Ca 輝石，HPx：高 Ca 輝石，Pl：斜長石，Chm：クロマイト，Tr：トロイライト．

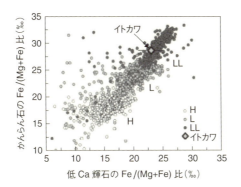

図 3.34 かんらん石と低 Ca 輝石の Fe/(Mg+Fe) 組成の関係（Nakamura et al., 2011）
イトカワサンプルは LL コンドライトの範囲に存在する．

（Tsuchiyama et al., 2011）も LL コンドライトに対応し，イトカワの表面物質は平衡 LL コンドライトであることがわかった．これにより，これまで小惑星と隕石の反射スペクトルの比較から指摘されていた小惑星と隕石との対応関係

215

が物質科学的に確証された．なお，2回のサンプリング地点でのサンプルの特徴の違いはとくに認められてはいない．

3.6.6　イトカワの母天体

イトカワは衝突により生成された多数の破片が集積して形成されたラブルパイル天体であり，大衝突が起こる前には母天体が存在していたはずである．母天体の情報もサンプル分析から得ることができる．低Ca輝石と高Ca輝石間のCaの平衡分配より，イトカワ粒子はおよそ800℃で長時間加熱されていたことがわかる (Nakamura et al., 2011)．^{26}Alの放射壊変を熱源としたモデルからは，半径20 km以上の母天体が存在していたと考えられる．またAr–Ar法やU–Pb法により，イトカワ粒子は約46億年前に（母天体で）形成され，約15億および23億年前に大きな衝撃を受けたと考えられる．粒子を構成する鉱物には，隕石の衝撃ステージS3からS4（衝撃圧：30～35 GPa）(3.3.6項) に対応する衝突による痕跡が見出されている．

以上より，イトカワ母天体について以下のようなシナリオが描ける（図3.35）．(1) LLコンドライト物質からなる半径20 kmより大きなイトカワ母天体の形

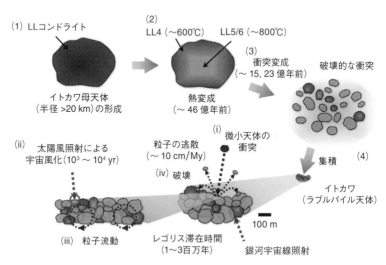

図3.35　イトカワのサンプル分析により得られたイトカワ母天体と表面プロセスの情報
(1)～(4) および (i)～(iv) は本文参照．

成，(2) 最高温度約 800℃での**熱変成**（約 46 億年前），(3) **衝撃変成**（約 15, 23 億年前），(4) 破壊的な衝突と破片の集積によるイトカワ形成．

3.6.7 イトカワでの表面プロセス

イトカワのような大気のない天体におけるレゴリス粒子は宇宙環境との界面であり，微小天体の衝突，太陽風や宇宙線の照射などによる表面プロセスの情報が記録されている．

イトカワ粒子の 3 軸長より求めた 3 次元形状分布は，高速衝突実験による衝突破片のものと区別できず，イトカワ上への微小天体の衝突によって粒子が形成されたことを示唆している（Tsuchiyama et al., 2011）．多くの粒子の外形や表面構造も，粒子が破壊により生成されたことを示している．また，衝突によって生成されたエジェクタ（放出粒子）による二次クレーターや，衝撃溶融物であるガラス状物質が粒子表面に観察される（図 3.36）．一方，分析した粒子のサイズ分布を岩塊（5〜50 m）のものと比べると，10〜100 μm の粒子が相対的に少なく（Tsuchiyama et al., 2011），数 cm の小石に覆われている MUSES-C 地域の接近画像（図 3.29）とも整合的である．これは，重力の小さなイトカワでは衝突によってより小さな粒子が選択的に宇宙空間へと逃げていったためであると考えられるが，ブラジルナッツ効果である可能性もある．

イトカワ粒子の表面にはごく薄い（100 nm 以下）宇宙風化層が見出され，月に次いで小惑星においても宇宙風化が起こっていることがサンプル分析によって実証された（Noguchi et al., 2011）（図 3.32）．典型的な宇宙風化層は基盤の

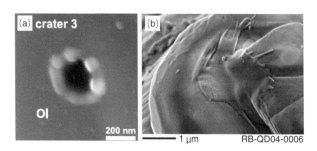

図 3.36　イトカワ粒子表面の走査型電子顕微鏡像

(a) 二次クレーターと考えられるピット（Nakamura et al., 2012），(b) 衝撃溶融物と考えられるガラス（Matsumoto et al., 2016）．

鉱物が一部非晶質化されたもので，その中にはナノサイズの鉄や硫化鉄粒子が多数含まれている（図 3.32C,D）．一部の宇宙風化層にはブリスターとよばれる水ぶくれ状の空隙も認められる（図 3.32E,F）．宇宙風化層は，基盤の鉱物と同じ化学組成をもつことやブリスターの存在から，太陽風の打込みによって生じたものであると考えられる．実際，イトカワ粒子には太陽風起源の同位体組成をもつ貴ガス（He, Ne, Ar）が検出されている（Nagao et al., 2011）．

太陽フレアトラック（solar flare track）の密度から推定される宇宙風化リム生成のタイムスケールは $10^3 \sim 10^4$ 年程度である（Noguchi et al., 2014）．一方，太陽風貴ガス濃度から求めた照射のタイムスケールは 10^3 年程度であり（Nagao et al., 2011），太陽風粒子の侵入深さはせいぜい $1\,\mu\text{m}$ であることから，粒子がレゴリス層の最表面に滞在したタイムスケールに対応する．一方，イトカワ粒子の**銀河宇宙線照射年代**（galactic cosmic ray exposure age）は数百万年あるいはそれ以上である．太陽風よりもエネルギーの高い銀河宇宙線はより深い所（数十 cm から 1 m 程度）まで到達するので（3.3.7 **A** 項参照），銀河宇宙線照射年代は粒子がレゴリス層中に滞在していた年代に対応し，レゴリス層の年代は数百万年よりも古いと考えられる．

イトカワ粒子の多くは衝突破片の特徴であるシャープなエッジをもっていたが，粒子の一部には丸いエッジが見出された．このような衝突破片粒子の機械的**摩耗**は，イトカワのような小さいな天体表面では予想されていなかった新しい発見である．摩耗を起こしたプロセスとして，3.6.4 項で述べた地震波による粒子流動の可能性が指摘されているが（Tsuchiyama et al., 2011），摩耗実験などによる詳しい研究が必要である．

イトカワ表面では，主として太陽風照射による宇宙風化層の発達により宇宙風化が進む一方で，粒子は粒子運動によりレゴリス層内部に潜り込み，摩耗で宇宙風化層が剥ぎ取られ，あるいは再破壊を受けるなど，反射スペクトルの若返りも起こっており，これらの競合で実際の宇宙風化が進んでいくという描像が得られる．

イトカワでの表面プロセスをまとめると以下のようになる（図 3.35）．(i) 微小天体の衝突によるレゴリス粒子の生成．(ii) 太陽風照射による宇宙風化リムの生成（タイムスケール：$10^3 \sim 10^4$ 年）．(iii) 粒子流動によるレゴリス粒子の摩耗（タイムスケール：10^4 年以上）．(iv) 衝突によるレゴリス粒子の最終的な散逸（タイムスケール：10^6 年程度あるいはそれ以上）．

イトカワ表面には別の天体の物質が降り注いでいると考えられる．炭素質物質はイトカワを構成している LL コンドライトには基本的に含まれていないので，別の天体に起源をもつ炭素質物質とくに有機物がサンプル中に見出されないか調べられたが，今のところは検出されていない．

 参考文献

[1] Amelin, Y. *et al.*（2002）*Science*, **297**, 1678-1683.
[2] Asphaug, E.（2009）*Annu. Rev. Earth Planet. Sci.*, **37**, 413-448.
[3] Bradley, J. P.（2013）*Geochim. Cosmochim. Acta*, **107**, 336-340.
[4] Brearley, A. and Jones, A.（1998）"Planetary Materials", chap.3, pp.398., MSA.
[5] Brownlee, D. *et al.*（2006）*Science*, **314**, 1711-1716.
[6] Burton, A. S. *et al.*（2012）*Chem. Soc. Rev.*, **41**, 5459-5472.
[7] Elsila, J. E. *et al.*（2009）*Meteorit. Planet. Sci.*, **44**, 1323-1330.
[8] Fujiwara, A. *et al.*（2006）*Science*, **312**, 1330-1334.
[9] Goesmann, F. *et al*（2015）*Science*, **349**, aab0689.
[10] Gopalan, K. and Wetherill, G. W.（1970）*J. Geochem. Res.*, **10**, 3457-3467.
[11] Hapke, B. *et al.*（1975）*Moon*, **13**, 339-353.
[12] Hirata, N. *et al.*（2009）*Icarus*, **200**, 486-502.
[13] 廣井孝弘, 杉田精司（2010）日本惑星科学誌, **19**, 36-47.
[14] Hiroi T. *et al.*（2006）*Nature*, **443**, 56-58.
[15] Ishiguro, M. *et al.*（2007）*Meteorit. Planet. Sci.* **42**, 1791-1800.
[16] Keller, L. P. and Messenger, S.（2011）*Geochim. Cosmochim. Acta*, **75**, 5336-5365.
[17] Kissel, J. and Krueger, F. R.（1987）*Nature*, **326**, 755-760.
[18] 国立天文台 編（2018）『理科年表』, 丸善出版.
[19] Krasinsky, G. A. *et al.*（2002）*Icarus*, **158**, 98-105.
[20] Krot, A. N. *et al.*（2015）*In* "Asteroids IV", Michel, P. *et al.*, eds., pp. 635-660. University of Arizona.
[21] 倉橋映里香（2005）遊星人, **14**, 10-14.
[22] Matsumoto, T. *et al.*（2016）*Geochim. Cosmochim. Acta*, **187**, 195-217.
[23] Meteoritical Bulletin Database. The Meteoritical Society.（https://www.lpi.usra.edu/meteor/）.
[24] Miyamoto, H. *et al.*（2007）*Science*, **316**, 1011-1014.
[25] Mumma, M. J. and Charnley S. B.（2011）*Annu. Rev. Astron. Astrophys.*, **49**,

471-525.
- [26] Nagao, K. *et al.*（2011）*Science*, **333**, 1128-1131.
- [27] Nakashima, D. *et al.*（2013）*Earth Planet. Sci. Lett.*, **379**, 127-136.
- [28] Nakamura, A. M. *et al.*（2008）*Earth Planets Space*, **60**, 7-12.
- [29] Nakamura E. *et al.*（2012）*Proc. Natl. Acad. Sci. U.S.A.*, **109**, E624-E629.
- [30] Nakamura, T. *et al.*（2011）*Science*, **333**, 1113-1116.
- [31] Naraoka, H. *et al.*（2017）*ACS Earth Space Chem.*, **1**, 540-550.
- [32] Niimi, R. *et al.*（2012）*Astrophys. J.*, **744**, 18-22.
- [33] Noguchi, T. *et al.*（2011）*Science*, **333**, 1121-1125.
- [34] Noguchi, T. *et al.*（2014）*Meteorit. Planet. Sci.*, **49**, 188-214.
- [35] Pizzarello, S. *et al.*（2006）*In* "Meteorites and Solar System II", Lauretta, D. S. *et al.* eds., pp. 625-651, University Arizona Press.
- [36] Plane, J. M. C.（2012）*Chem. Soc. Rev.*, **41**, 6507-6518.
- [37] Remusat, L.（2015）*In* "EMU Notes in Mineralogy", Lee, M. R. and Leroux, H. eds., vol.15, pp. 33-65. European Mineralogy Union.
- [38] Saito, J. *et al.*（2006）*Science*, **312**, 1341-1344.
- [39] Schmitt-Kopplin, P. *et al.*（2010）*Proc. Natl. Acad. Sci. U.S.A*, **107**, 2763-2768.
- [40] Tsuchiyama, A.（2014）*Elements*, **10**, 45-50.
- [41] Tsuchiyama, A. *et al.*（2011）*Science*, **333**, 1125-1128.
- [42] Warren, P. H.（2011）*Earth Planet. Sci. Lett.*, **311**, 93-100.
- [43] Weisberg, M. K. *et al.*（2006）*In* "Meteoritics and Early Solar System II", Lauretta, D. S. and McSween Jr., H. Y. eds., pp.19-52, University of Arizona.
- [44] Westphal, A. J. *et al.*（2014）*Science*, **345**, 786-791.
- [45] 圦本尚義（2008）元素の同位体異常．『宇宙・惑星科学』，松田准一・圦本尚義 編，pp.82-111, 培風館．

第4章 地球の衛星：月

　月は地球の唯一の衛星であり，半径は約 1,740 km で地球の約 1/4，地球と月は惑星とそのまわりを周回する衛星の大きさの比が太陽系で最大である．また月には大気がほとんどなく，大気圧は地球の 100 万分の 1 以下程度である．月は衛星でありながら水星の約 7 割と惑星にほぼ匹敵する直径をもつことから，月の形成・進化過程を知ることは地球の形成・進化過程だけでなく，太陽系の地球型惑星の形成や進化を知るうえでも重要である．とくに，地球と月の間に見られる大きな性質の違い（大気や海洋の有無，現在でも火成活動が活発な地球とそうでない月など）の原因を知ることは，地球や他の地球型惑星の形成過程を知るうえで重要である．また，地球上にはプレートテクトニクスがあり地球表層の物質のほとんどが地下に沈み込むなどしてしまうため，地球の誕生後数億年間に形成した岩石はほとんど存在せず，したがって地球の初期進化や初期環境に関する情報を直接的に得ることは難しい．一方，月は形成以降の冷却が速く，初期に形成した岩石や地質領域が多く残されており，また地球を除き地質的背景情報とともに岩石が得られている唯一の天体である．そのため，月から得られる太陽系形成以降の数億年間の情報は，太陽系のこの時代の唯一の情報源であり，地球型惑星の理解のためにも重要である．

4.1　月探査史と「かぐや」（SELENE）

　月の科学的な研究は，約 400 年前に Galileo Galilei が望遠鏡によって月表面の観察をしたことに始まる．それから大きく時を経て，20 世紀中盤になって米

第4章 地球の衛星：月

国とソ連（現在のロシア）の2大国により，国としての優位性を主張するという意味から，どちらの国が先に月面に宇宙飛行士を立たせるのかを競い合う，第一次月探査の時代が始まった（表4.1）．その成果として，まず月をフライバイすることで月の裏側の撮像に成功し，その後，無人探査機による月面着陸成功（Luna（ルナ）9号），周回機からの月全面撮像を経て1969年にはアポロ計画によって初めて人類が月面に降り立った．ソ連のルナ計画や米国のアポロ計画では複数の探査機が月面に着陸し，月面で起こる地震（**月震**，moonquake），希薄な大気の化学組成の測定など月面その場で行う観測や，月試料を地球に持ち帰るサンプルリターンが行われた．サンプルリターンによって，とくに岩石の化学組成や同位体組成を調べる分野の研究が飛躍的に進んだ．この時代になってこれらの情報を使って地球と月の比較ができるようになり，それをもとに地球とその衛星である月がどうやって誕生し，進化したのかを明らかにする研究が本格的に始まった．このような研究から生まれたのが，後述する重要な概念である**巨大衝突（仮）説**（giant impact theory，形成途中の地球に別な天体が衝突し，飛び散った破片が集積して月が形成したとする説）と**マグマオーシャン（仮）説**（magma ocean theory，地球や月など固体天体が形成直後には，表面が融けたマグマで覆われていたとする説）である．

　第一次月探査の時代が終了して以降，科学目的の月の探査は約20年の間行われなくなり，代わりに地球に持ち帰られていた岩石や**レゴリス**（天体表面を覆う堆積層のことで，月では天体衝突により月面の岩石が破砕，混合されたものである）の分析による研究が進んだ．1990年代に入ると，米国のClementine（クレメンタイン）衛星とLunar Prospector（ルナ・プロスペクタ）衛星により，**リモートセンシング**（remote sensing，遠隔探知，接触せずに天体表面を観測する手法）による全球の分光観測や重力場観測などが初めて行われ，全球の化学組成の概要が得られるなど，大きな成果を生んだ（Clementine衛星までの探査により得られた科学成果については，Spudis著，水谷 仁 訳（2000）を参照されたい）．それらの成果に刺激を受け，1990年代後半には日本でも，月の起源と進化の解明を目標に，月全球にわたり化学組成，重力場，磁場など多数の観測を網羅する探査の計画が立ち上げられた．そしてミッション立ち上げから約10年を経て，2007年に日本初となる月の科学探査衛星「かぐや」（SELENE，SELenological and ENgineering Explorer）が打ち上げられた．「かぐや」による月探査実施と前後して，2000年代前半から現在に至るまで米国，ヨーロッパ，

ミッション名	打ち上げ日	国名	備考
Luna 1号	1959/1/2	旧ソ連	初めて地球外の宇宙空間に飛び出し、月から6,000 kmのあたりを通過
Pioneer 4号	1959/3/3	米国	史上2番目の人工惑星
Luna 2号	1959/9/12	旧ソ連	月に命中、人類史上初めて他の天体に到達した人工物体
Luna 9号	1966/1/31	旧ソ連	カプセルを月面に半軟着陸させるのに成功。月のパノラマ写真を送信
Surveyor（サーベイヤー）1号	1966/5/30	米国	月面の大洋の南に軟着陸するのに成功。周辺地形の画像を送信
Lunar Orbiter 1号	1966/8/10	米国	月の詳しい地図を作るために月を周回。月表面写真を撮影
Lunar Orbiter 5号	1967/8/1	米国	成功した1～5号で月表面の99%を写真に収める
Apollo 11号	1969/7/16	米国	初の人類月着陸
Apollo 12号	1969/11/14	米国	月面での観測を実施
Luna 16号	1970/9/12	旧ソ連	豊かの海に着陸。遠隔操作でカプセルに月の土壌を採取し、地球に持ち帰るのに成功
Luna 17号	1970/11/10	旧ソ連	8輪の無人月面車 Lunokhod（ルノホート）1号を月面に降ろし、月面を調査しながら10 km走る
Apollo 14号	1971/1/31	米国	
Luna 20号	1971/7/26	旧ソ連	初めて月面移動車が使われる
Luna 20号	1972/2/14	旧ソ連	50 kgの標本を持ち帰る
Apollo 16号	1972/4/16	米国	ケイリー（Cayley）高原に着陸
Apollo 16号粒子・磁場小型衛星	1972/4/16	米国	Apollo 16号から分離
Apollo 17号	1972/12/7	米国	最初の地質学者の宇宙飛行士
Luna 21号	1973/1/8	旧ソ連	Lunokhod 2号を降ろす
Luna 24号	1976/8/9	旧ソ連	170 gの標本を持ち帰る
[はごろも]	1990/1/24	日本	[ひてん]から分離
[ひてん]	1990/1/24	日本	日本最初の月探査衛星
Clementine	1994/1/25	米国	月のスイングバイ技術など工学実験を実施
Lunar Prospector	1998/1/7	米国	
SMART 1号	2003/9/27	ESA	
[かぐや]	2007/9/14	日本	月周回探査機として最多の14種の観測機器を搭載
嫦娥（じょうが）1号	2007/10/24	中国	
Chandrayaan（チャンドラヤーン）1号	2008/10/22	インド	
Lunar Reconnaissance Orbiter	2009/6/18	米国	
嫦娥2号	2010/10/1	中国	
GRAIL	2011/9/10	米国	月大気と塵環境の探査
LADEE	2013/9/6	米国	月大気と塵環境の探査
嫦娥3号	2013/12/1	中国	月面に軟着陸。月面探査機（無人月面車の[玉兎号]）
嫦娥4号	2018/12/8	中国	初めて月裏側に軟着陸

2016年現在の情報。JAXA宇宙情報センターwebページの情報から加筆・修正。

第 4 章　地球の衛星：月

表 4.2　「かぐや」に搭載された観測機器（Kato et al.（2010）を改編）

観測項目	観測機器
元素分布	蛍光 X 線分光計（Al, Si, Mg, Fe などの元素の月面観測） ガンマ線分光計（U, Th, K などの元素の月面観測）
鉱物分布	スペクトルプロファイラ（0.5〜2.6 µm の波長範囲の月面連続分光観測） マルチバンドイメージャ（可視〜近赤外域の月面 9 バンド分光観測，空間分解能可視域で 20 m）
表層地形・構造	地形カメラ（立体視による月面の地形観測．空間分解能 10 m） 月レーダーサウンダー（レーダーを用いた月地下構造の観測．観測深さ地下 5 km まで） レーザー高度計（レーザーによる月面地形観測．空間分解能 1,600 m）
月表面・周辺の環境	月磁力計（月表層の磁場観測） プラズマ観測器（紫外〜可視域での地球プラズマ圏観測） 粒子線観測器（高エネルギー粒子の月表層観測） プラズマ観測装置（月表層の荷電粒子のエネルギーと化学組成観測） 電波科学（月希薄大気の観測）
重力分布	VRAD 衛星「おうな」搭載の VLBI 電波源（月重力場の観測）（VRAD = VLBI radio source） リレー衛星「おきな」搭載トランスポンダ（リレー衛星を用いた 4-way レンジ観測による月裏側の重力場観測）
精細画像	ハイビジョンカメラ（一般へのアウトリーチを目的とした地球，月表面撮像観測）

中国，インドの各国が月探査を実施しており，1960〜70 年代に続いて第二次月探査の時代に入っている（表 4.1）．

「かぐや」は 2007 年 9 月の打ち上げ以降，2009 年 6 月にミッションを終了するまで約 1 年半の観測期間に，月面から平均高度 100 km を 1 周約 2 時間で約 7,000 周回して観測を行った．この間に，搭載された 15 個もの観測機器（表 4.2）によって質の良い膨大なデータが得られており，これらは一般公開されている（https://www.darts.isas.jaxa.jp/planet/pdap/selene/index.html.ja）．このデータを用いて国内のみならず国外でも解析と研究が続けられている．これまでに実施された多数の月探査機のなかでも，「かぐや」は最多数の観測を全球について行っており，今後も長く月科学研究の基礎情報となることは間違いない．惑星科学のなかでも，とくに探査機によって得られたデータを用いた研究分野は日本ではまだ発展途上であり，今後も多くの科学者の研究への参加が

望まれている．「かぐや」による科学成果については，長谷部・桜井（2013）を参照されたい．

この後の各節では「かぐや」による最新の成果も加えつつ，月の化学組成や内部構造，地質年代，地球-月系の形成と進化について紹介する．

4.2 月の地形

月の表面には反射率が高く白く見える領域と，反射率が低く黒く見える領域（日本では"うさぎ"に例えられる部分）がある．これらは標高が高い地域と低い地域に対応しており，**高地**（highland）と**海**（mare）とよばれている（口絵9，図4.1）．海領域は月全球の表面積の約17%を占める．詳しくは4.3節で述べるが，高地と海は単に標高が違うだけでなく，そこに分布する物質も異なっており，高地は月の誕生直後にマグマオーシャンから固化した最初の地殻で，海は高地の形成後に火成活動により形成した2次的な地殻である．月の自転と公転の周期は等しく，月は常に地球に同じ面を向けている．月の地球に向いている側の半球を月の表側，逆側を裏側とよび，表側の中心が緯度0°と定義されている．月の表側には海の領域が多く，裏側には少ない．そのため月の表側の平均的な標高は低く，裏側は高い．月面の最大の高低差は約20 kmあり，月は直径で地球

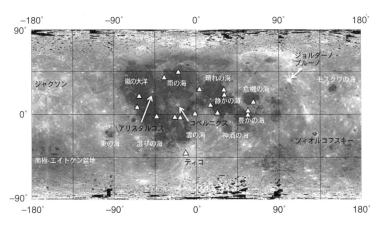

図4.1 月の主要な海とクレーターの位置（画像はJAXA/SELENE提供）

これまでに軟着陸した月探査の着陸点を白い三角形で，軟着陸後に月試料を地球上に持ち帰った探査機の着陸点を白い星型で示す．

第4章　地球の衛星：月

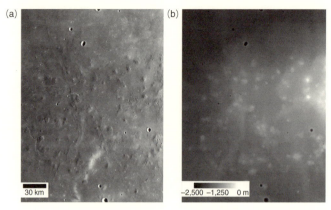

図 4.2　マリウス丘陵の西部
(a) Lunar Orbiter 画像 (LO-IV-157-H2), (b)「かぐや」デジタル地形モデル (JAXA/SELENE 提供).

の 1/4 と小さいにもかかわらず，地球と同程度の高低差をもつ．月面上で最も標高が高い点は裏側北半球にあるディリクレ・ジャクソン (Dirichlet-Jackson) 盆地（天体衝突によってできるクレーターのうち直径が約 300 km 以上の大型のもの）の南端周辺であり，最も低い点は裏側の南半球ほぼ全体に広がる月面最大の盆地，南極・エイトケン (South Pole-Aitken) 盆地の中にあるアントニアーディ (Antoniadi) クレーターの内側にある．

月の海の玄武岩 (mare basalt) は，マントルの加熱や減圧によって部分溶融してつくられたマグマが表面に噴出し，冷却し固化したものである．地球の玄武岩と比較して，月の玄武岩は鉄 (Fe) に富んでいる．そのため，月の海をつくったマグマは粘性率が低く，地球でみられるような山体をもつ火山をほとんどつくらず，月の海の大部分は平坦な地形をしている．しかし，一部には火山体と考えられるさまざまなスケールの地形も存在しており，それらをまとめてドーム地形 (dome) とよんでいる．最大のものは嵐の大洋に存在するマリウス (Marius) 丘陵地帯であり，直径 200〜300 km に達する（図 4.2）．周囲との標高差は 1〜2 km 程度で，なだらかな山体となっている．山体の上にはより小さなドーム地形が無数にあり，月面で最も複雑な火成活動の痕を残す領域である．直径 10 km 程度のドーム地形は月面の広い領域で多数みつかっている．これらは平坦な海をつくったマグマと比較すると粘性率の高いマグマでつくられたと考えられて

4.2 月の地形

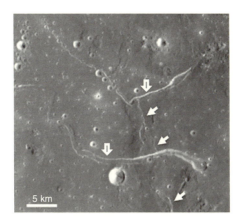

図 4.3 マリウス丘陵地帯にある蛇行リルとリッジ（JAXA/SELENE 提供）
南側の蛇行リル上には直径 60 m の縦穴が発見されたことから，内部に空洞があると考えられている（Haruyama *et al.*, 2009）．リッジ（白矢印）は中央部に 2 本の蛇行リル（白抜き矢印）と交差するかたちでほぼ南北に走る．

いる．

その他の海の特徴的な地形としては，**蛇行リル**（蛇行谷，sinuous rill）や**リッジ**（ridge）がある（図 4.3）．平坦な海を形成した大規模なマグマ噴出の後，噴出率が減少した時期のマグマは，先に流れ出て固まった溶岩の上や内部を熱侵食または機械的に浸食しながら流出する．蛇行リルはこのような溶岩チャネルであると考えられている．蛇行リルは月の海のいたるところに存在するが，とくに**嵐の大洋**（Oceanus Procellarum），**雨の海**（Mare Imbrium）領域において多く存在する．リッジは，盆地内部に噴出した玄武岩の重みによる盆地底部の変形作用や月全球の冷却収縮に伴う，断層活動や褶曲によって玄武岩表面にできる標高の高まりであり，一般的に盆地の内側に盆地形状に対して同心円状または放射状に，線状に連なる傾向をもつ．

月の南極，北極周辺では太陽光が常に低い角度で入射するが，月の自転軸と黄道面との角度が常に 90°に近い（90°からのずれは約 1.5°）ため，月の極域周辺ではクレーターの内側に 2 次的にできたクレーターの内部など地形条件によって，長い間太陽光が当たらない場所が存在し，これを**永久影領域**（permanentry shadowed region）とよぶ．また反対に，標高が周囲より高い丘の上など長い間太陽光が当たり続ける場所も存在し，これを**永久日照領域**（permanentry illuminated region）とよぶ．永久影領域では太陽光が当たらないため常に温度が低く，このような場所には揮発成成分が蓄積し，H_2O 氷などが存在するという報告もあるが，実際のところはよくわかっていない．

4.3　月のリターンサンプルと月隕石

　月からはアポロ計画やルナ計画により約 400 kg の試料が地球に持ち帰られている．図 4.1 に主要な海，クレーター，および月探査機の着陸点と試料を持ち帰った地点を示す．これらの試料の分析から，月の高地と海に存在する岩石は含まれる鉱物の量比や化学組成が異なることが知られている．分析値をもとにすると，高地は斜長石を主成分とし少量（< 20%）の**苦鉄質ケイ酸塩鉱物**（mafic silicate，輝石やかんらん石など，鉄やマグネシウム（Mg）に富むケイ酸塩鉱物の総称）からなる**斜長岩**（anorthosite）を主として構成され，一方，海は輝石と斜長石を主成分とする玄武岩で構成されると考えられている（表 4.3，表 4.4）．月の高地や海を構成する主要な鉱物は，**斜長石**，**かんらん石**，**輝石**，**イルメナイト**であり，ほとんどの月試料において，これらが全体の約 95% 以上を占める．鉱物の化学式については表 2.3 を参照されたい．

　高地岩石には斜長岩以外にも，地殻への貫入岩であると考えられている試料があり，含まれる苦鉄質ケイ酸塩鉱物の **Mg♯**（magnesium number：Mg/(Mg+Fe) の mol%）が斜長岩に比べて高いことから **Mg-suite** とよばれる．月の高地からの試料（とくに斜長岩）に含まれる斜長石は**灰長石**（anorthite）**成分**（斜長石のうちの $CaAl_2Si_2O_8$ からなる端成分で，**An 成分**ともよぶ）に富むことが知

表 4.3　代表的な月高地岩石（斜長岩）と海岩石（玄武岩）の鉱物量比（vol.%）の違い

	斜長岩 (62236)	高チタン玄武岩 (70215)	低チタン， 低アルミ玄武岩 (12064)	低チタン， 高アルミ玄武岩 (14053)	超低チタン玄武岩 (7008,356)
斜長石	85	29	39.1	50	31.1
輝　石	11	42	55.2	40	60.0
かんらん石	4	7	–	–	5.3
不透明鉱物	–	18	–	3	1.8

斜長岩は Warren and Wasson (1978)，玄武岩は表の左から Longhi et al. (1974)，Neal et al. (1994)，Gancarz et al. (1971)，Vaniman and Papike (1977) による．玄武岩の分類は 4.4.3 項を参照．超低チタン玄武岩は研磨薄片内の岩石片の値．( ) 内は Apollo の試料番号．

表 4.4 代表的な月試料の化学組成 (wt.%)

	斜長岩 (62236)	高チタン玄武岩 (70215)	低チタン, 低アルミ玄武岩 (12064)	低チタン, 高アルミ玄武岩 (14053)	超低チタン玄武岩 (70007)	オレンジガラス (74220)	グリーンガラス (15426)	KREEP玄武岩 (15382)
SiO_2	44.3	37.8	46.3	46.4	–	38.6	44.1	52.4
TiO_2	–	13.0	4.0	2.6	0.4	8.8	0.37	1.78
Al_2O_3	30.6	8.8	10.7	13.6	10.3	6.3	7.8	17.8
Cr_2O_3	–	0.41	0.37	–	0.64	0.75	0.33	–
FeO	4.0	19.7	19.9	16.8	17.0	22.0	21.0	9.02
MnO	0.06	0.27	0.27	0.26	0.26	–	–	0.1
MgO	3.8	8.4	6.5	8.5	12	14.4	16.7	7.1
CaO	17.3	10.7	11.8	11.2	9.7	7.7	8.4	9.9
Na_2O	0.21	0.36	0.28	–	0.15	0.36	0.13	0.96
K_2O	0.061	0.05	0.07	0.1	0.01	0.09	0.03	0.57
合計	–	99.49	100.19	99.00	–	99.00	99.00	99.76
Th (ppm)	0.04	0.34	0.84	2.1	–	–	–	10.3

斜長岩は Warren and Wasson (1978),超低チタン玄武岩は Wentworth *et al.* (1979),KREEP 玄武岩は Dowty *et al.* (1976),それ以外は BVSP (1981).( ) 内は Apollo の試料番号.

られており,高地岩石中の斜長石の An 成分の占める割合と高地岩石中に含まれる苦鉄質ケイ酸塩鉱物の Mg♯ とをプロットすると,斜長岩と Mg-suite の 2 つのグループに分けられることが知られている(図 4.4).マグマの分化過程を考えると Mg-suite のように An 値が低くなるにつれて低い Mg♯ となることは理解できる.一方で斜長岩の An 値はサンプルの採取地点によらず,非常に限られた範囲の値をもっている.これは地殻の形成過程において,そもそもマグマ中のナトリウム(Na)量が少ないことや,マグマが斜長石の結晶と結晶の粒間に閉じ込められたためにマグマの分化があまり進まなかったことが原因だと考えられている.一方 Mg♯ は 50〜70 の範囲にあり,地球の斜長岩に比べて低い(相対的に鉄がマグネシウムに比べて多い)ことから,月の斜長岩は **ferroan anorthosite**(FAN ともいう,鉄に富んだ斜長岩)とよばれる.一方,海の玄武岩は酸化チタン(TiO_2)やアルミニウム(Al),カリウム(K)の含有量により分類されており(表 4.5),これらの分類と対比して月面上の玄武岩の噴出年代などの解析が行われている.アポロ計画により採取した試料のさまざまな分析値

第 4 章　地球の衛星：月

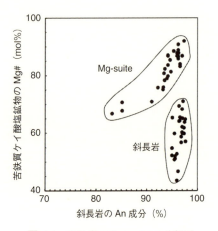

図 4.4　高地岩石の An–Mg# 分類図
プロットの各点は Warren (1993) で分析値の信頼性が高いとされた斜長岩.

表 4.5　月試料の元素組成による玄武岩の分類（Papike and Vaniman, 1978）

TiO_2 による分類	Al_2O_3 による分類	K_2O による分類	試料採取地点
高チタン（>8wt.%）	低アルミニウム（<11wt.%）	高カリウム（>0.3wt.%）	Apollo 11
		低カリウム（<0.1wt.%）	Apollo 11 Apollo 17
低チタン（<5wt.%, >1.5wt.%）	高アルミニウム（>11wt.%）	高カリウム（>0.3wt.%）	Apollo 14
		低カリウム（<0.1wt.%）	Apollo 14 Luna 16
	低アルミニウム（<11wt.%）	低カリウム（<0.1wt.%）	Apollo 12 Apollo 15
超低チタン（<1.5wt.%）	低アルミニウム（<11wt.%）	低カリウム（<0.1wt.%）	Apollo 17 Luna 24

は https://curator.jsc.nasa.gov/lunar/lsc/index.cfm によくまとめられている.
　月からのリターンサンプルに加えて，地球上には月から飛来した隕石が見つかっており（**月隕石**，月表面に天体が衝突して岩石が破砕され，飛び出して地球に到達した隕石），現在までに 300 個以上が発見されている（ワシントン大学ウェブページ http://meteorites.wustl.edu/moon_meteorites_list_alumina.htm）．月のリターンサンプルは採取場所がわかっているため，採取地点の地質情報を正

4.3 月のリターンサンプルと月隕石

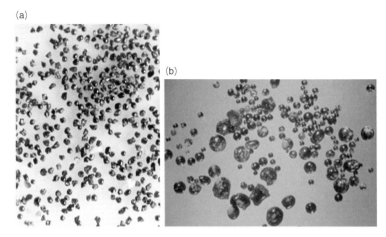

図 4.5　火成活動で噴出したガラスビーズ
(a) Apollo17 号オレンジガラス．粒子サイズは約 100 μm，試料番号 74220（NASAS73-15085）
(b) Apollo15 号グリーンガラス．粒子サイズの平均は約 100 μm，試料番号 15426（NASAS79-32188）

確に得ることができる反面，ごく限られた場所の情報しか得られないというデメリットがあり，これらのサンプルをもって月の代表と考えてよいのかどうかという疑問が生じる．一方で，月隕石は月面のあらゆる場所からランダムに放出されたと考えられ，月表面をランダムに採取した試料と考えることができる．ただし各試料の放出地点はわからず，また月隕石は表層の比較的浅い場所から放出されたものであり，天体が衝突する前から破砕や混合を受けたレゴリス層由来の物質であるという側面がある．両者の特徴を認識しつつ月表層を理解することが有効である．月表層には前述の高地斜長岩と海の玄武岩に加え，これらが破砕，混合，固化して形成した中間的な組成をもつ**礫岩**（breccia）や，地殻内への貫入岩，火成活動による噴出物で溶岩流と違って揮発性成分に富むマグマが勢いよく噴出，急冷して形成した**火山性ガラス**（volcanic glass もしくは pyroclastic glass）試料などが存在する（図 4.5）．ただし，月の体積の 9 割以上を占めるマントルを起源とし，かつ溶融など 2 次的な過程を経ていない試料はこれまで見つかっていない．また，前述のように月のリターンサンプルと月隕石の採取地点などの差異を反映し，両者の化学組成には違いが見られ，リターンサンプルには高地，海の端成分が多く，月隕石は端成分が混合した中間的な

第4章　地球の衛星：月

試料が多い．

月試料の特徴でいうと，2000年代中盤まで月試料中の揮発性成分の量は，地球やコンドライト隕石などと比べて非常に少ない（ナトリウムやカリウムでは地球に比べて2〜3桁少ない）ことが報告されていた（表4.4）．この違いは後述する巨大衝突による月形成の最も有力な証拠とされ，衝突とその後の集積に伴い月構成物質が高温にさらされ，揮発性成分が蒸発，散逸したことに起因すると考えられてきた．ただし，月の火山性ガラス中に以前想定されていた量に比べて多くの水が含まれるという研究結果も報告されており（噴出したマグマの初期値で745ppmと推定）（Saal et al., 2008），形成直後の月は，従来考えられていたほどには揮発性成分に乏しくない可能性もある．一方で，分析された揮発性成分は月形成の後に天体衝突により付加されたとする説もあり，揮発性成分の起源に関する今後の研究が必要である．いずれにしても，月の形成直後の揮発性成分の量を知ることは，地球と月の成因としての巨大衝突説を検証することにつながり，また地球の水の起源を知ることにも関係する重要なテーマである．

月試料の分析値をもとに，これまで多くの研究者が月の全球組成を推定している．鉄はコアの主要構成元素であり，またマントルを構成する鉱物にも含まれる．マントルの体積が大きいことから，コアとマントルの体積推定や組成推定の誤差を考慮しても，鉄はコアとマントルにおおよそ1：1の割合で含まれる．アルミニウムはコアやマントルにはほぼ入らず，ほとんどは地殻に含まれる．これまでの月の**全球組成**（bulk composition）推定によると，月はコアを除いた地球の全球組成（**bulk silicate earth**：**BSE**）に比べて鉄に富み，またアルミニウムは同じか富むと考えられている．ただし，研究者により推定値は大きく異なり，鉄では地球に比べて1〜2倍（コアサイズやマントルの組成不確定性などに起因），アルミニウムでは1〜1.5倍までの幅（地殻厚や組成の不確定性に起因）をもち，いまだ決定には至っていない（表4.6）．月の全球組成や地球とどの程度類似または異なっているのかを把握することは，地球と月を構成する物質の起源が異なるのかどうかを知ることにつながり，地球-月系の形成過程を考えるうえで重要な情報である．

月の**酸素同位体比**（酸素原子には16, 17, 18の質量をもつ3種の安定同位体が存在し，質量16の原子に対する17, 18の存在量の比をとり，標準物質のこれら値との差分をそれぞれx, y軸にとったプロットで表現される．詳細は3.3

4.3 月のリターンサンプルと月隕石

表 4.6 月の全球組成およびコアを除いた地球の全球組成の比

	SiO_2	TiO_2	Al_2O_3	Cr_2O_3	FeO	MnO	MgO	CaO	Na_2O	K_2O	Mg♯
Longhi (2006)	46.1	0.17	3.9	0.5	7.6	0.13	38.3	3.2	0.05	0.003	0.9
Khan et al. (2006)	45.5	n.d.	4.1	n.d.	12.5	n.d.	34.6	3.3	n.d.	n.d.	0.83
Warren (2005)	46.2	0.18	3.8	0.44	9.1	0.13	35.6	3.0	0.05	0.005	0.87
Lognonné et al. (2003)	53.5	n.d.	6.4	n.d.	13.3	n.d.	21.9	4.9	n.d.	n.d.	0.75
Snyder et al. (1992)	48.4	0.4	5	0.3	12	n.d.	29.9	3.8	0.13	0.04	0.82
Taylor (1982)	44.4	0.31	6.1	0.61	10.9	0.15	32.7	4.6	0.09	0.009	0.84
Buck and Toksoz (1980)	48.4	0.4	5	0.3	12.9	n.d.	29	3.8	0.15	n.d.	0.8
Ringwood (1979)	44.8	0.3	4.2	0.4	13.9	n.d.	32.7	3.7	0.05	n.d.	0.81
BSE：McDonough and Sun (1995)	45	0.2	4.5	0.38	8.1	0.14	37.9	3.5	0.36	0.029	0.89

n.d.：未決定．

節を参照）については，以前から地球のそれと非常に類似し，地球分別線上にプロットされる（地球上における水の蒸発，凝縮などの過程による同位体比の変化は**同位体質量分別**とよばれ，この効果は前述のプロットでは傾き 1/2 の直線上を移動する）ことが知られている（2.5 節参照）．一方で，火星隕石やコンドライト隕石などは地球‒月系とは明らかに異なる分別線上にある．このような違いは，これらの天体が形成する以前，太陽系内の物質は場所によって異なる酸素同位体比をもち，異なる領域の物質が集積した天体は異なる酸素同位体比をもつことに起因すると考えられてきた．その観点から考えると，地球と月は近い領域で成長した物質で構成されていると推定される．現在，月の形成過程として最も有力とされているのが火星サイズの天体が成長途中の地球に衝突し，その破片が集積して月が形成したとする**巨大衝突（仮）説**である．ただし，衝突の数値シミュレーションの結果からは，単純な巨大衝突の場合は月を構成する物質の多くは成長途中の地球ではなく衝突天体由来であると推定される．また太陽系内の天体成長のモデルからは，衝突天体は太陽系内の地球と異なる領域で成長し，すなわち地球と異なる酸素同位体比をもつはずであると考えられている．この結果は地球と月の酸素同位体比がほぼ同一の値をもつという観測事実とは矛盾しており，その原因を探るために現在さまざまな衝突条件での数値シミュレーションが続けられている．なお酸素同位体以外にもチタンや鉛など同位体を使って地球と月の差異を見つけようとする研究も行われているが，これまでのところ，両者の値が明確に異なるとする結果は得られていない（異な

第 4 章 地球の衛星：月

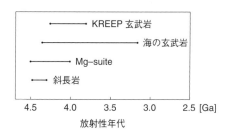

図 4.6 簡略化した代表的な月試料の放射性年代（斜長岩は Elkins-Tanton et al. (2011)，海の玄武岩は Stoffler et al. (2006) および Terada et al. (2007)，他は Shearer and Papike (1999) より）

るとする論文もあるが，広く受け入れられている状態にはない）．

　月試料の**放射性年代測定**（radiometric dating）から，高地岩石の固化年代は 44.7～42.9 億年前，海の岩石の固化年代は 43.5～31.5 億年前であり，一般的に高地岩石のほうが海の岩石に比べて固化年代が古い（図 4.6）．この固化年代の違いや高地を構成する斜長岩の分布面積が大きいこと，斜長岩層の厚さが数十 km もあることなどから，高地地域は，月の形成直後に存在した大量のマグマ（マグマオーシャン）が冷え固まる過程で，斜長石が集積して形成したと考えられる．一方，海領域はマグマオーシャンが固化して表面が**高地地殻**（highland crust）で覆われた後に，マントルが再溶融してできたマグマが表面に噴出し，これが固化して形成したと考えられる．歴史的には月の斜長岩地殻の成因としてマグマオーシャンの形成が考えられ，マグマオーシャンの形成を説明できる説として巨大衝突による月の形成過程が提案され，現在では最も有力な説となっている．また現在では月だけでなく地球初期にもマグマオーシャンが存在したと考えられている．月のマグマオーシャンの固化にどの程度の時間がかかったのかを知ることは，月の熱進化を理解するうえで重要である．マグマオーシャンの固化に要する時間は，月の初期地殻である斜長岩の，個々の試料間での固化年代の幅におおよそ対応すると考えられている．この時間は図 4.6 にあるように，2 億年程度と推定される．一方，シンプルな月の冷却過程を考えるとマグマオーシャンの固化は数～10 Ma 程度で終了し，月の斜長岩の放射性年代から推定される時間に比べて短い．一方で，太陽系における惑星形成モデルや隕石の分析などから推定される地球と月の形成年代に比べ，実測される月の固化開始年代（すなわち最も古い斜長岩の固化年代）は 2～3 億年程度若いとする研

究もあり，これが本当だとすれば，マグマオーシャンの固化開始に数億年もかかるのは熱モデル的に矛盾しており，マグマオーシャンの固化過程を理解することは今後の課題である．

　月表層の大部分はレゴリスに覆われている．レゴリスには岩石が破砕された粒子だけでなく，微小な天体の衝突による溶融を受けて形状が変化した粒子（**アグルティネート**，agglutinate）も含まれており，それらのなかには衝突により高圧で形成する鉱物も見つかっている．また，レゴリスが固化して形成した岩石も存在する．月リターンサンプル中の 1 mm 以下のレゴリス粒子の平均サイズは 75〜105 μm 程度である．レゴリス層の深さ方向での組成や粒径の変化は，アポロ計画で得られた 3 m 程度のコアサンプルの分析などによって調べられており，表層付近は空隙率が高くなっている（表層 30 cm の平均で約 50%）．ただし，コアサンプルは地球に持ち帰られるまでに圧密されるなど，月面の条件を完全には保持できていない可能性があり，また実際の月面では静電気などの影響もはたらくため，コアサンプルよりもさらに空隙率は高いと推定される．月面では，太陽から月面に飛来するイオン（**太陽風**，水素イオンが最も多い）の照射や小天体衝突による表層粒子の蒸発と再凝縮により，鉱物内の鉄原子が鉱物粒子のごく表層に微小な nm サイズの金属鉄として生成されるプロセスが起こっている．これを**宇宙風化**とよび，それにより太陽光の反射スペクトルが変化することが知られている．

4.4　月の地質

4.4.1　全球の地質区分

　地球からの望遠鏡観測やアポロ計画による月面の限られた領域の化学組成の観測などをもとに，月の地質について 1980 年代までは大きく表と裏の 2 つに分けて理解していた（口絵 10a）．この表と裏の違いを**二分性**（dichotomy）とよび，その成因は月の大きな謎の 1 つとされている．この時代につくられた月面の地質年代については後の項で述べる．それが 1990 年代の米国の月探査機 Clementine および Lunar Prospector の観測により，全球の化学組成や地形などが得られるようになると，鉄やトリウムなどの元素濃度をもとに，月面を 3 つの性質の異なる領域に分けて理解しようとする提案がなされた．3 つの領域とは，

（1）Procellarum KREEP Terrane（PKT，プロセラルム KREEP テレーン），（2）Feldspathic Highland Terrane（FHT，長石質高地テレーン），（3）South Pole-Aitken Terrane（SPAT，南極・エイトケンテレーン）である．

　PKT は KREEP 物質に富み，表側の嵐の大洋を中心とする領域である（口絵10b, c）．**KREEP 物質**とは**液相濃集元素**（incompatible element，マグマの固化時に結晶中に取り込まれにくく，液相側に濃集する元素）に富む物質で，代表的な濃集元素であるカリウム（K），希土類元素（rare earth elements：REE，セリウム（Ce）やユウロピウム（Eu）など）およびリン（P）の頭文字をとってこのようによぶ．ただし KREEP の定義は曖昧で，液相濃集元素に富む物質，岩石，レゴリスなどいずれに対しても使われる．KREEP 物質は液相濃集元素であるトリウムやウランなどの**放射性元素**（radioactive element）にも富んでおり，PKT はトリウム濃度が 3.5ppm 以上の領域と定義されている（トリウム濃度は最大で 10ppm 程度，また PKT の鉄の濃度は 10〜20wt.%）．FHT は月裏側の北半球に広がり，鉄，トリウムいずれの濃度も低い領域である（FHT のトリウム，鉄濃度はそれぞれ 1ppm，4wt.%程度）．この領域は標高が高く，また地殻が最も厚い領域に対応し，南側は SPAT と接している．SPAT は月裏側の南半球にある直径 2,000 km を超える巨大な南極・エイトケン盆地（天体衝突で形成した大きな窪地）に対応し，鉄もトリウムの濃度も PKT と FHT の中間的な値をもつ（SPAT のトリウム，鉄濃度はそれぞれ 2〜4ppm，10〜15wt.%程度）．以下に 3 つの領域の特徴について詳しく述べる．

　PKT は嵐の大洋を中心に広がり，表面積は月面の約 17%を占める．PKT は液相濃集元素に富むことから，この領域はマグマオーシャンが固化する過程で最後まで残った KREEP 物質に富むマグマが地下に集積し，そのマグマが冷えて形成した物質がその後なんらかの理由により再溶融し月表層にもたらされてできたと考えられる．月表層にもたらされる過程としては，地下に集積していた KREEP 物質の濃集層が天体衝突によって表層に巻き上げられるとする考えや，マグマが地表に噴出するまでの経路で，途中にある KREEP 物質を取り込んだとする考えなどがある．PKT のなかでもとくに KREEP 物質が濃集する領域（口絵 10c でトリウム濃度が 6ppm 以上に対応する領域）は標高が高い領域であり，海の領域とは異なる．層序学的にはこれらの領域は海の玄武岩より古い．一方で月試料には KREEP 物質に富むものが多数存在している．そのほとんどがレゴリスや**衝突メルト**（impact melt，天体衝突によって岩石やレゴリスが溶融

4.4 月の地質

し，再固結した物質でガラスを含む）からなる角礫岩であり，PKT に分布する KREEP 物質の多くはこのような試料に対応していると考えられる．ただし数は少ないが，結晶質で KREEP 物質に富む岩石も存在し，これらは KREEP 玄武岩とよばれる．KREEP 玄武岩の鉄の濃度は 10〜16wt.%，トリウムの濃度は 5〜15ppm であり，組成の違いから，一般的な海の玄武岩とは区別して認識されている．KREEP 物質に含まれるトリウムやウランなどの放射性元素が月を加熱する主要な熱源となるため，月の熱進化を考えるうえで，KREEP 物質の総量を知ることは非常に重要である．総量を知るには，観測されている KREEP 物質が濃集する層の水平分布に加え，鉛直分布を知る必要があるが，これについてはいまだよくわかっていない．

　FHT は月裏側の北半球に広がり標高が高い領域に対応する．これまで月裏側からのサンプルリターンは行われておらず確実なことはわからないが，表側の高地地域から採取された試料の中の斜長岩が FHT 領域の物質に対応すると考えられている．斜長岩試料の鉄やチタン，トリウムの濃度は海の玄武岩に比べて低く，リモートセンシングによる FHT の観測結果と定性的には整合している．FHT は他の領域に比べて火成活動が少なく SPAT のような巨大盆地の形成がないことから，この領域にはマグマオーシャンから直接固化した斜長岩が固化時の情報を最もよく保持した状態で残されている可能性が高いと考えられる．

　SPAT は地形的に巨大な盆地に対応していることから，ここでは天体衝突による盆地の形成に伴い地殻の上部が掘削され，地殻の深い部分が表層に露出していると考えられている．ただし，衝突により形成されるクレーターの直径と掘削の深さの関係を用いると，南極・エイトケン盆地の直径から推定される掘削の深さは十分にマントルまで到達すると考えられる．この領域に露出する岩石が地殻の深い部分なのかマントルなのかという議論が現在も続いている．どちらにしても，SPAT は月面上で最も深くまで掘削を受けた領域であることから，月内部の組成を知るうえで重要な地域である．

　月はこれまでに地球以外に人類が探査した唯一の天体で，他の天体に比べて知見も多いが，それでもこれまで月試料は表側のごく限られた領域からしか得られておらず，ここで述べた3つの領域の起源を考えるうえでも情報は不足しており，今後の研究が待たれる．

4.4.2 高地地殻とマントルの形成

　月探査によって地球に持ち帰った試料の分析から，月面の反射率の高い地域は斜長岩地殻で構成されると推定された．また，そのような反射率の高い地域が月面上に広範囲に存在すること，地球上で斜長岩は大規模なマグマの分化に伴ってごく少量だけ形成されることから，月面上に観測される大量の斜長岩をつくるには，月表層は全球にわたり融けてマグマオーシャンを形成していたと考える説が提案された（マグマオーシャン説）(Smith et al., 1970; Wood et al., 1970)．これまでの研究から，月だけでなく地球の形成直後にもマグマオーシャンは存在していたと考えられている．以下では，マグマオーシャン説に基づいて高地地殻とマントルの形成過程について述べる．

　月の形成直後，月表面はマグマオーシャンで覆われていた．これまでの月探査データから月高地地殻の厚さは平均 30〜50 km 程度と推定され，元のマグマとそこから形成される斜長岩の体積比から推定すると，マグマオーシャンの深さは少なくとも数百 km は必要と考えられる．地球が成長する途中で他の天体と衝突し，できた破砕物が集積して月が形成したとする巨大衝突（仮）説 (Hartmann and Davis, 1975) が現在最も広く受け入れられている．この説が正しいとすると，数値シミュレーションから月は集積時の温度上昇により表層だけでなく中心まで完全に溶融していたと推定される．そのため，月のマグマオーシャンの初期の深さは巨大衝突（仮）説を検証する重要な項目である．ただし，これまで検証するのに十分な月の内部構造の実測は行われておらず，初期の深さに関する観測データは得られていない．

　マグマオーシャンの固化過程や，それによって形成されるマントルや地殻の組成は，代表的な研究によれば岩石学的に以下のように推定される．マグマオーシャンではまずかんらん石が結晶化し，その密度（大気圧下で 3,200〜4,400 kg/m^3）が周囲のマグマよりも大きいために，マグマの中を沈降して堆積する．かんらん石の次に斜方輝石，単斜輝石（大気圧下での密度は斜方輝石で 3,200〜4,000，単斜輝石の中の普通輝石で 3,200〜3,600 kg/m^3）と順番に結晶化が起こり，それぞれ沈降，堆積して月のマントルを形成する．この間，マグマの組成は鉄に富む方向に進化（分化）し，密度は上昇していく．その後，マグマオーシャンの固化が 80% 程度進んだ時点で，初めて斜長石が結晶化する．このとき，斜長石の結晶の密度（大気圧下で 2,600〜2,800 kg/m^3）は周囲のマグ

4.4 月の地質

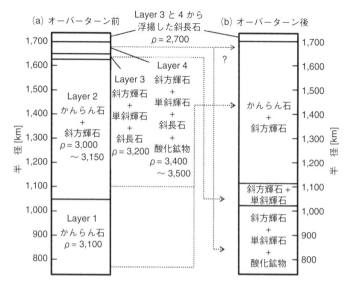

図 4.7 マントルオーバーターンによる月内部構造の変化（Elkins-Tanton *et al.* (2011) を改編）

月のマグマオーシャンの初期化学組成や分化モデルは研究者によって異なる．ここではモデルの一例を示す（初期マグマオーシャンの深さは 1,000 km，結晶粒子間に捕獲されるメルトの量は 5%と仮定）．
(a) マグマオーシャン固化直後のオーバーターンが起こる前．ρ で示すのは各層のおおよその密度で単位は $[kg/m^3]$．(b) オーバーターン後．
(a) と (b) の各層を結ぶ点線はオーバーターンによる物質の移動を表す．マントルオーバーターン前の Layer 4 に存在した物質の一部が，マントルオーバーターン後もマントルの浅部に残る可能性を指摘する論文もある．

マよりも小さいためマグマの中を浮上し，マグマオーシャンの表層に集積して地殻を形成する．さらに固化が進むと，密度が非常に高く，その後のマントルの構造進化に重要な役割をもつといわれるイルメナイト（大気圧下で 4,700～4,800 kg/m^3）やクロム鉄鉱などの酸化鉱物が結晶化を始める．最終的に，地殻とマントルの間に非常に液相濃集元素に富むマグマオーシャンの残液層が形成される（図 4.7）．

ここまでの過程で形成した月マントルの密度に注目すると，マグマから初期に固化するかんらん石や輝石は，マグマと結晶間での鉄とマグネシウムの分配によって相対的にマグネシウムに富んでいるが，マグマオーシャンの分化が進むと次第に鉄に富むようになる．マグネシウムに富むかんらん石や輝石よりも

239

第4章 地球の衛星：月

鉄に富むこれらの鉱物の密度が高いために，出来上がったマントルには，マントルの下部のほうが上部よりも密度が低いという密度の逆転が生じる．さらにマントル形成後に，密度がより高いイルメナイトなどの酸化鉱物に富んだ層が上部に形成されることで内部の密度差がより広がり，温度勾配など他の効果も加わって，最終的にはマントル内で深さ方向の大規模な物質移動（浅部の高密度物質が下部に沈む移動）が生じたと推定されている．このような現象が起こったとする説を**マントルオーバーターン（仮）説**（mantle overturn theory）（Hess and Parmentier, 1995）とよぶ．これによって，マントルと地殻の間に濃集していた放射性元素に富む物質の一部が地下深くにもたらされ，熱源となってマントルを加熱，再溶融し，火成活動をひき起こすと考えられている．ただし，この仮説が正しいかどうかについては現在も議論が続いている．このような過程を経たマグマオーシャンの固化直後とマントルオーバーターン後の月内部は図4.7aとbのようになっていると推定される．

これまで述べてきたように，月の高地地殻の形成は，マグマオーシャンの固化過程と密接に関係している．高地地殻は，斜長石結晶がマグマの中を浮揚して表層に集積し，その際に斜長石結晶の粒子間に少量のマグマが捕獲され，捕獲されたマグマから，輝石やかんらん石など苦鉄質ケイ酸塩鉱物が結晶化する，という過程で形成したと考えられる．月試料の分析結果やこのような地殻形成過程のモデル，高地領域の表層レゴリスのリモートセンシングによる鉄の濃度から，従来，高地地殻には10〜20wt.%の苦鉄質ケイ酸塩鉱物が含まれると考えられてきた．また，クレーター中央丘の反射スペクトルの解析などから，地殻は表層に近い上部ほど斜長石の割合が高く，地下30km程度まで深さとともに減少する（苦鉄質ケイ酸塩鉱物の量が増加する）と考えられてきた．しかし「かぐや」の観測データによって，地殻中には少なくとも30km程度の厚さの，非常に**純粋な斜長岩**（purest anorthosite，ほぼ100%が斜長石で構成された岩石）の層が存在するとの提案がなされている（図4.8）．このような純粋な斜長岩地殻の形成には，斜長石の結晶の間にトラップされたマグマを効率的に取り除く過程が必要であり，従来の地殻の形成モデルに修正が必要となる可能性がある．

マグマオーシャンの固化過程を見てきたが，マグマオーシャンの固化に要する時間や，そのなかでも高地地殻が形成を始めてから終わるまでの時間を知ることは，地球型惑星の初期表層環境の形成を考えるうえで重要な情報である．これまでの月試料の分析によると，高地地殻物質（斜長岩）の固化年代は43〜

4.4 月の地質

コラム 4.1 リモートセンシングによる拡散反射スペクトルの解析手法と観測結果

月など固体天体の表面組成の観測にはいくつかの手法がある．γ線分光観測やX線分光観測は，実験室で行う岩石組成の分析に用いられており，広く知られた手法である．一方，可視から近赤外波長域（定義によるが，ここでは400〜3,000 nm程度の波長帯を意図する）で岩石やレゴリスの反射光を分光観測し，得られる**拡散反射スペクトル**から含まれる鉱物の量比や鉱物の化学組成を推定する手法は，得られる情報の種類に制約があることから，実験室での分析手法としては一般的ではない．ただしこの手法は，天体の周回軌道上からの観測により天体表面の岩石種や化学組成に関する情報が得られるため，月・惑星探査にとって非常に有効である．

可視から近赤外の波長で月や惑星の表面を観測する理由は，地球や月，火星など岩石で構成される天体において，岩石の鉱物結晶中に含まれる2価の鉄イオン（Fe^{2+}）が，この波長帯で特徴的な吸収をもつことによる．鉱物中に含まれる鉄イオンの量や，鉄イオンと周辺のケイ，酸素原子との距離などの結晶構造に依存して，該当波長帯の吸収形状（吸収中心の波長，吸収幅，吸収の深さなど）が変化する（図3.8参照）．地球に比べ，月表面の岩石に含まれる鉱物の種類は比較的少なく，リモートセンシング手法で観測する数十m程度の空間分解能では，高地と海の岩石はともに斜長石，輝石，かんらん石が主要な構成鉱物といえる．なかでもかんらん石や輝石では，鉱物中のFe/Mg比やCa/Fe/Mg比が変わると吸収中心の波長がそれに伴って移動し（たとえば，かんらん石のFe/Mg比が小さいと吸収中心は短い波長方向へシフトする），実験により組成と吸収中心の波長の対応が得られていて，鉱物の組成推定ができる．また，たとえば輝石と斜長石の混合物では輝石に特徴的な吸収と斜長石の吸収が合成されるため，吸収スペクトルの形状を調べることで岩石中の鉱物量比が推定できる．さらに，鉱物量比と鉱物の化学組成以外にも，結晶やレゴリス粒子の大きさ，宇宙風化とよばれる微小な天体の衝突や太陽風の照射による影響も，これらの波長帯の拡散反射スペクトルを使って見ることができる．

月表層は形成以降，40数億年の間に起こったさまざまなサイズの天体衝突によって岩石が破砕と混合を受けており，現在の表層2〜3 kmの組成は月の形成直後の地殻そのものとは異なると考えられる．そのため地殻の組成を調べるには，直径約30 km以上のクレーターの中央部分に形成される**中央丘**（central peak, 地下深くから隆起した丘）の部分に露出した岩石の組成を調べる手法が使われる．

日本の月探査衛星「かぐや」には，月面の可視〜近赤外波長帯の分光観測を行う2つの観測装置（マルチバンドイメージャとスペクトルプロファイラ）が搭載され，世界に先駆けて高い空間分解能や波長分解能で月全球の観測デー

タを取得した．これまでにそれらのデータを使って，月表層の組成に関する多くの研究成果が得られている．たとえば，かんらん石に富んだマントル起源だと考えられる物質の露頭（図）が衝突盆地の周辺に分布することが発見され，月の内部構造を知るうえで重要な手掛かりになることが期待されている．

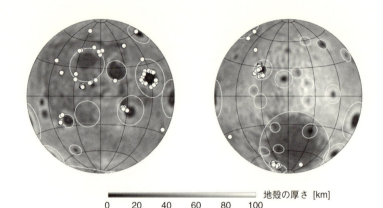

図　かんらん石に富んだ物質の露頭の分布

○がかんらん石に富んだ露頭の位置．源泉データはYamamoto et al．（2010）．背景はIshihara et al．（2009）による月の地殻厚．白い円で囲んだ部分はおもな盆地であり，かんらん石の露頭が盆地周辺に分布することがわかる．

45億年前の値が得られている．ただし，既存の高地地殻物質のなかには，岩石の溶融や再結晶を示す組織の観察などから，天体衝突による加熱により放射性年代がリセットされていると考えられる試料もある．そのため，得られている固化年代と，実際のマグマオーシャンから地殻が形成し始めた時期や，地殻形成が完了するまでの時間との対応はよくわからない．今後の探査などによって，天体衝突の影響が少ない試料に対して固化年代を測定することが望まれる．

これまではマントルや地殻を構成する鉱物についておもに述べてきたが，マグマオーシャンの固化に伴って，水などの揮発性成分やナトリウムやカリウムなどが次第に液相に濃集していく．この濃集過程や，マグマオーシャンの固化の間に揮発性成分がどの程度マグマから蒸発して抜けていくのかを知ることは，月が形成した直後，マグマオーシャン初期の揮発性成分の量を知るうえで重要である．

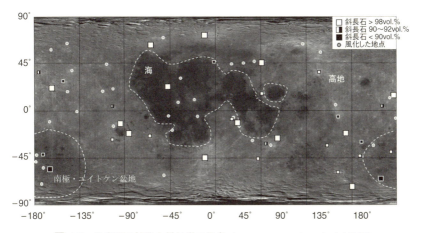

図 4.8 月表面の純粋な斜長岩の分布（Ohtake et al.（2009）より改編）
濃淡は観測地点の岩石中に斜長石の占める割合を示す．各地点のシンボルの大きさの違いは観測点のクレーターのサイズが直径 30 km 以上（大きいシンボル）か以下（小さなシンボル）かの 2 種類を示す．大きなクレーターほど，深いところにあった物質が地表に露出していると考えられる．高地にある大型のクレーターのすべてに純粋な斜長岩（白い大きな四角）が見られることが重要．

　地球ではプレートテクトニクスに伴う地殻の更新などにより，古い時代の情報のほとんどが失われてしまっている．一方，月の高地地殻は 40 数億年前に形成しており，部分的に天体衝突による溶融や混合の影響は受けているものの，より古い時代の情報が残るタイムカプセルであり，月高地地殻の研究を行うことは地球–月系の形成や進化を知るうえで非常に重要である．

4.4.3　海の火成活動

　前述のように月の海の玄武岩は，マントルの加熱や減圧によって部分溶融してつくられたマグマが表面に噴出し，冷却固化したものである．つまり，月の海の存在はマグマオーシャンの固化後にマントルの再溶融が起こったことを意味している．月の海は月全球の約 17% の面積を占めており，その大部分は月の表側に集中している．表側では約 33% の面積を海が占めているのに対して，裏側では 2% に満たない（口絵 10）．

　月の玄武岩組成の特徴としては，鉄量が高いことのほかに，チタン含有量が 10wt.% を超えるものから 1wt.% 以下のものまで多様性があることが挙げられ

る．このチタン含有量の違いによって月の玄武岩は，**高チタン玄武岩**（high-Ti basalt），**低チタン玄武岩**（low-Ti basalt），**超低チタン玄武岩**（very low-Ti basalt）に分類される．さらに，高チタン玄武岩はカリウム濃度によって，低チタン玄武岩はアルミニウムとカリウム濃度によって細分されている（表4.5）．

玄武岩中のチタンはおもにイルメナイトに含まれている．イルメナイトは紫外〜可視波長域において反射率が低く，比較的平坦な形状の拡散反射スペクトルをもっている．その特徴を使って地上観測や探査機を用いたリモートセンシングデータの研究から，月全球のチタン含有量のマッピングがされている．また，リモートセンシングによる γ 線分光データからもチタン含有量の分布が調べられている．それらによると，高チタン玄武岩組成の海は，実際に高チタン玄武岩試料が得られている Apollo 11号，17号着陸地点の**静かの海**（Mare Tranquillitatis）と**晴れの海**（Mare Serenitatis）にみられるだけでなく，**嵐の大洋**と**雨の海**を含むPKTの中心領域にも分布していることが知られている．一方，超低チタン玄武岩は，Apollo 17号と Luna 24号の角礫岩試料中に玄武岩破片として見られるだけであるが，リモートセンシングデータからは，**氷の海**（Mare Frigoris）には広く分布していることが知られている．

コラム 4.2　日本の月探査による成果

近年，マグマオーシャンの固化が不均一に起こった証拠が「かぐや」による観測から見つかっている．高地地殻の可視〜近赤外波長域の分光観測データや，γ 線分光観測によるトリウム濃度のデータから，月裏側の高地地殻は，表側に比べて斜長岩中に少量だけ含まれる苦鉄質ケイ酸塩鉱物の Mg♯ (Mg/(Mg+Fe) mol%) が高く（Ohtake et al., 2012），またトリウム濃度は低い（Kobayashi et al., 2012）．この原因は，裏側の地殻のほうが，表側よりも早期にマグマから固化した岩石（未分化な岩石）で構成されているためであると解釈できる．また，これらマグネシウム値やトリウム濃度は月の裏側から表側にかけて高地地殻中で連続的に変化しており，これは月のマグマオーシャンが不均一に固化し（不均一に地殻が形成），裏側から表側に地殻が成長した可能性を示唆している．このような裏側から表側に向かう地殻の成長が本当に起こったとすれば，それは地殻の厚さなど，これまでに知られている月の二分性の成因を説明することにつながるのかもしれない．

4.4 月の地質

　月の海からは玄武岩だけでなく，爆発性の噴火によってできた数十μmサイズの火山性ガラス（図4.5）も多く採取されている．玄武岩同様に火山性ガラスの組成もチタン含有量に多様性があり，採取されたガラス試料のチタン含有量は同着陸地点の玄武岩試料とほぼ同様な傾向を示す．Apollo 11号，17号着陸点では高チタンのブラックガラス，オレンジガラスが，Apollo 15号着陸点では低チタンのグリーンガラス，イエローガラスが採取されている．火山性ガラスはすべてのApollo着陸点で試料から見つかっていることからもわかるように，月面に広く分布していると考えられるが，とくに密に堆積している領域として考えられているのが**ダークマントル堆積物**（dark mantle deposit：DMD）領域である．DMD領域は月の海領域のなかでとくに反射率が低い領域であり，地上からのレーダー観測によると，表面は細かい粒子で構成されていることが知られている．また，地上観測や探査機によるDMD領域の可視〜近赤外波長域の拡散反射スペクトルと実験室で計測された火山性ガラス試料の拡散反射スペクトルとの類似性も報告されている．

　月の玄武岩や火山性ガラスの組成の多様性は，マグマ供給源での化学組成の差を反映しており，月のマントルの組成が水平，垂直方向に不均質であることを示している．海の玄武岩試料の高温高圧実験によって，玄武岩をつくったマグマが輝石やかんらん石などと平衡下にあった時点での温度圧力条件を推定することができ，それによってマグマがマントルから分離した深さが見積もられている．それによると高チタン玄武岩は100〜250 km，低チタン玄武岩は100〜400 kmに起源があると考えられている．一方，同様に火山性ガラスをつくったマグマについても，マントルから分離した深さは500 kmと推定されている．また，火山性ガラスには揮発性物質が多く含まれており，玄武岩試料に比べて系統的にマグネシウム値が高い．これらのことから，ガラスをつくったマグマは玄武岩マグマよりもより深部に起源をもっており，マグマオーシャンの固化過程において，より分化が進行する前にできた，より始原的なマントルからつくられたと考えられている．

　持ち帰られた玄武岩試料の放射性年代から，海の火成活動は少なくとも，41億年前から31億年前まで続いていたことがわかっている．また近年，月隕石中に43.5億年前の年代をもつ玄武岩片が見つかっており，少なくとも43.5億年前には海の火成活動が始まっていたことが明らかとなっている．一方，リモートセンシングデータを用いた層序関係，クレーター数密度などの研究から，嵐の

大洋と雨の海を含む PKT の中心領域では Apollo や Luna 着陸点付近よりも若い溶岩流が存在することが知られている（口絵 11）．つまり海の火成活動は，岩石試料から示唆されるよりも最近まで続いていたことが確実視されている．先に述べたように，PKT 領域は地殻中または地殻の表層部分に熱源となりうる放射性元素を多く含む領域である．若い溶岩流が PKT の中心付近に存在していることから，浅部における放射性元素の濃集が PKT 領域におけるマントルのマグマ活動の長期化に何らかの影響を与えていることは間違いない．

　マントルの再溶融をひき起こした熱源については放射性元素の壊変熱や天体衝突などが考えられる．大部分の海は直径 100 km 以上の巨大クレーターのフロアを埋めていることから，クレーター形成とマグマ活動は何らかの関係があるように思われる．このことから，巨大クレーターを形成した天体衝突がマントルの加熱と減圧をひき起こし，マグマの生成に強く寄与したという仮説が提案されてきた．しかし，天体衝突によるマグマ生成のモデルでは海の火成活動が 20 億年にも及ぶ長期間であったことや，月で最大の衝突痕である南極・エイトケン盆地の内部で大規模なマグマ活動が見られないことなどを説明できないため，支持は得られていない．マグマ噴出が巨大クレーター内で起こっていることの説明として，月の玄武岩マグマの密度は地殻物質と同等かそれよりも高いため，マグマは巨大衝突でつくられた地殻の薄い領域で選択的に表面に噴出しえただけであり，天体衝突はマグマ生成に大きく寄与してはいないという考えが一般的である．

4.5　天体衝突とクレーター

4.5.1　クレーターの形状と形成過程

　月の表面において最も普遍的に見られる地形はクレーター（crater）であり，それらのほとんどは小天体の衝突によってつくられたものである．月面で起こる天体衝突の衝突速度は平均で約 20 km/s，長周期の彗星のような離心率，軌道傾斜角の大きな天体では 50 km/s を超える．そのような高速度衝突では，クレーター地形を形成するだけでなく，岩石の破壊，溶融，蒸発を起こし，月の表層構造を大きく変化させてきたと考えられる．

　衝突クレーターの形態はそのサイズとともに変化する．月面では直径約 20 km

4.5 天体衝突とクレーター

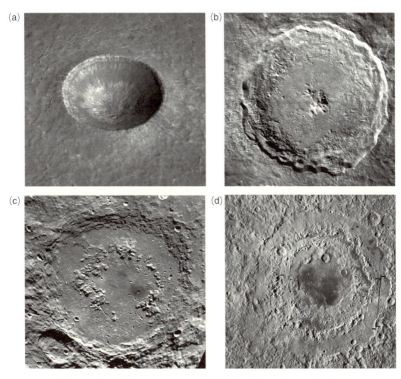

図 4.9 月の単純クレーター（a）と複雑クレーター（b）〜（d）
(a) リンネ（Linné）クレーター（直径 2.4 km, 北緯 27.7°, 東経 11.8°）.
(b) ティコ（Tycho）クレーター（直径 85 km, 南緯 43.4°, 西経 11.1°）.
(c) シュレーディンガー（Schrödinger）盆地（直径 300 km, 南緯 75.0°, 東経 132.4°）.
（以上, JAXA/SELENE 提供）
(d) オリエンターレ（Orientale）盆地（直径 930 km, 南緯 19.4°, 西経 92.8°）.（NASA 提供）

以下のクレーターはお椀型をしており，その形のとおり，**お椀型クレーター**（bowl-shaped crater）または**単純クレーター**（simple crater）とよばれる（図 4.9）．それより大きいクレーターでは底面の上昇と壁面の崩壊が起こっており，平坦なクレーターフロアとテラス状のリムをもつ．このようなクレーターを**複雑クレーター**（complex crater）とよぶ．直径 30 km 以上の複雑クレーターはクレーター中心部に**中央丘**（central peak）とよばれる丘状の地形をもっている．さらにクレーターサイズが大きくなると，中央丘はより複雑な構造となり，**中央リング**（central peak ring）をもつようになる．中央丘から中央リングへの

第 4 章　地球の衛星：月

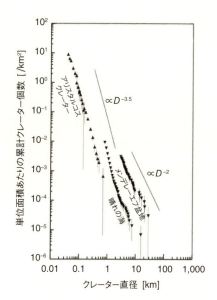

図 4.10　アリスタルコス（Aristarchus）クレーターの放出物上，晴れの海，メンデレーエフ（Mendeleev）盆地のフロアーで計測されたクレーターの直径と単位面積あたりの累積個数（クレーター数密度）の関係

数密度は直径 5 km 以上のクレーターでは直径の −2 乗に比例しているが，5 km 以下では −3.5 乗に比例していることがわかる．（Neukum et al.（1975），Köing（1977）のデータから作成）

変遷はおおよそ直径 150 km のクレーターで起こる．さらに大きくなり直径が 300 km を超えると同心円状のリング構造（多重リング）をもつようになり，このような衝突構造を**衝突盆地**（impact basin）とよぶ．新鮮な単純クレーターでは，クレーターの直径 D と深さ d は比例関係となっており，おおよそ $d/D = 0.2$ であるが，複雑クレーターでは $d = 1.04 D^{0.301}$ という関係になっている．

月や惑星表面には小さいサイズのクレーターほど多く存在し，衝突盆地のような巨大なクレーターは限られている．月面クレーターのサイズと頻度の関係は，限られたサイズ範囲においてはおおよそベキ乗則の関係が成り立っている（図 4.10）．直径約 5 km 以上のクレーターでは直径とクレーター個数の関係は両対数グラフ上で傾き −2 の直線の関係（つまり，−2 のベキ指数をもつベキ乗則）が成り立っている．この傾きは，地球や月に衝突する可能性のある地球近傍小天体の**サイズ頻度分布**（size frequency distribution）の傾きとおおよそ一致していることから，衝突天体のサイズ頻度分布を反映していると考えられる．

4.5 天体衝突とクレーター

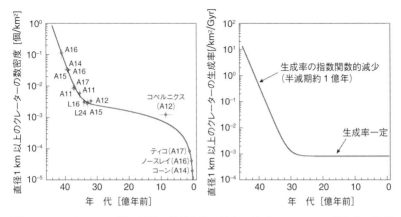

図 4.11 アポロ・ルナ岩石試料の放射年代に対する月面のクレーター数密度の関係 (a) とそれから推定されるクレーター生成率の時間変化 (b)

縦軸が対数スケールであることに注意すること．クレーター生成率はクレーター数密度を時間微分することで求められる．ここでは 32 億年前より古い時代のクレーター生成率は連続的に減少することを仮定しており，後期重爆撃期のような一時的な増加を考えていない．(Neukum and Ivanov (1994) のデータから作成)

一方，直径 5 km 以下のクレーターはより大きな傾きをもっていることが知られている．この原因として，衝突天体のサイズ頻度分布そのものが急勾配となっている可能性や，クレーターが形成されたときに放出された破片がふたたび月面に衝突してできる**二次クレーター**（secondary crater）が計測に混入している可能性などが考えられている．

天体衝突の頻度が過去においてどのように変化してきたかを理解することは，天体の軌道進化の歴史や月惑星の地質進化過程への衝突の寄与を考えるうえで基礎となる情報である．地球-月系の天体衝突の歴史は，月の岩石試料の放射年代と，対応する地質ユニットにおいて計測された**クレーター数密度**（cumulative number of craters per area，単位面積あたりのクレーター個数）との関係から得られている（図 4.11）．過去 32 億年間につくられた月面におけるクレーター数密度は表面年代とともにおおよそ一様に増加している（対数スケールに注意）ことがわかる．これは過去 32 億年間の**クレーター生成率**（cratering rate，単位時間，単位面積あたりにつくられるクレーター個数）がおおよそ一定であったことを示している．一方で，32 億年前より古い時代の表面は年代とともにクレーター数密度が指数関数的に増加している．これは過去ほどクレーター生成

率が高く,時間とともに減少してきたことを意味している.このクレーター生成率の半減期は 1 億年程度と見積もられている.

月面において直径 300 km を超える衝突盆地は約 30 個,衝突盆地である可能性のある地形も含めると 50 個程度が発見されている.それらはすべて,クレーター生成率が現在より 100 倍以上高かった 38 億年前より以前につくられたものであるが,月の形成から 38 億年前の間のいつにつくられたのかはわかっていない.一方で,アポロ試料中の**衝突溶融岩**(impact melt rock)の放射性年代は 38〜40 億年に集中している.このことから一部の月科学者は 39 億年前に天体衝突が活発に起こった時期があり,現在見つかっている衝突盆地の大部分がこの 1〜2 億年の間につくられたと考えている.太陽系の初期において残存微惑星による衝突が活発であった重爆撃の期間と対比して,この太陽系形成から約 7 億年後に衝突率が一時的に増加した現象を**後期重爆撃**(late heavy bombardment または lunar cataclysm)とよんでいる.一方で,この仮説に反対する月研究者も少なくない.アポロ試料は,インブリウム(Imbrium)盆地やセレニタティス(Serenitatis)盆地といった比較的若い年代(約 39 億年前)をもつ特定の衝突盆地からの放出物に汚染されているために,一様な年代を示しているだけである,という主張がある.

後期重爆撃期が本当にあったとするならば,太陽系形成から 7 億年も経過した後に大規模な天体衝突をひき起こした原因は何であったのだろうか.たとえば Gomes ら(2005)は,太陽系形成から約 7 億年後に木星や土星が共鳴軌道に入ったことをきっかけに,土星,天王星,海王星の軌道が急激に外側に移動し,それに伴って小惑星帯と外縁天体の軌道が乱され,太陽系規模で天体衝突が活発になったとしている.このシナリオは**ニースモデル**とよばれ,後期重爆撃期だけでなく,現在観測されるエッジワース・カイパーベルトの軌道や巨大惑星の軌道要素などをうまく解決できるモデルとして認知されつつある(2.3.5 項を参照).このように後期重爆撃期説は太陽系形成の描像を左右する問題であり,この仮説の検証は月科学における解決すべき最優先課題の 1 つである.

4.5 天体衝突とクレーター

> **コラム 4.3　クレーター形成過程**
>
> 　室内**衝突実験**や野外の爆発実験，数値シミュレーションによって，高速度の天体衝突におけるクレーター形成の素過程はおおよそ明らかになっている．クレーターの形成過程は，(1) 接触・圧縮段階，(2) 掘削段階，(3) 修正段階の3つの段階に大別される（図）．
>
>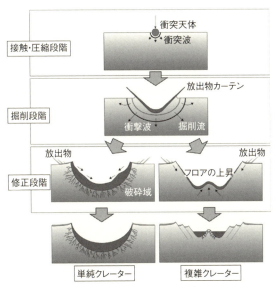
>
> 図　クレーター形成過程の模式図
>
> (1) 接触・圧縮段階
> 　衝突天体が標的天体に高速で衝突すると衝撃波が発生し，衝突天体と標的天体の双方に伝搬する．衝突点近傍では衝撃波による圧縮と加熱によって岩石の溶融，蒸発が起こる．
> (2) 掘削段階
> 　衝突天体を伝搬した衝撃波は衝突天体後面で自由端反射して希薄波となり，標的天体に伝搬した衝撃波を追いかけるように伝搬する．衝撃波による圧縮と希薄波による膨張によって衝突点の外側への流動（掘削流）が発生し，掘削が起こる．衝撃波は広がるにつれ減衰し，破壊強度を下まわると破壊は起こらず，掘削は終了する．
> (3) 修正段階
> 　形成されたクレーター地形は重力の影響によって不安定を解消するように壁

面が崩壊，底面が上昇するなどして変形する．単純クレーターと複雑クレーターの違いはこの修正段階でつくられると考えられ，大クレーターほど底面の上昇や壁面の崩壊が大規模に起こるために最終的なクレーター直径に対してクレーター深さが小さくなっている．

4.5.2　地質年代

月面の年代推定とそれに基づく地質学的議論はアポロやルナ計画で探査機が月面に着陸する前から始まっており，それらは画像を使った層序関係をもとにしていた．月の地質層序区分はインブリウム盆地のリングの一部であるアペニン山脈（Montes Apenninus）やコペルニクス（Copernicus）クレーターを含む一帯の層序関係をもとにつくられている（図4.12）．この領域ではインブリウム盆地の形成でつくられたアペニン山脈の周囲を海の溶岩流が覆っている．アペニン山脈の南西端にあるエラトステネス（Eratosthenes）クレーターは海の溶岩流の上にできており，さらにその南西部にあるコペルニクスクレーターの放出

図 4.12　月の地質層位学のもととなったコペルニクス・アペニン山脈地域

画像は米国の月探査機 Lunar Reconnaissance Orbiter（ルナ・リコネサンス・オービタ：LRO）による（NASA 提供）．領域の中心は北緯 12°，東経 13°．

4.5 天体衝突とクレーター

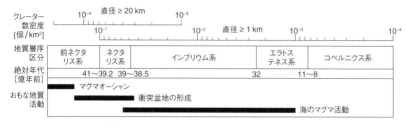

図 4.13　月の地質層序区分と地質イベント

物や二次クレーターは，エラトステネスクレーターに重なるように伸びている．これらのことから，この地域の地形は，インブリウム盆地，海の溶岩流，エラトステネスクレーター，コペルニクスクレーターの順に形成されたことがわかる．この層序関係に基づいて，インブリウム盆地の形成からエラトステネスクレーターの形成までの堆積物を**インブリウム系**（Imbrian system），エラトステネスクレーターの形成からコペルニクスクレーターの形成までの堆積物を**エラトステネス系**（Eratosthenian system），それ以後を**コペルニクス系**（Copernican system）と分類している（図 4.13）．さらに，インブリウム盆地の堆積物よりも下位の（古い）層序に関しても，層序関係からインブリウム盆地よりも古いことが知られているネクタリス盆地（Nectaris basin）を用いて，ネクタリス盆地堆積物よりも上位（新しい）層を**ネクタリス系**（Nectarian system），下位層を**前ネクタリス系**（pre-Nectarian system）に分類している．

それぞれの層序境界の絶対年代はアポロ岩石試料の放射性年代や，画像データに基づく層序関係から推定されてきた．ネクタリス盆地の絶対年代については，Apollo 14 号の岩石試料の放射性年代や月全球の衝突盆地の相対年代に基づいて，39.2 億〜42 億年と見積もられている．インブリウム盆地の形成年代については，インブリウム盆地のリム，または放出物上に着陸した Apollo 14 号，15 号，16 号で採取された岩石試料の放射性年代から，38.5 億〜39 億年と推定されている．また，エラトステネスクレーターの年代は Apollo 12 号と 15 号の玄武岩試料の放射年代から 32 億年と見積もられている．エラトステネス–コペルニクス境界の絶対年代は，Apollo 12 号で持ち帰られたコペルニクスクレーター放出物と考えられる岩石の放射年代から，8 億年前と推定されている．

クレーターの放出物や溶岩流の広がりは限られているため，層序関係のみから月の全球に対して相対年代を決定することはできない．堆積物が重なってい

253

ない領域についても相対または絶対年代を決定するために，画像データを用いた年代決定手法が開発されてきた．その1つが**クレーター年代学**である．クレーター年代学は，古い地域ほど多くのクレーターが存在し，若い地域ほどクレーターは少ないという簡単な原理に基づき，クレーター数密度から，その地域の年代を見積もる方法である．クレーター年代学のほかにも，地形形状を用いた年代決定法が開発されている．月面ではミクロな天体による衝突によって非常に遅くではあるが，地形はゆっくりと崩れていく．その崩壊具合を年代推定に利用しようというものである．

クレーター数密度と地質層序の区分とは対応づけがなされている．たとえば，ある領域で観測されたクレーター数密度が，コペルニクス–エラトステネス境界に対応する直径 1 km 以上のクレーターの数密度 7.5×10^{-4} 個/km^2 より小さい場合，その領域はコペルニクス系に分類される．一方，クレーター数密度がそれよりも大きく，エラトステネス–インブリウム境界のクレーター数密度 2.5×10^{-3} 個/km^2 よりも小さければエラトステネス系に区分される．インブリウム–エラトステネス境界は 4.8×10^{-2} 個/km^2 と見積もられている（図 4.13）．

以上のような相対・絶対年代決定法を駆使して，月の全球的な地質図は作成されている（口絵 12）．月の高地については，月の表側の東部と裏側の大部分が前ネクタリス系またはネクタリス系の衝突盆地の放出物に覆われており，表側の西部と海を取り囲む領域，裏側の東部はインブリウム盆地やオリエンターレ（Orientale）盆地といったインブリウム系の衝突盆地の放出物によって覆われている．海については大部分がインブリウム系の溶岩流であるが，嵐の大洋と雨の海を中心とする一部の領域にエラトステネス系の溶岩流が存在している．

4.6　月の内部構造

月は地球外で唯一本格的な地球物理探査が実施された天体である．アポロ計画により地震計が設置され，約7年間のネットワーク観測や熱流量計測が行われた．また，月周回機を用いて月全球の地形データ，重力異常データや電磁場探査データが取得されている．さらに，アポロ計画やルナ計画で設置された再帰性反射鏡を用いた**月レーザー測距**（lunar laser ranging：LLR）データの解析からは，月の回転の揺らぎなどの情報が得られている．これらの測地・物理探査データや，物質科学的な知見をもとに月の内部構造モデルが構築されている．

コラム 4.4　クレーター年代学

　一般に，固体惑星・衛星の表面では，古い地域ほど多くのクレーターが存在し，若い地域ほどクレーターは少ないと考えられる．実際に，マグマオーシャンから直接できたと考えられる月の高地とその後のマグマ活動でつくられた海の領域を見比べてみると，高地に多くのクレーターが存在していることは明らかである（図）．このような簡単な考え方に基づき，クレーター数密度から，その地域の年代を見積もる方法を**クレーター年代学**（cratering chronology）とよぶ．

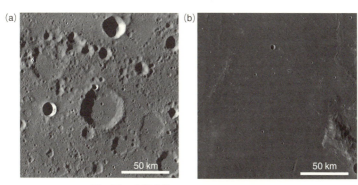

図　月の高地と海（JAXA/SELENE 提供）
（a）クレーターがたくさん確認できる神酒の海の南にある高地領域と（b）クレーターがほとんど見られない晴れの海の南東部．

　この手法で相対年代を決めるためには対象領域に存在するクレーターの数密度を比較すればよいが，絶対年代を決めるためには表層年代とクレーター数密度の間の関係を知っている必要がある．幸いにも，月ではアポロ・ルナ計画で持ち帰った岩石試料が得られており，その放射年代と着陸地点のクレーター密度の関係づけがなされている（図4.11）．この関係を用いることで，岩石試料が得られていない未探査地域でも，画像データからクレーターの数密度を求め，絶対年代に変換することが可能である．

　クレーター年代学はその簡便さのため，月だけでなく，火星や金星や水星，氷衛星などの，画像データが得られているすべての固体天体に広く用いられ，多くの成果を上げている．しかし，アポロ・ルナ岩石試料中で絶対年代と地質学的イベントとの対応がとれているものは，30～40億年前の海の玄武岩や衝突溶融岩，そしてティコなどの8億年よりも若いクレーターに限られている（図4.11）．そのため，8～30億年前と40億年以前の年代範囲のクレーター年代学関数には不確定性が大きいのが現状である．これを解決するためには，未探査の年代範囲をもつ領域から新たな試料を獲得することが必須である．

表 4.7　アポロ月震観測網地域での地殻厚の比較

モデル	地殻厚
Nakamura（1983）	58 ± 8 km
Khan et al.（2000）	45 ± 5 km
Lognonné et al.（2003）	30 ± 2.5 km

　月の**慣性能率比**は約 0.3932（均質球の場合 0.4 であり，0.4 以下で中心への質量集中の存在を示す）であり，分化した天体である．月の表層地殻は斜長岩からなり，マントルは海玄武岩のソースだと考えると，より苦鉄質な岩石からなる．このことから，少なくとも地殻とマントルの 2 層以上に分化しているのは確実であるが，コアが存在するかは未確定である（逆にコアが存在しないというモデルも慣性能率比としては成り立つ）．

4.6.1　地　殻

　モホ面（Mohorovičić discontinuity）は，主として斜長岩からなる地殻と，主としてかんらん石と輝石からなるマントルとの境界であり，月浅部における最大の密度境界である．地殻の絶対厚（モホ面の絶対深度）については，これまでアポロ探査によって取得された**月震データ**の走時解析により，Apollo 12 号，14 号着陸点付近の値として見積もりがなされている．しかしながら，各研究者によって解析に用いるデータセットの違い，走時の読取り値の違い，解析手法の違いなどによって，その値は 30〜60 km 程度と大きく異なっている（たとえば，Nakamura, 1983）．2000 年代以降の再解析では 30〜45 km 程度の値が得られていることが多い（表 4.7）．密度不均質に感度のある重力場データには，モホ面の相対的な凹凸が反映される．重力場データによると，月の地殻には表側が薄く裏側が厚いという二分性があり，また衝突盆地の地下ではマントルが局所的に上昇しており（マントルプラグ），地殻が非常に薄くなっている（図 4.14）．アポロ月震観測結果やその他の拘束条件をもとに，重力・地形データから推定される月の平均地殻厚は 30〜50 km 程度である．

　大気に護られていない月では，形成直後から地殻は大小の衝突にさらされてきた．月ではプレートテクトニクスなどによる表面更新が起こっていないため，月形成直後からの衝突による破砕・撹拌作用の蓄積により，月の地殻の表層は深さ 2〜3 km までレゴリスに覆われており，その下は少なくとも数 km の深さまで大

4.6 月の内部構造

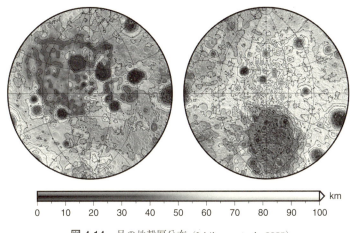

図 4.14 月の地殻厚分布（Ishihara *et al.*, 2009）
左が月表側半球，右が月裏側半球を示す．裏側は表面と比較して地殻が分厚いこと，また衝突盆地の地下ではマントルが上昇していることにより地殻が薄くなっていることがわかる．コンターは 10 km 間隔．

規模に破砕され，**メガレゴリス**（megaregolith）となっていると推定されている．アポロ計画により実施された月面での人工震源を用いたアクティブ月震探査の結果では，少なくとも 1 km 以上の深さまで**地震波速度**（seismic velocity, P 波速度）は 1,000 m/s 程度以下と超低速度であり，地殻表層が極度に破砕されていることを示している．また，月震波形は地震と比較して散乱波が極度に卓越しているが，これは地表近くに非常に強い散乱源が存在し，かつ表層部の低速度帯にエネルギーが捕獲されるからであり，メガレゴリスの強い証拠である．地震学的な証拠に加え，重力場データの解析結果もメガレゴリスの存在を支持している．米国の探査機 GRAIL（Gravity Recovery and Interior Laboratory）により短波長成分まで計測された月重力乱れポテンシャルと，Lunar Reconnaissance Orbiter により計測された地形データから計算された**アドミッタンス**（admittance, 地形の凹凸により，どれだけ重力異常がひき起こされているかの比率）の波長依存性からは，月の表層地殻は巨視的には 2,400 kg/m^3 程度の密度であり，深さ約 20 km では 2,750 kg/m^3 程度まで上昇することがわかっている．月の地殻が斜長岩（2,800 kg/m^3 程度）からなることを考えると，地殻表層部は大小の衝突などにより破砕され，10〜20% の空隙をもつ状態（メガレゴリス）であり，地

表 4.8 マントル中での地震波速度の比較

モデル	P 波速度（マントル）	S 波速度（マントル）
Nakamura（1983）	7.74 ± 0.12 km/s	4.49 ± 0.03 km/s
Khan et al.（2000）	8.0 ± 0.8 km/s	4.0 ± 0.4 km/s
Lognonné et al.（2003）	7.63 ± 0.05 km/s	4.5 ± 0.07 km/s

中深くではほぼ完全に空隙が閉じていると解釈される．

4.6.2 マントル

マントルの構造は主として月震データの走時解析によって求められている．解析に用いられているのは大規模な**衝突月震**（meteoroid impact moonquake，天体衝突により励起される月震）・浅発月震・深発月震の記録から読み取られた合計 300 程度の直達 P 波・直達 S 波走時のみであり，これは地球のグローバルなトモグラフィに使われる走時数（典型的には数万）と比較して非常に少ない．このため，得られる情報には限りがあり，月では 1 次元速度構造の推定にとどまっている．また，解析に利用された走時に関しても，散乱波の影響により研究者間で読取りに 10 s 程度の差があり，解析手法の違いも含めて，提案されている 1 次構造モデル（表 4.8）にはモデル間で一致しない点も多い．Nakamura（1983）のモデルでは深さ 500 km に比較的大きな速度不連続をもつことから，マグマオーシャンの深さが 500 km であり，500 km 以深は未分化マントルであるという解釈がなされたことがある．しかしながら，Nakamura（1983）では，この不連続は解析の都合上設定されたものであり，上部マントルから中部マントルの変化は連続とも不連続とも確定的なことはいえないとしている．現在，マグマオーシャンの深さや固化過程に関連するマントル内の明確な構造は検出されていない．

マントル内の温度構造に関しては，電磁探査データから推定した電気伝導度構造，月震解析による速度構造モデル，アポロ熱流量探査データなどを用いて深さ 800 km で 1,200℃，1,100 km で 1,400℃ と推定されている．深さ 300 km 付近のマントルの温度に関しては，衝突盆地のマントルプラグ領域ではアイソスタシーが成り立っておらず（重いマントルが平衡状態を超えて過剰に盛り上がったままになっている），800℃ 以下まで冷却されていると考えられる．

2000 年以降，地震波速度だけではなく，その他の地球物理探査データを統合

解析することにより，地球化学的構造まであわせて推定した統合モデルの提案も行われている．

4.6.3 コア

月のサイズと質量から見積もられる月のバルク密度が $3,350\,\mathrm{kg/m^3}$ 程度と小さいこと，また慣性能率や電磁場探査データから，月の金属コアは存在しても最大半径 $400\,\mathrm{km}$ 程度で月の半径の $1/4$ 未満と非常に小さいと推定されている．これは地球の半径コアサイズ比と比較して非常に小さい．近年，Apollo による月震観測記録の再解析から，地震学的にコア反射波（震源から出た地震波が，コア表面で反射して観測点に到達したもの）を検出したという報告がなされたものの，月震データそのもののクオリティーの問題もあり，大多数に認められる状態にはなっていない．LLR による月回転のデータや，月重力場観測から導かれた 2 次のポテンシャルラブ数のデータを総合すると，月の中心核の少なくとも最外層部分については，現在も流体の状態を維持しているとされている．月に金属コアが存在し，かつ現在も流体コアを維持しているとすると，現在の月中心部の温度・圧力条件では，純粋な金属鉄もしくは鉄ニッケル合金では溶融状態を維持できないと考えられるため，軽元素が溶け込むことで融点温度が低下していると推定される．

コラム 4.5　月の重力場測定

　地球やその他の天体の重力場を計測する場合，どのような手段をとるべきだろうか．最も簡便に全球の重力場分布を計測する方法として，衛星重力測定とよばれる手法がある．これは，探査機をターゲットとなる天体の周回軌道に投入し，探査機の軌道運動を詳細に追跡することにより，重力場分布を計測するという方法である．

　探査機が能動的に軌道制御を行っていない状態では，探査機の軌道運動はターゲット天体やそれ以外の天体から受ける重力および**太陽光圧**に支配されている．太陽光圧の影響についてはモデリングで，またターゲット以外の天体からの重力の影響については**天体暦**（ephemeris, NASA ジェット推進研究所によるものが有名）を用いて考慮することができ，ターゲット天体の重力場の影響のみを分離することが可能である．この探査機の軌道運動に対するターゲット天体の

重力場の影響を最もうまく説明できるように，重力場の場所による強弱を推定し，順次モデルを改善するという手続きを行う．そのためには，ターゲット天体のある場所の上空を周回しているときに「軌道速度が上がった（下がった）」，「軌道高度が上がった（下がった）」という情報を大量に，空間的になるべく偏りなく集めることが必要となる．探査機の軌道運動を追跡するためには，一般的に地球上の追跡局から電波を用いて測距やドップラー計測が行われる．

月は自転周期と公転周期が同期しているため，地球から月を見るといつも同じ面（表）しか見えない．つまり，月の周回軌道に探査機を投入した場合，月の裏側上空を探査機が周回しているときには，月自身に隠されて探査機がどのように軌道運動しているかを観測できない．このため，「かぐや」以前の月の重力場モデルは月の表側の探査機の軌道追跡データのみに基づいて構築されており，裏側で精度が良くないという問題があった．

「かぐや」ではこの問題を回避するために，電波中継用の子衛星を用いた 4-way ドップラーという手法を用いて，世界で初めて月の裏側を周回する探査機の軌道追跡を行い，月裏側について重力場モデルの精度を大幅に向上させた．「かぐや」により更新された重力場モデルでは，月裏側の衝突盆地において表側の衝突盆地とは異なる正・負の重力異常の同心円構造が示され，衝突盆地の地下構造が月の表と裏で異なることが明瞭に示された（図）．「かぐや」の後には，米国の探査機 GRAIL（連なって月を周回する 2 つの探査機間距離変化を正確に測定した）により，より短波長（球面調和関数で 1,500 次）まで重力場モデルが構

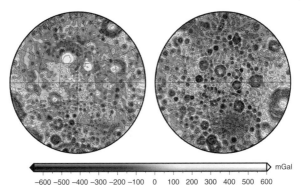

図 月のフリーエアー重力異常

球面調和関数で 100 次まで展開された「かぐや月重力場モデル」（SGM100i; Goossens *et al.* (2011)）の 80 次までのストークス（Stokes）係数を用いて重力場を再構成した（球面調和関数は球面上のスペクトル解析に用いられる関数であり，次数は単位球上の波の数に対応する．月の場合 100 次は波長 108.6 km に対応する）．左が表側半球・右が裏側半球を示す．コンターは 100 mGal 間隔．

築され，現在では月は太陽系天体のなかで最も詳細な重力場モデルが得られた天体となっている．

コラム 4.6 アポロ月震観測

　米国のアポロ計画では，11 号から 16 号（13 号は除く）でアポロ月震観測が行われ，とくに Apollo 12,14,15,16 号において展開された 4 観測点によりネットワーク観測がなされた（図 1）．このネットワーク探査により，12,000 を超える月震イベントが観測され，現在でも月内部構造解析の基礎データとして用いられている．

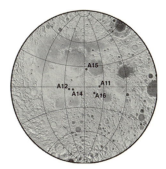

図 1　アポロ探査による月震観測点分布（Araki *et al.*, 2009）

Apollo 12,14,15,16 号により展開された 4 観測点（A12，A14，A15，A16）によりネットワーク観測が行われた．背景の濃淡は「かぐや」に搭載されたレーザー高度計のデータによる月地形．

　アポロ月震観測で判明した月震イベントは，**深発月震**（deep moonquake），**浅発月震**（shallow moonquake），衝突月震に分類される．すべての月震について，散乱波が非常に卓越しているという特徴があり，散乱によるコーダ波が 30 分から 1 時間も続く（伝播経路に多数存在する散乱元により（多重）散乱され，直達波と比較して長距離を伝播することにより，直達波から遅れて尾をひくように到達するようになった波群のことをラテン語で尾を表す"コーダ"を用いて，**コーダ波**（coda wave）とよぶ）（図 2）．このことが内部構造に起因する後続波の同定を困難とし，ひいては内部構造解析を困難にしている．今後，より確実な内部構造モデルを構築するためには，新たに広帯域・高感度の地震計を用いた月震のネットワーク観測を行い，散乱の影響を受けないと考えられる月震の長周期成分を用いて後続波の同定を行うことが欠かせない．

第4章 地球の衛星：月

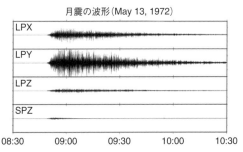

図2 Apollo 16号で設置された地震計に記録された衝突月震の波形例

LPX, LPY は長周期地震計の水平2成分，LPZ は同鉛直成分，SPZ は短周期地震計の鉛直成分である．（月震波形データは宇宙航空研究開発機構・宇宙科学研究所により整備された DARTS Planetary Seismology, Apollo Passive Seismic Observation Data 配信システム．http://darts.isas.jaxa.jp/planet/seismology/apollo/PSE.html による）

深発月震は最も頻繁に発生する自然月震であり，深さ600〜900 km 程度の特定の106カ所の震源（ネスト）が繰り返し活動するという特徴がある．各ネストの活動のタイミングと潮汐力との間に相関があることが知られている．浅発月震は全観測期間を通じて27イベントのみと非常に限られた月震である．マグニチュードが大きく，他の月震と比較して短周期側にエネルギーのピークをもっている．震源の深さは波形の特徴から200 km より浅いと推定されているが不確定性は大きい．衝突月震は，月面への流星体の衝突により励起される月震であり，約7年間の観測期間を通じて約1,500イベントほどが観測されている．月震のなかでもとくに散乱の影響が顕著である．

4.7 地球–月系の軌道進化

太陽系の他の衛星系と比較して，月は衛星としては非常に大きな天体であり，それゆえ，地球の力学進化に大きな影響を及ぼしている．長期的な地球–月系の力学進化を考えるうえで最も重要なのは，月の潮汐力を介した地球の自転運動と月の公転運動の間の角運動量の交換である．

アポロ計画で月面に設置した再帰性反射鏡（コーナーキューブ[11]）を用いた地球–月間距離の測定（月レーザー測距）から，月は地球から年間約3.8 cm の速さ

---

[11] **コーナーキューブ**：入射する光を入射と逆方向に戻す反射鏡．地上からのレーザー光線が反射して戻るまでの時間を正確に測定すると，月が徐々に地球から遠ざかることや，月の自転の揺らぎ，秤動を求めることができる．

4.7 地球–月系の軌道進化

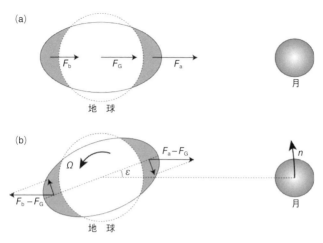

図 4.15 月の潮汐力と潮汐トルク
(a),(b) に関しては本文参照.

で遠ざかっていることがわかった.これのおもな原因が地球と月の間の角運動量の交換である.地球は点ではなく大きさをもっており,月までの距離は地球の場所によって異なっているため,月から受ける引力が異なる(図 4.15a).もし,地球が月に対して回転していない場合を考えると,月に近い点とその反対点にはたらく月の引力を F_a, F_b,重心にはたらく引力を F_G とすると,$F_a > F_G > F_b$ の関係となっている.この差力 $F_a - F_b$ が**潮汐力**(tidal force)であり,地球はこの力によって月方向とその反対方向に引き伸ばされる.実際には地球は自転しており,その自転角速度は月の公転角速度よりも大きい.地球は完全な弾性体ではないため,潮汐ポテンシャルの変化に瞬時に反応できず,潮汐による膨らみの方向は月方向から ε だけずれることになる(図 4.15b).それによって地球には自転を遅らせるようにトルクがはたらく.地球の自転が遅くなることで失われる角運動量は月に移送され,月の公転軌道の軌道半径が大きくなる,つまり月は地球から遠ざかることになる.

地球–月間距離 a の時間変化は下記の式で表せる.

$$\frac{da}{dt} = f a^{-11/2}$$

ここで,

第 4 章　地球の衛星：月

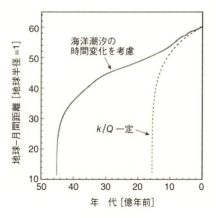

図 4.16　月の軌道半径の時間変化（Abe and Ooe, 2001）

$$f = 3\frac{k}{Q}\frac{m}{M}R^5 G(M+m)^{1/2}$$

であり，k は地球のラブ数，Q は Q 値，m と M は月と地球の質量，R は地球の半径，G は万有引力定数である．現在の月の軌道半径とその時間変化は，$a = 384,400\,\mathrm{km}$，$\mathrm{d}a/\mathrm{d}t = 3.8\,\mathrm{cm}$ であり，もし f が過去に一定であったと仮定して月の軌道半径を過去に戻していくと，約 15.5 億年前には月は地球のすぐ近くを公転していたことになり，15.5 億年前に月が誕生したことになる（図 4.16，点線）．しかし，月の高地の斜長岩の年齢などからもわかるように，実際には月はもっと古い．ここでの誤りは f が過去に一定であったという仮定にある．現在の地球において，月の方向に対する潮汐による膨らみの方向のずれ（ε）への寄与の大部分は海洋が担っている．その原因は，現在の潮汐作用の周期が海洋の固有周期に近いために，共鳴を起こしているからである．しかし過去において，潮汐作用の周期はより短く，海洋の固有周期から外れていたと考えられ，発生するトルクは現在より小さかったはずである．このような周波数依存を考慮した海洋の潮汐応答，つまり k/Q の時間変化を考えることで，おおよそ 45 億年前に月の軌道を地球近傍に戻すような軌道進化の復元が可能である（図 4.16，実線）．

4.8 月の形成仮説

月がどのように形成されたのかは，現在でも解明されていない月科学に残された第一級の問題の 1 つである．月の形成モデルは，下に挙げるこれまでに得られた 4 つの観測事実を説明できる必要がある．

・観測事実-1　大きなサイズ・角運動量

月は地球に対して非常に大きな衛星であり，直径で約 1/4，質量は約 1/80 にもなる．これは太陽系の他の惑星-衛星系と比較して 1 桁以上大きい．（準惑星まで含めると，冥王星に対してカロンは質量で 1/10 という例がある．）地球-月系の角運動量は太陽系で特異である．また，月は年間約 3.8 cm のペースで地球から遠ざかっている．

・観測事実-2　大規模溶融

月は全球的な大規模溶融（マグマオーシャン）を経験し，そこから固化した岩石から形成されていることがわかっている．また，高地形成岩の固化年代は非常に古く，マグマオーシャン状態であったのは月形成直後であったと考えられる．

・観測事実-3　平均組成（鉄量，揮発性成分）

地球と月の平均密度はそれぞれ $5,520\,\mathrm{kg/m^3}$（常圧条件に補正後の値でも約 $4,450\,\mathrm{kg/m^3}$），$3,350\,\mathrm{kg/m^3}$ であり大きく異なる．月の平均密度が地球と比べてこれほど小さいのは，金属鉄の量が少ないからと解釈され，実際，内部構造の項（4.6 節）で述べたとおり，各種の地球物理観測の結果から月の金属コアは非常に小さいということがわかった．一方，月の全体化学組成は揮発性成分に枯渇している点を除き，地球マントルの組成と基本的に類似していると考えられている．ただし，月の組成は実際には表面組成しかわかっておらず，地球のマントル組成に関しても厳密にわかっているわけではない．

・観測事実-4　酸素同位体比

地球と月の酸素同位体比は，同一の同位体分別線に乗っている．一方，火星や隕石などの酸素同位体比は地球や月とは異なっており，地球型惑星形成領域内に酸素同位体比の異なる材料物質が存在したことを示している．したがって，地球と月は酸素同位体比が同一の材料からつくられたか，もしくは月の形成過程において，地球と同位体平衡に達するほどよく撹拌されたと考えられる．

第4章 地球の衛星：月

　これまで，月の形成に関して，古くから「双子集積説（兄弟説）」「分裂説（親子説）」「捕獲説（他人説）」，さらに1970年代に入って「巨大衝突説」の4つの仮説が提唱されている．

　双子集積説（co-accretion model）は，地球と月がほぼ同一の場所で同時に集積形成したという仮説である．同じ材料物質から地球と月が形成されるため，結果として地球と月は組成的・同位体的に類似することとなる．このため，観測事実-4の酸素同位体比に関しては整合的である．一方，観測事実-3については，地球と同程度の金属物質を含むことになり，平均密度の値を説明できない．また揮発性成分を枯渇させるメカニズムは考えがたく，観測事実と整合しない．観測事実-2に関しても，形成直後に全球的な大規模溶融を起こすことは難しい．さらに，観測事実-1に関しては容易には説明できない．

　分裂説（fission model）はGeorge Darwinにより1879年に提唱された高速自転する地球から月が分裂してできたとする仮説である．この説では，月は地球のマントル部分から形成されるため，月の平均組成は地球マントルの組成とほぼ同じとなり，また金属鉄も少なく，酸素同位体比が同一であることも必然的に説明できる．また，分裂という激しい過程を考えるならば，大規模溶融や揮発性成分の枯渇が起こっていても不思議ではない．したがって，観測事実-4に関しては整合，観測事実-2,3に関してはおおむね整合していると考えることができる．では観測事実-1に関してはどうであろうか？「分裂説」では，地球が分裂するほど高速自転している必要があり，分裂条件を満たすためには現在の地球-月系のもつ角運動量の約2倍の角運動量が必要であると試算されている．このような高速自転をする地球の形成そのものが難しく，さらに分裂後に角運動量を半分散逸させる必要があるが，有力なメカニズムは見つかっていない．したがって，観測事実-1に対しては不整合である．

　捕獲説（intact capture model）は月が地球とは別の場所で形成し，その後，地球の近傍を通過する際に重力的に地球に捕獲され，現在の地球-月系が形成されたという説である．地球が月を捕獲するには，もともと別の軌道を回っていた月の軌道エネルギーを散逸させる必要があり，非常に困難である．これは観測事実-1を満たすことが非常に困難であることを意味する．また，別の場所，つまり別の材料物質から形成された月が地球と同じ酸素同位体比をもつことは必然ではないし，金属鉄が少ないことや地球マントルと類似の全体化学組成などを説明する積極的な理由はない．したがって，観測事実-3,4とは整合しない．

4.8 月の形成仮説

観測事実-2 の大規模溶融についても,「双子集積説」同様に全球の大規模溶融をひき起こすことは難しく,整合的ではない.

これまで見てきた 3 つの仮説の弱点を克服するものとして,**巨大衝突(仮)説**が提案され,現在最も有力視されている.これは地球に火星サイズ(地球質量の 1/10 程度)の原始惑星が斜めに衝突し,衝突によりまき散らされた破片から月が形成されたという仮説である(Hartmann and Davis, 1975).数値シミュレーションにより,上記のような条件では地球のまわりに大量の物質がまき散らされ,そこから月が集積すること,地球近傍に誕生した月は徐々に地球から遠ざかっていくことが示された.当初,このような大規模衝突の発生確率は低いと思われ疑問視されていたが,惑星形成論の発展により,地球型惑星の形成領域において,惑星形成の最終段階では火星サイズまで成長した原始惑星どうしの巨大衝突が複数回発生することが詳細な数値計算により示され,月を形成する規模の巨大衝突が半ば必然的に起こりうることがわかってきた.衝突でまき散らされるのは地球や衝突天体の外層のマントル部分であり,衝突天体の金属核は地球へ落下する.また月は衝突によって解放されたばく大なエネルギーにより非常に高温状態となった材料物質から数百年程度の比較的短時間で集積して形成される.そのため,形成直後は非常に高温状態であり,観測事実をほぼすべて(少なくとも 1~3)説明できる月形成仮説として,いったん広く受け入れられた.しかし,2000 年代以降,より解像度の高い数値シミュレーションが可能となった結果,これまで考えられてきた月形成巨大衝突では,月の大部分は地球マントルではなく,衝突天体のマントル成分から形成されることが示された.衝突天体の酸素同位体比が地球と同じである必然性はなく,観測事実-4 を説明できない.

これまで見てきたとおり,現時点で観測事実のすべてを説明できる月形成仮説は存在していない.巨大衝突(仮)説の問題点を解消するため,衝突後に原始地球と月の材料物質との間で同位体を均一化させる機構がはたらいたという作業仮説や,分裂説ほどではないが高速自転していた原始地球への巨大衝突により月が形成されたという,分裂説との折衷ともいえる作業仮説(この場合,月はおもに地球マントル成分から形成される)が提出されるなど,巨大衝突説を軸として現在も精力的に研究が続けられている.

参考文献

[1] Abe, M. and Ooe, M.（2001）*J. Geod. Soc. Jpn.*, **47**, 514-520.
[2] Araki, H. *et al.*（2009）*Science*, **323**, 897-900.
[3] Buck, W. R. and Toksoz, M. N.（1980）*Lunar Planet. Sci. Conf. Proc.*, **11**, 2043-2058.
[4] BVSP（Basaltic Volcanism Study Project）（1981）"Basaltic Volcanism on the Terrestrial Planets", Pergamon.
[5] Dowty, S. *et al.*（1976）*Lunar Planet. Sci. Conf. 7th*, 1833-1844.
[6] Elkins-Tanton, R. *et al.*（2011）*Earth Planet. Sci. Lett.*, **304**, 326-336, doi:10.1016/j.epsl.2011.02.004
[7] Gancarz, A. J. *et al.*（1971）*Earth Planet. Sci. Lett.*, **12**, 1-18.
[8] Gomes, R. *et al.*（2005）*Nature*, **436**, 466-469.
[9] Goossens, S. *et al.*（2011）*J. Geod.*, **85**, 205-228.
[10] Hartmann, W. K. and Davis, D. R.（1975）*Icarus*, **24**, 505-515.
[11] Haruyama, J. *et al.*（2009）*Geophys. Res. Lett.*, **36**, doi:10.1029/2009GL040635
[12] 長谷部信行・桜井邦明 編（2013）『人類の夢を育む天体「月」―月探査かぐやの成果に立ちて』, 恒星社厚生閣.
[13] Hess, P. C. and Parmentier, E. M.（1995）*Earth Planet. Sci. Lett.*, **134**, 501-514.
[14] Hiesinger, H. *et al.*（2003）*J. Geophys. Res.*, **108**, doi:10.1029/2002JE001985
[15] Hiesinger, H. *et al.*（2010）*J. Geophys. Res.*, **115**, doi:10.1029/2009JE003380
[16] Ishihara, Y. *et al.*（2009）*Geophys. Res. Lett.*, **36**, L19202.
[17] Jolliff, B. L. *et al.*（2000）*J. Geophys. Res.*, **105**, 4197-4216.
[18] Kato, M. *et al.*（2010）*Space Sci. Rev.*, **154**, 3-19.
[19] Khan, A. *et al.*（2000）*Geophys. Res. Lett.*, **27**, 1591.
[20] Khan, A. J. *et al.*（2006）*J. Geophys. Res.*, **111**, E05005, doi:10.1029/2005JE002608
[21] Kobayashi, S. *et al.*（2012）*Earth Planet. Sci. Lett.*, **337-338**, 10-16.
[22] Köing, B.（1977）Ph.D. Thesis, University of Heidelberg, 88pp.
[23] Lognonné, P. *et al.*（2003）*Earth Planet. Sci. Lett.*, **211**, 27.
[24] Longhi, J. *et al.*（1974）*Proc. 5th Lunar Sci. Conf.*, 447-469.
[25] Longhi, J.（2006）*Geochim. Cosmochim. Acta*, **70**, 5919-5934.
[26] Morota, T. *et al.*（2011）*Earth Planet. Sci. Lett.*, **302**, 255-266.
[27] McDonough, W. F. and Sun, S.（1995）*Chem. Geol.*, **120**, 223-253.
[28] Nakamura, Y.（1983）*J. Geophys. Res.*, **88**, 677-686.
[29] Neal C. R. *et al.*（1994）*Meteoritics*, **29**, 334-348.
[30] Neukum, G. and Ivanov, B. A.（1994）In "Hazards Due to Comet and Asteroids".

Gehrels, T. ed., University of Arizona Press.

[31] Neukum, G. *et al.*（1975）*The Moon*, **12**, 201-229.
[32] Ohtake, M. *et al.*（2009）*Nature*, **461**, 236-240.
[33] Ohtake, M. *et al.*（2012）*Nat. Geosci.*, **5**, 384-388.
[34] Otake, H. *et al.*（2012）*43rd Lunar Planet. Sci. Conf.*, ♯1905.
[35] Papike, J. J. and Vaniman, D. T.（1978）*Geophys. Res. Lett.*, **5**, 433-436.
[36] Ringwood, A. E.（1979）"Origin of the Earth and Moon". Springer-Verlag.
[37] Saal, A. E. *et al.*（2008）*Nature*, **454**, 192-195.
[38] Shearer, C. K. and Papike, J. J.（1999）*Am. Mineral.*, **84**, 1469-1494.
[39] Smith, J. V. *et al.*（1970）*Geochim. Cosmochim. Acta Suppl.*, 987-925.
[40] Snyder, G. A. *et al.*（1992）*Geochim. Cosmochim. Acta*, **56**, 3809-3823.
[41] Spudis, P. 著，水谷 仁 訳（2000）『月の科学――月探査の歴史とその将来』，シュプリンガー・フェアラーク東京, 297pp.
[42] Stoffler, D. *et al.*（2006）*Rev. Mineral. Geochem.*, **60**, 519-596.
[43] Taylor, S. R.（1982）"Planetary Science: A Lunar Perspective". Lunar and Planetary Institute.
[44] Terada, K. *et al.*（2007）*Nature*, **450**, 849-853.
[45] Vaniman, D. T. and Papike, J. J.（1977）*Lunar Planet. Sci. Conf. 8th*, 1443-1471.
[46] Warren, P. H.（1993）*Am. Mineral.*, **78**, 360-376.
[47] Warren, P. H.（2005）*Meteorit. Planet. Sci.*, **40**, 477-506.
[48] Warren, P. H. and Wasson, J. T.（1978）*Lunar Planet. Sci. Conf. 9th*, 185-217.
[49] Wentworth, S. *et al.*（1979）*Lunar Planet. Sci. Conf. 10th*, 207-223.
[50] Wilhelms, D. E.（1987）United States Geological Survey, Professional Papers, 1348, 302pp.
[51] Wood, J. A. *et al.*（1970）*Science*, **167**, 602-604.
[52] Yamamoto, S. *et al.*（2010）*Nat. Geosci.*, **3**, 533-536.
[53] Yamashita, N. *et al.*（2010）*Geophys. Res. Lett.*, **37**, doi:10.1029/2010GL043061

第5章 地球型惑星

　水星，金星，地球（Earth），火星は，固体部がその質量の大部分を占める**地球型惑星**（terrestrial planet）である．質量では全惑星の1%に満たない．しかし距離が恒星に近く，数百気圧以下の薄い大気層に覆われ，表層を数百Kに維持できる．こうした場所は固体，流体，分子気体が共存して蓄積でき，複雑な化学変化を起こす可能性が宇宙で最も高い場所となる．本章は，生命存在可能環境（第6章）の母体ともなりうるこの太陽系惑星群を総覧する．5.1～5.3節では固体部の様相（参考：1.1～1.3節），5.4，5.5節では大気の様相（参考：1.1，1.4節）を概観する．

5.1　水星の地殻と内部構造：揮発性に富み巨大コアをもつ惑星

　水星（Mercury）は，直径約4,870 kmと地球の4割程度で，月と比べても1.4倍ほどしかない．低質量のため重力が弱く，月と同様に外圏相当の薄い大気しか保持できないので，表面温度は夜–昼で90～700 Kと大きく変化する．半径の約3/4を占める非常に大きなコアをもち（1.2節参照），比較的強い**双極子磁場**（dipole magnetic field）ももつ．なぜ大きなコアをもつに至ったのか．また小さく，冷却が進み現在のコア温度は高くないと推定されるにもかかわらず，なぜ磁場を保持できるのか．太陽に最も近い領域での形成時の環境は地球近傍とは異なったのか．など水星に関する謎は多い．

　初の水星探査は，1973年に米国のMariner（マリナー）10号探査機によって

5.1 水星の地殻と内部構造：揮発性に富み巨大コアをもつ惑星

行われ，3回のフライバイ観測により表面の45%の画像が取得された．その後は長く探査がなかったが，2011年から米国のMESSENGER探査機による周回観測が行われた（2015年終了）．この探査機の軌道は長楕円形で，おもに北半球の観測データを得ている．本節は，この探査機の成果をもとに紹介する．2025年には日欧共同のBepiColombo探査機が到着する予定で，より詳細な情報が待たれる（口絵9）．

5.1.1 揮発性成分に富む水星の地殻

水星の岩石・鉱物試料は得られておらず，その組成はリモートセンシングによって推定されたものである．その表層は，衝突クレーターが多数存在する領域と，クレーターが少ない平原の2つに大きく分けられる（図5.1）．前者は高い反射率などから，月に類似する斜長岩地殻とされてきた．しかし，近年の探査データによればそうではなく，後述のように玄武岩よりもコマチアイト（komatiite）に相当すると推定される．後者は地殻形成後に起きた火成活動による噴出物が堆積したもので，一部は盆地形成に伴って破砕された放出物が堆積したものとされる．MESSENGER探査機の観測から，水星最大級の平原である**カロリス**（Caloris）**盆地**の内部は火成活動起源であることがわかった．また北半球高緯度域の大きな平原（図5.2，面積は水星全体の6%程度）も火成活動起源で，堆積物が覆い隠すクレーターのサイズなどから厚さ1km以上の複数の噴出物から構成されることもわかった．これらは，その分布状態や溶岩流の痕跡などか

図5.1　MESSENGERによる水星表面

（データは https://photojournal.jpl.nasa.gov/catalog/PIA16298 より）

第 5 章　地球型惑星

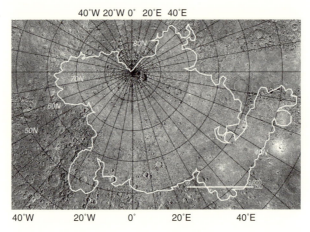

図 5.2　MESSENGER 探査機による水星の北半球にある大きな平原（白く囲った領域）（白い囲みは Head *et al.* (2011)，画像は https://photojournal.jpl.nasa.gov/catalog/PIA16298 による）

平原の内側は外側に比べてクレーターの数が少ない．

ら，洪水玄武岩様式の噴出で形成されたと考えられる．クレーター年代（4.5.1 項参照）からこの領域の火成活動時期は 38〜37 億年前と推定されるが，噴出物の分布域は特定の盆地内部には限定されておらず，平原内の噴出物は化学組成が均一である．このため，**後期重爆撃期**の終焉頃にマントルの大規模溶融が起こり，激しい洪水溶岩の噴出によってこの平原が形成されたと考えられる．これは，同じ盆地で長時間にわたりさまざまな組成の溶岩流噴出が起こった月よりも広域な活動形態である．

水星表面に見られるクレーターは，直径–深さ関係など，月をもとにした**スケーリング則**（crater scaling law）からずれることが知られている（例：クレーター形成に伴う放出物の分布域がより狭い）．この理由は，水星の重力が月より強いためと考えられる．水星のクレーターには，リム（4.5.1 項参照）のような形状をもたない窪地が多数観測される．それらは不規則形状で浅く，多くは内部の反射率が高く，外側に明るい縁取りをもつ，といった共通した特徴がある（図 5.3）．これらは揮発性成分が比較的最近になって昇華や宇宙風化などで失われた結果で，月に比べて内部に揮発性物質が多く含まれる証拠と考えられる（より数は少ないが，月にも同様な窪地が存在する）．

5.1 水星の地殻と内部構造：揮発性に富み巨大コアをもつ惑星

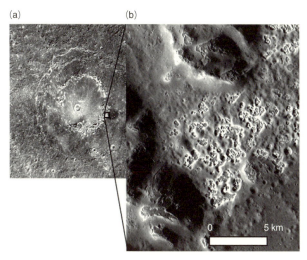

図 5.3 MESSENGER 探査機による揮発性成分が失われたとされる地形の例（画像は https://photojournal.jpl.nasa.gov/catalog/PIA16298 より）．(a) Raditladi 盆地全体（直径 265 km）．(b) 図 (a) 中の四角部分の拡大．凹状地形が多数見られる．

MESSENGER 探査機の γ 線，X 線および可視〜近赤外分光観測によれば，水星の表層組成は地球や月と比べ 10 倍以上も硫黄（S）や炭素（C）などの揮発性成分に富み（それぞれ最大で 4wt.%，5wt.% 程度），鉄（Fe）やチタン（Ti）は少ない（FeO は 3wt.%，TiO_2 は 2wt.% 以下）．またカルシウム/ケイ素（Ca/Si）比が月に比べて低く，地球の岩石種では玄武岩よりも Fe やマグネシウム（Mg）に富むコマチアイトに相当する（図 5.4）．このことは，水星の地殻が月のような斜長岩（斜長石が主要な構成鉱物）主体ではないことを示す．表層の元素組成をもとに衝突クレーターが多数存在する領域での鉱物種とその量比の推定結果では，量としては斜長石が最も多いが，月に比べて多くの輝石やかんらん石，ついで量は少ないが石英，硫化物などが存在する．この理由については，次の段落で詳しく述べる．また MESSENGER で観測された Mg/Si や Ca/Si 比を最もよく説明するのは EC 組成（図 5.4 の説明文参照）であり，このことは水星が非常に還元的な環境で，かつ揮発性成分が月ほど乏しくない物質から形成されたことを示している．水星はナトリウム（Na）を含む外圏大気を有することで知られ，日本でもこの地上観測が継続的に行われてきた．Na は地殻からの

273

第 5 章　地球型惑星

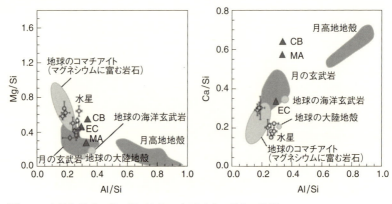

図 5.4　水星と地球，月，隕石などの主要元素の量比の比較（Nittler *et al.* (2011) より改編）
CB：鉄・ニッケルに富んだ炭素質コンドライト隕石，EC：エンスタタイトコンドライト隕石が部分溶融してできる溶岩を模した組成．MA：炭素質コンドライトとエンスタタイトコンドライトの混合物質からできる溶岩を模した組成．水星表層は内部物質の部分溶融で形成されたと考えられ，想定物質の部分溶融物の組成と比較した．水星の元素比は地球や月と異なり，最も近いのは EC である．

継続的な揮発によってもたらされており，地殻が揮発性物質に富んでいることを示す証拠となっている．

　水星地殻を構成する物質は何か，形成初期には水星表面はマグマオーシャンに覆われたと考えられる．観測で見られる鉄に乏しい表層組成を前提とすると，マグマよりも密度が低く浮上が可能だった鉱物はグラファイトしかない．月における斜長石地殻の形成と同様に，水星ではグラファイト地殻（マグマに含まれる C の量によるが，厚さは 1 km 程度と推定）が形成された，との説が提唱されている．この初期地殻が形成された後，固化したマントルが部分溶融してマグマをつくり，それが噴出して二次地殻を形成し，さらに天体衝突により破砕・撹拌されて現在の平原部以外の地殻をつくったとされ，この過程で初期のグラファイト地殻の一部が二次地殻と混ざると，高い C 濃度が観測されうる．C に富む彗星起源ダストが堆積したとの説もあるが，大型クレーター周辺に見られる低反射率の領域がとくに C 濃度が高い（1〜3wt.% 程度高い）ことから，C は表層に濃集したのではなく地下 30 km 程度からもたらされたと推定され，グラファイト初期地殻説と整合する．

　また月面と異なり，水星表面には 2 価鉄イオン（Fe^{2+}）を含むケイ酸塩鉱物

5.1 水星の地殻と内部構造：揮発性に富み巨大コアをもつ惑星

や硫化物を起源とする明確な吸収をもつ領域が存在しない（あったとしても狭い）ことがわかった．水星の可視–近赤外分光特性の場所による差は，反射率と反射スペクトルの傾きの違い程度しか見られない．これは，平原部の高反射率で赤い（長波長ほど反射率が高い）物質に低反射率の物質が混合したとすれば説明がつく．後者の起源は（1）グラファイト地殻起源，（2）天体衝突による鉄粒子のサイズ変化，（3）Fe および C に富む物質が形成後期に集積，の3つの可能性が示唆されるが，C 存在下での宇宙風化によるとする報告もある．

なお，水星の極域にある永久影領域には氷が堆積していると考えられている．月の極域でも同様の報告があるが，存在量，組成（H_2O 氷，二酸化炭素（CO_2）など），存在状態（氷や霜ないし鉱物中のヒドロキシ基など）の決定的な証拠は得られていない．水星の場合，月よりも存在量が多い．水星の永久影領域は月のそれに比べて温度が高く，CO_2 の氷を保持するには高すぎるため，H_2O 氷を主成分とすることはかなり確実である．極域以外でも，揮発性成分に富む噴出様式を示す地形や，反射率が高く氷層の露出と考えられる領域も見つかっており，C に富んだ有機物も存在すると推定される．月では，H_2O 氷の露出と考えられる領域はほぼ存在しない．これらの違いは，太陽距離に応じた元素存在量の違い，衝突天体の量や種類の違い（彗星など揮発性成分に富む天体あるいは小惑星），形成以降の自転軸傾斜の時間変化（月ではこのため永久影領域が変化したという報告がある）などが挙げられている．

5.1.2 水星の内部構造と起源

内部構造についてはどうか．従来，水星の冷却に伴う全球の収縮量は，Mariner 10 号探査機による地形画像では最大 2 km 程度とされてきた（収縮量は，断層など変形地形をマッピングし，各地点での水平方向の短縮量を求め，その全球総和から求める）．これは，惑星内部の熱進化モデルからの予測値（5〜10 km）に比べ非常に小さかった．MESSENGER 探査機では，高空間分解能・広領域地形データの解析から最大 7 km 程度の収縮量が得られ，熱進化モデルと整合する値が得られた．表層の放射性熱源元素においてカリウム/トリウム（K/Th）比が高いこともわかった（図 5.5）．相対的に短寿命の核種の元素が多いことは，より短期間に大きな発熱量変化を経たことを示唆し，熱進化モデルでは収縮量の大きい方向への修正となる．表層地形情報と熱進化モデルとの比較によって，今後も内部構造や進化過程に新情報が得られるものと期待される．

第 5 章　地球型惑星

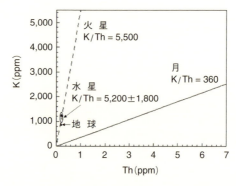

図 5.5　水星，地球，火星および月の K/Th 比（Peplowski *et al.*（2011）より改編）
楕円は MESSENGER 探査機による水星の推定値．黒三角は地球の海洋地殻．実線は月，破線は火星の K/Th 比．

　熱進化モデルでは，内部構造から火成活動の継続時間を推定する試みも行われている（1.3 節）．マントル対流によるマントル物質の上昇は，その溶融によって火成活動をひき起こし，これが惑星の冷却を促進するとともに形成直後の水平方向の組成不均一が形成されうる．その後，温度が下がるつれ収縮が起こる．マントルの粘性の大きさによって，マントル対流と火成活動の継続期間，そして惑星の冷却速度に依存する全球の収縮量も変わる．現状のモデルでは観測量を矛盾なく説明することはできず，課題とされている．

　水星は半径の約 3/4 を占める非常に大きなコアをもつ（図 1.4 参照）．MESSENGER 探査機の重力場観測などから，その直径は約 2,000 km，密度は $7.2\,\mathrm{kg/m^3}$，S の含有量が 4.5wt.% 程度とされる．地殻の厚さは 10〜140 km と推定され，この結果によればマントルは 300〜400 km 厚となる．とはいえ，現状ではマントル密度・組成に対する制約は十分ではない．秤動観測などからコアは流体とされるが，全体が流体なのか，内部のみなのかも不確定である．

　水星には地球同様に磁場がある．MESSENGER の観測により，その強度は地球に比べ 2 桁小さく，またその双極子構造の中心が惑星中心とずれていることがわかった．磁場の成因として一般的に考えられるのは，電導性をもつ回転流体の対流に起因するダイナモ機構である．モデル計算では，水星サイズの天体ではダイナモを長期維持できないとの報告があり，鉄に富む固体粒子が密度差によって流体コア内を沈降する効果でダイナモを維持する説なども提案され

5.1 水星の地殻と内部構造：揮発性に富み巨大コアをもつ惑星

図 5.6 収縮によって形成された断層帯の一部（画像は https://photojournal.jpl.nasa.gov/catalog/PIA16298 より）
画像中央にクレーターを縦断する大きな断層地形が見える．

ている．現在，地球型惑星で磁場を有するのは地球と水星だけで，金星と火星には存在しない．火星には過去の磁場の痕跡が地殻に残っており，内部進化の過程でこれが消滅したと考えられる．惑星間で磁場を比較しその成因の違いを理解することは，惑星の内部構造とその進化を理解するうえで重要な視点である．

　水星の大きなコアを説明する成因として，高温による表層蒸発，巨大天体の衝突による地殻・マントルの剥離，高温によるアルミニウム（Al）やカルシウム（Ca）に富み揮発性成分に乏しい物質からの形成などが提案されてきた．いずれの説でも，水星は揮発性成分に乏しく，K/Th 比は地球などより小さくなると推定される（K は揮発性が比較的高いが，Th は難揮発性）．しかし図 5.5 に示したように，水星地殻の K/Th 比は地球や火星と似ており，巨大衝突によって形成され揮発性成分に乏しいとされる月よりも非常に高い．この矛盾は，水星の成因における大きな課題である．

　水星の表層を巡る観測事実は，水星が非常に還元的で，揮発性成分をある程度含む前駆物質から形成されたと考えうることを示してきた．還元的な隕石の集積で形成したとする説や，高温条件下で有機物を含む惑星間塵と類似するダストから集積したとする説などがある．後者では凝縮物の Fe/Si の比が高いこ

277

とから，その大きな Fe の核も説明できるとされる．

水星の研究は，MESSENGER による探査結果を受けて急速に進んだ．この探査機による接近観測がなされなかった南半球側を含む全球の詳細な観測や，水星を包む外圏大気・プラズマの全体観測は，惑星探査史上初の「二機編隊探査」を実現する日欧共同 BepiColombo 探査機（日本は「みお（Mio, Mercury Magnetospheric Orbiter）」を提供）により，さらなる理解が進むだろう．この探査機が水星周回観測を開始するのは 2025 年の予定である．

5.2　金星の地殻と内部構造：プルームが支配する世界

金星（Venus）は「地球と双子」といわれる．半径 6,052 km は地球の 95%，質量 4.87×10^{24} kg は地球の 80%，平均密度約 5,400 kg/m^3 を 0 気圧に換算するとその値は 4,000 kg/m^3 で，地球とほぼ同じである．内部構造も地球とほぼ同じ，すなわち地殻，上部マントル，遷移層，下部マントル，コアに分かれ，コアの半径も地球と同程度と推定される（金星は自転周期が 243 日と極端に長く，慣性モーメントが不明なため，コア半径は不明瞭である）．一方，表層環境は大きく異なる．金星には海がない．約 90 気圧にのぼる大気がもたらす温室効果のため，表面温度は約 750 K もある．この違いは惑星内部のダイナミクスにとっても重要である．この節では，地球と似て非なる惑星，金星の内部を解説する．

5.2.1　金星のリソスフェア

金星は硫酸（H_2SO_4）の雲を伴う厚い大気に覆われているが，それを透過可能なマイクロ波による合成開口レーダーによって表面地形の情報が得られている．金星の表面（口絵 13）には，地球の海嶺と海溝に対応する全球スケールの線状高地と溝が存在せず，これはプレートテクトニクスが機能していないことを示す．金星のリソスフェアは全体としてはスタグナント・リッド（コラム 1.1 参照）として振る舞う．しかし，このリソスフェアが動かないというわけではない．たとえば，ラクシュミ（Lakshmi）高原（口絵 13 の赤枠部分，図 5.7）は，北側を押し出してアクナ山脈（Akna Montes）やフレイジャ山脈（Freyja Montes）をつくったように見える．またこの平原の北側境界ではリソスフェアがもう少しで沈み込みそうに見える．ほかにもリソスフェアが動いたことを示す地形は見つかっている．

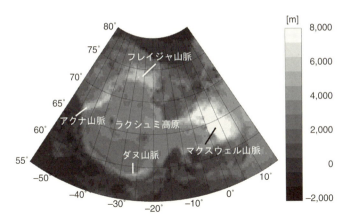

図 5.7 ラクシュミ平原近傍の地形（Solomon *et al.*（1992）から改編）濃淡の数値は標高 [m]．（標高データは Mark Wieczorek（https://markwieczorek.github.io/web/spherical-harmonic-models-topography/spherical-harmonic-shape-models.html）より）

なぜプレートテクトニクスが発展しなかったのであろうか．広く支持されている原因は，海がないことである（たとえば，Nimmo and McKenzie, 1998）．地球では，水がプレート境界に入り込んで摩擦を緩和し，また境界周辺の岩石を柔らかい粘土鉱物に変質させる．海がない金星では，プレート境界に水が入り込むことがなく，摩擦が大きく滑ることができなかった，というものである．高い表面温度がリソスフェアの密度分布やマントルとの力学的相互作用に影響して沈み込みを妨げる，という説もある．いずれも，表層環境の差に原因を求めている．

5.2.2　金星のプルーム活動

対照的に，金星では**プルーム活動**（plume activity）が活発に起こっている．地形の高まりの多くはプルームの内部からの押し上げで形成されたと考えられ，楯状火山高地（volcanic rise；アトラ（Atla），ベータ（Beta）など）と台地（plateau；オヴダ（Ovda），テティス（Thetis）など）に分類される．図 5.8a にベータ火山の地形を示す．図の中央やや下にこの火山活動の中心があり，そこから三方向に割れ目が広がっている．この地形は，地球の**巨大火成岩岩石区**（large igneous province）と似ている．図 5.8b に示したこの火山活動地形はエ

第5章 地球型惑星

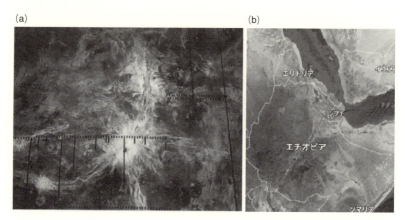

図 5.8 (a) 金星のベータ火山（口絵 13 の黄い円）の地形（Bindschadler *et al.*, 1992），(b) 地球のエチオピア巨大火成岩岩石区（Google map より）

チオピアのほぼ全域に広がる玄武岩台地で，三方向に割れ目が広がり，一方向が大地溝帯，残りが紅海と西インド洋の海嶺となって拡大を続けたことが知られている．金星ではプレートテクトニクスがなく割れ目が海嶺に発展することはなかった．しかし図 5.8 からは，金星でも地球でも，高温のプルームが浮上して火山活動を起こすと同時に，リソスフェアを割ることで形成された地形と解釈される．

　金星の「高温のプルーム」の実態は明らかでない．高温のプルームは，コラム 1.1 で議論した口絵 3a に示したようなコア–マントル境界（ないしマントル中の不連続な境界）からの加熱でできた"滴"のようなものと考えられてきた．しかし，たとえばアルテミス（Artemis，口絵 13 で青い円）の周囲には，プルームの突き上げでできたと思われる約 12,000 km に及ぶ同心円状および放射状の割れ目が分布するが，この巨大な構造は小さな滴ではつくることができない．また，口絵 13 の黒点は**コロナ**（corona）とよばれる半径 200〜300 km の盛り上がりを伴う巨大円環状火山の分布を表し，これも高温プルーム起源といわれる（Johnson and Richards, 2003）．しかし，マントル深部から熱的浮力により浮上してきたプルームがこれほど多数（約 500 個）の密集した火山活動を起こしたとは考えにくく，リソスフェア直下の高温マントル物質が部分溶融して浮力を獲得し，一部がリソスフェアを突き抜けることで形成したという提案もなされている．金星の火山活動や地形には地球の知見をもとにした古典的なプルー

ムのモデルでは説明できないものが多く,「プルームとは何か」という検討が必要である.

5.2.3 金星の火山平原とテセラテレイン

　金星ではプレートテクトニクスが起こっていない.それにもかかわらず,クレーターは全球で約900個しか確認されておらず,地表面年齢は5億年程度と見積もられている(たとえば,Nimmo and McKenzie, 1998).これは活発な火山活動により表層更新(リサーフェシング)がなされてきたことを示唆する.金星の表面は,**火山平原**(volcanic plain:VP)と**テセラテレイン**(tessera terrain:TT)の2つに分類される(図5.9a).火山平原は表面を溶岩が覆ってできたもので,全体の80%を占める.前述の「5億年」はこの火山平原の平均年齢である.テセラテレイン(図5.9aの黒く示した領域)は図5.9bのように地表面が激しく変形した地域で,多くは平原より標高の高い台地の上に分布する.平地のなかで火山平原に囲まれて分布するものもあるが,境界ではテセラテレインの溝の中に火山平原の溶岩が流れ込んでおり,テセラテレインは火山平原より古いことがわかる(Ivanov and Head, 2011).

　テセラテレインと火山平原は,金星の内部が2段階で進化したことを示唆する(Herrick, 1994; Phillips and Hansen, 1998).第1段階は「テセラテレイン時代」で,図5.9bに見られるような激しい変形から,この時代のマントルにはリソスフェアとよべるような堅い蓋はなかったと推測されている.重力場と地形からも,テセラテレインができた当時,温度が低く岩石の塑性変形がほとんど起こらなかった部分(弾性的部分)が事実上存在しなかったことが知られている(Anderson and Smrekar, 2006).これに対し,「火山平原時代」に入ると,リソスフェアの弾性的厚さは数億年のうちに増加し,場所によっては100 kmを超えるまでになった.リソスフェア厚の急速な変化は,第1段階から第2段階へ移行したとき(5〜10億年前),マントルのダイナミクスが定性的に変化したことを示唆している(次項)(Phillips and Hansen, 1998).なお,リソスフェアの厚さは火山平原内でも地域差が大きく,現在も局所的に火山活動が継続しているのではないかと示唆されている(Anderson and Smrekar, 2006).金星の地質年代と他の惑星との比較は巻末の共通図を参照のこと.

　このテセラテレイン(TT)時代から火山平原(VP)時代への移行(以下,TT–VP遷移)は,火山平原の形成過程と深く関わる.代表的な仮説は**破局的**

第 5 章 地球型惑星

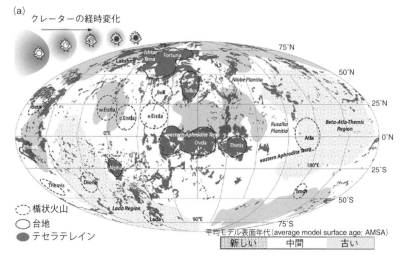

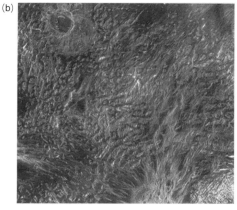

図 5.9 金星表面の分類 (a) とテセラテレインの例 (b)

(a) 黒い領域はテセラテレイン，それ以外の領域は火山平原．火山平原は，クレーター密度をもとに新しい領域と古い領域に分類される．実線・破線はそれぞれ台地・楯状火山の位置．(Bjonnes $et\ al.$, 2012)

(b) (a) のオヴダ地域 (南緯5°，東経70°) の地形．画面の横幅は600 km. (Solomon $et\ al.$, 1992)

(カタストロフィック) 表層更新 (catastrophic resurfacing) とよばれ，何回かの全球スケールでの火山活動の最後に TT–VP 遷移で現在の火山平原が一気に形成されたとするもので，ほぼ一様なクレーター分布や個々のクレーター形状から推測された．TT–VP 遷移以降，火山平原の大部分は遷移後のはじめ約 1/3 の期間で形成され，以降は火山活動は沈静化してアトラなど楯状火山の活動があった程度とされる (Ivanov and Head, 2011)．一方，**連続的表層更新** (continuous resurfacing) は，火山平原が比較的規模の小さな火山活動によって現在に至るま

で数億年かけて徐々に形成されたとする（Phillips and Hansen, 1998）．リソスフェアの弾性的厚さの分布（Anderson and Smrekar, 2006）や特定地域の詳細地形から推定された火山活動史はこちらと整合的で，予想されるクレーター分布も観測と整合的である（Bjonnes et al., 2012）．破局的表層更新仮説でも火山平原の形成に数億年かかった可能性があり，この2つの中間的な説もありうる．

5.2.4　金星内部の二段階進化

前項で述べた「TT–VP 遷移」のメカニズムには，リソスフェアの力学的挙動の変化によるものと，マントル対流の脈動によるものが提案されている．

前者はまずプレートテクトニクスが地殻を変形してテセラテレインを形成したが，TT–VP 遷移でこれが停止し，以降はプルームによる火山活動で連続的に表層更新が起きたとするものである（Phillips and Hansen, 1998）．（ここでいうプレートテクトニクスは地殻が動いて沈み込むという程度で，地球のような厚さ約 100 km・幅数千 km もある剛体板が動くという意味ではない．TT–VP 遷移以前はプレートが薄かったという観測事実がある．）この場合，TT–VP 遷移はプレートテクトニクス発現条件を示唆するものとなりうる．考えうる原因は，表層環境の変化である．金星大気は重水素/水素（D/H）比が地球の約 100 倍で，かつて存在した水が宇宙空間へ失われた可能性が指摘される．水が海として存在した時代，プレート境界で水が潤滑剤としてはたらいてプレートテクトニクスが起きたとすると，地球の沈み込み帯と同様の岩石が金星にも存在すると期待される．プルーム起源火山のマグマには，地球のホットスポットの玄武岩同様，地殻の沈み込みに伴って内部に取り込まれた水が含まれる可能性もある．

後者は，マントル対流が何らかのかたちで1回または複数回脈動し，この脈動の最後のパルスが TT–VP 遷移をひき起こしたとするものである．原因として考えられるのは，マントル物質の高圧相転移である．マントル物質は圧力 24 GPa 近辺（深さ約 750 km）で**ポストスピネル（PS）転移**（post-spinel transition）と**ガーネット–ペロフスカイト（GP）転移**（garnet-perovskite transition）という，ブリッジマナイト生成による大きな密度変化を伴う2つの相転移を経験する．いずれもマントル温度がある程度高いとき，相境界を通してマントル対流をせき止める効果がある．この障壁は，マントル内部に熱が蓄積されると間欠的に破られ，そのときに下部マントルの高温物質が一気に上部マントルに流れ

込み，大規模な火山活動のパルスを起こすことが数値シミュレーションで予想されている〔PS 転移は Armann and Tackley (2012)，GP 転移は Ogawa and Yanagisawa (2014)．GP 転移によるこのようなパルスはバーストとよばれる〕．破局的表層更新では，最後のパルスがその原因となった可能性が考えられる．連続的表層更新では，TT–VP 遷移以前のバーストを伴う二層対流から遷移以降の一層対流へのマントル対流の変化を考える (Ogawa and Yanagisawa, 2014)．この場合，TT–VP 遷移以降はコア-マントル境界からのプルームとリソスフェア直下で生成されるマグマによる連続的な火山活動で表層更新が行われる．数値モデルでは，この変化は地球でも太古代（40～25 億年前の時代）に起こり，大陸の成長など地球のテクトニック進化の原因となったことが推測されている．

5.2.5　金星の熱進化と水

　破局的にせよ連続的にせよ，金星で最近の数億年に全球規模の活発な地殻活動が起こったことは間違いない．この姿は，30 億年以上前に活動のピークを過ぎた月，水星，火星のような，より小型の惑星たちと好対照をなす．1.3 節に述べたように，金星や地球のような大型の岩石惑星でもマントルのレイリー数は臨界レイリー数の 10 倍程度である．K，ウラン（U），Th といった放射性元素がマントルを暖めてその粘性率を低く保たないかぎり，マントル対流が活発になることはない．これらの放射性元素はその化学的性質のため，部分溶融により火成活動が起こるとマグマとともにマントルから抜かれて地殻に濃集する．この過程は火成活動が収まるまで続き，これが月や火星で火山活動が早期にピークを過ぎた理由とされる．金星は火星や月より大きく，より長い時間がかかりそうにも思える．しかし，大型の惑星は形成直後の内部がより高温で，マントル物質の粘性が低くマントル対流の速度が大きいため，やはり最初の 10 億年程度で放射性元素は地殻に濃集する．地球で活動が長く続いているのは，プレートの沈み込みにより地殻物質がマントルにリサイクルされるためと考えられる（リサイクリング，recycling）．金星でも長期間の火成活動が継続していることから，金星でも同様に地殻物質のマントルへの取込みが起きたことが推測される．

　金星大気の大きな D/H 比は，過去に水素が重力を振り切って散逸したことを示唆する．取り残された酸素は，より大きな原子量をもつため同様の散逸は難しい．金星の地殻が大量にリサイクルされたのであれば，酸素は地殻の酸化に使われ，そのリサイクリングに伴ってマントルに持ち込まれた可能性もある．

金星内部の熱進化は，表面に存在した可能性がある水，さらには惑星大気の宇宙への散逸（5.5 節）にも絡む問題である．

5.3 火星の地殻と内部構造：生命存在可能環境を有した惑星

　火星（Mars）は質量 6.4×10^{23} kg，直径は 6,800 km で，それぞれ地球の約 1/10，約 1/2 である．金星のほうが地球に近いが，90 気圧に達する二酸化炭素大気の温室効果のため，表面温度が 750 K にも達する．火星は現在の大気量が 0.006 気圧にすぎず，温室効果はほとんど効かない．太陽からの平均距離が 2 億 3,000 万 km で地球の約 1.5 倍と遠く，平衡温度は 230 K で赤道域でも表面における液体水の存在を許さない．地球と似ているのは，自転周期（24 時間 40 分）と自転軸傾斜角（25°）で，地球と同じく季節変化を有する．

　現在の火星表面は，寒冷で乾燥した荒野である．しかし，過去にはより大気が多く，温暖で，液体の水に満ち，生命の存在が可能な環境であったことが推測される．このため，火星は最も数多くの探査が行われてきた惑星となり，火星起源の隕石の調査も含め，表情豊かな火星の姿が明らかにされてきた．火星の大気環境については 5.4，5.5 節，また生命存在可能環境としての火星については 6.2 節も参照されたい．

5.3.1 火星の火山

　全球の表面地形（高度分布）および重力分布は，1996 年に打ち上げられた米国の Mars Global Surveyor 探査機によって取得された．火星の表層地形（口絵 2，図 5.10）は北半球に巨大な火山地形が存在し，標高が高く年代の古い高地が広がる南半球と様相が異なる．これらの標高は周回探査機からのレーザー測距によって計測されている（口絵 14）．**オリンポス山**（Olympus Mons）や**タルシス火山**（Tharsis volcanoes，アスクレアス（Ascraeus）山，ハボニス（Pavonis）山，アージア（Arsia）山の三山）は，玄武岩質溶岩が繰り返し噴出されることで形成された火山である．オリンポス山は，標高は平均高度より 25 km 高く，550 km 以上の裾野があり，太陽系最大の火山である．頂上部のカルデラは 60×80 km あり，富士山など地球の火山がすっぽり入る規模である．クレーター年代により，オリンポス山は少なくとも数百万年前まで火山活動を継続していたことが

第 5 章　地球型惑星

図 5.10　火星の特徴的な地形（NASA 提供）
タルシス火山（左端の斑）とその東（図中央）に存在する長大なマリネリス峡谷.

明らかになっている．

　タルシス三山を含む領域は，平均より 10 km 程度標高の高い溶岩台地となっており，**タルシス台地**（Tharsis Plateau）とよばれる．タルシス台地の表面はアマゾニス代（30 億年近く前～現在）を起源とする若い溶岩流で覆われているが，その成長が始まったのはノアキス代（37 億年前以前）と考えられている（Bouley et al., 2016）（巻末の共通図参照）．タルシス台地の荷重は大きく，火星の自転にも影響する．赤道付近にタルシス台地が存在するのもこのほうが安定であるためと考えられ，また周囲の応力場にも大きな影響を与えている．タルシス台地の西側には長さ 2,800 km に及ぶ巨大な**マリネリス峡谷**（Valles Marineris）が，また反対側の北半球にはエリシウム（Elysium）火山が存在する．

　北極域には，標高の低いボレアリス（Borealis）盆地が広がっている．赤道付近や中緯度から巨大な洪水地形が北極域まで続き，**アウトフローチャネル**（outflow channel）とよばれている．北極平原は厚い堆積物に覆われ，今から 30 億年以上昔に何度か水で覆われたと考えられている．一方，南半球には**ヘラス**（Hellas）という巨大衝突盆地が存在する．

5.3.2　火星の内部構造

　火星の内部は，地球と同様に中心の金属核を岩石質のマントルと地殻が取り囲んでいる．全球の重力分布は，米国の Mars Global Surveyor 探査機，Mars

5.3 火星の地殻と内部構造：生命存在可能環境を有した惑星

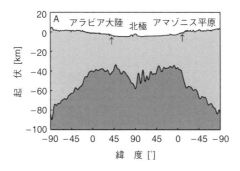

図 5.11 火星の地殻厚さの変化（Zuber *et al.*, 2000）
左半分が経度 0°, 右半分が経度 180°, 左右が南極側, 中央が北極. 色の濃い部分がマントル, 薄い部分が地殻.

Odyssey（マーズオデッセイ）探査機，Mars Reconnaissance Oribiter（MRO）探査機によって観測されている（Genova *et al.*, 2016）．これらのデータと表層地形，および仮定された地殻密度から得られる地殻の厚さは，地球や金星よりも厚く，また南へいくほど厚くなる（図 5.11）．表層で見られた高度分布などの南北非対称は，内部構造にまで及んでいると考えてよい（Zuber *et al.*, 2000）．

表層の硬さを決めるリソスフェアの厚さは，内部の熱的状態に影響を受ける．現在の火星ではプレートテクトニクスはなく，火山活動は長期間，同じ場所で起きている．リソスフェアが柔らかければ，火山の高さや規模に制約を受ける．この指標として，どの程度のスケールの地形まで支えうるか，あるいはアイソスタシーの効果が効いてくるかを見て，**弾性厚さ**（elastic thickness）という量を求めることができる（McKenzie *et al.*, 2002）．火星の広い範囲ではこの値は 20〜70 km 程度であるが，北極域では厚く 200〜300 km という推定もある．これは，レーダーによる極域堆積物の構造から求められた**厚いリソスフェア**（thick lithosphere）という推定（Phillips *et al.*, 2008）と整合する．蓋のあるマントル対流のシミュレーションから，火山域から離れたところでは厚いリソスフフィアも存在できるらしい．一方，熱源元素の分布や水の量も無視できない．Azuma and Katayama（2017）は，火星史を通じた**脱水作用**（dehydration process）が現在の火星のリソスフェアを厚くしたと考えている．

火星マントル対流の 3 次元計算も行われている（たとえば，Breuer *et al.*, 1998）．火星内部は地球よりも圧力が低く，高圧相転移境界は深くなる．火星の

コアが大きくないと，マントルの底に厚さ 200 km 弱のペロブスカイト相（ブリッジマナイト）ができる．この GP 相転移境界があるため温度が上がり，火星のコアの冷却を遅らせる．これは火星の磁場の歴史に影響を与えたかもしれない．過去の火星はコアが溶融し，その対流が磁場を生み出していたが，現在ではコアは冷えて固体となり，地球のような**ダイナモ磁場**（dynamo magnetic field）はなくなったと考えられている（5.3.3 項参照）．

火星の表層地形の二分性については，内部活動に原因を求める内因説（過去にプレートテクトニクスが存在していたという考えもある）と，巨大衝突に原因を求める外因説がある．Andrews-Hanna ら（2008）は，北極域の地形の解析から，火山地形などを除くと，北緯 67°東経 208°を中心とする 10,600 × 8,500 km の楕円型凹地が存在し，過去に 1,000 km サイズの天体が北極域から斜めに衝突したため形成されたと主張している．一方，Leone ら（2014）は，南極域に月サイズの天体が衝突して南半球を融解させたため，火成活動により厚い地殻が形成されて二分性が生まれたとしている．

5.3.3 火星の磁場

Mars Global Surveyor 探査機は，火星の南半球の地殻の広域にわたる強い残留磁化を発見した（Acuña *et al.*, 1999）．火星の表層部は地球よりも深い領域まで低温なので，キュリー点に達する深さが大きく，より磁化が残りやすい．この磁場は，火山活動により高地地殻が形成されたときに獲得されたものと考えられる．その形成年代である 40 億年以上前，火星は固有の内部磁場をもつ，おそらくは流体金属核内の対流によるダイナモ磁場を保有する天体であったと考えられる．この表面残留磁化には，地球の海洋底に見られるものを想起させる縞状の反転構造が見られる．過去のプレートテクトニクスの存在を示唆するかに見えるが，これに対応する大規模な表層地質構造は見つかっていない．

火星内部の冷却に伴い金属流体コアの対流が弱くなると，固有磁場は失われる．この結果，火星周囲からは磁気圏が失われる．これに伴い，太陽から高速で流出して惑星間空間を吹き抜けるプラズマ粒子流，すなわち太陽風が火星の上層大気に直接当たるようになる．この状態では，太陽風と上層大気の相互作用に伴って大気の原子や分子が宇宙空間へと引きずり出される可能性が高まる．惑星内部の冷却に伴って火山活動も収束していくとみられるため，地殻からの大気供給も減少していく．これらが複合的にはたらくことで，かつては数気圧程

度存在したとされる火星大気の宇宙空間への散逸が進み，大気圧の低下によって温室効果が弱まり，現在の寒冷環境へと変化したという説がある．一方，磁場が存在し磁気圏が広がっているほうが，太陽風に対する惑星の衝突断面積はより増えるので，全体としての相互作用は大きくなって，より大気散逸を促進しうるとする考えもある．この場合は，ダイナモ磁場が維持されていた時期においてもすでに大規模な大気散逸が起こっていた可能性がある．地球型惑星における大気散逸の過程については，5.5 節を参照されたい．

5.3.4　火星隕石

　火星については探査によりさまざまな情報が得られており，表面物質も着陸機および探査車（ローバー）によって直接の観察や分析が行われてきた．とはいえ，火星表面から直接サンプルを採取して地球へ持ち帰るまでには至っていない．

　とはいえ，われわれはすでに火星表面の固体サンプルを手にし，分析も行っている．3.3 節で紹介したように，地球上で収拾されてきた隕石には，火星由来と考えられるグループがあり，**SNC 隕石**，もしくは**火星隕石**とよばれている（3.3.4 **A** 項参照）．これらには共通して以下の特徴がある．

- 生成（結晶化）年代が 2〜4 億年，13 億年前後のものが多い．
- 宇宙空間の滞在時間を示す，宇宙線照射年代が短い．
- 大きな重力下で生成された岩石鉱物組織を有する．
- 酸素同位体比から，地球，月や他の隕石種とは異なる同一の母天体をもつ．

南極で発見されシャーゴッタイトに分類された EET79001 は，鉱物中の残存ガスを分析したところ，貴ガス，とくにアルゴン（Ar）とキセノン（Xe）の同位体組成が米 Viking 着陸機の計測した火星大気組成と一致したため，火星起源の強い証拠となった（Bogard and Johnson, 1983）．火星隕石の起源は，火星表面に小天体の衝突が起こったときに地殻の一部が掘削，放出されたものと考えられる．一方，SNC 隕石はアルミニウムが少ない火成岩で，固体成分の元素組成は火星表面の火成岩の組成とは異なる．また，クレーター年代から推定される火星表面の年代は，SNC 隕石よりも古い地域がほとんどである．このため，火星隕石は上部マントル起源のマグマが地殻内部で固化した岩体に由来するものとみられる．

第 5 章　地球型惑星

　ALH84001 は SNC とは別タイプの隕石で，^{147}Sm–^{143}Nd アイソクロン年代として 45 億年前（40 億年前というデータもあり）に生成された斜方輝石を主成分とする隕石である．ガス成分，とくに酸素同位体比から，SNC 隕石と同様に火星起源と考えられている．隕石に含まれる炭酸塩鉱物などの年代から，この隕石は，約 40～39 億年前に水質変成を受けていると考えられる．この年代はノアキス代後期にあたり（巻末の共通図参照），火星表面に**バレーネットワーク**（valley network）という谷状地形が形成され，表面には流水が存在したとされる時期である．1996 年，この隕石の割れ目に主として炭酸塩鉱物からなるバクテリア状の痕跡を発見したとの報告がなされ，現在に至るまで論争が続いている（6.2 節）．隕石と表面のデータをまとめた火星進化の新たな描像については，臼井 (2011) を参照されたい．

5.4　金星と火星の大気

　惑星がもつ大気はおもに惑星の総質量に応じて様子が異なり，以下の 3 種類に大別される（1.4 節）．

　(1) **巨大惑星型**（木星，土星，天王星，海王星）：軽い元素が惑星質量の多くを占める．惑星深部まで続く大気は重力で束縛され，その大量流出を経験していない．**巨大ガス惑星**（木星，土星）と**巨大氷惑星**（ice giant；天王星，海王星）に分かれ，水素を主成分とする**還元型分子大気**をもつ．

　(2) **地球型**（地球，金星，火星，タイタン）：質量の大部分を占める固体惑星の周囲に，微量（0.01～数百気圧）で薄い（地表から外圏底まで数百 km）が重力で十分に束縛された大気をもつ．形成時の大気は失われ，現大気は固体惑星からの脱ガス成分を主とする二次大気・**酸化型分子大気**（タイタンはメタン（CH_4）も含む**弱還元型大気**）をもつ．

　(3) **希薄型**（月，水星，イオ，エウロパ，ガニメデ，カリスト，エンセラダス，トリトンなど）：重力が不足し，大気を長期間束縛できず彗星のように絶えず宇宙空間へ流出させている．地殻からの揮発成分や太陽風に由来する，外圏相当の希薄な原子大気をもつ．

　本節では (2) 地球型，地球の兄弟惑星である金星と火星の大気を紹介する．金星は，地球より約 90 倍濃密な大気と圧倒的な温室効果をもつ．とはいえ，高度 45～70 km に浮かぶ硫酸雲が全球をすき間なく覆うため，反射率が大きく，

5.4 金星と火星の大気

太陽により近いにもかかわらず惑星が吸収する太陽光エネルギーは地球より小さい．火星は地球の約 1/100 と薄い大気をもつ．CO_2 と H_2O の氷雲および浮遊ダストが大きな影響を与え，大小のダストストームが起こり，まれに全球を覆う．表層に多くの流体水の痕跡を抱えた地球以外では唯一の惑星であるが，かつて地表を覆っていた水の行方は明らかでない．本節の基礎として，1.4 節も参照されたい．

5.4.1 気圧・温度と大気組成

金星は地球とほぼ同じ大きさと質量をもつが，大気はかなり異なる．CO_2（96.5%）を主成分とし，ほかに窒素（3.5%）とさらに微量の二酸化硫黄（SO_2），アルゴン，水蒸気を含む．地表面気圧は約 90 気圧に達する（地球の海で深さ約 900 m 相当）．表面温度は約 750 K（約 480℃）で，金星が放つ総赤外線量を換算した有効温度約 230 K（約 −40℃）に対し圧倒的に高い．この高温は大量の大気と主成分である CO_2 の赤外線吸収がもたらす温室効果による．地球も，より高温となり表層の揮発性物質が蒸発して膨大な大気を抱えると，この運命をたどりうる．

大気中の水蒸気は 0.003% 程度しかなく，乾燥している（とはいえ大気量が膨大なので，大気中水蒸気の総量は地球とほぼ同じ）．高度 50～70 km には硫酸液滴からなる雲が惑星全体を覆っている（図 5.12）．可視光ではその下を直接見通せず，地表まで到達するのは数 % にすぎない．大部分（約 78%）は宇宙へ反射されるので，太陽エネルギーの惑星表面への入力量は地球より小さい．

H_2SO_4 は，大気中の SO_2 と H_2O から，酸素原子と塩素（Cl）を含む触媒・光化学反応でつくられると考えられる．雲頂近傍（高度約 70 km）で形成された数 µm 以下の雲粒は合体成長しつつ落下し，雲底近傍（高度約 50 km）で高温のため蒸発する．生じた硫酸蒸気は雲の下に滞留し，一部はふたたび上空へ運ばれ，凝結して雲となる．残りはさらに低高度へ運ばれ熱分解するが，生じた SO_2 と H_2O が上層へ運ばれるとまた H_2SO_4 となる．H_2SO_4 の母体となる S はどこからきたのだろう．地球では硫黄化合物は海洋や地殻に多く存在する．金星には海がなく，大気中の硫黄は地殻との化学反応で地殻に固定されうる．このため，金星では今も硫黄が火山ガスとして間欠的に供給されている，という説がある．ただし，現在の金星には硫黄を供給するような活火山活動は見出されていない．

第 5 章 地球型惑星

図 5.12 紫外線（波長 283 nm）で金星探査機「あかつき」が撮影した金星（JAXA 提供）

全面を硫酸雲が覆い，高反射率をもたらす．この波長では，雲頂の上に広がる硫酸雲の材料物質 SO_2 が，光を吸収して暗部として見える．

表 5.1 各惑星の気候に関わるパラメータ

	大気主成分 (%)	平均気圧 [hPa]	平均太陽光強度 [W/m^2]	可視光反射率	有効放射温度 [K]	平均地表温度 [K]	自転周期 [日]	放射緩和時間 [日]
地 球	N_2 (78) O_2 (21)	1,013	1,370	0.30	255	288	1	100
金 星	CO_2 (96) N_2 (3.5)	92,000	2,617	0.78	224	740	243	20,000
火 星	CO_2 (95) N_2 (2.7)	6	589	0.16	216	220	1.03	3

　火星大気（口絵 15）もおもに二酸化炭素からなり（95.3%），ほかに窒素（2.7%），アルゴン（1.6%）や微量の水蒸気を含む．地表気圧は平均約 0.006 気圧（地球では高度約 35 km，成層圏に相当）にすぎない．表面温度は季節変化が大きいが平均約 230 K（約 −40℃）と寒冷である．大気中の水蒸気は少ないが，飽和水蒸気圧に近く，季節，場所，時間によっては凝結し氷雲が発生する．極冠と地下の凍土層には氷が存在し，大気中の水蒸気とおおむね平衡状態にあると考えられる．

　地球・火星・金星大気の物理量を表 5.1 にまとめる．表層温度と気圧の違いは，水の存在形態に影響する．図 5.13 は水の相変化と地球・金星・火星表面の

5.4 金星と火星の大気

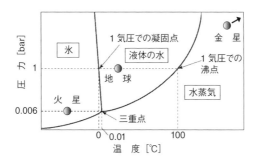

図 5.13 水の相図と各惑星の地表気温・気圧

平均的温度・圧力を示す．水が液体として存在できる温度と圧力は限られるが，地球表面（約 290 K（約 15℃），約 1 気圧）はその領域に入り，表層に液体水からなる海を維持できる．金星表面（約 740 K（約 470℃），約 90 気圧）では気体，火星表面（約 220 K（約 −50℃），0.006 気圧）では氷である．火星は気圧が低いので，仮に温度を上昇させてもそれだけでは氷は流体とならず，昇華して水蒸気となってしまう．地球は，固体の氷床や生命を育んだ液体の海を含む穏やかな気候を維持できる絶妙な太陽距離と大気量をもつ．

水の形態の違いは大気の組成と進化にも関わる．金星と火星の大気は CO_2 を主とする．地球も初期には大量の CO_2 が大気を占めたはずであるが，多くが水を介して石灰岩となり，地殻に取り込まれたと考えられる．大量の液体水が存在すると，CO_2 は溶けて炭酸イオン（HCO_3^-）となる．この酸性水は陸地の岩石を浸食し，カルシウムイオン（Ca^{2+}）を溶かして海洋に供給する．Ca^{2+} は HCO_3^- と化合し炭酸カルシウム（$CaCO_3$）すなわち石灰岩として海底地殻の一部となり，付加体として大陸地殻の一部となるか，マントル対流とともに地球内部へ取り込まれる．仮に海が失われると，CO_2 の取込みは停止するが，地殻や内部に取り込まれた CO_2 がゆくゆくは火山ガスとして戻ってくるため，金星のような濃い CO_2 大気に戻る可能性がある．地球ではこれに加えて，液体水によって生命が誕生し，植物によっても CO_2 が取り込まれ，代わりに大量の O_2 を擁する組成となった．

火星でも，かつて数気圧程度は存在した CO_2 の多くが失われたとされる．ただし地殻に大量に取り込まれた形跡がなく，大半は宇宙空間へ失われたとみられる（5.5 節）．遠い過去ではない火山活動の痕跡もあるが，現在は地殻からのガ

ス放出に明確な兆候はない．なお，2004年には地上望遠鏡と探査機観測から大気中にCH_4の存在が示唆され，その追跡がホットトピックとなっている（6.2.6節も参照）．

5.4.2 加熱・冷却と放射対流平衡：垂直方向の温度分布と熱輸送

金星と火星の大気は，水蒸気やCO_2といった，可視光を通し赤外線を吸収する温室効果ガスを含む．この量が多いと，惑星表層には可視光として太陽エネルギーが直接投入されるが，赤外線は宇宙に直接出ていくことができないので冷却されにくい．また，金星では大気中の微量成分が太陽光を吸収して大気を直接暖める．この微量成分によってやや黄みがかった色にみえるが，その正体はいまだにはっきりしない（候補としてはS，Cl_2，酸化鉄(III)（$FeCl_3$），酸化硫黄（S_2O）など）．火星では，大気中を高度40 km以上まで浮遊するダストが太陽光を吸収して熱源となる．このダストは表面から巻き上げられる平均数μmの鉱物粒子と考えられ，量は場所や季節により大きく変動する．この加熱効果は時期によっては数十℃に及び，希薄なCO_2による温室効果よりも重要である．

大気組成の高度分布がわかれば，各波長の電磁波の吸収と放射による大気中のエネルギー輸送を計算し，平衡状態となる温度の高度分布を求めることができる．地球では暖かくて軽い空気が地表近傍にあるため対流が生じ，熱エネルギーを上向きに運ぶ．この放射対流平衡状態では，対流が生じる高度範囲で温度分布は断熱温度勾配に近くなる．地球では高度10数kmまで対流が発生しており，これが対流圏にあたる．**気象**とよばれる現象のほとんどがここで起こる．これより上層ではオゾンが紫外線を吸収する高度25 km以上まで温度上昇が見られる．この成層圏では対流が起こらず大気は安定であるため，上下に移動する空気塊には復元力がはたらき，**大気重力波**が存在する．この波動が対流に代わってエネルギーを上方へと運ぶが，その効率は低い．

金星では，大量のCO_2大気がもたらす温室効果のため下層が高温となり，対流が起こる．図5.14aは，金星の放射対流平衡の計算結果を観測と比較したものである．計算では高度約40 km以下で対流が生じ断熱温度勾配となることが予測され，観測はこれと近い．また雲頂は高度70 km付近に位置し，その温度は有効放射温度224 Kに近い．宇宙から見える金星の赤外線放射は，雲頂近傍を見ていることになる．火星での同様の結果を図5.14bに示す．計算では大気

5.4 金星と火星の大気

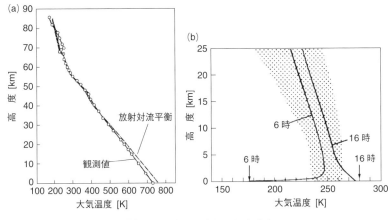

図 5.14 金星と火星の温度分布
(a) 金星の放射対流平衡時の温度分布の計算値と観測値．(Pollack *et al.* (1980) を改編)．
(b) 火星の放射対流平衡時の温度分布の計算値（朝側：6 時，夕方側：16 時）と観測値（陰影部分）．(Gierasch and Goody (1972) を改編)．

中の浮遊ダストによる吸収効果を考慮しており，大気はダストの吸収で直接暖められ，上空の気温はダストがない場合に比べ 60〜80℃ も高くなる．この結果は観測とも整合する．高度方向の温度勾配は抑えられ，対流は日中の地表付近に限られる．一方で，大気が薄く熱容量が小さいため，1 火星日（24.6 時間）での地表付近の気温の日内変化は 100℃ にも達する．

5.4.3 南北のエネルギー輸送：水平方向の温度分布と熱輸送

惑星へ入射する単位面積あたりの太陽光量には緯度ごとの違いがある．このため，現実の 3 次元大気では緯度ごとにも温度が異なり，水平方向に惑星スケールの大気循環が起こる．低緯度で加熱された空気は上昇して上空を高緯度へと運ばれ，高緯度で冷却された空気は下層に潜り込み低緯度へと運ばれる．このため，高度方向の温度勾配は断熱温度勾配よりも安定側に調節されうる．

地球と金星の緯度ごとのエネルギー収支を図 5.15 に示す．低緯度では太陽光による加熱が過剰，高緯度では赤外線放射による冷却が過剰となり，低緯度から高緯度への熱輸送がこの差を埋めている．地球では海洋の循環も同程度に寄与する．南北輸送による温度差の緩和は，放射緩和時間（表 5.1）と循環時間の大小で決まる．放射緩和時間は，「惑星大気がもつ熱エネルギー」を「加熱率

第 5 章 地球型惑星

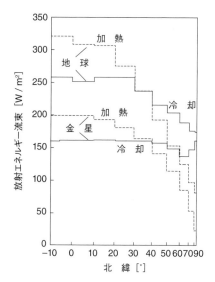

図 5.15 地球と金星の緯度ごとのエネルギー収支(Schofield and Taylor (1982) を改編)

実線は冷却(赤外放射),破線は加熱(太陽光吸収).横軸における緯度の間隔は,それぞれの線の下の面積が入射エネルギー量に比例するように設定してある.

(太陽光)」あるいは「冷却率(宇宙空間への赤外線放射)」で割ったものである.地球では約 100 日で,大気の南北循環に要する時間も同程度である.金星では大気が濃いため放射緩和時間は数十年に達し,大気循環の時間スケールはこれより十分短いので全球で温度が均される.火星の放射緩和時間は 3 日程度にすぎず,緯度間の温度差がより大きい.

地球での大気温度の緯度–高度分布を図 5.16a に示す.これは南半球が夏の場合で,北半球の夏にはおおむね左右が入れ替わる.密度が高く熱エネルギーも多い対流圏(高度約 15 km 以下)では,低緯度ほど暖かいが高緯度との温度差は約 50℃ にとどまる(絶対温度の 1〜2 割).上層の成層圏(高度約 15〜50 km)では,夏の極域が最も暖かく,冬の極域が最も冷たい.これは地球の自転軸が傾いている(23.45°)ためである.日照時間は夏の極域が最も長く,冬の極域ではゼロなので,成層圏では夏半球から冬半球へと熱を輸送する循環が生じる.対流圏では熱容量の大きな海洋が季節変化を抑制し,また高緯度ではアルベドが大きいため,常に低緯度の温度が高い.

5.4 金星と火星の大気

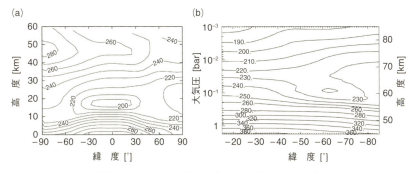

図 5.16 地球と金星の大気温度の緯度-高度分布
（a）地球の南半球夏季（1月）における平均気温の緯度-高度分布（英国気象庁 UKMO のデータを使用）．
（b）金星探査機 Venus Express（ビーナスエクスプレス）による金星南半球の中層大気の温度分布（Piccialli et al.（2012）を改編）．

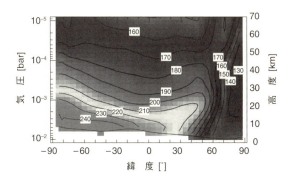

図 5.17 Mars Global Surveyor の観測による火星南半球夏季における大気温度の緯度-高度分布（Smith et al.（2001）を改編）
北半球の表層では中緯度帯以上で CO_2 が凝結する（昇華温度 約 193 K）．

　金星では下層温度がほぼ緯度によらない．図 5.16b は金星での大気温度の緯度-高度分布を示す．緯度による違いは約 45 km 以上で約 10℃，より低高度では数℃以下にすぎない．また，高高度（高度約 55 km 以上）では低緯度より高緯度側で温度が高い．これは大気が低緯度から高緯度へ循環していく間に太陽光により暖められ，その熱エネルギーを保持したまま高緯度で下降し，断熱圧縮によってさらに加熱されるためとみられる．
　火星では，より大きな温度差がつく．火星の自転軸傾斜は 25.2°と地球と同

297

程度で，顕著な季節変化があるため，図 5.17 に示すように夏半球の高緯度で温度が高く冬半球の高緯度で温度が低い．南北半球間の温度差は 100°C に達し，地球の成層圏と同様に夏半球から冬半球への大気循環による熱輸送が起こる．冬半球では CO_2 の極冠への凝結で気圧が下降し，夏半球では極冠の CO_2 の蒸発によって気圧が上昇するため，両半球には大きな気圧差も生じる．

5.4.4 大気の大循環

Ⓐ 地　球

地球（口絵 15 左上）では，対流圏で低緯度の地表近傍で東風（貿易風）が卓越するが，これ以外ではおおむね西風（偏西風）である．この東西方向の流れとともに，南北半球それぞれで 3 つの子午面循環（南北・上下方向の循環）がある．低緯度の**ハドレー循環**（Hadley cell）と高緯度の**極循環**（polar cell）は，低緯度側の暖かい空気が上昇し高緯度側の冷たい空気が下降する．

この構造は自転の効果による．低緯度の地表近くの空気は，地球の自転とともに西から東へ回転する．加熱された空気は上昇し，角運動量を保持したまま中緯度へと運ばれるが，自転軸からの距離が縮まるので自転より高速で回転する．地表から見れば，高緯度に向かう風が自転方向に力（コリオリ（Coriolis）力）を受けて自転方向の風が生じたように見えるが，これが中緯度帯の上空に吹く強い西風**偏西風**（westerlies）である．角運動量を捨てないかぎり高緯度への移動は難しいので，偏西風をはさんで低緯度側の暖気と高緯度側の寒気が接する．この状態は力学的に不安定で，東西方向に数千 km のスケールをもつ波（傾圧不安定波）が発達する．地表近傍には対応する低気圧や高気圧が発生し，偏西風に流されて東方へ移動する．このなかでは北風と南風が東西に並び，低緯度側の暖かい空気と高緯度側の冷たい空気を交換することで高緯度側へ熱エネルギーが運ばれるとともに，**フェレル循環**（Ferrel cell）を構成する．水の凝結に伴う潜熱の放出も大きな影響を与える．

これらの子午面循環によって，大気は数十～100 日程度かけて低～高緯度間を入れ替わり，これが大気循環による熱輸送の時間スケールとなる．海洋循環は約 2,000 年と遅いが，密度が高く熱容量が大きいため熱輸送に同程度寄与する．

Ⓑ 金　星

金星（口絵 15 右上）は，自転（地球とは逆向き）の周期が 243 地球日（自転速度は赤道で 1.6 m/s 相当）と遅い．希薄で放射緩和時間が短い熱圏（高度

5.4 金星と火星の大気

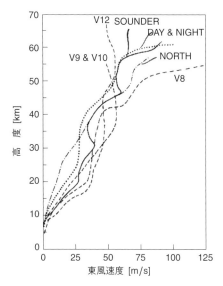

図 5.18 着陸機による金星の東風の高度分布（Schubert *et al.*（1980）を改編）V8〜10, 12 は旧ソ連の金星着陸機 Venera（ベネラ）8, 9, 10, 12 号による計測.

100 km 以上）では昼夜で大きな温度差がつき，昼側で上昇し夜側で下降する**昼夜間流**（day-night circulation）が生じる．

より低高度では**スーパーローテーション**（super-rotation）とよばれる高速大気運動が卓越する．この風系は 1960 年代に発見されたもので，自転方向（東風）の風速が高度とともに増加し，高度約 70 km で地表に対して 100 m/s（自転速度の約 60 倍）に達する（図 5.18）．ちなみに地球の偏西風は 30 m/s 程度で，赤道での自転速度（約 460 m/s）の 1 割にも達しない．土星の衛星タイタン（自転周期 16 日）でも，N_2 を主とする約 1 気圧の大気が自転速度の約 10 倍で回転している．ゆっくり自転する惑星がその何倍もの速さで高速回転する大気を擁する風景は，宇宙ではありふれているのかもしれない．

この現象にはさまざまな理論が提唱されてきた（図 5.19）．共通する考えは，「地面から自転軸回りの角運動量が大気へ渡され，雲層高度まで輸送される」というものである．その 1 つとして子午面循環による説がある（図 5.19a）．ハドレー循環は低緯度で地表から上空へ角運動量を運ぶ．大規模な擾乱（波や乱流）が高緯度から低緯度へと角運動量を輸送すれば角運動量が低緯度ほど大きい状

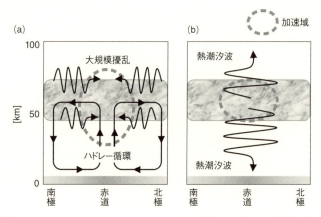

図 5.19 スーパーローテーションのメカニズムに関する 2 種類の仮説
(a) 子午面循環（ハドレー循環）によるもの，(b) 熱潮汐波によるもの．

態を維持できるが，そのような擾乱は，ハドレー循環による角運動量輸送で高緯度にジェットがつくられ，流速の南北勾配が大きくなることによる力学的不安定性から生じうる．この状態でハドレー循環が持続すると，角運動量が大きな低緯度で上昇流，角運動量が小さな高緯度で下降流が起こるため，正味で上向きに角運動量が運ばれることになる．別なものとして，**熱潮汐波**（thermal tide）を介するとする説もある（図 5.19b）．雲層から見ると太陽は自転と反対方向に動くため，雲層内の太陽光加熱域も自転と反対方向に動き，このことによって自転と逆方向に伝播する熱潮汐波がつくられる．これが下向きにも伝わり表層に届くと，固体惑星を自転と逆方向に押すことになる．このため大気側には自転方向の角運動量が蓄積し，スーパーローテーションに寄与する．熱潮汐波は上方にも伝搬して破砕するので，雲層より上の大気も自転と逆方向に押され，スーパーローテーションは減速される．金星では高高度になるとスーパーローテーションは弱まり，やがて昼夜間対流が主となるので，観測と整合してもいる．太陽熱を受け止める雲層高度の大気が最も自転方向に加速されるということになる．

とはいえ，これらのメカニズムには直接的な観測の裏づけがまだない．数値実験での再現にも困難があり，現実的にスーパーローテーションを半永久的に維持できることを厳密に証明した例もまだない．これに深く関わる問題として，

5.4 金星と火星の大気

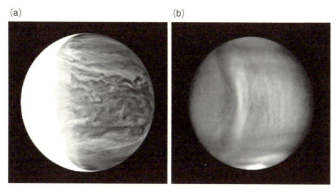

図 5.20 日本の金星探査機「あかつき」による金星の雲構造（JAXA 提供）
(a) 近赤外線カメラ（IR2）による下層雲．左側の昼面は雲層からの太陽反射光が覆う．右側の夜面は熱い下層大気が放つ赤外光（雲が薄いところが透ける）で波打つ下層雲の構造が見える．
(b) 中間赤外カメラ（LIR）による雲頂の赤外線放射．明るいところほど暖かい．山岳上方で南北に伸びる巨大弓状構造が発見され，風が山岳に作用することによって生じた大気重力波による影響とみられる．

子午面循環の構造がわかっていないことがある．金星は自転が遅く，地球と違ってハドレー循環は低緯度から高緯度まで到達しうるという予想があるが，実証されていない．金星では太陽光が雲層と地表をそれぞれ加熱するため，それぞれの高度で駆動されるハドレー循環が上下に積み重なるという予想もある．

金星には日本の探査機「あかつき」が2015年から周回軌道に送り込まれた．赤外線から紫外線までさまざまな波長で大気を観測するカメラが5台と電波掩蔽観測用の電波源を搭載し，各手段で異なる高度の大気現象を可視化し，これらを統合して大気の3次元構造と変動を捉えるもので，これまで想定されなかった多様な大気現象を捉えつつある．雲の形態にはユニークな特徴が多く見られるが，まだそれらの解釈は十分ではない（図5.20）．赤外線の透過能力を活かした風速データからは，雲層深部で赤道域にジェット気流を発見するなど，スーパーローテーション生成にも関わる現象が明らかになりつつある．

ⓒ 火　　星

火星の大気循環（口絵15下）は，自転速度が近い地球に似ているが，夏冬半球間の非対称性がより顕著となる．惑星スケールで吹く風の直接観測はまだないが，気温分布と数値実験の比較をもとに，夏半球では東風が，冬半球では強い西風が吹くと考えられている．また暖かい夏半球で上昇し赤道を横切って冷た

い冬半球の中緯度で下降する巨大なハドレー循環が存在し，南北方向の熱輸送の多くを担うとされる．ハドレー循環の上昇流域では水の氷雲が発生する．冬半球の高緯度では寒気と暖気が接し，地球の中緯度と同様の傾圧不安定波が生じ，熱輸送を担うとともにフェレル循環を構成する．傾圧不安定波がもたらす周期性（数日）が，気圧や風速の変動として着陸機で観測されている．

大気主成分である CO_2 が凝結，蒸発することも大きな特徴である．冬半球の極域の地表面温度は CO_2 の凝結温度（約 $193\,K$）を下回る．極冠には H_2O とともに CO_2 の氷（ドライアイス）も含まれ，その量は大きく季節変化する．冬には CO_2 が雲や雪となり，極域に降り積もるとともに大気量を減らして気圧を下げる．一方，夏側極域では CO_2 が気化して気圧が上がる．火星の公転軌道は楕円で，遠日点付近となる「北極冠の夏至」と近日点付近となる「南極冠の夏至」では太陽光強度は約 20% も異なることもあり， CO_2 の大量凝縮・揮発に伴う大気圧変動は約 30% にもなる．同様の現象は， CH_4 の凝結温度前後の表層温度を有する海王星の衛星トリトンおよび冥王星でも見られると予想される．

火星の気象では， H_2O 雲， CO_2 雲とともにダスト（塵）が重要である．火星の大気は，地表から巻き上げられるサイズが数 μm 以下のダストによって常に濁っている．ダストは太陽光を吸収して熱源となる．これをエネルギー源として風が強化され，さらに地表からダストが巻き上げられる．この正のフィードバックがはたらくことで大小の**ダストストーム**（dust storm）が頻繁に発生し，濁った大気と激しい気象を作り上げるとされる（口絵 18）．とくに，太陽距離がより近い南半球春～夏季には，数火星年に一度，全球を覆い尽くすダストストームが起こる（口絵 16）．最近では 1977, 1982, 1994, 2001, 2007, 2018 年に発生した．とくに複数の探査機と着陸機が存在した 2018 年夏のダストストームは詳細に調べられつつある．大気の放射緩和時間が短く，また海洋のような巨大な熱浴を有しない火星では，大気はそれぞれの季節でほぼ平衡状態に達するので，地球のような数年以上のスケールでの変動は考えにくい．このため，全球ダストストームの有無は，極冠の着氷量や地表のダスト分布の移動などを含む地表変動に関連すると思われる．

これらダストや水の全球循環やそのメカニズムと長期変動の理解には，全球の雲とダストや水蒸気など揮発性物質の空間・時間変動を連続的に捉えられる観測手段が望まれる．たとえば火星の地表から数千 km 以上の高度を周回する気象衛星が有効であり，国内外でそのような探査計画が検討されている．

最後に，惑星が受ける太陽エネルギーは，最終的に赤外線として宇宙に戻される．その過程で大気が暖まり，複雑な構造を生成する．金星ではスーパーローテーション，火星ではダストストームという特徴的な大規模現象がひき起こされている．またそれぞれの組成と温度に従って雲が生まれ，惑星の反射率を変え，太陽光の吸収量に影響する．惑星の反射率や温室効果の強さは，ダストや大気微量成分，また表面の状態によっても大きく左右される．これらは大気循環と化学反応，地殻の物質放出・吸収，宇宙への散逸（5.5節）とも結びつき，短中長期的な因果関係は複雑である．地球の大規模数値シミュレーションによる気象予測ですら，観測の再現には多くの人為的なパラメータ調節が必要となっている．他の惑星でも汎用性をもちうる大気の理解は，今後の課題である．

地球では，人類活動で排出される二酸化炭素による温暖化が焦眉の課題となっている．地球の大気も，本来は金星や火星と同様の二酸化炭素を主としていたが，海と生命によって長い歴史のなかで大きく進化した．地球型惑星では，大気は固体本体に対し実に微々たる存在だが，生命，人類，そしてわれわれの文明の存在と持続の可能性は，この微量で脆弱な領域の安定性に依存しているのである．

5.5 地球型惑星の大気散逸

5.5.1 大気散逸とは

太陽系の地球型惑星である水星，金星，火星，そして地球．その表層環境は大きく異なる．水星は大気を束縛しきれない希薄大気のみをもつ惑星，金星は過剰な大気によって水を喪失した乾燥灼熱の惑星，火星は大気の多くを喪失した乾燥寒冷の惑星．そして，地球は大気と液体の水を長期にわたって保持してきたハビタブル惑星．この劇的な差には，宇宙空間への**大気散逸**（atmospheric escape）が関わっている．

地球型惑星の大気は，上端で惑星間空間に，下端で表層に接する．上端では，惑星形成期にこそ物質の大量供給がもたらされたがその後は減少し，大気の散逸が支配的となった．惑星全体の質量に対して大気の絶対量が小さい地球型惑星では，散逸は大気と表層環境の過去，現在，未来とその安定性において重大な影響をもつ．また，下端である惑星表層の酸化・還元特性や，惑星間の揮発

第5章 地球型惑星

表5.2 惑星大気の散逸機構とその種類

熱的散逸	非熱的散逸	衝突剥ぎ取り
ジーンズ散逸 流体力学的散逸	光化学散逸 電荷交換 イオンピックアップ スパッタリング （大気の叩き出し） 電離圏イオンの散逸	cookie cutter（衝突物体の下敷きとなった大気が吹き飛ばされる） bomb analogy（衝突物体が作り出した衝撃波で吹き飛ばされる） tangent plane（衝突物体が作り出した破片とともに吹き飛ばされる）

性物質や貴ガスの量および同位体比の差を理解する鍵ともなる．

散逸には以下の (1)〜(4) の過程がある（表5.2）．いずれも散逸を起こすには，大気を構成する分子や原子の速度が惑星の重力を振り切る必要がある．軽くて小さい天体ほど重力が弱く，大気の散逸を起こしやすい．

(1) 熱的散逸（thermal escape）〜**ジーンズ散逸**（Jeans escape）：中心星の放射や惑星内部からの熱流が大気を加熱して，大気原子・分子の熱速度分布のうち高速側の裾が惑星の脱出速度を上回る場合に起こる．個々の原子・分子単位での流出となる．

(2) 熱的散逸〜流体力学的散逸（hydrodynamic escape）：(1) と同じく熱エネルギーによるが，大気のより激しい加熱で上向きの圧力勾配がつくられ，それによって加速された結果，大気の速度が惑星の脱出速度を上回る場合に起こる．大気は流体としてまとまって流出する．

(3) 非熱的散逸（nonthermal escape）：個々の原子や分子が光化学反応，イオンとの相互作用，高速粒子の衝突，電離などによって個別に加速され，その速度が惑星の脱出速度を上回る場合に起こる．個々の原子・分子単位での流出となることが多い．

(4) 衝突剥ぎ取り（impact erosion）：小天体の惑星表面への巨大衝突に伴う．その巻き添えによって，大気が流体のまま（場合によっては海水や固体も）惑星の脱出速度を上回る速度を得て，宇宙空間へと投げ出される．

原子・分子単位での流出である (1) と (3) は，大気中にある他の原子や分子と衝突すれば脱出は阻止される．このため，有効となるのは衝突を無視できる「外圏底（1.4.2項参照，地球では高度約 $500\,\mathrm{km}$）よりも上側」の領域に限られる．より効率的で大規模な散逸は，大気が集団で流出できる (2) と (4) による．

5.5 地球型惑星の大気散逸

　地球型惑星の大気は，惑星形成当時の量をそのまま維持して現在に至ったわけではない．最初の大気は，流体力学的散逸と衝突剥ぎ取りで喪失したと考えられている．現在の金星，地球，火星の大気は，その後に惑星本体や集積する微惑星や彗星などから揮発した二次大気が主である．軽い原子や分子ほど，同じ温度であれば高速であるため，（1）と（3）により喪失しやすい．このような散逸の歴史は，固体部分に取り込まれにくい各惑星の貴ガスの存在量や同位体の比に刻まれている．

　本節では 2 つの理由で水素の行方に焦点を絞る．水素は最も軽い原子で，すべてのプロセスで最も散逸しやすい．また，水素の大規模散逸は，惑星の大気量とともに惑星表層の酸化・還元にも影響し，その化学特性を変える．水素は原始大気中に H_2 および H_2O, CH_4, シアン化水素（HCN），アンモニア（NH_3）などの水素化合物のかたちで存在したと考えられるが，水素を喪失すると残された酸素によって惑星は酸化される．酸化が生じるのは，地球型惑星の水素原子が，水素の酸化物すなわち H_2O やケイ酸塩岩石中の水和水（–OH）などにおもに由来したためである．このため，水素の喪失はすなわち酸素の過剰となり，惑星表層・表層下が不可逆的に酸化される．この酸化は火星や金星の酸化した赤い表層の原因とも考えられ，また太古の地球の大気，地殻，マントルの酸化原因としても提唱されている．現在の地球では非生物的酸素の生成率は光合成の約 1/100 にすぎないが，この理解は初期生命への影響や系外惑星の大気進化を考えるうえで重要である．

　大気散逸のアイディアは古い．スコットランドのアマチュア科学者 John James Waterston は「分子の平均運動エネルギーは温度に比例する」という気体分子運動論を初めて構築し，1845 年には熱的散逸の概念も導入した．この論文は却下されたが，Lord Rayleigh 卿によってその原稿が 1891 年に発見された．アイルランドの George Johnstone Stoney（"電子"の名づけ親）は，分子の熱速度分布の高速側の裾が惑星の脱出速度を超えれば，平均速度が低くても熱的散逸が起こりうることを示した．この原理を James Jeans が 1904 年に本で記述したため，**ジーンズ散逸**とよばれる．当時，大気温度は気球観測で低高度部分が知られるのみで，流出が可能な外圏底の温度は成層圏温度の外挿から約 220 K と仮定され，推定散逸率はきわめて低かった．1950 年代になると，ロケット観測によって外圏温度が 1,000 K に達するとわかり，Lyman Spitzer, Jr. が推定精度を向上させた．熱圏や外圏の密度や温度は，人工衛星に加わる抗力，質量

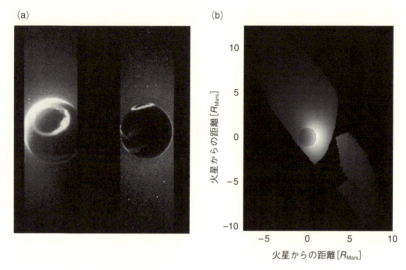

図 5.21 地球 (a) と火星 (b) での発光
(a) 地球の水素原子発光 (Lyman α 輝線). 磁極を囲むオーロラとともに, はるか高高度へ広がるジオコロナが見える. (Rairden et al. 1986).
(b) 火星でも同様の発光が米 MAVEN 探査機によって最近発見された. (NASA/コロラド大学提供).

分析器による直接観測, ジオコロナ分布の撮像観測などから得られる. ジオコロナは地球を取り巻く水素・酸素原子の雲で, 地球半径の何倍にも広がる (図 5.21). この水素の約半分はメタンに起因する. 地球大気のメタンは約 90% が生物由来である.

現在の地球大気からも, 毎年 93,000 t (毎秒 3 kg) の水素が宇宙へと流出しており, 非熱的散逸が支配的とされる. 観測が難しく幅があるが, ジーンズ散逸が 10～40%, 電荷交換 60～90%, ポーラーウィンド (極域の上向き電場で水素イオンが吸い上げられる現象. 5.5.2 項参照) が 10～15% を占めるとみられている. 火星でも惑星半径の数倍にも広がる水素発光が確認されている.

5.5.2　2つの熱的機構：ジーンズ散逸と流体力学的散逸

熱的散逸 (図 5.22) は, 熱エネルギーによる散逸過程である. このうちジーンズ散逸 (図 5.22a) は分子・原子単位で起こる. マクスウェル (Maxwell) 速度分布の高速側の裾にくる比較的少数の高速分子・原子が, 外圏底より上のほ

5.5 地球型惑星の大気散逸

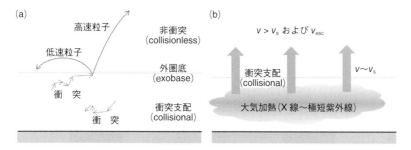

図 5.22 熱的散逸の概略図

(a) ジーンズ散逸.ほぼ無衝突となる外圏底で脱出速度を超えた軽い分子や原子は,個々に宇宙空間へ散逸する.
(b) 流体力学的散逸.大気加熱によって生じた上方への圧力勾配によって上向き速度を得る(静水圧平衡状態が破れる).音速 v_s を経て超音速流となり脱出速度 v_{esc} に達すると,衝突が支配する流体運動のまま,重い元素もろとも宇宙空間へ流出する.

ぼ無衝突の外圏で惑星脱出速度をもつと,宇宙空間へ流出する.軽い原子や分子ほど,同じエネルギー・温度でもより高速となるため散逸しやすい.ジーンズ散逸は,すべての地球型惑星大気の初期進化に重要な役割を果たし,現在でも地球,火星とタイタンでは水素散逸の無視できない割合をジーンズ散逸が担う.この散逸は静的な熱圏大気の上端,すなわち外圏底から個々の原子や分子が継続的に流出する.大気の上昇・下降速度が無視でき(静水圧平衡状態),また局所加熱が少なく放射平衡状態に達した等温の熱圏では,この近似がほぼ成り立つ.なお,金星では CO_2 による放射冷却の影響で熱圏が低温(300 K 以下)で,また重力も強いため,ジーンズ散逸は無視できると考えられる.

流体力学的散逸(図 5.22b)は,衝突が支配的で流体とみなせる大気(外圏底より低高度)が,加熱による大きな上向き圧力勾配力によって十分な上向き速度をもつときに生じる.個々の分子・原子ではなく集団として脱出速度を超えるので,重い分子も引きずられて脱出できる.低質量の地球型惑星や超高温の大気をもつ巨大惑星では,流体力学的散逸が起こりやすい.1980 年代までこの機構は注目されてこなかったが,太陽系内外のさまざまな証拠がこの現象を示唆している.地球・金星・火星大気では,宇宙では炭素や酸素とともに大量にあるはずのネオン(Ne)の存在量が少ない.これは流体力学的散逸によって初期大気が大量に失われたことを意味する.太陽系外では,公転半径 0.05 AU の高温巨大ガス惑星(ホットジュピター)HD 209458b の周囲に H,O,C,Si を

第 5 章　地球型惑星

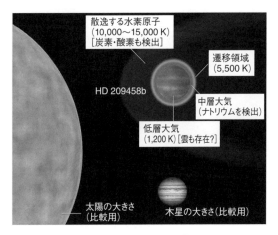

図 5.23　ハッブル望遠鏡で観測されたホットジュピター HD 209458b からの大気散逸状況の想像図（NASA/ESA 提供の図から改編）

伴うことが観測され，このうち重たい O，C，Si は流体力学的散逸で引きずり出されたとみられる（図 5.23）．別なホットジュピター WASP-12b も金属成分を周囲に伴っており，同様の流出が起こっているとみられる．

　流体力学的散逸が起こるとき，超高層大気の上向き速度が脱出速度を超えることになる．この上向き流は衝突大気中で音速に達する．大気密度は高度とともに減少するので，上向き流束が保存されるときには流速は高度とともに増加する．こうして圧力勾配力で駆動された上向き流は最終的に超音速となり，そして脱出速度を超える．この機構は太陽風の加速に類似している．太陽コロナは高温で，太陽の重力に束縛されず太陽風として吹き出している．このため，惑星大気の流体力学的散逸は**惑星風**とよばれることもある．とはいえ，電離気体である太陽風では電子-イオン間の電磁相互作用による衝突的効果があるので流体力学的近似が惑星間空間でも成り立つが，惑星大気の流体近似は外圏底を超えて無衝突状態となる領域では成り立たない．こうした状況での大気流出量の推定に用いる数値モデルの 1 つとして direct simulation monte carlo（DSMC）法がある．このモデルでは，流体力学に頼らず多数の粒子の衝突・加熱・重力下での運動を直接追跡するので，この定量的研究に有効である．

5.5.3 非熱的散逸

非熱的散逸（図 5.24）は，個々の原子・分子・イオンが背景大気の熱速度よりも著しく高速に加速され，流出する過程である．その多くで高エネルギー光子・粒子やイオンが絡む．重力と衝突（原子・分子間力）が支配する下層大気では，衝突によりマクスウェル速度分布で平衡に達するので極端な高速の原子や分子は存在しない．しかし外圏では，外界からやってくる高エネルギー光子・粒子によって特定の原子や分子が高いエネルギーを得て，また電離すると荷電粒子は電場・磁場を感じ，それぞれ重力圏から脱出できる高速粒子となる．以下にその多様な型を示す．

(1) **光化学散逸**（photochemical escape）：高エネルギー光子による光化学反応で生じた高速原子・分子は，時に脱出速度を獲得する．たとえば中性大気が極端紫外線で電離した後，電子と再結合して中性粒子に戻る際，この中性粒子が脱出速度を上回って流出する．この機構は火星上層からの炭素，酸素，窒素の損失で重要である．

(2) **電荷交換**（charge exchange）：惑星磁場に捉えられた高速イオンが中性原子と衝突し，電荷交換によって中性粒子となる．もはや磁場を感じないため，脱出速度を超えている場合はそのまま散逸する．現在の地球で，太陽活動極大

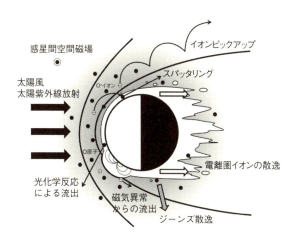

図 5.24　非熱的散逸の概略図
火星での大気散逸を模している．

期以外での水素の支配的な散逸機構である(太陽活動極大期には,強まった太陽紫外線で加熱された熱圏からジーンズ散逸によって流出する).

(3) イオンピックアップ(ion pickup):ジオコロナのように惑星から遠く広がった中性粒子は,太陽風中でも電磁場を感じず粒子衝突も無視できるので,惑星重力場に束縛されたままである.しかし紫外線,電子衝突,電荷交換などにより電離すると,電磁場を突如感じて太陽風磁場に捕捉され脱出速度に達し,そのまま散逸する.惑星磁場が弱く,広い磁気圏をもたない金星と火星で重要である.

(4) スパッタリング(叩き出し,sputtering):太陽風中の高速イオンが惑星大気に衝突すると,衝突先の惑星大気分子・原子はイオンの運動エネルギーを得て脱出速度を超え,宇宙空間に散逸する.固有磁場を失った後,大気上層が太陽風に直接さらされるようになった火星で重要とみられる.

(5) 電離圏イオンの散逸(ionospheric escape):ポーラーウィンド,太陽風粘性相互作用などがある.前者は固有磁場をもつ惑星からイオンが流出する代表的過程で,極域の太陽風につながった磁力線上で,H^+ や He^+ など軽いイオンが電場によって上向きに加速され,流出する.金星や火星でも同様の過程が存在する.後者は強い固有磁場をもたない惑星電離圏と太陽風の境界面(電離圏界面)で発生する.太陽風の運動量が"粘性"(境界面で発達するプラズマ不安定による)によって電離圏に渡され,電離圏を引きずり出すことで大量の低エネルギーイオンが散逸しうる.金星や火星で起こっているとみられるが,この妥当性は評価途上である.

5.5.4 拡散律速散逸と大気の上下間結合

外圏底から静かに流出していく熱的散逸(5.5.2項),非熱的散逸(5.5.3項)では,散逸する物質は表層・下層大気から熱圏上部・外圏底まで上昇してこなければならない.このため,各分子や原子の喪失率は下層大気からの拡散輸送率でも規定されうる.水素の場合,ジーンズ散逸と非熱的散逸の両過程で外圏底から即座に取り除かれるので,実際の喪失率は下層での「水素の生成」,下層からの「均質圏界面への拡散輸送」,そして均質圏界面からの「外圏底への拡散輸送」が決定する.この**拡散律速散逸**(diffusion-limited escape)は,流体力学的散逸でも散逸率の上限となる.たとえば恒星による大量加熱によって起こる水素の流体力学的散逸は,中心星の紫外線放射で加熱され外向き加速を生じる

高度域が形成される．散逸量は，この領域への下層からの拡散輸送速度で上限が与えられる．

5.2節で述べたように，金星は大気中の D/H 比が地球の約 100 倍あることから，太古には現在の 100 倍ないしそれ以上の水蒸気が存在していたとされる．金星表層に存在したかもしれない海は，暴走的に温室状態に入ることですべて蒸発，解離し，これらは流体力学的散逸によって宇宙空間に散逸したと考えられている．とはいえ，その具体的な喪失を起こすには，これらを熱圏・外圏底まで輸送してこなければならず，大気中のエネルギーや物質の垂直輸送が鍵を握る．対流圏の上端までは，対流による比較的速い物質輸送が可能である．ここから熱圏上部・外圏底へとつなぐ機構としては，分子どうしの衝突による分子拡散と，大気重力波による渦拡散がある．とはいえ，広い高度範囲に及ぶこともあり，金星や火星ではその量の直接観測は容易ではない．2013 年から活動を開始した日本の紫外線・極端紫外線望遠鏡衛星「ひさき」は，金星の大気光に 4 日の周期変動を確認した．これは大気下層のスーパーローテーションに伴う変動が熱圏上部まで伝わっていることを示唆するもので，この問題に光を当てた．こうした大気の垂直結合は，惑星大気探査における次世代のホットトピックである．

5.5.5　天体衝突による大気の剝ぎ取り

衝突剝ぎ取り（図 5.25）は，小惑星や彗星など大きな物体の衝突に伴う高温蒸気プルームや高速放出物によって，大気をまとめて散逸させるプロセスである．この剝ぎ取り過程は，小サイズの惑星ほど大きな影響を受けるため，火星の初期大気の大量喪失に重要な役割を果たした可能性がある．また，厚い大気を有する土星の衛星タイタンと違い，似た大きさの木星のガリレオ（Galilean）衛星が大気をもっていないことへの説明になりうるかもしれない．

惑星形成の最終期における天体衝突は，惑星の固体部すら蒸発させるエネルギーを供給する．このような高速の衝突は太陽系初期では頻繁に起こっていた．天体の衝突による大気の剝ぎ取り量は，その衝突速度や規模によって，おおむね（a）衝突物体の断面積程度の広さで，下敷きとなった大気が宇宙空間へそのまま吹き飛ばされる（**cookie cutter**），（b）衝突物体が作り出す高温蒸気を含む衝撃波によって，より広い範囲の大気が吹き飛ばされる（**bomb analogy**），さらには（c）衝突物体が作り出す高速の破片によって，衝突部の接線面より上

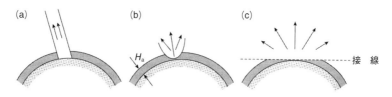

図 5.25 天体衝突による地球型惑星大気の剝ぎ取り（Catling and Kasting（2017）より改編）

灰色部分は，表面〜外圏底の大気層（厚さ：H_a）．
(a) cookie cutter：衝突物体の下敷きとなった大気が吹き飛ばされる．
(b) bomb analogy：衝突物体が作り出した衝撃波で吹き飛ばされる．
(c) tangent plane：惑星表面の接線（tangent plane）より上が衝突物体が作り出した破片とともに吹き飛ばされる．

の大気がすべて吹き飛ばされる（**tangent plane**），といったモデルで推定される（表 5.2 参照）．

　天体衝突は，大気の剝ぎ取りとともに衝突天体からの物質供給，とくに揮発性元素の供給ももたらす．また，衝突によって解放されるエネルギーによって惑星表層はきわめて高温となりうる．こうした環境下で衝突後に残った高温大気は流体力学的散逸をひき起こす可能性もある．こうした多様なシナリオの分岐は，各惑星の元素・同位体比，とくに固体に取り込まれにくい貴ガスの存在比に制約条件を与える．現在の金星や火星におけるこうした物質存在比の追跡もまた，惑星大気探査における次世代のホットトピックである．

5.5.6　火星からの散逸

　火星は，生命存在可能環境の維持という観点で，惑星進化史において大気散逸の影響を最も受けた惑星である（5.3 節）．火星はその昔，より大量の大気と水を表層に湛えていたとされる．現在の火星大気は 0.06 気圧程度しかなく，H_2O 氷は昇華によって水蒸気に直接相転移してしまう．仮に気温が 0℃ を超える惑星改造を行っても，それはただちに「表面に海や湖を維持した過去の状態」の復元にはならない．これは，水を大量に抱えた時代の後に，大気主成分である CO_2 が失われたことを意味する．火星は形成初期には 8〜15 気圧の CO_2 が存在していた可能性も示唆されており，それが正しければ約 99％ の大気を消失したことになる．また，現在の火星の N_2 分圧は 2×10^{-4} 気圧にすぎない（地球では 0.78 気圧，金星では 3.3 気圧）．地球の地殻やマントルおよび大気中の窒素分

子を積算した量は 6±4 気圧程度とみられるが，火星で着陸機により計測された窒素量（亜硝酸塩など）は，風成堆積物中の約 200 ppm から泥岩中の 1,000 ppm ほどにすぎない．火星と地球の原材料物質はさほど違わないと考えられるので，火星における乏しい窒素量もまた，大規模な宇宙空間への散逸を示唆する．

　火星では，流体力学的散逸が先ノアキス代（> 41 億年前）の水素に富んだ初期大気に対して起こったと考えうる．さらに衝突剝ぎ取りが効率的であったことが，理論と観測的証拠により示唆されている．では，海が存在したとされる先ノアキス代・ノアキス代（41～37 億年前）以降に生じた大気散逸過程はどのようなものだったのだろうか．（火星の年代については巻末の共通図を参照のこと．）水が解離して生じる水素と酸素の宇宙空間への散逸率（散逸量）は，過去の断片的な衛星観測では推定値に最大で 2 桁にも及ぶ違いがみられる．一方で，水素散逸率の過大評価や酸素散逸率の評価誤差のために，実際の散逸率の不一致はきわめて小さいのではという指摘もある．現在の火星における大気流出量とその機構はこうした数々の疑問に示唆を与えうる．

　これは日本が打ち上げた初の惑星探査機「のぞみ」の主要科学目標であった．1998 年に打ち上げられた「のぞみ」は火星軌道投入を前にして 2003 年に中絶の憂き目をみたが，後続の欧州火星探査機 Mars Express により，太陽風プラズマと火星電離圏プラズマの相互作用領域に惑星重力場からの脱出エネルギーをもつプラズマが大量存在することが示唆された．2014 年からは，米国の火星探査機 MAVEN（すなわち火星大気・揮発進化）がこの問題に焦点を当てる観測を行い，日本の研究者も参加している．この探査機の上層大気観測によって，イオンの散逸率が太陽フレア発生時に上昇することが明らかとなってきた．より太陽活動が激しかった火星史初期において，大量の大気がより効率的に散逸した可能性を示唆する．また，高度 200 km 近傍における元素の密度に大きな時間変動がみられ，この領域への下層大気からの拡散輸送量と大気重力波の影響が示唆されている．火星地殻に残留する磁場がこれらに影響を与えることも示唆された．高度 150～1,000 km におけるダストの検出もホットトピックである．このような粒子を惑星表面からこの高度域まで輸送する物理過程は知られていない．このことは，惑星間塵が今でも惑星大気に降り注ぎ，その組成に影響を与えうることを示唆している．

参考文献

[1] Acuña, M. H. *et al.*（1999）*Science*, **284**, 790-793.
[2] Anderson, F. S. and Smrekar, S. E.（2006）*J. Geophys. Res.*, **111**, E08006, doi:10.1029/2004JE002395
[3] Andrews-Hanna, J. C. *et al.*（2008）*Nature*, **453**, 1212-1227.
[4] Armann, M. and Tackley, P. J.（2012）*J. Geophys. Res.*, **117**, E12003, doi:10.1029/2012JE004231
[5] Azuma, S. and Katayama, I.（2017）*Earth Planet. Space*, **69**, 8.
[6] Bjonnes, E. E. *et al.*（2012）*Icarus*, **217**, 451-461.
[7] Bindshadler, D. L. *et al.*（1992）*J. Geophys. Res.*, **97**, 13495-13532.
[8] Bogard, D. D. and Johnson, P.（1983）*Science*, **221**, 651-654
[9] Bouley, S. *et al.*（2016）*Nature*, **531**, 344-347.
[10] Breuer, D. *et al.*（1998）*Geophys. Res. Lett.*, **25**, 229-232.
[11] Catling, D. C. and Kasting, J. F. ed.（2017）"Atmospheric Evolution on Inhabited and Lifeless Worlds", Cambridge University Press.
[12] Genova, A. *et al.*（2016）*Icarus*, **272**, 228-245.
[13] Gierasch, P. J. and Goody, R. M.（1972）*J. Atmos. Sci.*, **29**, 400-402.
[14] Head, J. W. *et al.*,（2011）*Science*, **333**, 1853-1856.
[15] Herrick, R. R.（1994）*Geology*, **22**, 703-706.
[16] Ivanov, M. A. and Head, J. W.（2011）*Planet. Space Sci.*, **59**, 1559-1600.
[17] Johnson, C. L. and Richards, M. A.（2003）*J. Geophys. Res.*, **108**, 5058, doi:10.1029/2002JE001962
[18] Lammer, H. and Khodachenkom, M. ed.（2014）"Characterizing Stellar and Exoplanetary Environments", Springer.（5.5 節）
[19] Leone, G. *et al.*（2014）*Geophys. Res. Lett.*, doi: 10.1002/2014GL062261
[20] McKenzie, D. *et al.*（2002）*Earth Planet. Sci. Lett.*, **195**, 1-6.
[21] 松田佳久（2011）『惑星気象学入門—金星に吹く風の謎』, 岩波科学ライブラリー, 岩波書店.（5.4 節）
[22] Nimmo, F. and McKenzie, D.（1998）*Annu. Rev. Earth Planet. Sci.*, **26**, 23-51.
[23] Nittler, L. R. *et al.*（2011）*Science*, **333**, 1847-1850.
[24] Ogawa, M. and Yanagisawa, T.（2014）*J. Geophys. Res. Planet*, **119**, 867-883, doi:10.1002/2013JE004586
[25] Peplowski, P. N. *et al.*（2011）*Science*, **333**, 1850-1852.
[26] Phillips, R. J. and Hansen, V. L.（1998）*Science*, **279**, 1492-1497.
[27] Phillips, R. J. *et al.*（2008）*Science*, **320**, 1182-1185.

[28] Piccialli, A. *et al.*（2012）*Icarus*, **217**, 669-681.
[29] Pollack, J. B. *et al.*（1980）*J. Geophys. Res.*, **85**, 8223-8231.
[30] Rairden, R. L. *et al.*（1986）*J. Geophys. Res.*, **91**, 13613-13630.
[31] Schofield, J. T. and Taylor, F. W.（1982）*Icarus*, **52**, 245-262.
[32] Schubert, G. *et al.*（1980）*J. Geophys. Res.*, **85**, 8007-8025.
[33] 臼井貫裕（2011）地球化学, **45**, 159-173.
[34] Smith, M. D. *et al.*（2001）*J. Geophys. Res.*, **106**, 23929-23945.
[35] Solomon, S. C. *et al.*（1992）*J. Geophys. Res.*, **97**, 13199-13255.
[36] Zuber, M. T. *et al.*（2000）*Science*, **287**, 1788-1793.

第6章 惑星系の生命存在環境

6.1 ハビタブルゾーン

6.1.1 地球生物学に基づく地球外生命

　地球外の天体に生命は存在するだろうか．存在するとしたら，どこにある，どのような環境の天体だろうか．人類の知的好奇心の筆頭ともいえるこの問いに，研究者のみならず多くの人々が取り組んできた．人類は17世紀に望遠鏡を手にし，地球外の世界への本格的な探究を始めた．翌18世紀にはイタリアの生物生理学者である Lazzaro Spallanzani が，「宇宙空間には生命の種が広がっており，地球上の最初の生命は宇宙からやって来た」とする仮説を提唱した（この概念は以後さまざまな研究者に受け継がれ，20世紀初頭に**パンスペルミア説**として構築される）．19世紀の終わりには米国の天文学者 Percival Lowell が，火星の望遠鏡観測を通して火星人と火星文明の存在を提示し，20世紀中盤には米国の天文学者 Frank Drake が，われわれの銀河系の中で接触することが可能な地球外知的生命体の数を推定するドレイクの方程式を提案した．このように，長年にわたって多くの人々がさまざまな考え方と手法によって地球外生命の存在可能性に思いを馳せ，さらに現在では他の天体へと多くの探査機を送り込むことによって，より直接的な調査が行えるようになった．また，巨大な望遠鏡を用いた太陽系外惑星の発見も次々にもたらされており，いわゆる"第2の地球"の捜索も本格化している．しかしながら，2018年末の時点において地球外生命やその直接的な兆候はまだ発見されていない．

6.1 ハビタブルゾーン

　人類が生命の存在を確認している唯一の天体は地球であり，現在の人類がもっている生物学としての知見は，地球の生物に関することに限定されている．これは，数学や物理学，化学などが，地球に限定せず宇宙に普遍的に適用可能な学問であることと対照的である．したがって，現状でわれわれが地球外生命を探索する際には，宇宙に存在するすべての生命がわれわれの知っている地球生命と同じである，という仮定のもとで，そうした生命が存在できる可能性をもつ天体を探しているのが現状である．

　ではそもそも地球における生物とは，どのように定義されるのだろうか．これには諸説あるが，現在の生物学では，(1) 外界から物質を取り入れ，細胞内で化学変化させてエネルギーを得る"代謝"を行う．(2) "自己複製能力"をもち，増殖できる．(3) 自己を外界から隔離する"細胞膜"がある，という3つの生体機能をもつものを，生物とみなしている．そして，代謝はおもにタンパク質，自己複製はDNAやRNA，細胞膜はリン脂質という高分子化合物によっておのおのが駆動される．さらに，これらの高分子化合物はそれぞれ，アミノ酸や核酸塩基，糖，脂肪酸といった有機化合物の化学反応を通して生成される．1922年にソビエト連邦の科学者 Alexander Oparin は，無機化合物から有機物が蓄積され，さまざまな化学反応を経て生命へと至る上記のような一連の進化系を，**化学進化説**（chemical evolution theory）としてまとめた．これは生命の起源に関する仮説として，現在では最も広く受け入れられている．つまり生命の起源を理解することは，これらの高分子化合物がどのように形成されて，生体機能をもつに至ったかを明らかにすることと言い換えることもできる．そして，生命起源論を宇宙への普遍的な理解へと展開させるために重要なのは，そうした進化系が成立する環境の条件である．すなわち，生命を構成する物質である"有機物"が存在し，多様な化学反応を支える溶媒となる"液体"が十分に存在し，そして化学反応を支える"自由エネルギー"が存在する環境が不可欠である．現状で行われている地球外生命の探索とは，このような3つの条件を有した環境をもつ天体を探すことともいえる．

　地球が生命に溢れる天体となったのは，上の3条件を備えている（いた）からである．地球の原始大気中で生成された，あるいは小惑星や彗星が持ち込んだ有機物を材料とし，表面に安定的に存在した海や湖といった液体水圏を舞台に太陽光や地熱をエネルギーとした多様な化学反応が進んだ結果，ついには生命が発生し多様な進化を遂げた．

第 6 章　惑星系の生命存在環境

6.1.2　ハビタブルゾーンとは

こうした考え方に立脚し，ある惑星系において惑星表面に液体の水を長期間にわたって保持できる中心星からの距離の範囲を，生命存在を支えうる領域という意味で**ハビタブルゾーン**（habitable zone，**生命存在可能領域**）とよぶ．

これは，（地球のような）大気を保有する天体があるとき，液体の水が表面で安定となるような，中心星からの距離を示す領域である．図 6.1 のように，ハビタブルゾーンは現在の地球を含む狭い領域で描かれる．図の縦軸は中心星の明るさになっている．中心星の質量で描くことも多いが，恒星の明るさは質量だけではなく年代にも依存するので，明るさ（恒星の光度）で描くほうが一般的である．近年，太陽系の外に次々と惑星系が発見されており，液体の海を擁する"第 2 の地球"の発見も期待されている．

1.1 節および 1.4 節で太陽系の平衡温度の議論をした，式 (1.5) で論じたように，中心星からの放射エネルギーで決まる温度は，中心星からの距離 a の $-1/2$ 乗，中心星の明るさの $1/4$ 乗に比例する．実際には中心星から受ける光のうち，α の割合で反射される．これを（天体全体で平均した場合の）**アルベド**とよぶ．太陽系ではエネルギーのピークに対応する可視光域の反射率と考えてよい．岩石天体では α は低く，炭素質天体では 0.1 以下になる．一方で，氷天体では 0.8

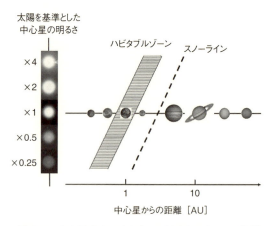

図 6.1　中心星光度に応じたハビタブルゾーンの位置

縦軸，横軸とも対数で描かれているため，ハビタブルゾーンの境界は傾き $1/2$ の直線になる．また，スノーラインも同様に描いてある．

6.1 ハビタブルゾーン

を超えるものもある.

結果として, 式 (1.5) は

$$\pi R^2 (1-\alpha)(1+N)\frac{L}{4\pi a^2} = 4\pi R^2 \sigma_{\mathrm{SB}} T^4 \tag{6.1}$$

天体表面温度 (T_{S}) は

$$T_{\mathrm{S}} = [(1-\alpha)(1+N)]^{1/4} T_{\mathrm{E}} = \left[(1-\alpha)(1+N)\frac{L}{16\pi a^2 \sigma_{\mathrm{SB}}}\right]^{1/4} \tag{6.2}$$

と書ける. ここで, 大気による温室効果 (大気や雲は地表からの赤外線をよく吸収する) による地表温度の上昇は, 地表から宇宙空間へ光子が出ていくまでに大気分子と衝突する回数を N とすると, $(1+N)^{1/4}$ となる. これは, 射出率が 1 となる大気層を N 枚重ねたとも考えてもよい. 地球軌道 ($1\,\mathrm{AU} = 1.5 \times 10^8\,\mathrm{km}$) では, $\alpha = 0$ で $N = 0$ では 280 K であるが, 実際の値 $\alpha = 0.3$ を入れると, 255 K (-18°C) になる. これを有効放射温度 T_{E} といい, 地球では水が凍結する温度である. ところが大気の温室効果があるため, 平均的な表面温度は上昇する.

この式から, 水が存在する温度を天体表面温度として与えて, 逆に星からの距離 a_{S} を求めれば, ハビタブルゾーンの場所を得ることができる.

$$a_{\mathrm{S}} = \left[\frac{L}{16\pi \sigma_{\mathrm{SB}}}\right]^{1/2} \frac{1}{T_{\mathrm{E}}^2} = \left[(1-\alpha)(1+N)\frac{L}{16\pi \sigma_{\mathrm{SB}}}\right]^{1/2} \frac{1}{T_{\mathrm{S}}^2} \tag{6.3}$$

この式には, ハビタブルゾーンを決めるさまざまな要素, 天体のアルベド α, 大気の温室効果 N, 星の明るさ L が含まれている.

ハビタブルゾーンは星の明るさに大きく依存する. 星の質量が小さく光度が 1/4 であると, ハビタブルゾーンの位置は 1/2 となり, 主星に近くなる. 星の光度は, 主系列星では質量の 3 乗から 5 乗に比例するといわれる. そのため, 太陽質量が 1/10 程度の星では中心星は暗いため, ハビタブルゾーンは水星より内側の 0.1 AU 前後になる.

現在の金星は, 硫酸 (H_2SO_4) の雲の高いアルベドのため有効放射温度は低いが, 実際の表面温度は高く, ハビタブル惑星とはいえない. 大気の温室効果については, 1.4 節, 5.4 節を参照されたい. 天体の温度を考えるときには, 大気による水平・鉛直方向の熱輸送も重要である. 通常の天体では, 赤道のほうが高緯度よりも多くの太陽放射を受けるため, 低緯度から高緯度への熱輸送がある. また, 系外惑星では主星と惑星の距離が近く, 潮汐力のため自転と公転

が1:1の共鳴にあり，太陽直下点が変わらない天体がある．それでも，経度方向に大気が運動して熱が輸送され，天体の極度な温度上昇は抑えられるようである．また，海洋の存在も，熱容量が大きく海流による熱輸送もあるため，表面温度を安定させるのに貢献する．

さて，ハビタブルゾーンの内側，外側の境界はどのように決まっているのだろうか．金星と火星はそれぞれハビタブルゾーンの内側境界と外側境界付近に位置すると考えうる（図6.1）．すなわち，条件が許せば，金星と火星は流体の水をたたえた海を保持できた可能性がある．実際，火星では35億年前まで全球平均で深さ300m程度の水を表面に擁していたことが定説となっている．この両惑星の気候がどのような変遷を遂げて現在に至ったのか．これは，われわれの地球の大気環境の安定性にとって重大な問題を提起しうるとともに，宇宙における"ハビタブル"な惑星の存在条件の理解に直結する．

最初にハビタブルゾーンの概念を提案したKastingら（1993）によると，太陽からの距離が0.95AUより内側では温度が高くなり，水が蒸発して成層圏の温度が上がり，水蒸気量が増加する．そこで，$H_2O \rightarrow OH + H$ の分解反応が太陽紫外線を通じて進み，水素は宇宙空間に散逸する（大気の散逸については5.5節を参照）．さらに，0.84AUより内側になると，大気中へ蒸発した水の温室効果のため，暴走的に温度が上がり，地表温度は高くなって水は完全に干上がってしまう．そしてやはり水は上空で分解，散逸したのが現在の金星の姿といえる．

Kastingら（1993）は，二酸化炭素大気が地表に凍結することをハビタブルゾーンの外縁とした．太陽からの距離として1.37AUという値を得ている．二酸化炭素大気が一度全球凍結するとアルベドが上がるため，有効放射温度が下がる．たとえ二酸化炭素が火山活動によって内部から供給されても大気の主成分としてすぐに凍りついてしまう．地球の海が全球凍結する場合は，長期間の火山活動による温室効果ガスである二酸化炭素の供給によって地球は温暖な状態を取り戻せる可能性があるが，太陽からの距離の大きい火星では難しい．惑星進化とともにハビタブル環境がどのように変化するかについては，阿部（2015）が詳しい．

6.1.3　継続ハビタブルゾーンと系外ハビタブルゾーン

現在の太陽系では，地球のみがハビタブルゾーンに入っていると考えられる．

6.1 ハビタブルゾーン

さて,過去,そして将来の太陽系ではどうであろうか.恒星進化論から,よほど例外的な天体でないかぎり,太陽の明るさは徐々に強くなってきたと考えられる.45億年前には太陽光度は今の70%程度しかなかったと考えられる.火星の過去には,6.2節で示すように温暖な気候があり,水も存在していたと考えられるが,よほど温室効果がしっかりと効かないと実際には難しい.おそらく,地球はギリギリでハビタブル条件を満たしていたかもしれない.この場合,ハビタブルゾーンは,以前は現在よりも内側にあったはずである.外側境界は1.15 AUで,内側境界は0.95 AUよりさらに小さくなる.太陽系進化の期間,継続してハビタブル条件を満たしうる領域を,**継続ハビタブルゾーン**(sustainable habitable zone)とよび,太陽系では地球のみが満たしていたと考えられる.しかし,これから太陽光度がさらに強くなっていくと,地球はハビタブルゾーンから外れ,継続ハビタブルゾーンはなくなってしまうであろう.

太陽以外の恒星周囲に想定されるハビタブルゾーンを**系外ハビタブルゾーン**(extrasolar habitable zone)とよぶ.ケプラー宇宙望遠鏡などの活躍により,太陽系外惑星の発見数は増え,地球質量程度の大きさの天体も続々と発見されている.そのなかでもグリーゼ(Gliese)581という天体は,質量は太陽の3/10で明るさが1/80のM型星(3.2.3項参照)で,周囲に複数個の惑星が存在すると考えられている.ハビタブルゾーンの位置は主星の明るさの平方根に比例するため,この天体では,ハビタブルゾーンは0.13 AU程度の距離である.ちょうどそこにグリーゼ581gという地球質量の2倍程度の惑星が発見されたという報告があり,注目されたが,それを疑問視する観測もある.やはり,M型星のKepler(ケプラー)438を周回する,半径が地球半径の1.12倍という地球に近いサイズの惑星Kepler 438bが,2015年に公表され注目されている.この天体は,周期約35日でハビタブルゾーンにある岩石天体と考えられている.ただ一方で,活動的なM型星は紫外線放射が相対的に強く,フレア頻度が高い期間が星形成から約10億年間継続するため,可視光で定義されるハビタブルゾーンに位置する惑星は,長期にわたって強烈な大気散逸を経験する.地球型惑星がハビタブルゾーンに存在しても大気が失われている可能性がある.計画中の地上大型望遠鏡・宇宙望遠鏡による系外惑星の発見や探査と並行して,地球を含む太陽系惑星の大気環境とその進化の研究は,まさに両輪となって進むべき時代を迎えつつある.

6.1.4 地下ハビタブルゾーン

　宇宙空間で，主星からの距離が遠くなると，H_2O 氷が安定に存在できるようになる．圧力にも依存するが，150〜160 K 程度で，式 (1.5) と (6.2) から見積もるとおよそ 3.5 AU となり，現在の小惑星帯の外側に対応する（図 6.1）．（太陽の明るさを 0.7 倍とすると 3.0 AU 程度になるが，大きくは変化しない．）この境界（スノーライン）より外側では，H_2O が固体成分として凝縮するため，惑星材料物質が増え，木星型惑星の固体核が大きくなったと考えられている．

　もう 1 つ重要な事実は，スノーラインの外側では氷が主成分であるため，ある程度の大きさの天体では，地下に液体の水が存在する可能性が高くなることである．6.3 節で紹介するように，現在では，エウロパ，ガニメデ，エンセラダスといった代表的な天体だけではなく，10 以上の氷天体で地下海の存在が考えられている．ハビタブルゾーンの定義に地下も含める（**地下ハビタブルゾーン**，subsurface habitable zone）と，太陽系空間でのハビタブルゾーンの領域は大きく広がることになる．

　また，6.2 節で紹介する現在の火星では，季節変化する急斜面の縞模様地形が観察されており，塩分濃度の高い地下水の流出があることはほぼ間違いない．また，小惑星のなかで明らかに氷を保有する天体（テミス，セレス）や，彗星活動をする天体が発見されてきた．場合によっては，われわれはハビタブルゾーンの再定義，地球から外側はすべて継続ハビタブルゾーンであるという再定義を行うべきかもしれない．

6.2　生命存在環境としての火星

6.2.1　はじめに

　生命が繁栄している地球と比べると，火星の環境ははるかに過酷である．平均気温が 220 K（−50℃）以下と低く，極度に乾燥した大気はほぼ二酸化炭素で占められている．その圧力は表面でも約 1/150 気圧程度に留まりオゾン層は存在しないため，太陽からきた紫外線はほとんど吸収されずに地球の約 1,000 倍の強度で表面に降り注ぐ．しかし不毛の極寒の砂漠のようなこの火星こそ，人類が最も熱心に探査を行った地球外惑星にほかならない．なぜこれほど人類の興味を集めてきたのか．ここにはやはり生命というキーワードが関係している．

6.2 生命存在環境としての火星

ことの発端は 19 世紀にさかのぼる．ミラノ天文台の Giovanni Schiaparelli が当時最先端の望遠鏡を使って火星を観察したところ，表面に直線状の構造が見られる，と報告したのである．これが米国の Lowell によって「知的生命体による人工的な運河である」と解釈されたこともあり，大きな話題となった．同じころ，H. G. Wells が小説に火星生命を登場させたこともあって，火星には知的生命体が存在するという仮説が広まった．この仮説はラジオドラマや映画などでも繰り返し紹介されて，しかもこれが大きな反響をよび，火星といえば火星人という描像が広く一般市民に浸透していった．このような社会的な環境が，その後の数十年間にわたる火星探査を後押しした側面があることは，国家による大型プロジェクトの社会的合意形成という意味からも興味深い．

1965 年に Mariner 4 号が火星近傍で表面の撮像に成功したとき，こうした説に登場する運河が実際には存在していないことが誰の目にも明らかになった（ちなみにどういうわけか，運河どころか観察されたはずの直線状の構造すら見つからなかった）．それでも撮影された火星の地形は地球と酷似しており，地球と類似した表層環境の存在を想像させた．そのためさらに，火星における生命誕生の可能性に関する議論は深まっていった．

6.2.2 火星探査の歴史

火星の表面にはじめて着陸することに成功したのは，ソ連の Mars（マルス）3 号（1971 年着陸）である．この探査機についてあまり一般に知られていないのは，火星着陸後すぐに通信が途絶してしまい，不鮮明な画像のほんの一部を送るにとどまったからである．

人類が鮮明な火星表面の写真を初めて手に入れることに成功したのは，米国の Viking 探査機による（この探査機は 1975 年に 1，2 号機が相次いで打ち上げられたのだが，それぞれ母船と着陸機が組み合わされていたので，現在の数え方をすれば 4 機の火星探査機がほぼ同時期に打ち上げられたことになる）．Viking 1 号着陸機は，1976 年 7 月にクリュセ平原（Chryse Planitia, 洪水が北部平原へと流れ込む場と考えられている）に，2 号着陸機は 1976 年 9 月にユートピア平原（Utopia Planitia）に着陸している．

Viking 探査機による科学探査の目的の 1 つは，生命探査であった．もちろん SF に登場するようなタコのような火星人は存在しないであろうが，微生物であれば可能性はある．そう考えて有機物の検出実験や代謝実験，光合成の実験が

第 6 章　惑星系の生命存在環境

図 6.2　ビクトリア（Victoria）クレーターとその底に見られる砂丘（図の下側）（PIA09692 を改編．NASA/JPL/Arizona 大学提供）
矢印で示す明るい線は，火星ローバー Opportunity（口絵 18b）がこのクレーターを調査した際についたわだち．Mars Reconnassance Orbiter に搭載の HiRISE カメラによって撮影された．

行われた．その結果はほぼすべて陰性であったが，わずかに陽性と見えなくもない結果も得られたため混乱が生まれた．Viking 探査を総括した当時の論文で「Viking による生命探査は否定的な結果であった」と結論づけられていながらも，本当に生命が不検出であったとはいいきれない，という意見も根強く，その結果に関する議論はいまも続いている．

現在の火星表面において「ほぼ否定的」との結果があったとはいえ，過去の火星がどうであったかは別の議論となる．この理解を深めるには，過去も含めた火星の全体像を把握する必要があり，そのためには周回探査機による網羅的な観測が不可欠である．

1970 年代の Viking 周回機によって火星の全体像は大雑把ながら明らかにされたが，その後もいくつもの火星探査機が火星周回軌道上に次々と投入されており，1990 年代後半から現在まで，火星は絶え間なく観測が続けられている．技術の進歩に伴って火星に送り込まれる周回機の性能は大幅に向上し，次々と情報が更新されていった．たとえば Mars Reconnaissance Orbiter（MRO，2005 年打上げ）に搭載されている高解像度可視近赤外カラーバンドカメラ（HiRISE）は，最高で 25 cm/ピクセルの高い解像度で火星の地表を撮影している（図 6.2）．これは Viking 探査機の画像（解像度数百 m/ピクセル）をはるかに凌駕する圧倒的な解像度であり，地球の航空写真と同等以上といえる．さらに可視〜近赤

外分光計や熱放射スペクトルメータを利用して，太陽光や熱が地表面から反射/放射されるときの光の波長スペクトルを調べることで，表面の鉱物組成や物理的状態に関する情報が得られている．またγ線分光器は，宇宙から照射された放射線によって火星地下で生まれる電磁波を捉えることで，地下の化学組成を調査でき，レーダーサウンダーとよばれるある種のレーダーを用いることで，火星軌道上から地下構造をある程度推定することができるようになった．

地表を長距離移動しながら，表面にある岩石を採取し化学組成を分析することができる探査車（ローバー）（口絵17）も登場した．火星上で10年以上にわたって探査し続けているローバーもあり，リモートセンシングでは得られないその場（in situ）観測による情報を時々刻々と獲得している．現時点（2018年5月）において，火星では2台の探査車が地表面で探査を続けており，6機の周回機が軌道上からリモートセンシング探査を続けている．そしてその成果はいまこの瞬間も次々と地球へと伝送されており，火星に関する人類の知識は爆発的な勢いで増大している．

6.2.3　確かめられた水の存在

このように，これまでに多くの探査機が火星に送り込まれて，次々と新しい発見を繰り返してきた．とくに最近15年間に送り込まれた9機の火星探査機は，これまでの火星像を大きく覆す重要な発見をもたらしている．なかでも「火星にかつて大量の液体の水が存在していたのは確実である」と認識されるに至ったことは，注目すべき点である．

火星に無数に存在する峡谷（バレーネットワーク）や大規模な洪水地形（アウトフローチャネル）のような地形的特徴は液体の水がかつて存在していた証拠であると，Viking探査機の時代から考えられてきた．しかし現在の火星大気の状況（圧力約7 mbar，平均気温220 K（−50℃）以下）において，液体の水は安定して存在できない．そのため氷の存在が地下に確認されているといっても，温度が上昇しても液体相を経ずに蒸気へと昇華してしまうだけであり，地表面における大量の液体の水の存在を主張するのは物理法則に矛盾しているようにみえる．このためバレーネットワークやアウトフローチャネルといった流水地形と考えられてきたものは，実はすべて氷の長時間に及ぶ流動の結果として形成されたのではないか，という主張もなされた．このような液体の水の存在に関する論争は，Viking以降ごく近年まで続けられた．

図 6.3　ブルーベリーとよばれる mm サイズの酸化鉄球状塊（NASA 提供）

　こうした状況を最初に打開したのが，岩石学・鉱物学的な情報である．とくにローバーによる直接的なその場探査や高解像度の分光器による計測を通じて，さまざまな種類の酸化物や硫酸塩水和物，層状ケイ酸塩，シリカの濃集などが見つかったことは決定的であった（図 6.3）（Bibring *et al.*, 2006; Squyres *et al.*, 2008）．こうした情報は地形的特徴とあわせて解釈されることで，ただ単に水が存在していただけでなく，河川が谷を侵食し，その下流に湖や海が形成されていたこともわかってきた．これは堆積岩や堆積構造，谷地形，扇状地，土石流堆積物などの存在とも調和的である（Malin and Edgett, 2003; Ehlmann *et al.*, 2008）（図 6.4）．さらにデルタ（三角州）の分布が北部平原の海岸線のような地形に沿い，さらにこれらの存在が一定の等ポテンシャル面高度に集中して見られること（Di Achille and Hynek, 2010）などは，かつて海が形成されていたことを強く示唆する重要な証拠と考えられている．

　それでは，多くの地形が本当に液体の水で形成されたとしたら，なぜ火星環境において液体の水が地表面に存在しえたのだろうか．1つの考え方は，かつての火星環境が（とくに大気圧が）現在と大きく異なっていたとするものである．たとえば活発な火山活動から放出された火山ガスにより，かつての火星には現在の数百倍以上も高い濃度の二酸化炭素や温室効果ガスが存在しており，その影響で温暖で湿潤な気候が存在していたのかもしれない．実際火星にある火山は，地球よりもはるかに規模が大きなものが多く，とくにタルシス高地とエリ

6.2 生命存在環境としての火星

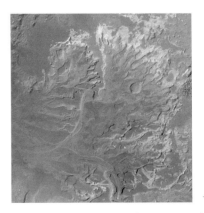

図 6.4 エーベルスバルデ（Eberswalde）クレーター内に見られる三角州（NASA 提供）
図の横幅は 20 km．

ジウム（Elysium）地域には大きく発達した火山地形を見ることができる（口絵14）．

しかしながら，過去の温暖で湿潤な気候仮説を裏づけられるほどの二酸化炭素が放出されたとしたら，大量の炭酸塩岩が地表にみつかってもよさそうだが，いまのところ発見された量はそれほど多くない．そのため火星大気は常に低温であり，大気圧は低かったとする考え方もある．その場合は，そのような環境下にあっても液体状態を保てる塩水が主要な水であって，かつ大半は地下水として存在していたのかもしれない．

6.2.4 過去における固有磁場の存在

このように，過去における大気の状態を知ることは，火星の表層環境史を知るうえできわめて重要である．その進化に関する重要な要素は，固有磁場の存在である．地球は磁場があることで大気が太陽風によって剝ぎ取られる効果が弱まり，厚い大気が維持されている．しかし火星には固有磁場がないため太陽風の影響を大きく受けることが知られており，これは近年の周回機 MAVEN によっても確かめられている．

ところが Mars Global Surveyor（MGS）は，南部高地の古い地質年代を示す地域に磁気異常を見つけた．これはかつて火星が強い固有磁場を保持しており，

その影響が地表付近に残留磁場として残ったものと解釈されている．もしこれが正しければ，海や湖が存在していたノアキス代やヘスペリア代の一時期は，その強い固有磁場によって厚い大気が比較的保持されやすかったのかもしれない．上で議論したような豊富な液体の水の存在や，温暖湿潤気候の存在の可能性もあわせて考えると，ノアキス代やヘスペリア代当時の火星の表層環境は，地球で生命が繁栄しはじめた頃と類似していたのではないか，という指摘もある．地質年代については巻末の共通図を参照されたい．

なお火星の固有磁場はかなり早い段階でなくなったようである．そして火成活動の活動度も，火星の歴史のかなり早い段階で大きく減退した．それにつれて火山ガスの放出もほとんどなくなり，大気は次第に失われていったようである．その結果，水は地表面にはまったく存在できなくなり，遅くとも十億年以上前には乾燥し凍結した現在の火星環境へと変化していった．その結果，太陽からの紫外線は直接地表面に届くようになり，地表は生命にとってきわめて過酷な環境へと変化していった．

6.2.5 内因的な活動度

かつての火星は火山活動もきわめて活発であり，液体の水もあり，固有磁場もあったと思われる．そう考えると，ある一時期において，火星は地球とも類似した環境にあったのかもしれない．仮にこうした時期，すなわちノアキス代やヘスペリア代の初期に，ごく単純な生命体が火星上で誕生していたとしたらどうだろうか．実際，火星からきた隕石の中に，微生物による活動の痕跡らしきものが見つかった（図6.5）とする報告もあった（McKay *et al.*, 1996）．もし誕生していたとしても，その後の表層環境の劣悪化を考えると，その生息範囲は地中に向かわざるをえなかったと考えられる．こうした生物が地下で完全に凍結せずに長期間生き延びることは困難であろうが，なんらかの内因的な熱源があるとすると話は別である．では火星の熱的な活動はどのようなものであったのだろうか．

火星の熱的な活動度は，巨視的には時間とともに低下している．とくに約35億年前には活動度は大幅に低下し，10億年前頃にはほぼ止まったと考えられている．しかしだからといって，内因的な活動度が全球において完全に停止していたことを意味するわけではない．おもに衝突クレーターによる年代推定と地形学的な証拠から，火山活動はごく近年（少なくとも数百万年前くらい）まで

6.2 生命存在環境としての火星

図 6.5 ALH84001 とよばれる火星から飛来した隕石に見つかった鎖状構造（写真中央）（McKay *et al.*, 1996）
像の横幅は 600 nm. 高分解能表面走査型電子顕微鏡（SEM）像. これが生命と関係があるとする説も提案されている.

は少なくとも一部の地域で継続していたことが明らかにされているからである（Neukum *et al.*, 2004）．つまり火山活動は，ごく小規模なものであったら現在でも継続している可能性がある．同様に，若いクレーター年代を示す洪水地形も局所的には存在する（Hauber *et al.*, 2011）．さらに，確実に年代が若いとわかっている砂丘を変形させる断層のような地形も見つかっており，内部熱源によるテクトニクスの証拠とする見方もある．

　このような，現在も地表面において内因的な原因となっている地質現象が生じているとする観察事実は，火星マントルの温度が地球とさほど変わらないほど高いとする報告や，火星の潮汐散逸度がきわめて大きいとする知見，さらに 13〜1 億年前という火星としてはきわめて新しい形成年代をもつ火星隕石の発見などとも調和的である．そう考えると，火星は地殻が早い時期に厚くなったために内部の温度は保たれていながらも，内因的な活動度が地表面では見えにくくなり，見かけ上の活動度が下がっていただけなのかもしれない．換言すれば，こうした内因的な活動によって生じる地表面の擾乱が過去と比べると格段に少ないだけで，火星は熱的には従来想定されていたよりも比較的高い温度を継続して維持しているのかもしれない．

　火星内部の温度が比較的高いまま維持されることは，プレートテクトニクスの明瞭な証拠が（少なくとも最近 35 億年程度は）ないことから，分厚い地殻中の熱伝導のみで冷却されてきたとする仮説に矛盾しない．今の火星は地表付近が完全に凍りついており，地下深くまで氷が存在していることから，この一部

を溶融するのに十分な熱流量はそれほど大きくない．

このように考えると，40億年前から現在まで，生命活動が継続できる帯水層とよべる環境は常に火星の地下のどこかで，少なくとも断続的に存在していた可能性がある（Lasue et al., 2013）．火星全体の氷雪圏での物質循環を考えても，地下数 km 以深であれば，液体の帯水層が現在まで継続的に保たれたとする見方もある．

6.2.6　生命の生存域と火星環境

帯水層が継続的に，または断続的に存在していた場合，その内部であれば生命活動が存続していたかもしれない．ここでいう生命活動とは，環境が劣悪化した場合は活動をいったん停止できる（ハイバネーション，hybernation）ような微生物を想定しているが，地球のこうした生物の生存範囲を考えれば，火星における生命の存在域についての理解が深まるだろうか．こうした議論には，当然批判が付きまとう．たとえば地球生命にとって液体の水が不可欠であるが，これは水が極性をもちタンパク質や細胞の機能に不可欠なイオンの溶媒となるとともに，大きな比熱をもち細胞の保護作用があること，タンパク質や核酸が水中の分子間相互作用に依存していることが主要因とされる．もちろんタンパク質や核酸以外で構成された生命体が存在する可能性も否定できないし，水以外の液体，たとえば液体アンモニア（NH_3）やホルムアミド（CH_3NO）などは，有機化合物や塩類の溶融が可能であり，かつ水素結合も形成しうることから，水と類似した好条件を作り出せるかもしれない．

地球外生命の存在を考えるために，まずは地球近傍で地球型の生命を検討の出発点とするのが1つの合理的な考え方であろう．ただし火星の活動度は35億年ほど前にすでに大幅に低下しているはずであり，地球のような生物進化を促すような活発な化学反応は想定しにくい．そこで地球にみられるなかでも最も単純で最も古くから存在したであろう微生物が，火星のどの場所であれば生き延びられるか，という視点が重要となりそうである．

地球にみられる独立栄養生物，とくに化学合成独立細菌（無機化合物を炭素源およびエネルギー源とする細菌）には，地球上の極限ともいえる環境においても適応して生存しているものがある．たとえばその細菌では極低温（−30℃以下）であっても代謝活動が生じているとする報告があり，−20℃程度以上の温度があれば細胞分裂が生じると考えられている．そのため火星の温度条件は，生命に

6.2 生命存在環境としての火星

とってことさら厳しい条件というわけではなさそうである．火星における紫外線量はきわめて強いが，波長 400 nm 以下（定義では 190〜400 nm）というこの領域は透過率が低いため，ほんの 1 mm 程度のダスト層が表面を覆うだけで効率よく遮蔽されるし，宇宙放射線の照射量は Curiosity 着陸地点で 0.2 mGy/day (Hassler et al., 2014) とむしろかなり低い（グレイ Gy は，吸収線量の単位で，放射線および物質の種類に関係なく，照射物質の単位質量あたり放射線から与えられるエネルギー量．1 Gy は 1 kg あたり 1 J（ジュール）を与えることを表す．0.2 mGy/day は，70 mGy/yr で，地球の慢性被ばくの閾値よりも低い）．そのため火星の放射線環境も生命の生存を許さないほど厳しいというわけでもないであろう．

一方で微生物であっても，生息するには自由水が不可欠となる．この自由水の存在度を水分活性（水蒸気圧と純水の蒸気圧の比）で表すと，必要な水の量について見積もりができる．地球上の微生物の場合，水分活性が 0.6 を切ると代謝が行われないことが知られているため，これが火星における生命の生存域を議論するうえで重要な指標となりそうである．

水分活性とともに重要な要素はエネルギーである．化学合成独立細菌は無機化合物から電子を引き出し代謝に利用することができるが，これが機能するかどうかは，利用可能な自由エネルギー変化（ΔG）の存在に依存する．つまり，なんらかのかたちで自由エネルギー変化が与えられている場こそが，生命生存の好適地と考えられる．地球では水素や硫化水素（H_2S），2 価鉄（Fe(II)），メタン（CH_4）などさまざまな物質を還元剤として，土壌内や帯水層の周囲などでこの環境は達成されているが，類似した環境は火星にも存在している．

火星の地下に帯水層が存在していたとしたら，これは上述のような高い水分活性（0.6 以上）をもち，かつ自由エネルギー変化の獲得が可能な場であると考えられる．従来はそのような環境がありうるとすると，それは地下数 km 以深であるとされてきたため，近い将来そこに探査機を送り込むことはほぼ不可能と考えられてきた．しかし火山活動や泥火山など揮発成分の放出イベントは現在まで断続的に続いている可能性はあるし，地殻活動や衝突クレーターの形成などによって，帯水層の物質が地表に放出される機会は存在する．そのため帯水層で生き延びた微生物が存在するのであれば，こうした表面へ通じる経路を経て火星上に出現し，表面の大気やダストの移動とともに，火星表面で広範囲に移動している可能性がある．さらに現在も液体の水が流れているとする説す

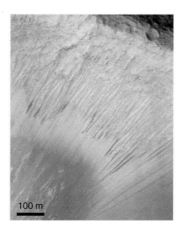

図 6.6　RSL とよばれる筋状の構造（NASA 提供）
現在においても流水で形成されているとする説がある．

らある（Miyamoto *et al.*, 2004）．リカリングスロープリニア（recurring slope lineae：RSL）とよばれる地形（図 6.6）は春になると黒い筋ができ，秋になるとこれが消えるという不思議な地形である（McEwen *et al.*, 2011）．これが地下の帯水層から流れ出た水であるとする研究者もいる．このように考えると，生息に適した地で休眠（ハイバネーション）を繰り返しながら長期間生き延びた微生物が存在するかもしれない．

　なお，上述したような帯水層が存在し，その中に生命体が長期間存在していた可能性があったとして，それらが現在も生き延びていると考える研究者は少ない．ただし少数ではあるが，今も生き延びている可能性があるとする研究者もいる．火星のゲール（Gale）クレーターにおいて調査中のローバー Curiosity（口絵 17）が，メタン濃度が断続的に上昇する現象を発見した（Webster *et al.*, 2015）が，火星のメタンは紫外線によって短い時間スケールで分解されるため，地下のメタンハイドレートからの放出などの無機的な現象でも説明できなくはないが，困難もある．そこでメタンの生成に，地球と同様にメタン生成菌が関与しているかもしれない，という提案がある（Webster *et al.*, 2015）．

6.2.7　将来の生命探査の視点

　火星は地球よりも太陽から遠く，大きさも小さい．そのため今から十億年以

上も前にほぼ活動を止め，凍結乾燥状態に落ち着いたと考えられている．火星の高地とよばれる南半分は，地表面の平均的な更新年代が30億年以上前とたいへん古いことや（Hartmann and Neukum, 2001），一部の火星隕石もかなり古い形成年代をもつことなど，さまざまな証拠がこれを裏づけている．

しかし生命の生存（の有無）という問題を考えるには，この視点のみでは不十分である．というのは，規模としては全球的には取るに足らないようなものであっても，火山活動や地下帯水層が少しでも継続していたら，生命体にとってはきわめて重要な意義をもつ可能性があるからである．現在においても内因的な活動度が存在するのか，季節変動する氷層の周囲にたとえば薄膜水が残っているのか，低熱流量でも継続的に存在しうる捕獲水が豊富に残る場所はどこなのか，などといった局所的で特異な場の存在も含めた理解が必須となるが，このためには高い解像度で火星の環境進化を理解する必要がある．

そのため表面を観察する解像度を向上しさえすればよいのかというと，そうではない．たとえば火星には現在も毎日240tの炭素が隕石として降り注ぐとする見積もりがあるにもかかわらず，着陸探査による有機物の検出はきわめて限られている．これは現在の火星表面が強い酸化環境にあるため，有機物がもたらされたとしても比較的短時間で分解されてしまうからであり，逆にいえばそのような影響を受ける表面のみを見ていると，実は全体像を把握しかねるかもしれないということである．火星表面は比較的均質なレゴリスに覆われており，その下の様子は必ずしもよく理解されていないことにも注意が必要である．今後の火星探査はこうした視点から，浅部地下も含めた観測を戦略的に進める必要があるであろう．

6.3 生命存在環境としての氷天体地下海

6.3.1 氷天体地下海

太陽（中心星）から受けるエネルギーによって天体表層に安定的に液体水が存在し，生命を育みうる天体が存在する惑星系内の領域のことを，生命存在可能領域（ハビタブルゾーン）とよぶ（6.1節参照）．一方で，近年の太陽系内のさまざまな天体への探査を通して，地球型惑星を対象とした従来のハビタブルゾーンとは異なる，別の形態のハビタブルゾーンが存在する可能性が出てきた．

それが氷天体における**地下海**（subsurface ocean）である．**氷天体**（icy body）とは，表面を固体の氷に覆われた天体の総称であり，具体的には木星以遠の巨大惑星をまわる衛星のほぼすべてや，準惑星の冥王星やその周辺の外縁天体，そして彗星などが含まれる．これら氷天体のうち，準惑星や衛星などの，ある程度の大きさをもった氷天体の一部においては，天体表層を覆う氷が内部で大きく融解し，地下海となって存在していることを示唆する観測結果が，近年の惑星探査を通して明らかになった．

以下では，生命発生に必要な3条件である"液体圏""有機物""エネルギー"が，氷天体においてどのように存在するのかについて，観測や探査と理論的なアプローチを概説し，現状での理解をまとめる．

6.3.2 液体圏の存在：氷天体の内部探査

氷とは，一般的には固体の H_2O をさすが，H_2O 以外のさまざまな揮発性物質，たとえば CO_2 や CH_4 の固体状態も含めた総称として氷とよぶ場合もあり，実際にも天体によってさまざまな揮発性物質の氷が存在する．しかし宇宙における存在度では固体 H_2O の氷が圧倒的に多いため，本節ではとくに断りがないかぎりは氷という言葉を固体 H_2O の意味で用いる．氷天体をまさに特徴づけている氷は，地球や月などを形づくる岩石とは大きく異なる性質をもっており，その性質が氷天体の活動性や進化を本質的に支配している．氷は，H_2O 分子が水素結合によって結び付きながら周期的に並んだ四面体構造をもつ結晶であり，その水素結合がさまざまな特異な性質を作り出している．その性質の1つが，さまざまな多形をもつ点である（図6.7）．氷の結晶は，温度と圧力に従って構造がさまざまに変化し，現在までに17種類もの多形が報告されている．われわれが普段手にする常温常圧下での氷は氷 Ih 相とよばれ，液体の水よりも密度が小さい（氷が水に浮く）という特殊な性質をもつ．これは，水素結合に方向性があるために最密構造を取ることができず，隙間の多い低密度の結晶となるからである．このことは，氷 Ih 相の融点が圧力とともに低下する特徴を生み出す．岩石は圧力の増加とともに融点が上昇する，つまり深い領域にある岩石ほど融点が高いが，氷 Ih 相は深いところにあるものほど低い温度でも融解することを意味する．その融点は約 200 MPa で最も低くなり，約 251 K まで低下する．より圧力の高い領域では，氷Ⅲ，Ⅴ，Ⅵと変化し，融点は上昇を続ける．

氷天体のほぼすべては大気をもたないかきわめて希薄であり，表面は寒冷で

6.3 生命存在環境としての氷天体地下海

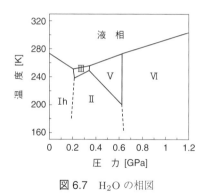

図 6.7　H_2O の相図

横軸は圧力，縦軸は融点温度になっており，図の上部が液相，下部の英数字は氷の多形を表す．多形については本文参照．

ある．大気をもたない固体天体の表面温度は，一般には太陽からの距離と表面の反射率に依存し，木星衛星エウロパの全球平均温度は約 100 K，冥王星では 44 K という極寒の世界である．そのような低温低圧下では，H_2O はもちろん，ほぼすべての物質が液体では存在できない．近年の探査で示唆された海とは，地球のように表面に露出したものではなく，氷の地殻の下に隠されて存在する．ただしそれは，いくつかの傍証を組み合わせた結果として導き出された仮説である．氷天体，とくに氷衛星や氷準惑星に関してわれわれがいまもっている知見は，望遠鏡による観測や，探査機がその天体の近傍を通過した際の観測を通して得られたデータ，すなわち遠隔探査（リモートセンシング）によるものがほとんどである．地球の内部には，表面から内部へいくに従って地殻，マントル，核という成層構造が存在し，マントルはさらに上部と下部に分かれ，その間には遷移層とよばれる領域が存在することや，核は液体の外核と固体の内核からなることも知られている．こうした構造は，おもに地震波を解析することによって判明した．しかしながら，この手法を地球以外の天体に適用し観測に成功した例は今のところ月だけであり，外惑星系の天体の内部構造を理解する際には，リモートセンシングによるさまざまな調査結果を総合して推定してきたのが現状である．以下では，地下海の存在が予想されたアプローチの具体例に基づき，平均密度と慣性能率（**A**），電磁感応（**B**），そして内部熱構造の理論計算（**C**）の 3 点を取り上げる．

第 6 章 惑星系の生命存在環境

Ⓐ 平均密度と慣性能率

　天体の内部を知るための情報として，最もはじめに手にすることのできる情報が，天体のサイズと質量から導かれる**平均密度**（mean density）である．固体天体を構成する成分はおもに（金属を含む）岩石と水（ここでの水とは，固体か液体かを問わず H_2O をさす）であるから，天体の平均密度がわかれば，その天体を構成する物質とその比率についての目安が得られる．岩石と水の密度をそれぞれ 3,500 と 1,000 kg/m^3 と仮定すれば，たとえば木星衛星エウロパの平均密度は約 3,010 kg/m^3 であるから，水の含有率は全体の質量の数％程度だと推測できる．一方で木星衛星ガニメデの平均密度である 1,930 kg/m^3 は，全体の質量の約 4 割を水が占めることを意味している．氷天体の多くは平均密度が 2,000 kg/m^3 以下であり，多量の水を保持していることがわかる．しかしながら，平均密度からは構成成分のおおよその存在比が推定できるものの，おのおのの成分が内部で混ざり合って存在しているのか，あるいは成分ごとに分離して層構造をなしているのかについてはわからない．これを知るための指標となるのが，**慣性能率**（慣性モーメント）である（1.2.2 項参照）．ある天体の慣性能率を，その天体の質量と半径の 2 乗で規格化した値が 0.4 であるとき，その天体の内部は均質な密度構造をもち，値が 0.4 より小さくなるほど，天体の中心に強い質量の集中があることを意味する．詳細な内部構造が判明している地球の規格化慣性能率は 0.331，氷天体のなかで慣性能率が最小の木星衛星ガニメデでは 0.311 である．ガニメデの内部は，この小さな慣性能率の値と，固有磁場をもっていることとを合わせて，中心に存在する金属核を岩石質のマントルが覆い，最外部に厚さ約 1,000 km に及ぶ水の層が存在すると考えられている．このほかに慣性能率が導出されている衛星を表 1.2 に示してある．そのうち月とイオを除くものは，表層が H_2O を主体とする地殻でできている．エウロパではその H_2O が深さ約 100～200 km，ガニメデで約 1,000 km，カリストとタイタンは数百 km，エンセラダスでは数十 km まで広がっていると推定される．

Ⓑ 電磁感応

　平均密度と慣性能率によって，天体の構成成分と，それらの内部分布を推定できることはわかった．しかし，ある天体がたとえ多量の水を保持し，それが他の物質と分離した層構造をなしているとしても，その水が液体として存在するかどうかを知るためには，別の情報が必要となる．これをリモートセンシングで得るための手法が，天体の電磁感応の調査である．**電磁感応**（electromagnetic induction)とは,磁場の変動が天体内部へと浸透したときの,磁場の変動に対する天体の応答特性のことである.端的にいえば,天体周辺の磁場を磁石,天体自身をコイルと見なすとき,コイルに磁石を出し入れする際にコイルに流れる電流の大きさを測る,いわゆる電磁誘導の実験に相当する.周辺磁場の強さとその変化が既知であるとき,天体内部に流れる電流とそれに伴って発生する2次的な磁場の強さは,天体の電気伝導度に依存する.そして電気伝導度は物質の種類や温度に対して強い依存性があるため,電磁感応を調べることで,内部の構成物質と温度を推定することが可能である.木星系の氷衛星に対しては,木星の磁場の中を衛星が公転する関係において電磁感応の観測が行われた.衛星の公転面は木星の赤道面にほぼ沿っている一方,木星磁場の赤道面は衛星の公転面から約$10°$傾いている.衛星はその中を数日かけて1回公転するのに対し,木星磁場は木星の自転とともに約10時間で1回回転することから,衛星にかかる木星磁場が周期的に変化することになる.その結果,衛星エウロパやガニメデ,カリストに対しては電磁感応に伴う二次磁場が検出され,地球の海水によく似た電気伝導性をもつ地下海が存在する可能性が提示されている(Kivelson *et al.*, 2004).一方,土星系では,衛星の公転面と土星磁場の赤道面がほぼ沿っているために,衛星にかかる磁場の変化がほとんど起こらず,したがって電磁感応による衛星の内部構造調査が行えない.また,金属核起源の固有磁場をもつガニメデでは,自身の固有磁場が木星の磁場と相互作用することによってオーロラが発生し,磁場の変動に伴って揺れ動く.このオーロラの変動をハッブル宇宙望遠鏡で観測したところ,ガニメデ内部での電磁感応がオーロラの揺動を抑えていることがわかり,ガニメデ内部での地下海の存在を支持している(Saur *et al.*, 2015).

ⓒ 内部熱構造の理論計算

地下海の存在を予測するための,もう1つの重要なアプローチは,理論計算による内部温度構造の推定である.表面下に海があることは,内部で液体の水を保持しておくに十分な熱的状態が実現していることを意味する.加えて,そこに生命を居住可能とするためには,少なくとも液体状態が長期間にわたって安定に存在していなければならない.一般的に固体天体内部の熱構造は,熱源からの発熱と,それが表面へと輸送され冷却される効率とのバランスによって支配される.おもな熱源には,天体形成時に獲得した集積熱(衝突エネルギー)や,岩石中に含まれる放射性核種の壊変熱,そして潮汐変形に伴う摩擦熱(潮

汐加熱）などがある．集積熱は天体のサイズに従って大きくなるため，衛星程度の大きさでは，天体の形成直後は一時的な海が形成しても，それを長期間にわたって保持し続けることは困難である．放射性核種の壊変熱は岩石物質の量に比例して大きくなり，岩石物質の量は天体のサイズと岩石存在比に比例する．発生した熱を表面へと輸送する氷の物性にも依存するが，氷衛星がもちうる放射壊変熱だけで地下海を維持することは難しい，というのが一般的な理解である．

　熱源については，木星のような巨大惑星を回る衛星の場合，**潮汐加熱**（tidal heating）が最も有力な熱源になりうる．衛星の軌道が中心惑星に近く，離心率が大きいほど，潮汐加熱は大きくなる．また衛星に地下海があると，氷地殻と深部の岩石層とが力学的に切り離されるために潮汐力による氷地殻の変形が大きくなり，そこでの摩擦熱が増大する．現在の氷衛星の軌道状態では，エウロパでは地下海の生成と維持に有意な潮汐加熱が発生しうるが，ガニメデやカリスト，タイタンでは潮汐加熱はほとんど生じない．ただし，衛星系はその形成以来，複雑な軌道進化を経た可能性がある．過去の衛星は現在よりも中心惑星に近く，離心率の大きい軌道にあり，地下海を維持するのに十分な潮汐加熱が生じたとする仮説もある．その場合は，現在の軌道では潮汐加熱が生じない衛星でも，過去の強い加熱の余熱として地下海が残されている可能性はある．

　地下海の存在や安定性に大きく寄与するもう1つの要因に，海に不純物が溶存することに伴う融点降下が挙げられる．エウロパ表面に見られる亀裂の周囲などでは硫酸マグネシウム（$MgSO_4$）などの塩類が見つかっており，それらは地下海から表出した残渣だと解釈されている．硫酸マグネシウムが溶け込んだ水は，融点が最大で約 20 K（Vance et al., 2014），アンモニアが溶け込んだ場合は約 80 K も低下する（Choukroun et al., 2010）．地下海の融点が下がれば，少しの熱源量でも液体のまま維持され固化を免れることができるため，こうした物質が地下海の安定的な存続に寄与しているのかもしれない．

6.3.3　有機物の存在

　化学進化の場となる液体圏が天体の内部に存在し続けたとしても，それだけで生命が発生するわけではなく，まずその材料となる物質が存在しなくてはならない．氷天体にそのような物質は存在するのだろうか．2004 年に米国の STARDUST 探査機がヴィルド第 2 彗星で採取し地球へ持ち帰った物質から，タンパク質のもととなるアミノ酸の一種であるグリシンが発見された．これは，

6.3 生命存在環境としての氷天体地下海

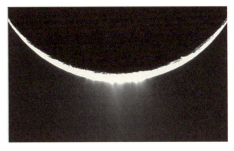

図 6.8　Cassini 探査機がエンセラダスの辺縁部を撮影したことで捉えたプルーム活動（NASA/JPL-Caltech/Space Science Institute 提供）

　生命の材料の少なくとも一部が非生物的環境下で普遍的に合成され，さまざまな大型天体へと運ばれた可能性を示唆する．そのなかにはもちろん，地球へと持ち込まれたものもあっただろう．氷衛星や氷準惑星において，グリシンなどのアミノ酸はまだ見つかっていないが，彗星などの衝突を介して表面へと継続的に供給されてきたことは想像できる．STARDUST 探査機は，彗星に着陸したわけではなく，彗星の尾に入り，彗星核をかすめるように飛行しながら核を取り巻くコマの物質を採取し，地球へと帰還した．日本の小惑星探査機「はやぶさ」は，小惑星イトカワに着陸し，小惑星物質を採取して地球へと持ち帰ったが，その過程ではさまざまなトラブルに見舞われ，物質の採取も計画どおりには行われなかった．このように，他天体へ着陸し物質を採取することには現状ではまだ多くのリスクが伴う．一方で彗星のように，天体みずからが内部物質を宇宙空間へ放出している場合は，物質の採取や調査のために探査機を着陸させる必要がなく，比較的容易に行うことができる．

　同様のアプローチで物質の採取と分析に成功したのが，土星衛星エンセラダスを調査した探査機 Cassini である．エンセラダスは，土星から約 24 万 km（土星半径の約 4 倍）の軌道を約 33 時間の周期で公転する，直径 500 km 程度の衛星である．エンセラダスでは，表面から H_2O（水蒸気と氷粒子）を噴出する間欠泉（**プルーム**）が Cassini 探査機によって発見された（Spencer and Nimmo, 2013）（図 6.8）．プルームは，エンセラダスの南極付近に存在する虎縞模様とよばれる長さ数百 km の並行する数本の亀裂から，毎秒 200 kg という大量の物質を秒速 100〜300 m という猛烈な速度で噴き出している．Cassini 探査機は宇宙空間へ噴き出るこのプルームへ突入し，搭載していた質量分析器と宇宙塵分

析器を用いてプルームの組成を調べた．その結果，このプルームには主成分の H_2O 以外に，塩化物や炭酸塩が含まれることがわかり，エンセラダスの内部では，木星衛星エウロパでのそれと似た岩石成分と相互作用する地下海が存在すると考えられている（Spencer and Nimmo, 2013）．また，1～5%程度の CO_2 や，0.1～1%の NH_3 や CH_4，さらに HCN，HCHO，メタノール（CH_3OH）といった生体関連分子もそれぞれ 0.01%程度含まれている（Spencer and Nimmo, 2013）．また，炭素数で C_6 あるいはそれ以上の高分子有機化合物も存在することがわかっているが，探査機がプルーム物質を採取する際の相対速度が大きかったために，詳細な化学組成や量，分子量の大きい生体関連分子の有無などは決定できていない．このように，近年の直接探査を通して氷天体における有機物などの物質化学的情報が少しずつ得られてきてはいるが，太陽系の形成期から現在に至るなかでの化学進化の描像には不明な点が数多く残されており，これからの多様な天体を対象とした探査や実験による実証が待たれる．

6.3.4　エネルギーの存在

　生命の発生に必要なもう1つの条件が，自由エネルギーの存在である．地球上の生物は食物や太陽光から自由エネルギーを得ることで代謝などの生化学反応を生じ，生存している．エネルギーがなければ化学反応は起こらず，たとえ液体圏や有機物が存在する環境にあっても，それ以上の複雑な物質への進化は行われない．天体がもつ（受け取る）最も基本的なエネルギー源は太陽と地熱だが，氷天体のように太陽から遠い環境では，太陽エネルギーの寄与が著しく小さい．ここでの地熱とは，さまざまな過程によって天体自身に発生した熱である．太陽のような核融合反応を生じない天体における地熱の発生源はおもに，天体形成期における微惑星集積過程での衝突による熱エネルギー（集積熱），天体内部の層構造形成（構成成分の重力分離）に伴う重力ポテンシャルエネルギーの解放による熱エネルギー（分化熱），岩石中に含まれる放射性元素の崩壊に伴う熱エネルギー（放射性崩壊熱），そして他天体との潮汐相互作用による変形に伴う摩擦エネルギー（潮汐加熱）が挙げられる．このうち集積熱と分化熱は天体のサイズや重力が大きい天体ほど大きくなり，放射性崩壊熱は天体のサイズが大きく，かつ岩石含有率が高いほど大きくなる．潮汐加熱は，たとえば衛星と惑星の関係のように，ある天体が公転の中心とする他天体の質量が大きく，かつその軌道が中心天体に近く，円から大きくずれて歪んでいる（離心率が大き

6.3 生命存在環境としての氷天体地下海

い）ほど発熱量が大きくなる．

天体内部で発生した熱は，おもに伝導と対流によって表面へと運ばれ，最終的に宇宙空間へ逃げていく．その実測は，地球においては地温勾配などを測定することによる熱流量の測定が，2万を超える地点で行われている．また月では，有人宇宙船 Apollo 15 号と 17 号が着陸した 2 地点でのみ，熱流量が測定されている．しかしながら，氷天体を含め地球や月以外の天体ではそのような測定は行われていない．したがって，そのような天体の地熱エネルギー，すなわち内部発熱量は，天体の構成物質を仮定し，天体の集積や内部での成分分離，潮汐変形などに関する理論モデルを立てることによって推定しているのが現状である．

一方で，近年の探査による天体の噴出物質の分析を通して，内部の熱的状態を間接的に知ることのできた天体もある．土星衛星エンセラダスから噴き出る水のプルームには，nm サイズのシリカ（SiO_2）に富む微粒子が含まれていた．地球上でのシリカ粒子は，高温の水と岩石が相互作用して岩石成分が水に溶け，その熱水が急冷することによって析出する．すなわちエンセラダスの内部では，液体水と岩石が，ある程度の高温下で反応を起こしているといえる．また，プルーム中に存在する CO_2 や NH_3 を含む水溶液と，初期の太陽系に普遍的に存在していたかんらん石や輝石を用いた熱水反応実験を行った結果，プルームに含まれるシリカ粒子が生成するためには，90℃以上の熱水環境が必要であることがわかった（Hsu et al., 2015）．これはあくまでも，シリカ粒子形成のために必要な温度の下限であり，実際にはもっと高温の環境が存在するかもしれない．Cassini 探査機がエンセラダスのプルーム噴出域における赤外線放射を測定したところ，4.7 GW もの強い熱が生じていることが明らかになった．しかし，エンセラダスは木星衛星エウロパの 1/6 ほどの大きさしかなく，集積熱も放射壊変熱もきわめて小さい．また，中心惑星である土星との重力相互作用に伴う潮汐加熱も，現在のエンセラダスの軌道状態においては十分ではなく，観測されたエンセラダスからの熱流量を生み出すことができない．これは今もなお大きな謎として議論されているが，比較的最近に何らかの原因でエンセラダスの軌道離心率が増加し，それに伴って生じた強い潮汐加熱の名残で，地下海と大きな熱流量が維持されているのではないかと考えられている（Spencer and Nimmo, 2013）．

このように，氷天体がもつエネルギーの評価は，その手法上の困難によって

理解がまだ不十分ではあるが，それでも氷天体は，地質学的また物質化学的に活発であるためのエネルギーをもちうる世界であることがわかってきた．氷天体は一般に，大気もなく表面が寒冷で，サイズが惑星に比べて有意に小さく，とかく不活発な天体だという先入観をもたれがちである．太陽系最大の衛星であるガニメデでさえも，半径が火星より約 700 km も小さく，その火星でも現在は目立った地質活動が見られない．しかし，氷天体における活動の主体は，融点が岩石よりもはるかに低い氷である．天体が保持できるエネルギーが決して大きくなくても，構成物質の融点に近づける程度の発熱があれば，地殻は流動し，場合によっては海のように融解して劇的な活動性を示す．地下海に不純物が溶存していれば海の凝固点が低下し，さらに小さいエネルギーでも海を維持できる．こうした意味において，固体天体の活動性は天体のサイズや太陽からの距離に一概には依存しないのである．

6.3.5 地下海の存在が示唆される氷天体

これまで，さまざまな観測結果を例示しながら，その具体的な現場として木星衛星エウロパやガニメデ，カリスト，土星衛星エンセラダスを挙げた．同様のアプローチによって地下海の存在が予想されている氷天体は，それぞれに可能性の高低はあるが，太陽系内全体で 10 を超える．つまり，地下海の存在はきわめて特殊な条件下で達成される稀有な環境ではなく，氷天体が広く普遍的にもちうるものであることが想像できる．そして，そこでの地球外生命発生の可能性を具体的に考察するために，太陽光の届かない暗く深い海で起こりえる化学進化を探ることが，次の重要なステップとなる．地球からの類推では，深海底における熱と物質の相互作用や，それに基づく生命発生仮説が氷天体の地下海でも想像されるが，地下海の海底が地球でのそれと同じ岩石質であるとは限らないことに留意すべきである．先に述べたように，H_2O の融点は約 200 MPa までは圧力の増加とともに低下するが，より深部では融点が圧力とともに上昇する（図 6.7）．すなわち，エウロパのような H_2O 層が比較的薄い氷天体，あるいはカリストのように，表面半径は大きくても H_2O の分化が表層に限定される天体の地下海では，H_2O はその海底で岩石質の層と直に接することになるが，ガニメデやタイタンのように，巨大で H_2O 層が厚い天体では H_2O 層の深部で氷 III や V 相などの高圧相の氷が出現するため，こうした衛星に地下海があるならば，それは上部の氷地殻と下部の高圧氷層に挟まれて存在するだろう（図

6.3 生命存在環境としての氷天体地下海

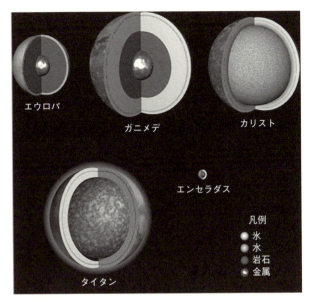

図 6.9 主要な氷衛星に対して想像される内部構造（NASA/JPL-Caltech/Space Science Institute 提供）
それぞれの衛星の相対的な大きさは揃えてある．

6.9)．このことは，液体水が岩石と接しないことを意味し，エウロパ型の地下海と比較すると物質進化の観点においては不都合であるかもしれない．

また，現在の氷天体における地下海の存否だけではなく，天体の長い歴史のなかでその海が存在してきた期間，すなわち海の進化も重要である．地球の生命が誕生したのは今から 40 億年前であり，多細胞生物が誕生するまでにはそこからさらに約 30 億年かかっている．つまり，突発的なエネルギーの発生やそれに伴う地質活動などによって一時的に液体圏が出現しただけでは，たとえそこに有機物やエネルギーが共存していたとしても，生命の発生へ至ることは困難であろう．天体の数十億年の歴史を紐解くことは，地球においてさえも容易ではないが，今後の探査によって氷天体の物質採取と分析，内部構造に関するより直接的な調査などが行われれば，われわれがもつ知見は飛躍的に向上するだろう．そうした実地調査に基づいた進化モデルの理論や，調査の手が届かない領域を探る実験的アプローチなどが互いに連携しながら，氷天体における生命の発生とそれを実現する環境の解明が待たれる．

6.3.6 アストロバイオロジーの現場としての氷天体

惑星科学の分野では，地球外生命の発見を通して地球上とは異なった生命の他の例を得ること，そして，そこから「生命とは何か」という宇宙で普遍的に通用する課題を探求することが強く意識されるようになってきた．こうした考え方は，1998年頃にNASAがアストロバイオロジーという用語を考案し，「宇宙における生命の起源，進化，伝播，および未来を研究する学問」と定義づけたことを契機として全世界的に広がった．氷天体はその具体的な研究対象である．少し前まで，地球は海をもつ唯一の天体だと考えられてきた．しかし1990年代に木星系を調査したGalileo探査機は衛星の内部に海が存在する可能性を提示し，氷に閉ざされた静かな世界という従来の描像を覆し独特の生態系の存在をも予感させた．そして今世紀に入ると，Cassini探査機が同様の地下海をもつ衛星が土星系にも存在することを示し，今や海をもちうる天体は太陽系において特殊な存在ではなくなった．つまり，地球外生命を育む場は決して地球に類似した様式に限定されず，天体の環境に応じた異なる物質やエネルギーを生命活動の必須条件として備えた生命圏が存在する可能性が見えてきた．太陽系内のどこかの地球外天体に存在する（した）かもしれない生命を近い将来に発見することを目指して，地質学的あるいは物質化学的な情報をさらなる探査と観測を通して蓄積し，その天体の環境とその歴史において生命へと至るどのような進化の場が存在し，どのような生命が存在しうるのかに関してより詳細に考察しなければならない．そして来たる生命探査への具体的な指針を組み上げることが必要である．これにはもはや惑星科学や天文学といった従来の分野にとらわれず，多様な学術分野の融合によって実現する努力が求められるだろう．

6.4 生命の星を太陽系外に求めて

われわれはどこから来て，どのようにして誕生したのか．太陽系は宇宙に普遍的な存在なのか，特別な存在なのか．人類が長年追究してきたこれらの答えに，いよいよわれわれは迫ろうとしている．一昔前までは，SF世界の夢物語だった地球外生命探査はいまや，アストロバイオロジーの現実的なサイエンステーマとなっている．生命探査の歴史は，地球外知的生命体からの電波受信（中性水素原子からの21 cm輝線の観測）を目指した1960年のオズマ（Ozma）計画に端を

6.4 生命の星を太陽系外に求めて

発する **SETI**（**地球外知的生命体探査**, search for extra-terrestrial intelligence）に始まり，火星や月面での生命の痕跡を探す探査ミッションへと脈々と続いている．近年，Cassini 探査機によってプルームの存在が確認された土星の氷衛星エンセラダスやハッブル宇宙望遠鏡の紫外線観測で水蒸気噴出を検出した木星の氷衛星エウロパも将来の生命探査の有望な候補地として本格的に検討され始めている（6.3 節）．そして，地球以外で生命の星を探す天文学者や生物学者らは更なる手掛かりを求め，太陽系の外にも目を向け始めている．

　20 年以上にわたる系外惑星探索から，銀河系とりわけ太陽系近傍領域には，太陽型星の 10～15% は地球サイズの惑星を保有すると推定されている．銀河系には少なくとも 1,000 億個以上の恒星が存在すると考えられていることから，宇宙には地球のような惑星が普遍的かつ豊富に存在することになる．2016 年には，太陽系に最も近い恒星系（約 4.2 光年），三重連星 α Centauri の 1 つである赤色矮星 Proxima Centauri のまわりで地球サイズの惑星（最小質量は約 1.3 M_E）の発見が報告された（Anglada-Escudé et al., 2016）．この隣りの惑星に向けた星間飛行計画として，地上から帆にレーザーを照射して推進力を確保する超小型衛星（Starship, スターシップ）のミッション（Breakthrough Starshot Initiative：http://breakthroughinitiatives.org）が提案，検討されている．2017 年には，太陽系近傍の赤色矮星 TRAPPIST-1（約 40 光年）のまわりに 7 個の地球サイズの（Gillon et al., 2017），Ross 128（約 11 光年）のまわりに 1 つの地球質量程度の惑星（Bonfils et al., 2018）が発見された．しかし，発見された地球サイズの天体の多くは太陽系からより遠く離れた場所にある．地上から打ち上げる探査機では太陽系外惑星には現実的に到達困難であり，詳細なその場観測は期待できない．太陽系外の地球型惑星が「地球のように生命存在可能な惑星（**ハビタブル惑星**, habitable planet）」であると判断するには，生命存在可能な条件や生命活動およびその痕跡を知る必要がある．

　ここで今一度，われわれが知る最も確実な物差しである地球上の生命に目を向けてみると，"水"と"酸素"の 2 つは生命活動に不可欠な要素となっている（前者の"液体の水"が惑星の表面に存在する条件としての生命存在可能性（habitability）については 6.1 節を参照）．現在の地球上では，海洋が表面積の約 70% を占めているが，海の平均の深さは約 4 km であり，海洋質量は地球の約 0.023% しかない．陸と海洋が共存可能な水量をもつ地球は海惑星というよりも陸惑星に近い．しかし，地球は絶えず豊かな海に恵まれていたわけではない．

第 6 章　惑星系の生命存在環境

月の誕生に繋がった巨大衝突後，マグマの海と化した原始地球は数千万年から1億年かけて冷却し，衝突と脱ガスを重ねながら大気と海を形成した（Matsui and Abe, 1987）．その後，地球は少なくとも 3 回，原生代初期のヒューロニアン氷河期（Huronian glaciation：約 22 億年前）と原生代後期のスターチアン氷河期（Sturtian glaciation：約 7.3〜7 億年前）とマリノアン氷河期（Marinoan glaciation：約 6.5〜6.35 億年前）に，赤道付近まで分厚い氷床（厚さは約 0.5〜1.5 km）で覆われた，**全球凍結時代**（snowball earth, **雪玉地球**あるいは**スノーボール・アース**ともよばれる）を経験したことが地質学的証拠（氷河堆積物やキャップ・カーボネイト：縞状炭酸塩岩）から判明している（Kirschvink, 1992; Hoffman et al., 1998）．生物の大量絶滅を招いた全球凍結時代は，火山からの CO_2 脱ガスが十分な温室効果として寄与する量を蓄積するまで（およそ数百万年から数千万年間）継続したと推定されている．表層環境の急激な変化を乗り越えて，海から繁栄した地球上の生命が生き延びてきた事実は，恒常的に安定した気候や海洋状態にない環境（ひょっとすると極限環境）にある惑星や衛星でも生命が存在する可能性を示している．

たとえ太陽系外の地球型惑星が真っ白な氷床に覆われた世界でも，長い期間で見ると生命を宿す惑星であるかもしれない．実際，氷殻下に地下海の存在が示唆されるエンセラダスやエウロパのような氷天体は全球凍結状態の地球に似ており，まさに生命探査の対象になっている（詳細は 6.3 節を参照）．

大気中の CO_2 の分圧以外に，太陽からの照射量の変化によっても地球の気候は変動する．主系列星では恒星中心部の核融合反応は徐々に進行していくため，40 億年前の太陽は今より約 30% 暗かったと考えられている．昔の地球が現在と同じ大気組成をもつ場合，これは全球凍結状態になることを意味する（図 6.10 を参照）．しかし，約 42 億年前のジルコン（$ZrSiO_4$）の酸素同位体比（$^{18}O/^{16}O$）の測定によると，すでに地球には海洋が存在し，温暖な気候であった可能性が高い（Wilde et al., 2001）．この矛盾は**暗い太陽のパラドックス**（faint young sun paradox；Sagan and Mullen, 1972）として知られており，解決案として大気中の NH_3 および有機物ヘイズ（靄），OCS による紫外線遮蔽や CH_4，N_2O，N_2 による温室効果の可能性が提案されている．さらに近年では，H_2 分子どうしや H–N 分子の衝突誘起吸収による温室効果や光合成細菌による CH_4 生成，さらには若い太陽はコロナ質量の放出が高く，いまより質量が大きかった可能性もあるといわれている．

6.4 生命の星を太陽系外に求めて

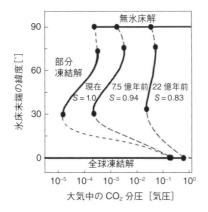

図 6.10 1次元のエネルギー収支モデルに基づく，大気中の CO_2 分圧と太陽からの入射強度（$S = 1.0$ が現在の値）に応じた地球の気候状態（Tajika, 2003）
破線は不安定解であり，CO_2 分圧あるいは太陽からの照射量が減少すると，氷床は低緯度まで発達し始める．地表が緯度 30°くらいまで氷床に覆われると，雪や氷は太陽光の反射率が高いため，気温の低下とともに氷床の面積が急速に拡大し，地球は全球凍結状態となる（アイス–アルベドフィードバック，ice-albedo feedback）．一方で，CO_2 分圧や太陽からの入射強度が一定値を超えると，氷床は融解して無凍結状態へと遷移する．

地球上の生命活動は"酸素"が欠かせない．しかし，酸素が必ずしも太陽系外で生命を探す手がかり（biosignature）とは限らない．太陽系の地球型惑星の大気組成に目を向けてみると，現在の金星（$CO_2 > N_2 > SO_2 > Ar$），火星（$CO_2 > Ar \sim N_2 > O_2$）に対して，生命を育む地球は窒素および酸素主体の大気（$N_2 > O_2 > Ar > CO_2$）となっており，地球の特異性が際立つ．しかし，過去の地球は酸素が欠乏した還元的な環境であったことが地質学的証拠として残っている（図 6.11 を参照）．たとえば，約 25 億年前から 20 億年前にかけて，海洋中で酸化した鉄イオンが海底に堆積して，大規模な縞状鉄鉱床を形成したことが地質学的証拠として残っている．さらに，大気中の質量数に依存しない硫黄同位体異常や砕屑性のウラン鉱床の有無も同時期の酸素条件を反映している．こうした地球上の酸素濃度の急激な上昇（大酸化イベントとよばれる）には，酸素発生型光合成生物（シアノバクテリア）の登場が影響している．その後，大気中の二酸化炭素濃度が炭素循環で時間とともに減少したことで，窒素と酸素主体の地球となった．現在知られている最古の生命の痕跡によると，およそ 40 億年前にはすでに生命が誕生していたといわれていることから，生命にとって

第 6 章 惑星系の生命存在環境

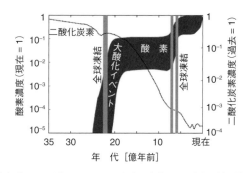

図 6.11 35 億年前から現在にかけて，地球の大気中の酸素（左軸）および二酸化炭素濃度（右軸）の変化
原生代初期と後期の全球凍結イベントの時期を灰色の縦帯で示す．

"酸素"の存在が必ずしも不可欠ではないかもしれない．また生物由来以外でも，大気中に存在する水蒸気に紫外線を照射することで酸素が生成される可能性もある（$H_2O + h\nu \rightarrow H + OH$）．太陽系外の惑星で地球上の生命の兆候を捉えるには，"酸素"とそれ以外の生物活動由来の分子（たとえば，CH_4）を検出する必要がある．このように，良くも悪くも，惑星の大気組成や大気量が形成後の表層環境の変動を反映する．裏を返すと，惑星の大気組成は太陽系の外の世界で"生命"の痕跡を探すうえでの生命の誕生と進化を解明する端緒となりうる．

地球では，大気中の二酸化炭素量を平衡値に維持することで，気候を安定化させる**ウォーカー（Walker）フィードバック**（Walker *et al.*, 1981）とよばれる機構もはたらいている．たとえば，大気中の二酸化炭素濃度の上昇による気温上昇は大陸の化学的風化作用を促進する．すると，海洋中に多く供給された炭酸イオンは溶解した大気中の二酸化炭素を炭酸塩として固定することで，大気中の二酸化炭素濃度を低下させる．こうした負のフィードバックによって，二酸化炭素に富んでいた地球が現在の水準にまで二酸化炭素濃度を下げて，温暖な気候を維持できている．さらに，現在の地球では，過剰な二酸化炭素が有機物として堆積物に取り込まれる効果も，負のフィードバックの一因として，気候の安定に貢献している．

それでは，地球から遠く離れた，探査機も到達できない太陽系外惑星の大気を調べる術はあるのだろうか．この鍵を握るのが惑星の**トランジット**（惑星が

6.4 生命の星を太陽系外に求めて

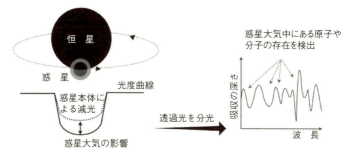

図 6.12 太陽系外惑星の大気分光観測の概念図

恒星前面を横切る）現象である．惑星が恒星の前面を横切るとき，恒星からの光は惑星自身の遮蔽により減光する（図 6.12）．同時に，惑星が大気を保持する場合，惑星大気を通過してくる光（透過光スペクトル）をさまざまな波長で観測すると，惑星大気の吸収・散乱特性に応じた減光率の波長依存性が見えてくる．大気吸収度は分子や原子の存在に依存するため，大気組成や温度構造，さらには雲や有機物ヘイズ（炭化水素で構成される）の有無を反映する．水蒸気大気のような大きな平均分子量をもつ大気組成の場合には，大気の厚み（圧力スケールハイト）が小さくなるため，大気吸収が起こりにくい．より正確には，レイリー散乱（可視光領域で見られる散乱現象で地球の日中の晴れた空が青く見える原因である．光の波長に比べて粒径が十分小さいとき，散乱断面積は波長の 4 乗に反比例する）の特徴は弱まる．もし上空に雲や有機物ヘイズが存在すると入射光の一部は反射され，大気吸収は起こりにくい．このように，系外地球型惑星の大気分光による透過光スペクトルを通して，はるか彼方の惑星の大気特性を詳らかにすることができる．

実際に，太陽系外の地球型惑星の大気組成はどのようになっているのだろうか．これまでに（公転周期が 10 日以下の）恒星近傍に存在するスーパーアース 6 例（GJ1214b, GJ3470b, HAT-P-11b, GJ436b, HD 97658b, 55 Cancrie）と TRAPPIST-1 の惑星系のみで，大気の透過光スペクトル観測から大気組成が推定されている．太陽系の地球型惑星とはまったく異なり，これらは水蒸気のような揮発性分子に富む大気あるいは水素主体の超還元的な大気をもつ可能性が高い．こうしたことから，太陽系外の地球型惑星の大気の多様性は，地球のような生命を育む環境の普遍性あるいは偶然性を考察するうえで貴重な指標

第 6 章 惑星系の生命存在環境

となっている.

ESA の宇宙望遠鏡（2019 年打ち上げの CHEOPS），NASA の 2030 年代の宇宙望遠鏡計画（LUVOIR，HabEx，OST），2020 年代後半打ち上げ予定の ARIEL，PLATO 計画や 2020 年代後半の口径 30 m 級の超大型望遠鏡時代も目前に控えるいま，生命存在可能な惑星や第 2 の地球探しは夢物語ではなくなりつつある．さまざまな環境下にある地球型惑星の発見は，生命の存在を考察するうえでの極限環境の選択肢を広げるとともに，太陽系とはまったく異なる環境下（たとえば，液体の水が存在できる温度環境にあるが，大気組成が異なる地球サイズの惑星など）での生命の誕生と起源を科学的に検証する研究を促す原動力になる．さらに，地球上の生命の起源と進化についても，極限環境下での生命を糸口に遺伝子レベルから地球史のスケールで研究が進められており，人類は生物学そして天文学の両側面からアストロバイオロジーに挑み始めている．

参考文献

[1] 阿部 豊（2015）『生命の星の条件を探る』，文藝春秋．
[2] Anglada-Escudé, G. *et al.*（2016）*Nature*, **536**, 437-440.
[3] Baker, V. R. *et al*（1991）*Nature*, **352**, 589-594
[4] Bibring, J.-P. *et al.*（2006）*Science*, **312**, 400-404.
[5] Bonfils, X. *et al.*（2018）*Astron. Astrophys.*, **613**, A25.
[6] Choukroun, M. *et al.*,（2010）*J. Chem. Phys.*, **133**, 144502.
[7] Di Achille, G. and Hynek, B. M.（2010）*Nat. Geosci.*, **3**, 459-463.
[8] Ehlmann, B. L. *et al.*（2008）*Science*, **322**, 1828-1832.
[9] Gillon, M. *et al.*（2017）*Nature*, **542**, 456-460.
[10] Hartmann, W. K. and Neukum, G.（2001）*Space Sci. Rev.*, **96**, 165-194.
[11] Hassler, D. M. *et al*（2014）*Science*, **343**, 1244797.
[12] Hauber, E. *et al.*（2011）*Geophys. Res. Lett.*, **38**, L10201.
[13] Hoffman, P. F. *et al.*（1998）*Science*, **281**, 1342-1346.
[14] Hsu, H. W. *et al.*（2015）*Nature*, **519**, 207-210.
[15] Kasting, J. F. *et al.*（1993）*Icarus*, **101**, 108-128.
[16] Kirschvink, J. L.（1992）In "The Proterozoic Biosphere: A Multidisciplinary Study", pp. 51-52, Cambridge University Press.
[17] Kivelson, M. G. *et al.*（2004）In "Jupiter", Bagenal, F. *et al.* eds., pp.513-537,

Cambridge University Press.
- [18] Lasue, J. *et al.*（2013）*Space Sci. Rev.*, **174**, 155-212.
- [19] Malin, M. C. and Edgett, K. S.（2003）*Science*, **302**, 1931-1934.
- [20] Matsui, Y. and Abe, Y.（1987）*Nature*, **322**, 526-528.
- [21] McEwen, A. *et al.*（2011）*Science*, **333**, 740-743.
- [22] McKay, D. *et al.*（1996）*Science*, **273**, 924-930.
- [23] Miyamoto, H. *et al.*,（2004）*J. Geophys. Res.*, **109**, doi:10.1029/2003JE002234
- [24] Neukum, G. *et al.*（2004）*Nature*, **432**, 971-979.
- [25] Sagan, C. and Mullen, G.（1972）*Science*, **177**, 52-56.
- [26] Saur, J. *et al.*,（2015）*J. Geophys. Res.*, **120**, doi:10.1002/2014JA020778
- [27] Spencer, J. and Nimmo, F.（2013）*Annu. Rev. Earth Planet. Sci.*, **41**, 693-717.
- [28] Squyres, S. W. *et al.*（2008）*Science*, **320**, 1063-1067.
- [29] Tajika, E.（2003）*Earth Planet. Sci. Lett.*, **214**, 443-453.
- [30] Vance, S. *et al.*（2014）*Planet. Spa. Sci.*, **96**, 62-70.
- [31] Walker, J. G. C. *et al.*（1981）*J. Geophys. Res.*, **86**, 9776-9782.
- [32] Webster, C. R. *et al.*（2015）*Science*, **347**, 415-417.
- [33] Wilde, S. A. *et al.*（2001）*Nature*, **409**, 175-178.

おわりに：太陽系を目指す日本の科学衛星・探査機

日本の人工衛星が初めて地球を周回したのは 1971 年．人類が月に立つ（1969 年）ほうが早かったが，地球と太陽観測でその地歩を築き，国際的な評価をかちえてきた．地球周回軌道から初めて離脱したのは 1984 年，ハリー彗星の国際共同探査に参加した「さきがけ」「すいせい」両探査機である．1990 年に打ち

表　日本の衛星と探査機の活動

飛翔中（太陽に近い順）		
太　陽	太陽望遠鏡衛星「ひので」	精密な可視光・極端紫外線・X 線望遠鏡を駆使し，21 世紀に入って以降変調を見せる太陽活動を 2007 年から観測中．
地　球	放射線帯観測衛星「あらせ」	世界各地のオーロラ・磁場観測網や米ヴァン・アレン（Van Allen）衛星とともに，太陽活動に伴う磁気圏擾乱を 2017 年から観測中．
金　星	金星探査機「あかつき」	2010 年の軌道投入失敗を乗り越えて 2015 年に周回に成功．金星の分厚い雲を 4 種のカメラで分解しその謎を解明中．
小惑星	小惑星探査機「はやぶさ 2」	2018 年 6 月に小惑星リュウグウに到着．初の本格的な試料採取に成功．地球への帰還予定は 2020 年．
木星など	紫外・極端紫外望遠鏡衛星「ひさき」	世界唯一の連続観測能力を活かし，木星などの稀薄大気が示す激しい変動を米 Juno 木星探査機らと観測中．
開発中（太陽に近い順）		
水　星	水星探査機 BepiColombo（日本の探査機「みお」を含む 2 機構成）	射場で整備中（2018 年秋打上予定）．日欧連合で 2025 年からの詳細編隊観測に挑む．
月	小型月着陸実証機 SLIM	日本初の軟着陸，とくに狙った場所に降りるピンポイント着陸技術の実現のため，2021 年度の打上げを目指し開発中．
火　星	火星衛星探査機 MMX	火星とその衛星の起源と進化の解明のため，衛星フォボス（Phobos）からの初の試料採取などを柱に，2024 年頃の打上げを目指し開発中．
木　星	ESA の大型計画・木星氷衛星探査機 JUICE	木星・エウロパ・カリストの探査とガニメデ周回観測を目的に，2022 年頃の打上げを目指し開発中．

おわりに：太陽系を目指す日本の科学衛星・探査機

上げた試験衛星「ひてん」によるフライバイ・月周回技術試験を基礎に，1998年夏にはついに初の惑星探査機「のぞみ」を打ち上げた．これによって米・ロシアに次ぎ3カ国目の火星周回を実現するはずであったが，エンジン・電源事故に見舞われて失敗（2003年）．この手痛い経験を活かし，2003年に打ち上げられた小惑星探査機「はやぶさ」は数々の試練を乗り越えて小惑星イトカワに到達，わずかながらもその試料を得て帰還に成功．2007年には月探査機「かぐや」が，地球以外の重力天体で初の周回探査についに成功した．

2018年夏現在，太陽系を対象とする日本の衛星と探査機の活動を表にまとめた．5機が活躍中，また次世代を支える4つの開発が国際共同を含め進行中である（口絵19も参照）．

これらがもたらす数々の発見で，この教科書の内容も塗り替えられていく．本書の筆者群はその実現に向けいっそう奮励努力していくことを，読者の皆様にお約束したい．少なくとも数年後には，「はやぶさ2」のサンプル分析が入った形で．

共通図・表

クレーター数密度 [個/km²]	直径 ≥ 20 km (10 – 10⁴ – 10⁵) / 直径 ≥ 1 km (10² – 10³ – 10⁴)
地質層序区分	前ネクタリス系 / ネクタリス系 / インブリウム系 / エラトステネス系 / コペルニクス系
絶対年代[億年前]	41～39.2　39～38.5　　　　32　　11～8
おもな地質活動	マグマオーシャン／衝突盆地の形成／海のマグマ活動
火星年代	ノアキス代 / ヘスペリア代 / アマゾニス代
地球年代	冥王代 / 始生代 / 原生代 / 顕生代
金星年代	冥王代(地球的?) / テセラテレイン形成 / 火山平原

共通図　月と地球，火星，金星の地質層序区分の対比

共通表 1　惑星および月の物理量と軌道

	水　星	金　星	地　球	火　星	木　星	土　星	天王星	海王星	月
質　量 （地球 = 1）	0.05527	0.815	1	0.1074	317.83	95.16	14.54	17.15	0.0123
赤道面での半径 [km]	2439.7	6051.8	6378.1	3396.2	71492	60268	25559	24764	1737.4
平均密度 [10^3 kg/m^3]	5.43	5.24	5.51	3.93	1.33	0.69	1.27	1.64	3.34
赤道重力 （地球 = 1）	0.38	0.91	1	0.38	2.37	0.93	0.89	1.11	0.17
脱出速度 [km/s]	4.25	10.36	11.18	5.02	59.53	35.48	21.29	23.49	2.38
自転周期 [日]	58.6462	243.0185	0.9973	1.026	0.4135	0.444	0.7183	0.6712	27.3217
反射能（ボンドアルベド）	0.06	0.78	0.3	0.16	0.73	0.77	0.82	0.65	0.07
軌道長半径 [AU]	0.3871	0.7233	1	1.5237	5.2026	9.5549	19.2184	30.1104	0.00256955
軌道傾斜角 [°]	7.004	3.395	0.002	1.848	1.303	2.489	0.773	1.77	5.1
軌道離心率	0.2056	0.0068	0.0167	0.0934	0.0485	0.0554	0.0463	0.009	0.055
対恒星公転周期 [ユリウス年]	0.24085	0.6152	1.00002	1.88085	11.862	29.4572	84.0205	164.7701	−
衛星の数	0	0	1 (1)	2 (2)	72 (79)	53 (65)	27 (27)	14 (14)	−

確定数（発見数）．2019 年 2 月国立天文台 web ページより．

共通図・表

共通表2　太陽系における元素の存在度

原子番号	元素	相対元素数比*	原子番号	元素	相対元素数比	原子番号	元素	相対元素数比
1	H	3.09×10^{10}	30	Zn	1.32×10^3	60	Nd	0.871
2	He	2.63×10^9	31	Ga	37.2	62	Sm	0.269
3	Li	56.2	32	Ge	117	63	Eu	0.1
4	Be	0.617	33	As	6.17	64	Gd	0.347
5	B	19.1	34	Se	67.6	65	Tb	0.0646
6	C	8.32×10^6	35	Br	10.7	66	Dy	0.417
7	N	2.09×10^6	36	Kr	55	67	Ho	0.0912
8	O	1.51×10^7	37	Rb	7.08	68	Er	0.257
9	F	8.13×10^2	38	Sr	23.4	69	Tm	0.0407
10	Ne	2.63×10^6	39	Y	4.57	70	Yb	0.257
11	Na	5.75×10^4	40	Zr	10.5	71	Lu	0.038
12	Mg	1.05×10^6	41	Nb	0.794	72	Hf	0.158
13	Al	8.32×10^4	42	Mo	2.69	73	Ta	0.0234
14	Si	1.00×10^6	44	Ru	1.78	74	W	0.138
15	P	8.32×10^3	45	Rh	0.355	75	Re	0.0562
16	S	4.37×10^5	46	Pd	1.38	76	Os	0.692
17	Cl	5.25×10^3	47	Ag	0.49	77	Ir	0.646
18	Ar	7.76×10^4	48	Cd	1.58	78	Pt	1.29
19	K	3.72×10^3	49	In	0.178	79	Au	0.195
20	Ca	6.03×10^4	50	Sn	3.63	80	Hg	0.457
21	Sc	34.7	51	Sb	0.316	81	Tl	0.182
22	Ti	2.51×10^3	52	Te	4.68	82	Pb	3.39
23	V	282	53	I	1.1	83	Bi	0.138
24	Cr	1.35×10^4	54	Xe	5.37	90	Th	0.0355
25	Mn	9.33×10^3	55	Cs	0.372	92	U	0.00891
26	Fe	8.71×10^5	56	Ba	4.68			
27	Co	2.29×10^3	57	La	0.457			
28	Ni	4.90×10^4	58	Ce	1.17			
29	Cu	550	59	Pr	0.178			

* Si の相対元素数を 1.00×10^6 としたもの.

共通参考文献

[1] 松井孝典ほか（2011）岩波講座・地球惑星科学 12,『比較惑星学』, 岩波書店.
[2] de Pater, I. and Lissauer, J. J.（2015）"Planetary Sciences", Cambridge University Press.
[3] 渡部潤一ほか（2008）シリーズ現代の天文学 9,『太陽系と惑星』, 日本評論社.

索　引

あ 行

アイガイオン　61
アイソクロン　187
アイソスタシー　13
アインシュタインリング　107
アウターリング　62
アウトフローチャネル　286, 325
アカプルコアイト　179
アキレス　52
アーク　63
アグリゲイト　91
アグルティネート　235
アストロバイオロジー　144, 198, 344
アストロメトリ法　107
アダムズリング　63
厚いリソスフェア　287
圧力スケールハイト　28
アドミッタンス　257
アドラステア　59
アノーサイト（An）成分　228
アマルテア　59
アミノ酸　200
雨の海　227, 244
アメリカ航空宇宙局　108
アラゴリング　63
嵐の大洋　227, 244
r 過程　75
Ar–Ar 法　189
アルベド　150, 318
アルマ（ALMA）望遠鏡　86
^{26}Al–^{26}Mg 系　189
アングライト　180

暗黒星雲　82
暗黒物質　68
アンドロメダ流星群　149

イオ　57
イオンの尾　151
イオンピックアップ　310
E 型小惑星　161
一次食　108
一次大気　40
イトカワ　51, 207
イルメナイト　228
隕石　166, 192
　——の二分性　183
隕石塵　193
インブリウム系堆積物　253

ヴァン・アレン帯　48
ウィッドマンシュテッテン構造　181
ウィノナイト　179
ヴィルド第 2 彗星　196
ウォーカーフィードバック　348
ウォームジュピター　114
宇宙航空研究開発機構　161
宇宙鉱物学　80
宇宙塵　75, 166, 191, 193, 205
宇宙塵スフェリュール　193
宇宙生物学　144
宇宙線　185
宇宙線生成核種　191
宇宙風化（作用）　160, 185, 210, 235

海　225
　——の玄武岩　226
永久影領域　227
永久日照領域　227
衛星　56
HED 隕石　180
エウロパ　12, 57
エオス　155
エキセントリックプラネット　114
液相濃集元素　236
エコンドライト　179
SNC 隕石　181, 289
S 型小惑星　158, 210
s 過程　75
エッジワース・カイパーベルト天体　52, 91, 142
エナンチオマー過剰率　204
M 型小惑星　161
エラトステネス系堆積物　253
エリス　50
L 体過剰　204
エンケの間隙　61
遠日点　3
エンスタタイトコンドライト　169
エンセラダス　12, 61
円盤不安定モデル　101
エンベロープ　98
遠方ガス惑星　114

尾　53
おうし座　82
欧州宇宙機関　107
黄道光ダスト　192

359

索　引

黄道面　3
オウムアムア　165
おおかみ座　82
オフィーリア　62
オーブライト　180
オーム散逸　111
オリエンターレ盆地　254
オリオン座　82
オリンポス山　285
オールトの雲　53, 142
お椀型クレーター　247

か行

外気圏　31
外圏　31, 46
外圏底　30
階層構造　67
灰長石成分　228
カイネティクス　128
カイパーベルト天体　52
壊変定数　186
化学進化説　317
化学ポテンシャル　121
火球　193
核形成　128
核酸塩基　200
拡散反射スペクトル　241
拡散律速散逸　310
角度差分撮像法　110
核破砕反応　75
核融合反応　2
角礫岩化作用　184
火山性ガラス　231
火山平原　281
渦状腕　117
火星　270, 285
火星隕石　181, 289
火線　107
寡占成長　94
カタストロフィック表層更新　282
カッシーニの間隙　60
活性化エネルギー　128
ガニメデ　12, 56
ガーネット–ペロフスカイ

ト転移　283
カメレオン座　82
可溶性有機物　199
ガラテア　64
^{40}K–^{40}Ar系　189
カリクロー　58, 64
カリスト　12
ガレリング　63
カロリス　271
カロン　55
環　58
間隙　60
還元型（分子）大気　40, 290
含水惑星間塵　194
慣性能率　9, 336
慣性能率比　256
岩石　67
岩石学タイプ　170
乾燥断熱減率　35
かんらん石　228

気象　27, 294
輝石　228
規則衛星　57
軌道傾斜角　3
軌道離心率　3
希薄型大気　290
希薄リング　58
揮発性軽元素　197
逆行衛星　57
Q型小惑星　158
共回転トルク　118
凝集体　91
凝縮　121
強制秤動　14
極循環　298
局所熱力学平衡　44
巨大ガス惑星　98, 290
巨大火成岩岩石区　279
巨大氷惑星　290
巨大衝突（イベント）　57, 97
巨大衝突（仮）説　222, 233, 267

巨大分子雲　82
巨大惑星型大気　290
キーラーの空隙　61
キロン　51
銀河宇宙線　185
銀河宇宙線照射年代　218
銀河系　1
均質核形成　129
均質核形成・成長理論　132
均質圏　30
均質圏界面　30
近日点　3
金星　270, 278
近接遭遇　112
金属水素　98

空隙　60
苦鉄質ケイ酸塩鉱物　228
暗い太陽のパラドックス　346
グランドタック仮説（モデル）　103, 155, 162, 183
KREEP物質　236
グリンバーグ粒子　79
クレーター　246
クレーター数密度　249
クレーター生成率　249
クレーター年代学　254, 255
グロビュール　82

系外ハビタブルゾーン　321
ケイ酸塩プレソーラー粒子　177
継続ハビタブルゾーン　321
月震　222
ケプラー運動　5
ケルビン・ヘルムホルツ収縮　98
ケルビン・ヘルムホルツ不安定　93

索　引

原子気体　26
原始星　83
原始太陽系円盤　2
原始太陽系星雲　90
原始惑星　91
原始惑星系円盤　90
元素・同位体分別　135
ケンタウルス族（天体）
　51, 155

コア集積モデル　101, 115
小石降着モデル　96
光化学散逸　309
光化学平衡　41
光学的厚さ　37
後期重爆撃　250
後期重爆撃期　15, 103, 143, 272
高精度位置観測　106
高地　225
高チタン玄武岩　244
高地地殻　234
降着円盤　84, 90
鉱物　67
後方散乱　43
高離心率惑星　114
氷衛星　57
氷境界　88
氷天体　334
氷の海　244
固化　121
小型海王星型惑星　116
小型ガス惑星　116
国際宇宙ステーション　205
国際天文学連合　2
黒体輻射　6
古在機構　112
固相-気相平衡　122
コーダ波　261
ゴッサマーリング　58
コーディリア　62
コーナーキューブ　262
コペルニクス系堆積物　253

コマ　53
固有軌道傾斜角　155
固有軌道長半径　155
固有離心率　155
固溶体　71
孤立質量　96
コールド・スタートモデル　115
コロナ　280
コロナグラフ撮像　110
コロニス　155
コンドライト　167, 169
コンドライト組成　68
コンドリュール　167, 173

さ 行

最小質量円盤モデル　87
サイズ頻度分布　248
サブネプチューン　116
サーモスタット効果　23
散逸　27
残骸円盤　90
酸化型（分子）大気　40, 290
散光星雲　82
酸素同位体組成　168, 175
酸素同位体比　232
サンプルリターン　148
散乱円盤天体　52

CI 組成　68
CS 惑星間塵　195
ジオコロナ　46
C 型小惑星　160
磁気圏　31
磁気圏界面　48
磁気圏尾部　48
始原隕石　168
始原的エコンドライト　168, 179
始原的炭素質コンドライト　172
自己遮蔽効果　138
自己重力不安定　93
地震波速度　257

静かの海　244
視線速度法　106
湿潤断熱減率　35
ジッター　106
質量分別　134
GP 転移　283
CP 惑星間塵　194
ジャイロクロノロジー法　115
視野角　2
弱還元型大気　40, 290
灼熱海王星型惑星　116
シャーゴッタイト　181
シャシナイト　181
斜長岩　228
　純粋な――　240
斜長石　71, 228
ジャンピング・ジュピターモデル　114
自由エネルギー　121
周縁減光　109
周期彗星　53
集積円盤　84
自由電子近似　94
重力異常データ　254
重力散乱　96
重力摂動　112
重力フォーカシング効果　94
重力分離　31
重力マイクロレンズ法　107
重力レンズ　107
周連星円盤　90
周連星惑星　120
周惑星系円盤　98
主系列星　2, 74
シュテファン・ボルツマン係数　6
受動的円盤　86
準惑星　2, 50, 54
衝撃ステージ　184
衝撃変成　184, 217
照射年代　191
小天体　51

索引

衝突合体成長　91
衝突月震　258
衝突実験　251
衝突閃光　193
衝突デブリ　193
衝突剝ぎ取り　304, 311
衝突盆地　248
衝突メルト　236
衝突溶融岩　250
蒸発　121
消滅核種　175, 189
小惑星　51, 153
小惑星群　91
小惑星帯　51, 91
初期質量関数　108
食　108
初生同位体比　187
ショックベイン　184
シンクロン　152
ジーンズ散逸　304, 305
ジーンズ質量　83
ジーンズ不安定　83
シンダイン　152
深発月震　261

水質変成作用　171
水星　270
彗星　53, 141
彗星核　146
彗星塵　195
彗星ダストトレイル　192
彗星ダストの尾　192
水素燃焼　74
H–He 分離　98
スカープ　17
スケーリング則　272
ストリーミング不安定　93
ストレッカー反応　203
スノーボール・アース　346
スノーライン　8, 88, 162
スーパーアース　115
スパッタリング　310
スーパーボライド　193

スーパーローテーション　299
スリングショットモデル　114

星間雲　82
星間塵　76
星間物質　82
星間分子　154, 198
星間分子雲　146
星周円盤　84, 90
星周塵　75
成層圏　30
成層圏界面　30
成長　130
生命関連物質　197
生命存在可能領域　318
赤外線吸収スペクトル　78
赤外天文観測　77
石質隕石　167
赤色巨星　74, 176
石鉄隕石　167
雪線　8
絶対年代測定法　186
セレス　153
遷移円盤　90
前期爆撃期　143
全球組成　232
全球凍結時代　346
漸近巨星分枝　75, 176
潜晶質　174
前ネクタリス系　253
浅発月震　261
前方散乱　43

双極子磁場　270
双極分子流　84
相対年代測定法　186
相変化　120
族　155
速度論　128

た　行

ダイオジェナイト　180

大気圏　25
大気散逸　303
大気重力波　35, 294
台地　279
ダイナモ運動　98
ダイナモ磁場　288
タイプⅠ型惑星移動　117
タイプⅡ型惑星移動　104, 112
タイプⅢ型惑星移動　104
太陽宇宙線　185
太陽系外縁天体　51, 91
太陽系外惑星　105
太陽系元素存在度　68
太陽系小天体　164
太陽光圧　259
太陽風　6, 151, 185, 235
太陽フレアトラック　218
太陽放射圧　76
対流圏　29
対流圏界面　30
多環芳香族炭化水素　79, 200
タギッシュレイク隕石　199
ダークフライト　193
ダークマントル堆積物　245
蛇行谷　227
蛇行リル　227
ダスト　75, 192
ダストストーム　302
ダストの尾　152
ダストリング　62
多成分系　121
叩き出し　310
脱水作用　287
楯状火山高地　279
ダフニス　61
タルシス火山　285
タルシス台地　286
短周期彗星　53, 142
短寿命放射性核種　189
単純クレーター　247

索　引

弾性厚さ　287
炭素質コンドライト　160, 169, 199
炭素同位体比　201
たんぽぽ計画　205

地下海　334
地下ハビタブルゾーン　322
地球　270
地球外知的生命体探査　345
地球外有機物　199, 205
地球型大気　290
地球型惑星　1, 270
地球近傍小惑星　51
地球質量分別線　137, 168
中央丘　241, 247
中央リング　247
中間圏　30
中間圏界面　30
昼夜間流　299
長周期彗星　53, 142
超新星　176
超新星爆発　75
潮汐加熱　338
潮汐固定　112
潮汐ラブ数　14
潮汐力　263
超低チタン玄武岩　244
調和蒸発　133
直接撮像　110
塵　75
塵の尾　152

月　221
月隕石　180, 230
月レーザー測距　254

D 型小惑星　161
低 Ca 輝石　71
T タウリ型星　84
低チタン玄武岩　244
ティティウス・ボーデの法則　4

テセラテレイン　281
鉄隕石　167, 181
テーベ　60
テミス　155
電荷交換　309
電磁感応　336
電磁場探査データ　254
天体暦　259
天王星型惑星　2
点広がり関数　110
天文単位　2
電離圏　31, 46
電離圏イオンの散逸　310
電離大気　46

同位体異常　139, 175
同位体質量分別　136, 233
凍結線　8
等時線　187
トゥームレの Q 値　102
トムソン散乱　43
ドーム地形　226
トランジット　108, 348
トリトン　57
トロヤ群小惑星　52
トンネル反応　128

な 行

ナクライト　181
ナトリウムの尾　153
ナローメインリング　62

二次クレーター　249
二次食　108
二次大気　40
ニースモデル　103, 250
二分性　235

ネクタリス系　253
熱慣性　208
熱圏　30, 45
熱史　15
熱潮汐波　300
熱的境界層　20
熱的散逸　304, 306

熱変成（作用）　170, 217
熱力学的な駆動力　128
熱力学的平衡　121
粘性加熱　96
年代測定法　186

能動的円盤　84

は 行

ハイバネーション　330
ハウメア　50
破局的表層更新　281
爆縮　75
白色矮星　75
発見隕石　167
馬蹄軌道　118
ハドレー循環　298
ハビタブルゾーン　318
ハビタブル惑星　345
ハービック・ハロー天体　84
^{182}Hf–^{182}W 系　190
はやぶさ　207
はやぶさ計画　207
はやぶさサンプル　213
はやぶさ2　163
パラサイト　182
パラス　153
バリオン　68
ハリー彗星　142
パルサー惑星　119
バレーネットワーク　290, 325
晴れの海　244
ハロー　58
パン　61
ハンガリア族　155
晩期型星　74, 139
半減期　186
斑状組織　173
パンスペルミア説　144, 316
パンドラ　61

微隕石　193

363

索引

PS 転移　283
P 型小惑星　161
p 過程　75
非局所熱力学平衡　44
非質量依存同位体分別　138, 168
非晶質ケイ酸塩　71
非調和蒸発　133
ビッグバン　71
羊飼い衛星　61
非熱的散逸　304
非斑状組織　173
非平衡コンドライト　170
非マグマ的鉄隕石　182
ビーミング効果　109
平山族　155
ヒル圏　5
ヒル半径　5
微惑星　91

ファエトン　150
ファースト・コア　83
V 型小惑星　161
フィッシャー・トロプッシュ型反応　202
フィンソン・プローブシュタイン理論　152
フェレル循環　298
フォカエア族　155
複雑クレーター　247
ブーゲー重力異常　13
ふたご座流星群　150
双子集積説　266
普通コンドライト　158, 169, 210
浮遊惑星　120
フュージョンクラスト　185
不溶性有機物　199
フラウンホーファー線　68
プラズマ圏　48
プラズマの尾　151
ブラチナイト　179
フリーエアー重力異常　13

ブリスター　185
プルーム　20, 339
プルーム活動　279
プレソーラー粒子　176
プロメテウス　61
フローラ　155
分化　120
分化隕石　168
分化エコンドライト　179
分子雲　77, 82
分子気体　26
分配　134
分裂説　266

平均運動共鳴　103
平均自由行程　31
平均密度　80, 336
平衡温度　7
平衡凝縮モデル　174
平衡凝縮論　125
平衡コンドライト　170
平衡分配係数　134
平行平板大気　27
ベスタ　153
ベータメテオロイド　76
ベッセル・ブレッドキン理論　152
へびつかい座　82
ヘラス盆地　286
偏西風　298
扁平率　10

ポインティング・ロバートソン効果　59, 76
放射状輝石　173
放射性核種　186
放射性元素　236
放射性年代測定　234
放射線帯　48
放射平衡　37
棒状かんらん石　173
暴走ガス捕獲　102
暴走成長　94
捕獲説　266

補償光学　110
ポストスピネル転移　283
ホットジュピター　105, 111
ホット・スタートモデル　115
ホットネプチューン　116
ボライド　193
ポリミクト角礫岩　184
ボレアリス盆地　286
ホワルダイト　180
ボンディ半径　101

ま 行

マイクロメテオライト　193
マイクロメテオロイド　193
マウンダー極小期　46
マクスウェル・ボルツマン分布　44
マグマオーシャン（仮）説　222
マグマ的鉄隕石　182
マケマケ　50
マスケリナイト　184
マーチソン隕石　199
マトリックス　176
摩耗　218
マリア　155
マリネリス峡谷　286
^{53}Mn–^{53}Cr 系　190
マントルオーバーターン（仮）説　240
マントル対流　19

ミー散乱　43
ミニネプチューン　116
ミマス　61
ミラー・ユーリー型反応　202

無水惑星間塵　194

冥王星　50, 54

メインベルト　51
メインベルト小惑星　51
メインリング　58
メガレゴリス　257
メソシデライト　182
メティス　59
メテオロイド　192
メテオロイドストリーム　193
メルトポケット　184
木星型惑星　2
木星族彗星　142
モノミクト角礫岩　184
モホ面　256

や 行

ヤルコフスキー効果　156

融解　121
有機物　197
有効温度　32
雪玉地球　346
ユークライト　180
ユレーライト　179

溶解　121
汚れた雪だるま（雪玉）説　146

ら 行

ラクシュミ高原　278
ラグランジュ点　5
落下隕石　167
落下年代　191
ラッセルリング　63
ラブルパイル説　207
ラブルパイル天体　162
ランダム速度　95

力学的摩擦　95
リサイクリング　284
リソスフェア　20
リチャードソン数　93
リッジ　227
リモートセンシング　222
流星　192
流星雨　149
流星煙　193
流星群　193
流星痕　193
流体力学的散逸　304, 307

臨界コア質量　102
リング　58
リングレット　60

ルヴェリエリング　63

レア　61
レイリー散乱　43
レイリー・ジーンズの法則　110
レイリー数　19
レイリーの分別式　135
礫岩　231
レゴリス　158, 222
レンズ天体　107
連続的表層更新　282

ロッシュの間隙　61
ロドラナイト　179

わ 行

惑星　50
惑星間塵　76, 193
惑星散乱　112
惑星風　308

365

欧文索引

A

absolute (age) dating 186
acapulucoite 179
accretion disk 84
Achilles 52
achondrite 179
activation energy 128
active disk 84
Adams ring 63
ADI：angular differential imaging 110
admittance 257
Adrastea 59
Aegaeon 61
AGB：asymptotic giant branch 75
agglutinate 235
aggregate 91
albedo 150
ALMA：Atakama large millimeter/submillimeter array 86
Amalthea 59
amino acid 200
amorphous silicate 71
Andromedids 149
angrite 180
anhydrous IDP 194
anorthite 228
anorthosite 228
AO：adaptive optics 110
aphelion 3
aqueous alteration 171
Arago ring 63
arc 63

asteroid 51
asteroid belt 51
astrobiology 144
astrometry 106
astromineralogy 80
astronomical unit 2
atmosphere 25
atmospheric escape 303
atmospheric gravity wave 35
atomic gas 26
AU 2
aubrite 180

B

backward scattering 43
barred olivine 173
baryon 68
beaming effect 109
Bessel-Bredikhin theory 152
beta meteoroid 76
big bang 71
bipolar molecular flow 84
blackbody radiation 6
blister 185
bolide 193
bomb analogy 311
Bondi radius 101
Bouguer gravity anomaly 13
bowl-shaped crater 247
brachinite 179
breccia 231
brecciation 184
BSE：bulk silicate earth 232

bulk composition 232
bulk density 80

C

CAI：Ca-Al rich inclusion 126, 174
Callisto 12
Caloris 271
carbon isotope ratio 201
carbonaceous chondrite 169
Cassini division 60
catastrophic resurfacing 282
caustic curve 107
Centaur 51, 155
central peak 241, 247
central peak ring 247
Ceres 153
Chamaeleon 82
charge exchange 309
Chariklo 58
Charon 55
chassignite 181
chemical evolution theory 317
chemical potential 121
Chiron 51
chondrite 167
chondritic composition 68
chondritic porous IDP 194
chondritic smooth IDP 195
chondrule 167
circumbinary disk 90

欧文索引

circumbinary planet 120
circumplanetary disk 98
circumstellar disk 84
circumstellar dust 75
close encounter 112
co-accretion model 266
coagulation 91
coda wave 261
cold start model 115
collisional growth 91
coma 53
comet 53, 141
cometary dust 195
cometary dust tail 192
cometary dust trail 192
cometary nucleus 146
complex crater 247
condensation 121
congruent evaporation 133
continuous resurfacing 282
cookie cutter 311
Copernican system 253
Cordelia 62
core accretion model 101
corona 280
coronagraphic imaging 110
corotation torque 118
cosmic dust 75
cosmic ray 185
cosmic spherule 193
cosmogenic nuclide 191
crater 246
crater scaling law 272
cratering chronology 255
cratering rate 249
critical core mass 102
cryptocrystalline 174
cumulative number of

craters per area 249

D

Daphnis 61
dark flight 193
dark matter 68
dark nebula 82
dating 186
day-night circulation 299
debris disk 90
decay constant 186
deep moonquake 261
dehydration process 287
dichotomy 183, 235
differentiated achondrite 179
differentiated meteorite 168
differentiation 120
diffuse nebula 82
diffusion-limited escape 310
diogenite 180
dipole magnetic field 270
direct imaging 110
dirty snowball theory 146
disk instability 101
dissolution 121
distant gas planet 114
distribution 134
division 60
DMD：dark mantle deposit 245
dome 226
dry adiabatic lapse rate 35
dust 75
dust ring 62
dust storm 302
dust tail 152
dwarf planet 54

dynamical friction 95
dynamo 98
dynamo magnetic field 288

E

early bomberment 143
Earth 270
eccentric planet 114
eclipse 108
effective temperature 32
Einstein ring 107
EKBO：
 Edgeworth-Kuiper belt object 52
elastic thickness 287
electromagnetic induction 336
element and isotope fractionation 135
enantiomer excess 204
Enceladus 12
Encke gap 61
enstatite chondrite 169
envelope 98
Eos 155
ephemeris 259
equilibrated chondrite 170
equilibrium condensation theory 125
equilibrium partition coefficient 134
equivalent temperature 7
Eratosthenian system 253
Eris 50
ESA：European Space Agency 107
escape 27
eucrite 180
Europa 12
evaporation 121

367

欧文索引

exobase 30
exoplanet 105
exosphere 31
exposure age 191
extinct nuclide 175
extrasolar habitable zone 321
extrasolar planet 105
extraterrestrial organic 199

F

faint young sun paradox 346
fall 167
family 155
Ferrel cell 298
ferroan anorthosite 229
find 167
Finson-Probstein theory 152
fireball 193
first core 83
fission model 266
flattening 10
Flora 155
forced libration 14
forward scattering 43
Fraunhofer line 68
free energy 121
free-air gravity anomaly 13
free-floating planet 120
FTT：Fisher-Tropsch type reaction 202
fusion crust 185

G

galactic cosmic ray 185
galactic cosmic ray exposure age 218
Galatea 64
Galle ring 63
Ganymede 12
gap 60

gas dwarf 116
gas giant 98
Gemini meteor shower 150
GEMS：glass with embedded metal and sulfide 194
geocorona 46
giant gas planet 98
giant impact 57
giant impact theory 222
giant molecular cloud 82
globule 82
gossamer ring 59
grand tack hypothesis 103
gravitational focusing 94
gravitational instability 101
gravitational lens 107
gravitational microlensing 107
gravitational perturbation 112
gravitational scattering 96
gravity separation 31
Greenburg particle 79
growth 130
gyrochronology 115

H

H-He separation 98
habitable planet 345
habitable zone 318
Hadley cell 298
half-life 186
Halo 58
Haumea 50
Herbig-Haro object 84
hierarchy 67
high-Ti basalt 244

highland 225
highland crust 234
Hill sphere 5
Hirayama family 155
homogeneous nucleation 129
homogeneous uncleation-growth theory 132
homopause 30
homosphere 30
horseshoe orbit 118
hot Jupiter 105
hot Neptune 116
hot start model 115
howardite 180
Hungaria 155
hybernation 330
hydrated IDP 194
hydrodynamic escape 304
hydrogen burning 74

I

IAU：International Astronomical Union 2
ice giant 290
icy body 334
icy satellite 57
IDP：interplanetary dust particle 193
Imbrian system 253
IMF：initial mass function 108
impact basin 248
impact debris 193
impact erosion 304
impact flash 193
impact melt 236
impact melt rock 250
impact metamorphism 184
implosion 75
incompatible element

236
incongrent evaporation 133
infrared absorption spectrum 78
infrared astronomical observation 77
initial isotope ratio 187
intact capture model 266
interplanetary dust 76
interstellar cloud 82
interstellar dust 76
interstellar molecular cloud 146
interstellar molecule 154
Io 57
IOM：insoluble organic matter 199
ion pickup 310
ion tail 151
ionized atmosphere 46
ionosphere 31
ionospheric escape 310
iron meteorite 167
ISM：interstellar medium 82
isochron 187
isolation mass 96
isostasy 13
isotope anomaly 139
isotope mass fractionation 136
ISS：International Space Station 205

J

JAXA：Japan Aerospace Exploration Agency 161
Jeans escape 304
Jeans instability 83
Jeans mass 83
jitter 106

Jovian planet 2
jumping Jupiter model 114
Jupiter family comet 142

K

Keeler Gap 61
Kelvin-Helmholtz contraction 98
Kelvin-Helmholtz instability 93
Kepler motion 5
kinetics 128
Koronis 155
Kozai-Lidov mechanism 112
Kuiper belt object 52

L

L-isomer excess 204
Lagrangian point 5
large igneous province 279
Lassel ring 63
late heavy bombardment 15, 250
late-type star 74
Le Verrier ring 63
lens 107
limb darkening 109
lithosphere 20
LLR：lunar laser ranging 254
lodranite 179
long period comet 53
low-Ca pyroxene 71
low-Ti basalt 244
LTE：local thermal equilibrium 44
lunar cataclysm 250
lunar meteorite 180
Lupus 82

M

mafic silicate 228
magma ocean theory 222
magmatic iron meteorite 182
magnesium number 228
magnetosphere 31
magnetotail 48
main belt 51
main belt asteroid 51
main ring 58
main sequence star 2
Makemake 50
mantle convection 19
mantle overturn theory 240
mare 225
mare basalt 226
Mare Frigoris 244
Mare Imbrium 227
Mare Serenitatis 244
Mare Tranquillitatis 244
Maria 155
Mars 285
martian meteorite 181
maskelynite 184
mass fractionation 134
matrix 176
Maunder minimum 46
Maxwell-Boltzman distribution 44
mean density 336
mean free path 31
mean motion resonance 103
megaregolith 257
melt pocket 184
melting 121
Mercury 270
mesopause 30
mesosiderite 182
mesosphere 30

369

欧文索引

metallic hydrogen 98
meteor 192
meteor shower 149, 193
meteor train 193
meteoric smoke 193
meteorite 166
meteoritic dust 193
meteoroid 192
meteoroid impact
 moonquake 258
meteoroid stream 193
meteorology 27
Metis 59
Mg♯ 228
Mg-suite 228
micrometeorite 193
micrometeoroid 193
Mie scattering 43
mildly reducing
 atmosphere 40
Miller-Urey type
 reaction 202
Mimas 61
mineral 67
mini-Neptune 116
MMSN：minimum mass
 solar nebula 87
Mohorovičić
 discontinuity 256
moist adiabatic lapse
 rate 35
molecular cloud 82
molecular gas 26
moment of inertia 9
monomict breccia 184
moonquake 222
multi-component system
 121

N

nakhlite 181
narrow main ring 62
NASA：National
 Aeronautics and Space
 Administration 108

near earth asteroid 51
Nectarian system 253
Nice model 103
non mass dependent
 isotope fractionation
 138
non-LTE：non local
 thermal equilibrium
 45
non-magmatic iron
 meteorite 182
non-porphyritic texture
 173
nonthermal escape 304
normal satellite 57
nuclear fusion reaction
 2
nuclear spallation
 reaction 75
nucleation 128
nucleobase 200

O

Oceanus Procellarum
 227
Ohmic dissipation 111
oligarchic growth 94
Olympus Mons 285
Oort cloud 53
Ophelia 62
Ophiuchus 82
optical thickness 37
orbital eccentricity 3
orbital inclination 3
ordinary chondrite 169
organic material 197
Orion 82
'Oumuamua 165
outer ring 62
outflow channel 286
oxygen isotope
 composition 168
oxygenated atmosphere
 40

P

p-process 75
PAH：polycyclic
 aromatic hydrocarbon
 79
Pallas 153
pallasite 182
Pan 61
Pandra 61
Panspermia 144
partition 134
passive disk 86
pebble accretion 96
perihelion 3
periodic comet 53
permanentry illuminated
 region 227
permanentry shadowed
 region 227
petrologic type 170
Phaethon 150
phase change 120
Phocaea 155
photochemical
 equilibrium 41
photochemical escape
 309
plane-parallel
 atmosphere 27
planet 50
planet-planet scattering
 112
planetary embryo 91
planetesimal 91
plasma tail 151
plasmasphere 48
plateau 279
plume 20
plume activity 279
Pluto 50
polar cell 298
polymict breccia 184
porphyritic texture 173
post-spinel transition

283
Poynting-Robertson
　effect　76
pre-Nectarian system
　253
pre-solar grains　176
pressure scale height　28
primary atmosphere　40
primary eclipse　108
primitive achondrite
　168
primitive meteorite　168
primordial solar nebula
　2
pristine carbonaceous
　chondrite　172
Prometeus　61
proper eccentricity　155
proper orbital inclination
　155
proper semi-major axis
　155
protoplanet　91
protoplanetary disk　90
protosolar nebula　90
protostar　83
PSF：point spread
　function　110
Pulsar planet　119
purest anorthosite　240
pyroclastic glass　231

R

radial pyroxene　173
radial velocity method
　106
radiation belt　48
radiative equilibrium
　37
radioactive element　236
radioactive nuclide　186
radiometric dating　234
random velocity　95
rapid process　75
Rayleigh fractionation

　equation　135
Rayleigh number　19
Rayleigh scattering　43
Rayleigh-Jeans law　110
recycling　284
red giant　74
reducing atmosphere　40
regolith　158
relative age dating　186
remote sensing　222
retrograde satellite　57
Rhea　61
Richardson number　93
ridge　227
ring　58
ringlet　60
Roche division　61
rock　68
rogue planet　120
rubble pile　162
runaway gas accretion
　102
runaway growth　94

S

satellite　56
scarp　17
scattered disk object　52
secondary atmosphere
　40
secondary crater　249
secondary eclipse　108
seismic velocity　257
self-gravitational
　instability　93
self-shielding effect　138
SEP：solar energetic
　particle　185
SETI：search for
　extra-terrestrial
　intelligence　345
shallow moonquake　261
shepherd satellite　61
shergottite　181
shock stage　184

shock vein　184
short period comet　53
silicate presolar grain
　177
simple crater　247
sinuous rill　227
size frequency
　distribution　248
slingshot model　114
slow process　75
small body　51
snowball earth　346
snowline　8
solar abundance of
　element　68
solar flare track　218
solar radiation pressure
　76
solar system small body
　164
solar wind　6
solid solution　71
solid-gas equilibrium
　122
solidification　121
SOM：soluble organic
　matter　199
space weathering　160
spiral arm　117
sputtering　310
Stefan-Boltzman
　constant　6
stony meteorite　167
stony-iron meteorite
　167
stratopause　30
stratosphere　30
streaming instability　93
Strecker reaction　203
sub-Neptune　116
subsurface habitable
　zone　322
subsurface ocean　334
super nova　176
super-Earth　115

371

super-rotation　299
superbolide　193
supernova explosion　75
sustainable habitable
　zone　321
synchrone　152
syndyne　152

T

T-Tauri star　84
tail　53
tangent plane　312
Tanpopo mission　205
Taurus　82
terrestrial age　191
terrestrial mass
　fractionation line　137
terrestrial planet　270
tessera terrain　281
Tharsis Plateau　286
Tharsis volcanoes　285
the Galaxy　1
Thebe　60
Themis　155
thermal boundary layer
　20
thermal escape　304
thermal history　15
thermal inertia　208
thermal metamorphism
　170
thermal tide　300

thermodynamic driving
　force　128
thermodynamic
　equilibrium　121
thermosphere　30
thermostat effect　23
thick lithosphere　287
Thomson scattering　43
tidal force　263
tidal heating　338
tidal lock　112
tidal Love number　14
Titius-Bode law　4
TNO：trans-neptunian
　object　51, 142
transit　108
transition disk　90
Triton　57
Trojan asteroid　52
tropopause　30
troposphere　29
TTV：transit timing
　variation　109
tunneling reaction　128
type I migration　117
type II migration　104
type III migration　104

U

unequilibrated chondrite
　170
Uranian planet　2

ureilite　179

V

Valles Marineris　286
valley network　290
Van Allen belt　48
Venus　278
very low-Ti basalt　244
Vesta　153
viewing angle　2
viscous stirring　96
volatile light element
　197
volcanic glass　231
volcanic plain　281
volcanic rise　279

W

warm Jupiter　114
westerlies　298
white dwarf　75
wide-orbit gas planet
　114
Widmanstätten
　structure　181
winonaite　179

Y

Yarkovsky effect　156

Z

zodiacal dust cloud　192
zodiacal plane　3

著者紹介

佐々木　晶（ささき　しょう）

略　歴	1987年，東京大学大学院理学系研究科地球物理学専攻修了．広島大学理学部地球惑星システム学科助手，東京大学大学院理学系研究科地質学専攻・地球惑星科学専攻助教授，国立天文台RISE月探査プロジェクト教授などを経て，2013年より現職．
現　在	大阪大学大学院理学研究科宇宙地球科学専攻・教授・理学博士
専　門	惑星進化，宇宙風化作用

土山　明（つちやま　あきら）

略　歴	1982年，東京大学大学院理学系研究科地質学専門課程博士課程修了．京都大学理学部助手，大阪大学教養部講師，助教授，大阪大学理学部助教授，大阪大学大学院理学研究科助教授，教授，京都大学理学研究科教授を経て，2019年4月より現職．
現　在	立命館大学総合科学技術研究機構・客員教授・理学博士
専　門	鉱物学，宇宙鉱物学，惑星物質科学

笠羽　康正（かさば　やすまさ）

略　歴	1997年，京都大学大学院工学研究科・博士後期課程修了（電子工学）．富山県立大学工学部，宇宙科学研究所，宇宙航空研究開発機構を経て，2007年より現職．
現　在	東北大学大学院理学研究科 惑星プラズマ・大気研究センター 教授・センター長，博士（工学）
専　門	太陽系電波・赤外線科学

大竹　真紀子（おおたけ　まきこ）

略　歴	1997年東北大学理学研究科・博士課程後期修了（地学）．宇宙開発事業団などを経て，2003年より現職．
現　在	宇宙航空研究開発機構（JAXA）宇宙科学研究所・助教・博士（理学）
専　門	惑星科学，リモートセンシング画像解析

現代地球科学入門シリーズ 1 **太陽・惑星系と地球** *Introduction to* *Modern Earth Science Series* *Vol.1* *Solar System and the Earth* 2019 年 6 月 25 日　初版 1 刷発行 2022 年 10 月 10 日　初版 2 刷発行	著　者　佐々木　晶・土山　明　ⓒ 2019 　　　　笠羽 康正・大竹 真紀子 発行者　南條光章 発行所　**共立出版株式会社** 　　　　〒112–0006 　　　　東京都文京区小日向4丁目6番地19号 　　　　電話　03–3947–2511（代表） 　　　　振替口座　00110–2–57035 　　　　URL www.kyoritsu-pub.co.jp 印　刷 製　本　藤原印刷

一般社団法人
自然科学書協会
会員

検印廃止
NDC 444, 445, 446, 448, 450.1
ISBN 978–4–320–04709–9

Printed in Japan

現代地球科学入門シリーズ

大谷　栄治
長谷川　昭
花輪　公雄
【編集】

全16巻

世の中の多くの科学の書籍には、最先端の成果が紹介されているが、科学の進歩に伴って急速に時代遅れになり、専門書としての寿命が短い消耗品のような書籍が増えている。本シリーズは寿命の長い教科書、座右の書籍を目指して、現代の最先端の成果を紹介しつつ時代を超えて基本となる基礎的な内容を厳選し丁寧にできるだけ詳しく解説する。本シリーズは、学部2〜4年生から大学院修士課程を対象とする教科書、そして専門分野を学び始めた学生が、大学院の入学試験などのために自習する際の参考書にもなるように工夫されている。さらに、地球惑星科学を学び始める学生ばかりでなく、地球環境科学、天文学宇宙科学、材料科学などの周辺分野を学ぶ学生も対象とし、それぞれの分野の自習用の参考書として活用できる書籍を目指した。

【各巻：A5判・上製本・税込価格】
※価格は変更される場合がございます※

共立出版

www.kyoritsu-pub.co.jp
https://www.facebook.com/kyoritsu.pub

❶ **太陽・惑星系と地球**
佐々木　晶・土山　明・笠羽康正・大竹真紀子著
....................400頁・定価5,280円

❷ **太陽地球圏**
小野高幸・三好由純著..........264頁・定価3,960円

❸ **地球大気の科学**
田中　博著....................324頁・定価4,180円

❹ **海洋の物理学**
花輪公雄著....................228頁・定価3,960円

❺ **地球環境システム** 温室効果気体と地球温暖化
中澤高清・青木周司・森本真司著 294頁・定価4,180円

❻ **地震学**
長谷川　昭・佐藤春夫・西村太志著 508頁・定価6,160円

❼ **火山学**
吉田武義・西村太志・中村美千彦著 408頁・定価5,280円

❽ **測地・津波**
藤本博己・三浦　哲・今村文彦著 228頁・定価3,740円

❾ **地球のテクトニクスⅠ** 堆積学・変動地形学
箕浦幸治・池田安隆著..........216頁・定価3,520円

❿ **地球のテクトニクスⅡ** 構造地質学
金川久一著....................270頁・定価3,960円

⓫ **結晶学・鉱物学**
藤野清志著....................194頁・定価3,960円

⓬ **地球化学**
佐野有司・高橋嘉夫著..........336頁・定価4,180円

⓭ **地球内部の物質科学**
大谷栄治著....................180頁・定価3,960円

⓮ **地球物質のレオロジーとダイナミクス**
唐戸俊一郎著..................266頁・定価3,960円

⓯ **地球と生命** 地球環境と生物圏進化
掛川　武・海保邦夫著..........238頁・定価3,740円

⓰ **岩石学**
榎並正樹著....................274頁・定価4,180円